● 中学数学拓展丛书

本册书是湖南省教育厅科研课题"教育数学的研究"（编号06C510）成果之六

数学技能操握

SHUXUE JINENG CAOWO

沈文选　杨清桃　著

哈尔滨工业大学出版社
HARBIN INSTITUTE OF TECHNOLOGY PRESS

内容简介

本册书共分八章:第一章数学技能的含义、特征及训练;第二章数学注意和数学观察;第三章数学理解和数学记忆;第四章数学计算和数学推理;第五章数学阅读和数学概括;第六章数学论证和数学实验;第七章数学作图和数学建模;第八章数学审美和数学写作.

本书可作为高等师范院校、教育学院、教师进修学院数学专业及国家级、省级中学数学骨干教师培训班的教材或数学参考书,也是广大中学数学教师及数学爱好者的数学视野拓展读物.

图书在版编目(CIP)数据

数学技能操握/沈文选,杨清桃著.—哈尔滨:哈尔滨工业大学出版社,2018.3
(中学数学拓展丛书)
ISBN 978-7-5603-7230-3

Ⅰ.①数… Ⅱ.①沈… ②杨… Ⅲ.①中学数学课-教学参考资料 Ⅳ.①G633.603

中国版本图书馆 CIP 数据核字(2018)第 022589 号

策划编辑	刘培杰 张永芹
责任编辑	张永芹 李宏艳
封面设计	孙茵艾
出版发行	哈尔滨工业大学出版社
社　　址	哈尔滨市南岗区复华四道街 10 号　邮编 150006
传　　真	0451-86414749
网　　址	http://hitpress.hit.edu.cn
印　　刷	哈尔滨市石桥印务有限公司
开　　本	787mm×1092mm　1/16　总印张 19.5　总字数 498 千字
版　　次	2018 年 3 月第 1 版　2018 年 3 月第 1 次印刷
书　　号	ISBN 978-7-5603-7230-3
定　　价	48.00 元

(如因印装质量问题影响阅读,我社负责调换)

序

我和沈文选教授有过合作,彼此相熟.不久前,他发来一套数学普及读物的丛书目录,包括数学眼光、数学思想、数学应用、数学模型、数学方法、数学史话等,洋洋大观.从论述的数学课题来看,该丛书的视角新颖,内容充实,思想深刻,在数学科普出版物中当属上乘之作.

阅读之余,忽然觉得公众对数学的认识很不相同,有些甚至是彼此矛盾的.例如:

一方面,数学是学校的主要基础课,从小学到高中,12年都有数学;另一方面,许多名人在说"自己数学很差"的时候,似乎理直气壮,连脸也不红,好像在宣示:数学不好,照样出名.

一方面,说数学是科学的女王,"大哉数学之为用",数学无处不在,数学是人类文明的火车头;另一方面,许多学生说数学没用,一辈子也碰不到一个函数,解不了一个方程,连相声也在讽刺"一边向水池注水,一边放水"的算术题是瞎折腾.

一方面,说"数学好玩",数学具有和谐美、对称美、奇异美,歌颂数学家的"美丽的心灵";另一方面,许多人又说,数学枯燥、抽象、难学,看见数学就头疼.

数学,我怎样才能走进你,欣赏你,拥抱你?说起来也很简单,就是不要仅仅埋头做题,要多多品味数学的奥秘,理解数学的智慧,抛却过分的功利,当你把数学当作一种文化来看待的时候,数学就在你心中了.

我把学习数学比作登山,一步步地爬,很累,很苦.

但是如果你能欣赏山林的风景,那么登山就是一种乐趣了.

登山有三种意境.

首先是初始阶段.走入山林,爬得微微出汗,坐拥山色风光.体会"明月松间照,清泉石上流"的意境.当你会做算术,会记账,能够应付日常生活中的数学的时候,你会享受数学给你带来的便捷,感受到好似饮用清泉那样的愉悦.

其次是理解阶段.爬到山腰,大汗淋漓,歇足小坐.环顾四周,云雾环绕,满目苍翠,心旷神怡.正如苏轼名句:"横看成岭侧成峰,远近高低各不同;不识庐山真面目,只缘身在此山中."数学理解到一定程度,你会感觉到数学的博大精深,数学思维的缜密周全,数学的简捷之美,使你对符号运算能够有爱不释手的感受.不过,理解了,还不能创造."采药山中去,云深不知处."对于数学的伟大,还莫测高深.

最后是登顶阶段.攀岩涉水,越过艰难险阻,到达顶峰的时候,终于出现了"会当凌绝顶,一览众山小"的局面.这时,一切疲乏劳顿、危难困苦,全都抛到九霄云外."雄关漫道真如铁",欣赏数学之美,是需要代价的.当你破解了一道数学题,"蓦然回首,那人却在灯火阑珊处"的意境,是语言无法形容的快乐.

好了,说了这些,还是回到沈文选先生的丛书.如果你能静心阅读,它会帮助你一步步攀登数学的高山,领略数学的美景,最终登上数学的顶峰.于是劳顿着,但快乐着.

信手写来,权作为序.

张奠宙
2016 年 11 月 13 日
于沪上苏州河边

附 文

(文选先生编著的丛书,是一种对数学的欣赏.因此,再次想起数学思想往往和文学意境相通,2007 年年初曾在《文汇报》发表一短文,附录于此,算是一种呼应)

数学和诗词的意境

张奠宙

数学和诗词,历来有许多可供谈助的材料.例如

一去二三里,烟村四五家.

亭台六七座,八九十枝花.

把十个数字嵌进诗里,读来琅琅上口.郑板桥也有咏雪诗:

一片二片三四片,五片六片七八片.

千片万片无数片,飞入梅花总不见.

诗句抒发了诗人对漫天雪舞的感受.不过,以上两诗中尽管嵌入了数字,却实在和数学没有什么关系.

数学和诗词的内在联系,在于意境.李白《送孟浩然之广陵》诗云:
> 故人西辞黄鹤楼,烟花三月下扬州.
> 孤帆远影碧空尽,唯见长江天际流.

数学名家徐利治先生在讲极限的时候,总要引用"孤帆远影碧空尽"这一句,让大家体会一个变量趋向于 0 的动态意境,煞是传神.

近日与友人谈几何,不禁联想到初唐诗人陈子昂《登幽州台歌》中的名句:
> 前不见古人,后不见来者.
> 念天地之悠悠,独怆然而涕下.

一般的语文解释说:上两句俯仰古今,写出时间绵长,第三句登楼眺望,写出空间辽阔;在广阔无垠的背景中,第四局描绘了诗人孤单寂寞悲哀苦闷的情绪,两相映照,分外动人.然而,从数学上来看,这是一首阐发时间和空间感知的佳句.前两句表示时间可以看成是一条直线(一维空间).陈老先生以自己为原点,前不见古人指时间可以延伸到负无穷大,后不见来者则意味着未来的时间是正无穷大.后两句则描写三维的现实空间:天是平面,地是平面,悠悠地张成三维的立体几何环境.全诗将时间和空间放在一起思考,感到自然之伟大,产生了敬畏之心,以至怆然涕下.这样的意境,数学家和文学家是可以彼此相通的.进一步说,爱因斯坦的思维时空学说,也能和此诗的意境相衔接.

贵州六盘水师专的杨老师告诉我他的一则经验.他在微积分教学中讲到无界变量时,用了宋朝叶绍翁《游园不值》中的诗句:
> 春色满园关不住,一枝红杏出墙来.

学生每每会意而笑.实际上,无界变量是说,无论你设置怎样大的正数 M,变量总要超出你的范围,即有一个变量的绝对值会超过 M.于是,M 可以比喻成无论怎样大的园子,变量相当于红杏,结果是总有一枝红杏越出园子的范围.诗的比喻如此贴切,其意境把枯燥的数学语言形象化了.

数学研究和学习需要解题,而解题过程需要反复思索,终于在某一时刻出现领悟.例如,做一道几何题,百思不得其解,突然添了一条补助线,问题豁然开朗,欣喜万分.这样的意境,想起了王国维用辛弃疾的词来描述的意境:"众里寻他千百度,蓦然回首,那人却在灯火阑珊处."一个学生,如果没有经历过这样的意境,数学大概是学不好的了.

前言

> 音乐能激发或抚慰情怀,绘画使人赏心悦目,诗歌能动人心弦,哲学使人获得智慧,科技可以改善物质生活,但数学却能提供以上的一切.
>
> ——Klein

> 数学就是对于模式的研究.
>
> ——A. N. 怀特海

> 甚至一个粗糙的数学模型也能帮助我们更好地理解一个实际情况,因为我们在试图建立数学模型时被迫考虑了各种逻辑可能性,不含混地定义了所有的概念,并且区分了重要的和次要的因素.一个数学模型即使导出了与事实不符的结果,它也可能是有价值的,因为一个模型的失败可以帮助我们去寻找更好的模型.应用数学和战争是相似的,有时一次失败比一次胜利更有价值,因为它帮助我们认识到我们的武器或战略的不适当之处.
>
> ——A. Renyi

人们喜爱音乐,因为它不仅有神奇的乐谱,而且有悦耳的优美旋律!

人们喜爱画卷,因为它不仅能描绘出自然界的壮丽,而且可以描绘人间美景!

人们喜爱诗歌,因为它不仅能是字词的巧妙组合,而且有抒发情怀的韵律!

人们喜爱哲学,因为它不仅是自然科学与社会科学的浓缩,而且增加人的智慧!

人们喜爱科技,因为它不仅是一个伟大的使者或桥梁,而且是现代物质文明的标志!

而数学之为德,数学之为用,难以用旋律、美景、韵律、聪明、标志等词语来表达!

你看,不是吗?

数学精神,科学与人文融合的精神,它是一种理性精神,一种求简、求统、求实、求美的精神!数学精神似一座光辉的灯塔,指引数学发展的航向!数学精神似雨露阳光滋润人们的心田!

数学眼光,使我们看到世间万物充满着带有数学印记的奇妙的科学规律,看到各类书籍和文章的字里行间有着数学的踪迹,使我们看到满眼绚丽多彩的数学洞天!

数学思想,使我们领悟到数学是用字母和符号谱写的美妙乐曲,充满着和谐的旋律,让人难以忘怀,难以割舍!让我们在思疑中启悟,在思辨中省悟,在体验中领悟!

数学方法,人类智慧的结晶,它是人类的思想武器!它像画卷一样描绘着各学科的异草奇葩般的景象,令人目不暇接!它的源头又是那样地寻常!

数学解题,人类学习与掌握数学的主要活动,它是数学活动的一个兴奋中心!数学解题理论博大精深,提高其理论水平是永远的话题!

数学技能,在数学知识的学习过程中逐步形成并发展的一种大脑操作方式.它是一种智慧!它是数学能力的一种标志!操握数学技能是应达到的一种基础性目标!

数学应用,给我们展示出了数学的神通广大,在各个领域与角落闪烁着人类智慧的火花!

数学建模,呈现出了人类文明亮丽的风景,特别是那呈现出的抽象彩虹——一个个精巧的数学模型,璀璨夺目,流光溢彩!

数学竞赛,许多青少年喜爱的一种活动,这种数学活动有着深远的教育价值!它是选拔和培养数学英才的重要方式之一.这种活动可以激励青少年对数学学习的兴趣,可以扩大他们的数学视野,促进创新意识的发展.数学竞赛中的专题培训内容展示了竞赛数学亮丽的风采!

数学测评,检验并促进数学学习效果的重要手段.测评数学的研究是教育数学研究中的一朵奇葩.测评数学的深入研究正期待着我们!

数学史话,充满了诱人的前辈们的创造与再创造的心血机智,让我们可以从中汲取丰富的营养!

数学欣赏,对数学喜爱的情感的流淌.这是一种数学思维活动的崇高情感表达.数学欣赏,引起心灵震撼,真、善、美在欣赏中得到认同与升华.从数学欣赏中领略数学智慧的美妙,从数学欣赏走向数学鉴赏,从数学文化欣赏走向数学文化研究!

因此,我们可以说,你可以不信仰上帝,但不能不信仰数学.

从而,提高我们每一个人的数学文化水平及数学素养,是提高中华民族的整体素质的重要组成部分,这也是数学基础教育中的重要目标.为此,笔者构思了这套丛书.

这套丛书是笔者学习张景中院士的教育教学思想,对一些数学素材和数学研究成果进行再创造并以此为指导思想来撰写的;是献给中学师生,企图为他们扩展数学视野、提高数学素养以响应张奠宙教授的倡议:构建符合时代需求的数学常识,享受充满数学智慧的精彩人生的书籍.

不积小流无以成江河,不积跬步无以至千里,没有积累便没有丰富的素材,没有整合创新便没有鲜明的特色,这套丛书的写作,是笔者在多年资料的收集、学习笔记的整理及笔者已发表的文章的修改并整合的基础上完成的.因此,每册书末都列出了尽可能多的参考文献,在此,衷心地感谢这些文献的作者.

这套丛书,作者试图以专题的形式,对中小学中典型的数学问题进行广搜深掘来串联,并以此为线索来写作的.

本册书是《数学技能操握》.

熟练掌握一些基本技能,对学好数学是非常重要的.例如,在学习概念中有要求学习者能举出正、反面例子的训练;在学习公式、法则中有对公式、法则掌握的训练,也有注重对运算算理认识和理解的训练;在学习推理证明时,不仅仅有在推理证明形式上的训练,更有对落笔有据、言之有理的理性思维的训练;在立体几何学习中不仅有对基本作图、识图的训练,而且有对认识事物的方法的训练;在学习统计时,有在实际问题中处理数据,从数据中提取信息的训练,等等.

数学技能的操握,不单纯是为了熟练技能,更重要的是使学习者通过训练更好地理解数学知识的实质,体会数学的价值,因此技能训练必须有利于学习者认识数学的本质,提高数学能力.

随着科技和数学的发展,数学技能的内涵也在发生变化.除了传统的运算等技能外,还应包括更广泛、更有力的技能.例如,我们要在操练中重视对学习者进行以下的技能训练:能熟练地完成心算与估计;能决定什么情况下需寻求精确的答案,什么情况下只需估计就够了;能正确地、自信地、适当地使用计算器或计算机;能估计数量级的大小,判断心算或计算机结果的合理性,判断别人提供的数量结果的正确性;能用各种各样的表、图、统计方法来组织、解释,并提供数据信息;能把模糊不清的问题用明晰的语言表达出来(包括口头和书面的表达能力);能从具体的前后联系中,确定该问题采用什么数学方法最合适,会选择有效的解题策略等.

也就是说,随着时代的前进和数学的发展,中学数学的基本技能也在发生变化.学习中也要用发展的眼光与时俱进地认识基本技能,如上面我们提出的需要训练的那些技能.而一部分原有的技能训练的内容,随着时代的发展可能被淘汰,如:会熟练地查表,像查对数表、三角函数表等,这在过去是作为中学生的一个基本技能来要求的.现在,我们有了计算器和计算机,那么,能正确地、自信地、适当地使用计算器或计算机这样的技能就替代了原来的查表技能.

本书对数学技能的探讨是在学习了曹才翰、章建跃、田万海、何小亚等先生的论著的基础上,做了一些探讨工作,在这其中,融合作者40余年教学体验.当然,深入地探讨也有待于与同行们继续努力.在此,望得到专家、同行们的指教.

衷心感谢张奠宙教授在百忙中为本套丛书作序!

衷心感谢刘培杰数学工作室,感谢刘培杰老师、张永芹老师、李宏艳老师等诸位老师,是他们的大力支持,精心编辑,使得本书以这样的面目展现在读者面前!

衷心感谢我的同事邓汉元教授,我的朋友赵雄辉、欧阳新龙、黄仁寿,我的研究生羊明亮、吴仁芳、谢圣英、彭熹、谢立红、陈丽芳、谢美丽、陈淼君、孔璐璐、邹宇、谢罗庚、彭云飞等对我写作工作的大力协助,还要感谢我的家人对我们写作的大力支持!

沈文选　杨清桃

2017年3月于岳麓山下

第一章　数学技能的含义、特征及训练

1.1 数学技能的含义 ……………………………………………………… 1
　1.1.1　什么是数学技能 ………………………………………………… 1
　1.1.2　数学技能的组成因素 …………………………………………… 2
1.2 与数学技能有关的几个问题 ………………………………………… 5
　1.2.1　数学技能与数学活动经验、数学知识的获得 ………………… 8
　1.2.2　数学技能与数学知识的应用 …………………………………… 9
　1.2.3　数学技能与数学能力 …………………………………………… 9
　1.2.4　数学技能与数学活动的控制 …………………………………… 9
　1.2.5　数学技能的特性 ………………………………………………… 10
1.3 数学技能的特征 ……………………………………………………… 10
　1.3.1　由数学活动对象的高度抽象性决定的特征 …………………… 11
　1.3.2　由数学语言所决定的特征 ……………………………………… 11
　1.3.3　由数学活动结构的性质决定的特征 …………………………… 11
　1.3.4　数学技能与数学思维方法(认知策略)的比较 ………………… 12
1.4 数学技能的训练 ……………………………………………………… 12
　1.4.1　数学技能的形成过程 …………………………………………… 12
　1.4.2　数学技能训练的规律 …………………………………………… 14
　1.4.3　数学技能训练的途径和方法 …………………………………… 15

第二章　数学注意和数学观察

2.1 数学注意技能 ………………………………………………………… 16
　2.1.1　关注注意的广度 ………………………………………………… 16
　2.1.2　关注注意的稳定性 ……………………………………………… 19
　2.1.3　关注注意的分配 ………………………………………………… 21
　2.1.4　关注注意的转移 ………………………………………………… 22
2.2 数学观察技能 ………………………………………………………… 30
　2.2.1　关注观察的目的性 ……………………………………………… 31
　2.2.2　关注观察的客观性 ……………………………………………… 32
　2.2.3　关注观察的全面性 ……………………………………………… 35
　2.2.4　关注观察的精确性 ……………………………………………… 37
　2.2.5　关注观察的深刻性 ……………………………………………… 39
　2.2.6　关注观察的直感性 ……………………………………………… 47

第三章 数学理解和数学记忆

3.1 数学理解技能 ……………………………………………… 52
3.1.1 数学理解可借助丰富的感性材料 …………………… 55
3.1.2 数学理解可借助合适的问题情境 …………………… 55
3.1.3 数学理解要抓本质和规律的揭示 …………………… 57
3.1.4 数学理解要抓联系与应用 …………………………… 60
3.1.5 数学理解要植根于数学知识网络之中 ……………… 67

3.2 数学记忆技能 ……………………………………………… 71
3.2.1 善于运用各种形式的记忆 …………………………… 72
3.2.2 理解是记忆的基础 …………………………………… 80
3.2.3 背诵是记忆的手段 …………………………………… 81
3.2.4 思辩是记忆的益友 …………………………………… 89
3.2.5 重复是记忆的窍门 …………………………………… 93
3.2.6 趣味是记忆的媒介 …………………………………… 94
3.2.7 联想是记忆的延伸 …………………………………… 96
3.2.8 简化是记忆的助手 …………………………………… 103
3.2.9 模拟是记忆的恩人 …………………………………… 104

第四章 数学计算和数学推理

4.1 数学计算技能 ……………………………………………… 107
4.1.1 数学估算的方式及应用 ……………………………… 107
4.1.2 数学妙算方式及应用 ………………………………… 110
4.1.3 数学运算技能的内涵和技能培养 …………………… 114
4.1.4 会算、会少算、也要会不算 ………………………… 116
4.1.5 发挥恒等变形运算在解题中的作用 ………………… 120
4.1.6 关注"算两次" ……………………………………… 123

4.2 数学推理技能 ……………………………………………… 127
4.2.1 演绎推理 ……………………………………………… 127
4.2.2 归纳推理 ……………………………………………… 132
4.2.3 类比推理 ……………………………………………… 140
4.2.4 递推推理 ……………………………………………… 148
4.2.5 逆向推理 ……………………………………………… 150

第五章 数学阅读和数学概括

5.1 数学阅读技能 ……………………………………………… 154
5.1.1 对数学概念、定义精细读与批注 …………………… 156
5.1.2 对数学定理、公式、法则推敲读与批注 …………… 156
5.1.3 对课本例、习题的变式读与批注 …………………… 157
5.1.4 对章节小结的联系读与批注 ………………………… 158
5.1.5 对数学语言的阅读与转换 …………………………… 159
5.1.6 对阅读有关数学问题进行自我检验 ………………… 165

5.2 数学概括技能···167
5.2.1 数学概括要关注的几点·························168
5.2.2 对数学阅读的内容进行要点提炼·················169
5.2.3 对数学学习的阶段内容进行小结·················173
5.2.4 对一类数学对象的特点、规律、关系等进行归纳揭示····174

第六章　数学论证和数学实验

6.1 数学论证技能···182
6.1.1 熟悉数学论证主要方法·························182
6.1.2 善用数学论证重要技术·························196
6.2 数学实验技能···208
6.2.1 数学实验要善于就地取材·······················209
6.2.2 数学实验可作为一种学习方式···················213
6.2.3 数学实验要充分运用信息技术···················214

第七章　数学作图和数学建模

7.1 数学作图技能···219
7.1.1 了解几何作图的含义及基本知识·················219
7.1.2 熟悉常用的平面几何作图方法···················220
7.1.3 作立体几何图形·······························222
7.1.4 作简单统计图·································223
7.2 数学建模技能···225
7.2.1 认识数学模型方法·····························225
7.2.2 理解数学建模的含义与步骤·····················238

第八章　数学审美和数学写作

8.1 数学审美技能···243
8.1.1 认识数学美的呈现形式·························244
8.1.2 关注数学美的熏陶方式·························251
8.1.3 把握数学美的审视要素·························254
8.1.4 了解数学美的审视层次·························258
8.2 数学写作技能···259
8.2.1 认识数学写作的价值···························259
8.2.2 关注数学写作的要点···························268

参考文献 ···275
作者出版的相关书籍与发表的相关文章目录 ·······················276
编后语 ···279

第一章 数学技能的含义、特征及训练

数学学习不仅要让学习者学好数学基础知识,而且还要培养学习者有一定的数学基本技能.这就是常说的"双基"问题.那么数学技能的组成因素是什么?有何特征?有什么样的作用?如何培训呢?这是我们在这一章中要讨论的问题.

1.1 数学技能的含义

1.1.1 什么是数学技能

什么是技能?"技"与常说的"技艺""技巧""技术"密切相关;显然,"能"与常说的"能力""才能"密切相关.技能就是顺利完成某种任务按照一定的程序或步骤进行的一种认知活动方式或行为活动方式,它是通过练习获得的.也就是说,技能是完成某种任务所需要的,是一种活动方式(认知或行为),是需要练习的.

数学技能是顺利完成数学任务按照一定的程序或步骤进行的一种数学认知活动方式或数学行为活动方式.数学技能往往表现为完成数学任务所需要的动作协调和自动化,这种活动是按照一定的程序或步骤完成的,它可以是外显的行为操作,也可以是头脑中的思维操作.外显的行为操作常称为外显动作技能,头脑中的思维操作常称为心智技能.

例如,学习者一旦掌握了求解一元一次方程的技能,当他遇到像解 $\frac{x-1}{2} = \frac{x+1}{3} + 1$ 这样的方程时,用不着有意识思考,就能按照解一元一次方程的步骤,自动化地进行一系列准确、协调的操作,迅速求出方程的解 $x=11$. 在这种求解方程的活动中,既有外显动作技能,也有心智技能,但主要的是心智技能,进行推演、运算.

在完成某一数学活动时,涉及一系列外部可见的实际动作,这些动作有顺序地组织起来并顺利地进行时,就成为外显动作技能.例如作图的技能、操作计算器的技能都是外显动作技能.外显动作技能主要靠肌肉、骨骼运动以及与之相应的神经系统部分的活动.

内部心智技能是顺利完成某一项数学活动的心智活动方式,是指借助内部言语在头脑中进行的认识活动,它包括感觉、知觉、想象、思维等.在遇到具体数学问题时,这些心理活动便按一定合理、完善的方式进行,这就是内部的心智技能.正确的思维方式、方法是心智技能的本质特征.例如,学习者掌握了列方程解应用题的技能,一旦遇到某个应用题时,便能按下列步骤顺利地进行:审题——设未知数——布列方程——解方程——检验——写答案.这就是列方程解应用题过程中的内部心智技能.

外显动作技能和内部心智技能都是对一系列行为方式的概括,都是以一定的程序或步骤组织起来的合理且完善的行为方式,所不同的是前者的操作是外显的,可见的;后者的操作是在头脑中进行的,是内稳的,不可见的.

外显动作技能与内部心智技能之间有着密切的联系,外显动作技能是内部心智技能的体现,而内部心智技能对外显动作技能起调节作用.在数学学习活动中,两者既有各自的功能,又必须联合发挥作用.

例如,应用尺规作图的技能就是外显动作技能和内部心智技能的协调统一,并直接决定于学习者对作图工具使用的熟练程度以及对作图规则的理解水平.

心智技能是一种心智活动方式,若区别于外显动作活动方式,就心智活动来说,它有以下三方面的特点:

(1)操作对象的观念特点.外显动作活动的对象是物质的,具有客观性.心智活动的对象是客体在人脑中的主观映象,是客观事物的主观表征,是知识、信息.心智活动就是对客观事物的主观表征的加工改造过程.而客观事物的主观表征是具有主观性的,属于观念的范畴.因此,心智活动可以看成是对观念的加工改造活动,具有观念特点;外显动作活动是对物质的加工改造活动,具有物质特点.

(2)操作执行的内潜特点.动作活动可以以外显的形式通过肢体运动来实现,言语活动则可以通过声音而觉察活动的存在.心智活动的实现则是通过内部言语进行的,只能通过其作用对象的变化而判断活动的存在.因此,心智活动的执行是在头脑内部进行的,具有内潜特点.

(3)操作结构的简缩特点.由于内部言语可以是不完全的、片断的,因此心智活动可以合并、省略或简化,这样,心智活动就具有简缩特点.

所以,我们可以把心智活动定义为:在人脑内部,借助于内部言语,以简缩的形式对事物的主观表征进行加工、改造的过程.

1.1.2 数学技能的组成因素

数学技能虽可以分为外显动作技能和心智技能两种,但主要是心智技能.既然数学技能在任何数学活动中都会得到训练和培养,也会在数学活动中发挥作用,那么我们就可以通过考察数学活动过程来认识数学技能的组成因素.

首先,运算、作图、推演、论证是四种基本的数学活动.因此,能算、会作图和会推演、论证是四种基本的数学技能.这里,运算技能是指能正确运用各种概念、公式、法则进行数学运算,作代数变换,包括对算法的选择以及对所采用算法合理性的判断,还包括达到一定的运算速度.运算包含根据法则进行的精确计算、心算和估算.作图技能是指根据数学语言和题意,能准确、直观地作出几何图形,这里要注意的是,作图技能不仅是一种动作技能,对于数学中的作图来说,更重要的是在头脑中想象图形的基本结构,按一定的方式来合理地、完善地组织作图步骤,考虑图形中各元素(点、线和面)的位置、大小及其关系.显然,这些都属于心智技能的范畴.推演技能是指根据具体内容所规定的程序与步骤进行逻辑推导.因此,从技能培养的角度来说,数学学习目标中,就应该包含知识中所内涵的关于知识应用的程序与步骤.数学中的推理论证是数学的显著特色.另外,推演技能中还包含了正确、简捷地表述思想,其中,在推演过程中适当地使用数学变式来帮助推导则可以看成是突出地反映了数学特点的技能.如:[①]已知

$$x = \frac{b^2 + c^2 - a^2}{2bc}, y = \frac{c^2 + a^2 - b^2}{2ca}, z = \frac{a^2 + b^2 - c^2}{2ab}$$

---

① 田万海.数学教育学[M].杭州:浙江教育出版社,1999:214.

且 $x+y+z=1$，求证：x,y,z 中必有一个为 -1.

这个题目的已知条件中 x,y,z 是三个分式，它们很像余弦定理的变式，于是有的学习者自然会想到作如下的三角代换：$x=\cos A, y=\cos B, z=\cos C$，认为"$a,b,c$ 是三角形的三条边，x,y,z 是三角形三个内角的余弦."这就是在原题中外加了一些条件，当然不会证得题目的结论.

对这个题目，如果将 x,y,z 代入 $x+y+z=1$，可得

$$\frac{b^2+c^2-a^2}{2bc}+\frac{c^2+a^2-b^2}{2ca}+\frac{a^2+b^2-c^2}{2ab}=1$$

然后经过较复杂的分式运算，再因式分解，便有

$$(a+b-c)(a-b+c)(b+c-a)=0$$

于是可证得结论. 但运算繁复，显然不是理想的推演. 我们可以进一步把已知条件变为 $bx=\dfrac{b^2+c^2-a^2}{2c}, ay=\dfrac{c^2+a^2-b^2}{2c}$，于是 $bx+ay=c$. 同理 $cy+bz=a$. 这就有

$$\begin{cases} bx+ay=c & \text{①}\\ cy+bz=a & \text{②}\\ x+y+z=1 & \text{③}\end{cases}$$

①+②，并将③代入，得

$$(a+c-b)y=a+c-b$$

当 $a+c-b\neq 0$ 时，$y=1$. 这时有

$$\frac{c^2+a^2-b^2}{2ca}=1$$

于是 $(c-a-b)(c-a+b)=0$，所以，若 $c-a-b=0$，则 $z=-1$；若 $c-a+b=0$，则 $x=-1$.

当 $a+c-b=0$ 时，$a^2+c^2-b^2=-2ac$，所以 $y=-1$.

从上例，我们也可以看到：推演中含有恰当地模仿，适时地转换，灵活地变形，有效地构造，逻辑地论证.

其次，注意、观察、阅读、记忆等是数学活动的重要成分，数学交流更离不开它们，也是学好数学的重要条件. 我们也应视其为数学技能的组成因素.

在数学活动中，不管是学习新知识还是解决新问题，都要从注意开始. 注意力的强弱极大地影响着数学活动的效果.

在数学活动中，对数学符号、几何图形的识别，数学关系的发现，联想的展开，以及进行抽象与概括、对比与类比、归纳与演绎、分析与综合等都离不开数学观察.

阅读数学教科书和练习册，阅读参考书等是数学学习的又一基本活动方式. 在阅读的过程中，就涉及如何掌握阅读的节奏；哪些地方应该精读，哪些地方可以泛读；如何阅读才能更加有利于发现问题；阅读中如何才能抓住关键；应该如何进行阅读的检查；等等. 这些说明，阅读中是存在技能问题的，如果没有阅读的技能和技巧，往往会事无巨细，平均使用力量，使重点内容、关键思想淹没在细节之中；或者是"走马观花"，抓不住重点和要害. 例如，关于分类加法计数原理和分步乘法计数原理的阅读，就定义来说，几乎是常识，学习者在阅读时一般会认为内容简单、道理浅显，因此常常认为一读就懂. 但实践表明，问题并不这样简单，在解决具体问题时，许多学习者都会在"完成一件事情"中的这件"事情"到底指什么产生错

误. 例如,"乘积$(a_1+a_2+a_3)(b_1+b_2+b_3+b_4)(c_1+c_2+c_3+c_4+c_5)$展开后共有多少项?"中的"一件事情"往往被学习者认为是"把乘积展开",而不知道这件事情是"写出展开式的一项";"求10 800的不同正因数的个数"中的"一件事情"是"求……的个数";等等.

良好的记忆是认知的必要条件之一,拥有数学记忆力是学好数学的重要条件之一. 有记忆才能产生联想,才能进行灵活地思考,记忆是需要技能的.

另外,与数学交流活动相关的,还有听、说、利用信息技术等. 实际上,听、说、利用信息技术等是我们日常生活中的基本心智活动方式. 因此,在分析数学技能组成因素时,也应考虑到这些方面. 这是因为,我们在前面界定数学技能时,讲的是为了顺利完成数学任务的数学活动方式就是数学技能的范畴.

在数学学习活动中,学习者一般要听课,也要听同学关于数学知识理解的叙述,要使听的效果理想,就要有听的技能. 例如听的过程中如何才能使自己的思路与指导者保持同步;如何才能更好地领会指导者的讲解;遇到不懂的地方应该怎么办;如何回答他人的问题;如何向他人提出问题;等等. 另外,还要学会倾听同学的见解.

数学学习的另一项活动方式是"说",对数学情境进行描述,用自己的语言对数学的概念、定理、法则、定义等作出解释,向指导者和同学准确地提出问题(使问题易于被被人理解),对指导者和同学谈论自己遇到的困难,与指导者和同学开展讨论,学会提问、答问、论述、证明和反驳、作出有关数学活动的口头或书面报告,都涉及"说"的技能. 在学习者的学习活动中经常会出现这样的情况:心里明白到底是怎么回事,但就是表达不出来,其中的原因,除了没有完全理解相关数学知识外,不能很好地把相关知识巧妙地组织起来并用恰当的语言表述,恐怕也是主要原因之一.[①]

分析数学技能的组成因素时,还要考虑到信息技术的利用. 与工具的进步成为社会进步的标志一样,利用信息技术进行数学学习是一种进步. 信息技术是一种认知工具,延伸了大脑的思维,是改进数学学习的强大平台. 它不仅是强大的计算工具、作图工具、收集信息、处理数据的工具,而且能构建"多元联系表示"的学习环境,使抽象的数学对象得到形象化地、动态地表示,使得抽象的数学变成"可操作"的,像物理实验、化学实验一样,可以借助信息技术进行"数学实验",从而给学习者的数学认知活动提供强大的支持,使学习者更容易地感受到数学知识的形成过程. "看出"相关概念之间的联系,从而更好地理解数学,提高解决问题的能力,并在技术的帮助下去发现一些新的结论——创造性地学数学. 因此信息技术是为学习者"开启数学之门"的金钥匙. 所以,使用信息技术进行计算、作图、收集数据、处理数据、进行"数学实验"等都是与信息技术相关的技能,这里当然包括操作信息技术的技能和熟练运用软件的技能,以及简单的计算机编程技能.

基于如上数学技能组成因素的分析,因而,在本书中,我们将讨论如下数学技能的操握:

数学注意和数学观察;

数学理解和数学记忆;

数学计算和数学推理;

数学阅读和数学概括;

数学论证和数学实验;

---

① 曹才翰,章建跃. 数学教育心理学[M]. 北京:北京师范大学出版社,2006:223-224.

数学作图和数学建模;

数学审美和数学写作.

1.2 与数学技能有关的几个问题

为了方便讨论与数学技能有关的问题,先看如下一串问题:

问题1 分解因式:a^4+4.

解析 由于不能直接套公式,只能用添项或减项的办法进行恒等变形后再套公式,则先把 a^4,4 均写成平方形式,再添减项有

$$\begin{aligned}a^4+4 &= (a^2)^2+2\cdot 2a^2+2^2-2\cdot 2a^2 \\ &= (a^2+2)^2-(2a)^2 \\ &= (a^2+2a+2)(a^2-2a+2)\end{aligned}$$

问题2 设 x 为大于1的正数,试证:x^4+4 为合数.

解析 由问题1,知 $x^4+4=(x^2+2x+2)(x^2-2x+2)$,当 x 为大于1的整数时,整数 $x^2+2x+2=(x+1)^2+1>1$ 以及整数 $x^2-2x+2=(x-1)^2+1>1$,从而 x^4+4 为合数.

问题3 试证:$4^{545}+545^4$ 是合数.

解析1 由问题1解析有

$$\begin{aligned}4^{545}+545^4 &= (2^{545})^2+(545^2)^2 \\ &= (2^{545})^2+2\cdot 2^{545}\cdot 545^2+(545^2)^2-2\cdot 2^{545}\cdot 545^2 \\ &= (2^{545}+545^2)^2-(545\cdot 2^{273})^2 \\ &= (2^{545}+545\cdot 2^{273}+545^2)(2^{545}-545\cdot 2^{273}+545^2)\end{aligned}$$

故 $4^{545}+545^4$ 是合数.

解析2 令 $545=x=2k+1(k=272)$,则

$$\begin{aligned}4^{545}+545^4 &= 4^x+x^4 \\ &= (x^2)^2+(2^x)^2 \\ &= (x^2)^2+2x^2\cdot 2^x+(2^x)^2-2\cdot x^2\cdot 2^x \\ &= (x^2+2^x)^2-(2^{k+1}\cdot x)^2 \\ &= (x^2+2^{k+1}\cdot x+2^x)(x^2-2^{k+1}\cdot x+2^k)\end{aligned}$$

故 $4^{545}+545^4$ 为合数.

注 在 4^x+x^4 中,若 $x=2k$(k 为整数),则 $4^x+x^4=4^{2k}+2^4\cdot k^4=2^4[k^4+4^{2(k-1)}]$ 也为合数.从而当 x 取整数时,4^x+x^4 形式的整数均为合数,于是,可得:

问题4 对于任何整数 x,整数 4^x+x^4 均为合数.

比较问题1,又有:

问题5 设 k 是大于1的正整数,则对于一切正整数 n,n^4+4k^4 都不是素数.

解析 由问题1解析,有

$$\begin{aligned}n^4+4k^4 &= (n^2)^2+(2k^2)^2 \\ &= (n^2)^2+2\cdot n^2\cdot 2k^2+(2k^2)^2-2\cdot n^2\cdot 2k^2 \\ &= (n^2+2k^2)^2-(2nk)^2 \\ &= [(n+k)^2+k^2][(n-k)^2+k^2]\end{aligned}$$

由于 $(n\pm k)^2+k^2\geqslant k^2>1$,所以 n^4+4k^4 为合数,不是素数.

问题 6 仅当 $a = 4k^4 (k \in \mathbf{N}, k > 1)$ 时,对所有自然数 $n, n^4 + a$ 是合数.

解析 如果 $n^4 + a$ 是合数,则一定能分解为两个大于 1 的因数的乘积,此时,$n^4 + a$ 能分解为下列两式中的一个:

(Ⅰ) $n^4 + a = (n+b)(n^3 + cn^2 + dn + e)$;

(Ⅱ) $n^4 + a = (n^2 + bn + c)(n^2 + dn + e)$.

其中 $b, c, d, e \in \mathbf{Z}$.

若分解为(Ⅰ),则有
$$n^4 + a = n^4 + (b+c)n^3 + (bc+d)n^2 + (bd+e)n + be$$

比较两边系数得
$$\begin{cases} b + c = 0 & ① \\ bc + d = 0 & ② \\ bd + e = 0 & ③ \\ be = a & ④ \end{cases}$$

由①得 $b = -c$,代入②中得 $d = c^2$,再代入③得 $e = c^3$,把 b, e 代入④得 $a = -c^4 \leq 0$,出现矛盾.因此,$n^4 + a$ 不能分解成(Ⅰ)的形式.

若分解为(Ⅱ),则有
$$n^4 + a = n^4 + (b+d)n^3 + (c+e+bd)n^2 + (cd+be)n + ce$$

比较两边系数得
$$\begin{cases} b + d = 0 & ⑤ \\ c + e + bd = 0 & ⑥ \\ cd + be = 0 & ⑦ \\ ce = a & ⑧ \end{cases}$$

由⑤得 $d = -b$,代入⑦中得 $b(e-c) = 0$,从而,有 $b = 0$ 或 $e - c = 0$.若 $b = 0$,则 $d = -b = 0$,由⑥ $e = c$ 代入⑧得 $a = -c^2 \leq 0$,出现矛盾.所以,$b \neq 0$,只能 $e - c = 0$.

若 $e - c = 0$,则得 $d = -b$ 及 $e = c$ 代入⑥得 $2c = b^2$,即 $c = \dfrac{b^2}{2}$,代入⑧中得 $a = \dfrac{b^4}{4}$,由于 $a \in \mathbf{N}$,故 b 是偶数,设 $b = 2k$,即得 $a = 4k^4$.证毕.

问题 7 计算
$$\frac{(10^4+324)(22^4+324)(34^4+324)(46^4+324)(58^4+324)}{(4^4+324)(16^4+324)(28^4+324)(40^4+324)(52^4+324)}$$

解析 此 10 个因式具有相同的结构:$a^4 + 4 \cdot 3^4$.

由问题 5,$a^4 + 4 \cdot 3^4 = [(a+3)^2 + 3^2][(a-3)^2 + 3^2]$.

故
$$原式 = \frac{(10^4+4 \cdot 3^4)(22^4+4 \cdot 3^4)\cdots(58^4+4 \cdot 3^4)}{(4^4+4 \cdot 3^4)(16^4+4 \cdot 3^4)\cdots(52^4+4 \cdot 3^4)}$$
$$= \frac{[(13^2+3^2)(25^2+3^2)(37^2+3^2)(49^2+3^2)(61^2+3^2)]}{[(7^2+3^2)(19^2+3^2)(31^2+3^2)(43^2+3^2)(55^2+3^2)]} \cdot$$
$$\frac{[(7^2+3^2)(19^2+3^2)(31^2+3^2)(43^2+3^2)(55^2+3^2)]}{[(1^2+3^2)(13^2+3^2)(25^2+3^2)(37^2+3^2)(49^2+3^2)]}$$

$$= \frac{61^2 + 3^2}{1^2 + 3^2} = \frac{3\ 730}{10} = 373$$

问题 8 计算

$$\frac{(2^4 + \frac{1}{4})(4^4 + \frac{1}{4})(6^4 + \frac{1}{4})(8^4 + \frac{1}{4})(10^4 + \frac{1}{4})}{(1^4 + \frac{1}{4})(3^4 + \frac{1}{4})(5^4 + \frac{1}{4})(7^4 + \frac{1}{4})(9^4 + \frac{1}{4})}$$

解析 将分子分母同乘以 4^{10} 便可得到

$$\frac{(4^4 + 4)(8^4 + 4)(12^4 + 4)(16^4 + 4)(20^4 + 4)}{(2^4 + 4)(6^4 + 4)(10^4 + 4)(14^4 + 4)(18^4 + 4)}$$

在问题 5 中取 $k=1$ 或由问题 1,有 $n^4 + 4 = [(n+1)^2 + 1][(n-1)^2 + 1]$.

故原式 $= \frac{21^2 + 1}{1^2 + 1} = 221$.

由上述一串问题,我们来分析数学活动经验、数学知识、数学技能、数学能力之间的关系.

数学活动经验、数学知识、数学技能、数学能力之间既有区别又有联系. 它们的含义不同,概括的对象也不相同. 在数学学习中,一般先介绍概念,再运用概念做练习,在这做练习的过程中,便积累了有关这个概念的数学活动经验. 一般地,数学活动经验是指学习者亲自或间接经历数学活动过程而获得的经验,或者在数学目标的指引下,通过对具体数学对象进行实际操作、考查和思考,从感性向理性飞跃时形成的认识.

数学活动经验,充盈于整个学习过程之中,正如春雨那样"随风潜入夜,润物细无声". 这就是说,数学活动渗透于整个学习活动的各个部分,几乎每天各处都有数学活动. 因此,每天也都会积累一些数学活动经验.

数学活动经验具有以下特征:

(1)个体性特征:数学基本活动经验是基于学习者个体的主观认识,有非常鲜明的个体性特征,对于同一个数学活动,不同的学习者有不同的感悟和体验,会获得不同的活动经验,学习者已有的数学活动经验也因人而异.

(2)实践性特征:学习者的数学活动经验是学习者亲自或间接参与数学学习活动过程而习得的,其中包括基本操作、观察、实验、猜测、度量、验证、推理、交流、欣赏等活动获得的新的认识.

(3)现实性特征:数学活动经验是人们"数学现实"最贴近现实的部分,是人们在数学活动的过程中,从一大批生活现实步步抽象上升为数学现实.

我们在前面介绍了 8 个数学问题,也可以说经历了 8 次小的数学活动,这一连串的 8 个问题的处理,也可看作经历了一次系统的数学活动. 在这样的数学活动中,也就涉及了有关数学知识、数学技能、数学能力的问题.

一般地,数学知识是数学活动经验的概括,数学技能是一系列数学活动方式的概括,数学能力则是对数学思维材料进行加工的活动过程的概括.

如果学习者在学习了因式分解的基本方法后,来处理如上的问题,则问题 1 的解析则是数学技能了,处理问题 3、问题 6,以及问题 8 则就显现其有一点数学能力因素了. 若在处理这一串问题中讨论,则问题 1、问题 2、问题 5、问题 7 就是数学知识了,而问题 2 的解析、问题

5 的解析,问题 7 的解析则是数学技能了,处理问题 3、问题 6 以及问题 8 也显现有一点数学能力因素了.

把知识、技能和能力加以区别是很有必要的,也有一定的现实意义,有利于在教学中真正抓住能力的培养. 值得一提的是,在当前的数学教学现实中,名义叫作培养能力,实质上抓的大量是技能的训练.

综上可知,数学知识、技能和能力三者之间又是紧密相关、互相依存、互相促进的. 掌握一定的数学基础知识,是学好基本技能的前提,而数学基础知识只有通过训练并达到一定程度,才能得到巩固和应用,这其中一定的基本技能又为获得新的知识提供基础. 能力是在知识的学习和技能的训练的过程中通过有意识地培养而得到发展的. 同时,能力的提高又会促进知识的深刻理解和技能的迅速掌握.

例如,学习者不知道什么叫作三角形一边上的高,就不能画出三角形三条边上的高. 相反,若掌握了三角形高的知识,并具有作图的技能,就能准确地作出三角形三条边上的高,这就能帮助我们观察和提出猜想:三角形的三条高所在的直线相交于一点. 凭借已有的知识,运用正确的逻辑推理就能证明这个猜想的正确性. 与此同时,也使学习者的能力得到了发展.

由此可见,数学知识、技能和能力这三者是紧密联系在一起的整体,它们是相辅相成的,并且由于它们之间的相互作用而把学习者的数学学习不断地由一个层次推进到更高的层次.

1.2.1 数学技能与数学活动经验、数学知识的获得

前文已指出,数学技能与经验获得之间的关系是非常密切的. 同样的,数学技能与数学经验、知识的获得之间的关系也是非常密切的. 对于这一点,我们可以用建构主义理论加以论述.

建构主义认为,任何知识经验都是在个体生活及活动的基础上获得的,某一知识经验对个体来说是有意义的,意味着个体与这一知识经验之间进行了相互作用,并且相应的知识已经内化到个体的认知结构中. 数学知识不能像一本书一样从一个人的手里传递到另一个人的手里,必须经过学习者自己对经验的操作、交流和反省来主动建构. 在建构过程中,既需要有作为活动对象的客观知识经验的作用,又需要有活动主体对客观知识的反作用,而且这种反作用与个体已有认知结构的性质密切相关.

在学习者数学知识习得和数学活动经验产生的过程中,已有数学认知结构决定着主体对知识经验的反映形式和反映水平,其中最直接的是反映操作,这是一种心智操作. 反映操作的根本职能是实现客观的数学知识影响向主观的经验结构的转化. 这个转化过程就是能动的反映过程,就是数学活动经验的建构过程. 这里,心智操作是数学活动经验获得的手段,而数学活动经验则是心智操作的产物. 由于心智操作是获得数学活动经验的基础,因此,按照一定法则要求构成的数学技能在数学知识的习得、数学活动经验的获得过程中也具有十分重要的意义. 数学技能是获得数学知识经验的必不可少的条件.

正如张孝达先生在《理解知识,训练技能,发展能力,培养态度》一文中所说的,"初中数学尤其是代数中的技术性知识占有重要的地位,比如,有理数运算法则、整式四则运算法则、解方程步骤、各种图形、图画、证题基本方法等. 这些知识必须转变成技能,否则这些知识既不能巩固,也不能应用;也只有在这些知识转变成技能后,其他的知识,如有理数的性质、运算定律、方程同解原理和图形性质等才能变得有用;也只有在前面知识转变成技能后,才能

比较容易理解新知识. 比如,推导一元二次方程的解的公式,就要有整式运算包括因式分解、分式和根式运算等一系列基本技能,其中任何一个技能不过关,就会使推导产生困难. 数学技能的重要性,越是在基础部分越是显著. 所以,初中数学教学一定要重视基本技能的训练."[1]

1.2.2 数学技能与数学知识的应用

学习者应用数学知识解决问题时,首先要通过阅读题目或相应的材料来理解题意,即明确条件和需要解决的问题,从而明确目标. 在此基础上,从长时记忆中搜索相关的知识经验,并进行选择,再提取那些被认为是解决当前问题的最有效的知识,使它们进入短时记忆中. 然后,在短时记忆(也叫工作记忆)中进行信息加工,使其中的各种信息产生相互作用,直至问题获得解决. 其中,既有问题的解决过程,又有对解题过程的调节和控制,并且,在问题获得解决以后,还有对解题过程的反思. 总之,应用数学知识解决问题的过程中包含了一系列以认知成分为主的操作. 因此,心智操作,像如何判断问题的性质、如何选择问题的表征形式、如何搜索和提取相关知识、如何确定问题的转化方式、如何执行转化以及如何对解题过程进行评价等,构成了一种合乎法则的心智活动方式,即心智技能,它对数学知识的应用起着直接的指导和调节作用,是正确应用数学知识、顺利解决问题的保证. 所以,数学技能是正确应用数学知识的必要条件.

1.2.3 数学技能与数学能力

数学技能与数学能力之间的关系,有各种各样的观点,有的甚至是对立的. 有人认为,"数学能力是形成数学技能的条件和前提,它决定着数学技能形成的速度、深刻程度、熟练程度等,而数学技能又反过来促进能力的提高和发展."[2]我们认为,这种观点是值得商榷的,它把数学能力与数学技能之间的关系搞颠倒了. 我们赞成能力的类化经验说. 按照能力的类化经验说,能力是类化了的经验,是概括化、系统化了的知识与技能. 知识与技能是能力结构的基本构成要素,是活动的自我调节系统中不可缺少的构成部分. 当然,我们必须用系统论的观点来看待知识与技能的概括化和系统化过程,即这个过程不是把知识和技能进行简单相加,在概括化和系统化的过程中,知识与技能都要实现结构重组,其功能将产生质的飞跃. 所以我们说,数学能力是在获得数学知识、数学技能的基础上,通过广泛迁移,不断概括化、系统化,即类化而实现的. 数学技能是数学能力形成与发展的一个重要因素. 或者说,某些数学能力是数学技能的升华.

1.2.4 数学技能与数学活动的控制

数学技能对学习者的数学学习活动的自我调节功能,主要是在活动的控制执行环节中体现. 面对一个数学问题,学习者通过阅读思考,了解了问题的性质,确定了解决问题的方案,即确定了达到目标的动作程序,然后再将方案在活动的控制执行环节中付诸实施,其中,

---

[1] 曹才翰,章建跃. 数学教育心理学[M]. 北京:北京师范大学出版社,2006:227-228.
[2] 丁尔陞. 中学百科全书·数学卷[M]. 北京:北京师范大学出版社,上海:华东师范大学出版社,长春:东北师范大学出版社,1997:393.

数学技能所发挥的作用是至关重要的. 这种重要性主要表现在三个方面:

第一,数学技能决定了数学智力活动的执行顺序. 因为活动顺序反映了数学问题的发展变化的要求,因此这种活动顺序必须在执行中得到控制,保证与数学问题的发展变化相一致,才能实现问题的解决. 要使活动顺序在执行环节中得到控制,则必须使学生头脑中建立起前后动作相继发生的活动经验链索,而技能就是一种链索型的操作经验. 例如,解一元一次方程,就有去分母、去括号、移项、合并同类项和用未知数系数的倒数乘方程的两边等五个步骤,当这些操作性知识经过实际操作训练,使学生获得了一种动觉经验后,就成了一种技能即链索型操作经验. 所以,借助于数学技能,就能使数学活动的顺序在执行环节中得到直接的控制.

第二,数学技能决定了控制每个活动的执行方式. 因为在数学问题解决活动中,必须根据问题中信息的特点,选择对信息的处理及变换方式,这就需要有相当的活动经验,才能在执行环节中确保活动的完成. 例如,代数问题的几何解释、几何问题的代数表示、解方程中的变量代换、代数应用题中未知量的合理选择等,都体现了数学技能在活动执行方式方面的作用.

第三,数学技能决定了数学智力活动的效率. 在解决数学问题的过程中,既有会不会、能不能的问题,又有完成时间的长短问题. 数学技能在提高数学智力活动效率上的作用,即体现在对问题的观察、分析方面,又体现在相关知识的选择方面,还体现在活动过程中的及时调节控制方面. 数学技能水平高的学习者不但表现出活动的正确率高,而且还表现出活动过程设计合理,对相关知识的选择准确、迅速.

如上几点也可以看成是数学技能在数学活动中的重要作用.

1.2.5 数学技能的特性

由前述讨论,我们可以归结一下数学技能所具有的特性:

准确性. 数学活动是受目标指引的思维或行为操作,这些操作又受到活动情境、活动要求等各种因素的控制与调节,这些操作的准确性成为数学技能水平的标志之一.

阶段性. 数学学习是分阶段的,有层次的,因而数学技能具有鲜明的层次性、阶段性. 这也可以从对问题的分析中看出.

顺序性. 数学操作是有一定程序或步骤的,因而数学技能具有顺序性.

自动性. 这是数学技能的显著标志.

协调性. 各种数学操作方式是相互配合的. 这也可以从前述一串问题解析中看到.

习得性. 数学技能是在操练中形成的.

1.3 数学技能的特征

关于数学技能的特征,曹才翰、章建跃先生作了较为深入的探讨,下面介绍他们的观点:[①]

数学活动对象的特殊性决定了数学技能的特殊性. 概括起来有以下几个方面:

---

① 曹才翰,章建跃. 数学教育心理学[M]. 北京:北京师范大学出版社,2006:229-231.

1.3.1 由数学活动对象的高度抽象性决定的特征

众所周知,数学是人类的一种创造性活动,创造的素材是那些具有普遍意义的"模式",即数学的概念和命题、问题和方法等. 由于"模式"是抽象的,因此数学活动就是一种抽象之上再抽象的活动,其中包括了模式的分析、模式的建构、模式的应用、模式的鉴赏等活动. 显然,主体在这样的活动过程中所获得的动作经验也具有高度的抽象性,它有很高的"自由度",因而也就有广泛的适应性,其迁移范围也更加广泛. 另外,这种操作经验不仅来自于掌握具体的数学概念和结论的过程中,更主要的是来自于对数学知识之间相互联系性的分析,来自于掌握有关的方法、问题和语言的过程中.

1.3.2 由数学语言所决定的特征

数学有自己的专门语言. 数学语言是数学思维的载体,是表达数学思想的工具. 数学语言是一种高度抽象的人工符号系统. 数学符号的引进是数学发展的需要,数学的历史已经表明,数学符号的创造和运用对数学的进展具有重要意义. 大量地运用符号正是数学的特点之一,也是数学优越性的体现. 数学技能的水平在很大程度上表现在对数学运算和符号操作的熟练程度上,表现在运用数学语言的技巧水平上. 另一方面,数学技能也表现在数学语言与日常语言(或称为普通语言)的互译上. 事实上,数学语言是以日常语言为解释系统的,通过两种语言的互译,可以使抽象的数学语言在现实生活中找到"原型",从而促进知识的理解和掌握. 实践表明,学习者能用自己的语言解释概念的本质属性是学习者深刻理解概念的一个非常重要的标志,而将日常语言翻译成数学语言则是一项常规的数学活动,是"数学化"的基本过程,是数学应用的必要步骤.

数学符号学习的心理过程也是一个从感性认识到理性认识的过程. 学习者不仅要理解符号引进的必要性,还要理解符号的内涵,更要熟练地掌握它的用法,这样才能达到理性认识. 经过一定的练习,达到能够随心所欲地使用符号和在符号系统中进行运算、推理等活动,并在一个更加抽象的符号系统中把它们作为具体对象,这是符号学习的最高水平.

1.3.3 由数学活动结构的性质决定的特征

数学活动是按一定的动作程序进行的,而这种动作程序是由数学活动对象的发生、发展过程决定的. 数学活动对象是抽象的数学模式,数学活动是抽象之上的再抽象,它的操作主要是借助于内部言语进行的. 由于内部言语是不完全的、片断的,并带有谓语性,因此数学活动动作成分是可以合并、省略和简化的. 另一方面,数学活动有阶段性或层次性之分:①

① 借助于观察、试验、归纳、类比、概括积累事实材料;
② 由积累的材料中抽象出原始概念和公理体系并在这些概念和体系的基础上演绎得建立理论;
③ 应用理论.

因此,数学活动可以看成是按照下列模式进行的思维活动:
① 经验材料的数学组织化;

---

① [苏]A.A.斯托利亚尔. 数学教育学[M]. 北京:人民教育出版社,1984,108.

②数学材料(第一阶段活动的结果中积累的)的逻辑组织化;
③数学理论(第二阶段活动的结果中建立的)的应用.

数学活动的上述三个阶段具有内在联系性,前一阶段是后一阶段的基础,后一阶段是前一阶段的发展.数学活动的层次性也是个体数学活动经验水平发展的一种标志,即数学活动的各个阶段有其相应的数学活动经验水平.因此,与数学活动的层次性相对应,数学技能也有层次性.

1.3.4 数学技能与数学思维方法(认知策略)的比较

我们把数学技能理解为数学领域的自动化基本技能,而把数学思维方法理解为数学领域的策略性知识.下面我们从这两类程序性知识的比较的角度,进一步认识数学技能的特征.

首先,运用数学思维方法进行数学思考,显然要受到思考者的有意识控制,因而要利用认知资源,占用工作记忆空间.一般来说,人在某一时刻进行缜密数学思考的量是有限的,而作为自动化的程序性知识,人们在使用数学技能时几乎是毫无意识的,因此很少占用认知资源.

其次,作为自动化程序性知识,数学技能的运作速度极快;而作为有控制的程序性知识,数学思维方法一般运行较慢,而且有一定的顺序性.例如,在进行因式分解时,对于提取公因式、应用乘法公式等一般是自动化地进行的;但如果要进行分解与组合、配方等运算,因为涉及一定的技巧和策略,需要调动认知资源,因此运行速度会比较慢些.

第三,数学技能一旦达到自动化,个体就很难对其施加有意思的影响;数学思维方法是个体可以有意识监控的知识.

第四,由于数学技能是长期广泛的练习和运用而形成的,"熟能生巧""习惯成自然",因此个体不能对其进行语言描述;数学思想方法往往能够用语言来表述.例如,在用向量法解几何题时,其所用的思想方法可以明确表述为:把点、线、面等几何要素直接归结为向量,对这些向量借助于它们之间的运算进行讨论,然后把这些计算结果翻译成关于点、线、面的相应结果,即

[形到向量]——[向量的运算]——[向量和数到形]

1.4 数学技能的训练

1.4.1 数学技能的形成过程

数学技能的形成过程,就是将一连串外显操作方式和大脑思维操作方式,经过反复练习而达到熟练的、自动化的反应过程.技能的形成是有阶段性的,外显动作技能和内部心智技能的形成过程既有它们的共同点,也有它们各自的特点[①].

外显动作技能的形成,可分为四个阶段:

认知阶段.在此阶段中,学习者要了解与数学技能有关的知识、性能与功用,了解动作的

---

① 田万海.数学教育学[M].杭州:浙江教育出版社,1999:201-206.

难度、要领、主要事项及动作进程. 认知阶段,对指导者来说,包括讲解与示范两个环节;对学习者来说,包括观察、记忆和想象三个环节.

分解阶段. 即掌握局部动作的阶段. 在这一阶段中,指导者先把整套动作分解成若干个局部的动作,经示范由学习者逐个模仿学习,模仿是掌握外显动作技能的基本途径. 在此阶段中,学习者的动作迟缓,动作的正确性、稳定性和协调性都比较差,许多动作必须在视觉的监督之下才能完成,学习者的注意力不能分配到其他活动中去.

连锁阶段. 即掌握整体动作的阶段. 这一阶段是在掌握局部动作的基础上,再将整套动作按一定的顺序联系起来,通过练习,协调各局部动作,使之形成连锁,成为一个整体.

自动化阶段. 即动作协调和完善的阶段. 动作的自动化也就是动作的熟练,是通过多次练习获得的,它标志着外显动作技能已经达到了高级程度. 外显动作技能达到自动化时,动作敏捷,具有高度的准确性、稳定性和灵活性,动作协调一致,各动作之间形成稳定的顺序性,视觉监督的作用大大下降,动觉的控制作用增强了,学习者的注意力可以分配到其他活动中去.

数学学习中主要涉及的是内部心智技能. 内部心智活动属于头脑中进行的数学认知活动,它不像外显动作技能那样呈现可见的外显实际动作,所以对它难以根据动作单元作局部的分割,在解决数学问题的心智活动中,各心理过程的内容和心理环节的过滤,无法像外显动作技能那样划分出明显的界限.

数学心智技能的形成过程也可以分为四个阶段:

认知阶段. 在这一阶段,学习者了解并记住与技能有关的知识及事项,形成表象,了解活动的过程和结果,实际上是知识和法则的学习. 例如,学习利用一元二次函数的图像解一元二次不等式的技能,就要了解一元二次方程、二次不等式、二次函数及图像的有关知识,了解利用图像解一元二次不等式的步骤等. 学好这些知识,便为掌握利用图像解一元二次不等式的技能准备了必要的前提条件.

在这一阶段,学习者能对某一技能用一般的产生方式作出陈述性解释,对这一技能包含的需要执行的行为形成最初的陈述性编码(先干什么后干什么). 这一阶段的技能具有陈述性知识的特征. 实际上,学习者只是在宏观上了解了相应的技能,而对其细节并不熟悉,因此,在使用的时候既要密切关注如何执行其中的各个步骤,又要关注执行各步骤的先后顺序及中间结果. 学习者要想到一步才能执行一步,对每一步都有相当清晰的意识,需要付出大量努力,对整个过程都要做有意识的监控.

示范模仿阶段. 在这一阶段中,指导者进行数学活动的示范,在言语指导的同时,呈现数学活动的过程,学习者根据指导者的示范,模仿着进行这项数学活动,以获得有关的经验. 例如,在学习利用图像解一元二次不等式的过程中,指导者通过例题进行示范:第一步,解相应的一元二次方程;第二步,画出相应的一元二次函数的草图;第三步,根据草图写出一元二次不等式的解集. 在这一阶段中,只有通过指导者的示范和学习者的模仿,学习者才能完成数学活动.

有意识的言语阶段. 在这一阶段中,学习者离开指导者的言语指导和示范,通过自己的言语指导来完成数学活动,或者说是由第二阶段的具体模式的模仿转入言语模仿. 例如,在利用图像解一元二次不等式的过程中,学习者往往是按照上述三个步骤,边说边做,学习者对数学活动的方式是明确意识到的.

无意识的内部言语阶段. 在这一阶段中,心智活动简缩化、自动化、刺激与反应几乎同时发生,似乎不需要意识的参与便能顺利进行心智活动. 在这一阶段,学习者对于心智技能所涉及的数学活动达到了非常熟练的程度. 例如,在上面利用图像解一元二次不等式的三个步骤中,可以略去第二步,只需解出相应的一元二次方程,利用头脑中一元二次函数图像的表象,即能立即写出一元二次不等式的解集.

在这个阶段,整个程序得到进一步完善与协调. 这个阶段,人会变得越来越善于识别条件以及它们之间的细微差别,从而使行动变得越来越适宜和精确,其原因是在这种程序的条件中,有关条件的图式或模式与行动中适当的反应或子目标形成了联系. 使前一阶段条件中具体阐明的陈述性知识与某些特定的行为形成联系并使之程序化,这一阶段使有关条件图式与一连串的适当反应趋向自动化.

1.4.2 数学技能训练的规律

数学技能是通过课内外的数学练习而获得的. 因此,数学技能训练的规律实际上就是数学练习的规律,通常可用练习曲线表示数学技能形成的规律.

首先,练习成绩逐步提高,数学技能逐渐形成. 这种趋势表现在速度的加快和准确性的提高上.

图 1.4-1 表示练习时间和工作量之间的关系,从中可以看出,单位时间内所完成的工作量逐步增加,工作效率不断提高.

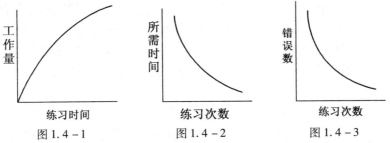

图 1.4-1　　　　图 1.4-2　　　　图 1.4-3

图 1.4-2 表示练习次数与每次练习所需时间之间的关系,从中可以看出,每次练习所需要的时间逐渐减少,练习速度逐步加快.

图 1.4-3 表示练习次数与每次练习的错误数之间的关系,从中可以看出,每次练习的错误数逐渐减少,准确率不断提高.

其次,在多数情况下,如图 1.4-4,技能在训练的初期进步较快,以后就逐渐缓慢,在练习的中期往往出现暂时停顿现象,表现为曲线保持一定的水平而不上升,或者甚至有些下降. 在这之后,又可以看到曲线继续上升. 这就是所谓高原现象.

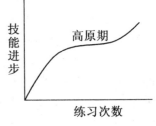

图 1.4-4

高原期产生的原因主要有两个:一是由于成绩的提高需要改变旧的活动结构和活动方式,而代之以新的活动结构和活动方式,在学习者没有完成这个改造之前,成绩就会处于停顿状态;二是由于学习者练习的兴趣降低,甚至产生了厌倦情绪,成绩也会出现暂时的停顿现象.

在技能训练中,如果出现高原现象,指导者要帮助学习者分析原因,指导他们改变旧的活动结构,采用新的方式方法,提高信心,突破高原期,争取新的进步.

第三,在数学技能的训练过程中,成绩会时而上升,时而下降,这就是成绩的起伏现象.这种现象的产生原因不外以下两方面:一是客观条件的变化,如学习环境、练习工具和指导者指导的改变等;二是学习者主观状态的变化,如有无强烈的动机和浓厚的兴趣,注意是否集中、稳定,有无自满情绪,意志努力程度如何,练习的方式有无改变等.

1.4.3 数学技能训练的途径和方法

练习是学习者在指导者的指导下,有组织有目的的学习活动,是知识转化为技能的基本途径.因此,合理地组织练习对于学习者技能的形成具有重要意义,要注意以下三个方面:

首先,对练习要加强指导,提供有效练习的条件.这些条件就是:

(1)明确练习的目的和要求.这是顺利完成练习的内部动因,具备了这种内部动因,就能使学习者的心智活动处于积极的活跃状态之中,就能提高练习的自觉性和主动性.

(2)练习必须有计划、有步骤地进行.技能的形成一般要经过从不会到会和从会到熟两个过程.一般来说,在练习的初期,速度要适当放慢,要严格要求学习者按照一定的程序和步骤进行练习,以保证练习活动的准确性.经过一段时间的练习以后,再由浅入深,逐步提高要求,由单一的练习进到综合的练习.

(3)练习要抓住关键.各种技能的训练都可分解成若干步骤,其中基础性的关键步骤必须特意抓住,练好基本功.例如看图的训练要抓住图形的分解和组合,推理论证的训练要抓住"言必有据"和"书写规范"两条基本要求.

(4)练习方式要多样化.这不仅可以引起学习者对练习的兴趣,保持他们的注意,而且可以促使学习者灵活地运用知识和技能,促进知识、技能的保持和迁移.

(5)要使学习者知道每次练习的结果.让学习者及时了解练习的结果,可以使学习者对正确的部分和错误的部分形成分化,从而纠正错误,提高练习的准确率,促进技能的形成和掌握.

其次,外显动作技能的训练要使学习者形成正确动作的视觉形象与动觉表象的结合,并促进其转化.为此要抓住如下环节:指导者要通过讲解和示范,让学习者形成正确动作的视觉形象,这是培养外显动作技能的重要基础;让学习者模仿指导者的示范,作出正确的动作,使视觉形象与动觉结合起来;让学习者对比动作的动觉与动作的实际效果,促进学习者的动作从依靠视觉控制转化为依靠动觉控制.

最后,培养学习者良好的思维方法和思维品质,促进内部心智技能的形成和提高.为此,要培养学习者具有认真思考的习惯和独立思考的能力;要通过讲解和示范,引导学习者掌握解决数学问题的原则、方法、途径和步骤,培养学习者思维的逻辑性和推理的严密性;要注意形成学习者概括性等多种联想,培养概括能力和思维的灵活性品质,使他们的技能能够广泛地迁移.指导者应注意引导学习者把个别的特殊事例概括为一般的原则和方法,又把一般的原则和方法运用到特殊事例中去,以促进概括能力的形成,加速心智技能的形成和提高.

第二章 数学注意和数学观察

2.1 数学注意技能

在数学活动中,注意力的强弱极大地影响着数学活动的效果.因而掌握一定的数学注意技能是必要的.一般地,数学注意力的强弱常从注意的广度、注意的稳定性、注意的分配、注意的转移这几个方面来衡量的.[①]因而数学注意技能也需从这几个方面来操握.

2.1.1 关注注意的广度

注意的广度是指在同一时间内能清楚地把握对象的数量、结构关系等主要特性.注意的广度实际上是知觉的范围.显然,知觉也是有层次的.

例1 对于方程 $x^4 + 3x^3 + x^2 - 3x - 2 = 0$,感觉有何特点?

有的学习者可能注意到了方程左端前三项系数为正,后两项系数为负;有的学习者可能注意到了方程左端所有项系数之和为零,并且奇次项系数之和与偶数项系数之和也相等,等于零.这里的注意引发的感觉是前者侧重于形式特点,后者侧重于实质特点.

例2 已知 k 为不超过 2 018 的正整数,使得关于 x 的方程 $x^2 - x - k = 0$ 有两个整数根,求这所有的正整数 k 的和.

解析 注意到方程 $x^2 - x - k = 0$ 的根为 $x = \dfrac{1 \pm \sqrt{4k+1}}{2}$ 的形式,再要注意题设这样的根为整数,则 $x^2 - x - k = 0$ 有两个整数根 $\Leftrightarrow 4k+1$ 为奇数的平方.

于是设 $1 + 4k = (2a+1)^2 (a \in \mathbf{N}^*)$,则 $k = a(a+1)$.

还要注意到 k 的限制条件,即 $k \leqslant 2\ 018$,则 $a \leqslant 44$.

因此,所有这些 k 的和为 $1 \times 2 + 2 \times 3 + \cdots + 44 \times 45$.

这里还要注意到怎么简捷地求这个和.这时再注意到

$$a(a+1) = \frac{1}{3}a(a+1) \cdot 3 = \frac{1}{3}a(a+1)(a+2-a+1)$$
$$= \frac{1}{3}[a(a+1)(a+2) - (a-1)a(a+1)]$$

有

$$1 \times 2 + 2 \times 3 + \cdots + 44 \times 45$$
$$= \frac{1}{3}(1 \times 2 \times 3 - 0 \times 1 \times 2) + \frac{1}{3}(2 \times 3 \times 4 - 1 \times 2 \times 3) + \cdots + \frac{1}{3}(44 \times 45 \times 46 - 43 \times 44 \times 45)$$
$$= \frac{1}{3} \times 44 \times 45 \times 46 = 30\ 360$$

[①] 何小亚.数学学与教的心理学[M].广州:华南理工大学出版社,2003:200-204.

此题注意到了 k 的呈现形式及所满足的条件,求解者的求解任务及求解者的认知结构四个方面才最后求得了结果.

对象的呈现形式、主体的知觉任务,以及主体的认知结构是影响注意广度的三个因素.根据知觉的接近律、相似律、闭合律、连续律可以知道,呈现的对象越集中,排列越有规律,就越容易被知觉为一个整体,注意的范围也就越广.如果知觉任务多,那么注意的范围就小;知觉任务越少,注意的范围就越大.主体认知结构中的观念越多,组织得越好,那么注意的范围就越广.反之,注意的范围就越窄.在心理学中,一般都是用速视器来确定注意的广度.测定结果表明,在 0.1 s 的时间内,成人一般能注意到 4~6 个彼此独立的对象.但是,当对象并非彼此独立,而是具有某种意义上的联系时,注意的广度或者说注意的范围就扩大了.例如,如果把 1~9 这 9 个数字杂乱无章地排列着,那么在 0.1 s 的时间内,被试者只能注意到其中的 4~6 个数字.但如果这 9 个数字是按由小到大的顺序排列,那么被试者就能全部注意到它们.例如,如果把例 1 中的方程的各项打乱,重写为
$$x^2 + x^4 + 3x^3 = 3x + 2$$
那么在 0.1 s 的时间内,被试者就难以把上述方程的各项全部抓住,更难以把握住各项系数之间的关系.当然,对象的意义必须为注意者所理解才行,否则这些有逻辑意义的对象对他来说仍然是彼此孤立的.例如,对一个缺少方程知识的被试者而言,例 1 中的方程和上述方程中被注意到的事项的数目没有多大出入.

注意的广度对数学活动具有积极的意义.注意的范围广,就能较多较快地获取信息,可以较全面地把握对象的本质,进而促进知识的学习和问题的解决.

在数学学习中,要提高注意的广度,就要培养学习者从整体上去把握数学对象的能力.要做到这一点,指导者呈现给学习者的数学材料就必须具有一定的意义,而且学习者的数学认知结构中要有相关的知识和经验.因此,指导者应该根据学习者的数学认知结构的特点,选择一些有一定意义的数学材料,引导学习者从小范围到大范围,从大范围到小范围,由局部到整体,由整体到局部,如此反复地训练,就可提高注意的广度.

例如,在合比定理的数学中,指导者可选择这样的问题来训练提高学习者注意的广度:设 x,y,z 是 3 个不同的正整数,并且 $\dfrac{y}{x-z} = \dfrac{x+y}{z} = \dfrac{x}{y}$,那么 $\dfrac{y}{x} = $ _____.

指导者先引导学习者注意每一个分式的结构,然后让学习者注意前面两个分式的分母,接着是 3 个分式的分母,进而是 3 个分式的分子,最后从正体上把握注意到的事实,就可得出问题的答案:由 $\dfrac{x}{y} = \dfrac{y+(x+y)+x}{(x-z)+z+y} = \dfrac{2x+2y}{x+y} = 2$,有 $\dfrac{y}{x} = \dfrac{1}{2}$.

又例如,已知方程组
$$\begin{cases} x + (1+k)y = 0 & \text{①} \\ (1+k)x + ky = 1+k & \text{②} \\ (1-k)x + (12-k)y = -(1+k) & \text{③} \end{cases}$$
有解,试求 k 的值.

指导者在讲解此问题时,不但要引导学习者注意每一方程的特点(横看),而且还要让学习者注意方程之间的特点(竖看).这样,学习者才会作出如下操作:

式②+式③得 $2x+12y=0, x=-6y$,代入式①推得 $k=5$ 或 $y=0$,最后得出 $k=5$ 或 -1.

注意的广度提高之后,主体的认知结构将发生较大的变化,求解数学问题的联想能力也会大增. 一个数学问题不仅会处理,而且可能会有多种处理方案或方法.

例3 若实数 a,b,c 满足 $abc=1$. 求 $\dfrac{a}{ab+a+1}+\dfrac{b}{bc+b+1}+\dfrac{c}{ca+c+1}$ 的值.

解析1 注意到 $abc=1$,则知 a,b,c 均不为零,且由 $abc=1$,有

$$原式 = \frac{a}{ab+a+1}+\frac{a}{a}\cdot\frac{b}{bc+b+1}+\frac{ab}{ab}\cdot\frac{c}{ca+c+1}$$

$$= \frac{a}{ab+a+1}+\frac{ab}{1+ab+a}+\frac{1}{a+1+ab}$$

$$= \frac{a+ab+1}{a+ab+1}=1$$

解析2 注意到 $abc=1$,则 $a\neq0, b\neq0, c\neq0$,且由 $abc=1$,有

$$原式 = \frac{a}{ab+a+abc}+\frac{b}{bc+b+1}+\frac{b}{b}\cdot\frac{c}{ca+c+1}$$

$$= \frac{1}{b+1+bc}+\frac{b}{bc+b+1}+\frac{bc}{1+bc+b}$$

$$= \frac{1+b+bc}{bc+b+1}=1$$

解析3 注意到 $abc=1$,则 $a=\dfrac{1}{bc}$. 将其代入原式中,有

$$原式 = \frac{\dfrac{1}{bc}}{\dfrac{1}{bc}\cdot b+\dfrac{1}{bc}+1}+\frac{b}{bc+b+1}+\frac{c}{c\cdot\dfrac{1}{bc}+c+1}$$

$$= \frac{1}{b+1+bc}+\frac{b}{bc+b+1}+\frac{bc}{1+bc+b}$$

$$= \frac{1+b+bc}{bc+b+1}=1$$

注 上例中,对同一已知条件可以从各种不同的角度注意它.

例4 如果 AB 和 BC 组成一条圆 O 的折弦 ($BC>AB$),如图 2-1, M 为 $\overparen{ABC}$ 的中点,则从点 M 向弦 BC 作垂线的垂足 D 是折弦 $\overparen{ABC}$ 的中点,即 $AB+BD=DC$.

这道例题结论叫作阿基米德折弦定理.

此例中,首先注意到的是 M 为 $\overparen{ABC}$ 的中点,则有 $MA=MC$. 其次注意到的是 D 为垂足,有直角三角形或垂线.

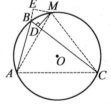

图 2-1

再次就是注意怎么作辅助线,使得有三角形全等,得到和 BD 或者 AB 相等的线段来转化而证得结论.

由于注意到的角度不同. 可有如下几种证法:

证法 1 由 $MA = MC$ 有 $\angle MAC = \angle MCA$，如图 2-1.

延长 AB，作 $ME \perp$ 直线 AB 于点 E，则

$$\angle EBM = \angle MCA = \angle MAC = \angle CBM = \angle DBM$$

于是

$$Rt\triangle MDB \cong Rt\triangle MEB$$

亦有 $BD = BE$.

此时，还有 $MD = ME$. 又注意 $MC = MA$，则

$$Rt\triangle MDC \cong Rt\triangle MEA$$

即有 $DC = EA$.

故 $DC = EA = AB + BE = AB + BD$.

证法 2 如图 2-2，由 $MA = MC$，在 CD 截取点 E，使 $CE = AB$，注意到 $\angle ECM = \angle BAM$，则 $\triangle ECM \cong \triangle BAM$，有 $ME = MB$.

注意到 $MD \perp BC$，则知 $\triangle MBE$ 的 BE 边的中点为 D. 即 $DE = BD$. 从而

$$DC = DE + EC = BD + AB$$

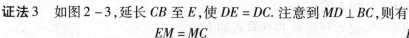

图 2-2

证法 3 如图 2-3，延长 CB 至 E，使 $DE = DC$. 注意到 $MD \perp BC$，则有

$$EM = MC$$

由 M 为 $\overset{\frown}{ABC}$ 中点，有 $MA = MC = ME$.

又注意 $\angle MED = \angle MCD = \angle MAB$ 及 BM 公用，知 $\triangle BAM \cong \triangle BEM$，从而 $BA = BE$.

故 $DC = DE = BD + EB = BD + AB$.

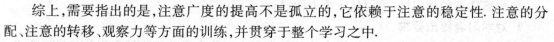

图 2-3

例 4 还可以给出一系列证法，我们就留给读者了.

综上，需要指出的是，注意广度的提高不是孤立的，它依赖于注意的稳定性. 注意的分配、注意的转移、观察力等方面的训练，并贯穿于整个学习之中.

2.1.2 关注注意的稳定性

注意的稳定性即是注意的持久性. 可以是指注意能在较长时间内集中于某种事物或活动上，是注意在时间上的特征. 注意的稳定性是数学活动的一个重要基础. 注意的稳定性高，就能在较长的时间内持续地学习和解决问题，否则就容易分心（即注意离开当前的对象而转向其他的对象），半途而废. 值得注意的是，注意的稳定性对不同年龄段的学生是有差别的. 例如，将注意集中于教师授课内容的时间，小学生在 15~20 min，中学生在 20~40 min. 如果在注意的过程中能让注意有几秒钟的分散，或者说是一种短暂的休息，就可以使注意保持更长的时间.

注意的持久性，也可以是指对某一对象的关注持久，持之以恒，或者说比较专心. 数学思维的缜密离不开专心.

例 5 求性质如下的最小自然数 n，它的最后一位数字是 6，将这个最后数字 6 移到其余数字的最前面，则所得数是原数 n 的 4 倍.

解析 首先注意题设条件中的数字 6 与 4 倍以及几个关键词：最小，最后，最前面. 于是，可设

$$n = \cdots FEDCBA6$$

其中 A, B, C 等分别是所在数位上的数字.

做竖式乘法

$$\begin{array}{r} \cdots FEDCBA\,6 \\ \times \qquad\qquad 4 \\ \hline \cdots FEDCBA \end{array}$$

此时,注意到题设,知当 $A, B, C, \cdots$ 中第一次出现数字 6 时,就得到了所求的数. 注意到由 4×6 知 $A = 4$,把 A 写成 4 后算式为

$$\begin{array}{r} \cdots FEDCB4\,6 \\ \times \qquad\qquad 4 \\ \hline \cdots FEDCB4 \end{array}$$

注意到 4×4 知 $B = 8$,把 B 写成 8;

注意到 4×8 知 $C = 3$,把 C 写成 3;

注意到 4×3 知 $D = 5$,把 D 写成 5;

注意到 4×5 知 $E = 1$,把 E 写成 1;

注意到 4×1 知 $F = 6$,把 F 写成 6. 再列算式如下

$$\begin{array}{r} \cdots 6\,1\,5\,3\,8\,4\,6 \\ \times \qquad\qquad 4 \\ \hline 6\,1\,5\,3\,8\,4 \end{array}$$

所以 $n = 615384$.

上例中,一系列的注意才使得问题获得解决. 注意的稳定性在这里发挥了重要作用.

要提高注意的稳定性,可以从 3 个方面进行:

1. 对学习者提出要求

注意的稳定性与自律密切相关. 自律是凭借意志力使自己的行为符合规范与目标要求. 自律性的提高依赖于组织纪律性. 因此,健全各项规章制度,加强组织纪律性的教育,形成良好的学习风气,是培养和提高学习者注意稳定性的基础. 组织纪律性的培养与良好行为习惯的形成不是一蹴而就的,应该从小加以培养. 无论是课堂学习还是作业,指导者都应该向学习者提出明确的要求,教育和帮助学习者克服分散注意力的不良倾向,帮助他们养成有计划地进行学习和工作的习惯,使学习者在学习时专心致志地学习,从而提高学习者注意的稳定性.

2. 防止大脑过度疲劳

在学习中,要充分考虑不同年龄段学习者注意的稳定性的特点,防止大脑过度疲劳. 过度疲劳,势必引起注意的分散. 特别是低年龄的学习者,由于他们集中保持注意的时间较短,因此,不能让他们长时间地学习,要适时地给学习者松弛大脑的机会,使他们处于和谐的有节奏的学习状态. 要实现这一目标,幽默、风趣、激情是指导者必备的素质.

3. 激发学习的兴趣

提高学习者注意的稳定性,除了"严格要求"这种强制性的手段之外,比较积极主动的方法是,利用学习者天生具备的好动、好奇、好胜的心理特征,充分挖掘教材中的趣味因素,激发学习者学习的兴趣. 激发学习兴趣的方法多种多样. 例如,树立良好的指导者形象,创设

民主和谐的课堂氛围,使学习者亲近指导者,热爱学习;精心设问,趣味引入,拨动好奇心,激发求知欲;让学习者动脑、动手、动口,使他们在活动中学;悬念结尾设伏笔,开启求索之天地;数形结合,以形引趣;欣赏数学之美,为数学而动心,等等.

2.1.3 关注注意的分配

注意的分配是指,在同一时间内将注意指向两种以上不同的对象或活动.

注意分配的水平取决于几种活动的性质、复杂程度及人对活动的熟练程度等条件. 具体地说,在同时进行着的两种活动中,必须有一种是熟悉的,"自动化"了的或"部分自动化"了的. 人们对于熟悉的、自动化了的活动就不需要更多的注意,而把注意的中心集中在比较生疏的活动上.

例6 把下列各式的分母有理化:

(1) $\dfrac{1}{\sqrt[3]{25}+\sqrt[3]{5}-3}$;(2) $\dfrac{1}{\sqrt[3]{4}+3\sqrt[3]{2}+1}$.

解析 (1)首先注意到,为了达到分母有理化(分母不含根式)的目的,只要能找到非零常数 B,使得 $(\sqrt[3]{25}+\sqrt[3]{5}-3)B$ 为一有理数即可. 但这时还需注意由于 $\sqrt[3]{25},\sqrt[3]{5},3$ 组成的所有乘积项(包括自乘)只有这样的三项:$a\sqrt[3]{25},b\sqrt[3]{5},c$(其中 a,b,c 为有理数),于是可设

$$B = a\sqrt[3]{25}+b\sqrt[3]{5}+c$$

再由 $(\sqrt[3]{25}+\sqrt[3]{5}-3)B$ 为有理数,确定出一组有理数 a,b,c 的值即可.

于是

$$(\sqrt[3]{25}+\sqrt[3]{5}-3)B$$
$$= (b+c-3a)\sqrt[3]{25}+(5a-3b+c)\sqrt[3]{5}+5a-5b-3c$$

令 $\begin{cases} b+c-3a=0 \\ 5a-3b+c=0 \end{cases} \Rightarrow \begin{cases} b=2a \\ c=a \end{cases}$.

不妨取 $a=1$,可得 $b=2,c=1$. 从而

$$(\sqrt[3]{25}+\sqrt[3]{5}-3)(\sqrt[3]{25}+2\sqrt[3]{5}+1)=12$$

故

$$\dfrac{1}{\sqrt[3]{25}+\sqrt[3]{5}-3}=\dfrac{1}{12}(\sqrt[3]{5}+1)^2$$

(2)同样可设 $a\sqrt[3]{4}+b\sqrt[3]{2}+c=B(a,b,c$ 为有理数),则

$$(\sqrt[3]{4}+3\sqrt[3]{2}+1)B$$
$$=(a+3b+c)\sqrt[3]{4}+(a+b+3c)\sqrt[3]{2}+6a+2b+c$$

令 $\begin{cases} a+3b+c=0 \\ a+b+3c=0 \end{cases} \Rightarrow \begin{cases} a=-8b \\ c=5b \end{cases}$.

取 $b=-1$,可得

$$a=8,b=-5,6a+2b+c=41$$

从而

$$(\sqrt[3]{4}+3\sqrt[3]{2}+1)B=41$$

故
$$\frac{1}{\sqrt[3]{4}+3\sqrt[3]{2}+1}=\frac{1}{41}(8\sqrt[3]{4}-\sqrt[3]{2}-5)$$

注意的分配在数学活动中有着重要的意义,它关系到数学活动的成败. 学习者在解题中,由于注意分配不周而出现顾此失彼的现象是屡见不鲜的. 例如,在解一元一次方程 $\frac{3x-1}{2}-\frac{5-x}{3}=1$ 时,不少学习者去分母时只注意到方程左边乘以 6,却没有注意到方程的右边也应乘以 6. 又例如,某些学习者在化简 $\frac{\cos(\alpha-\pi)\tan(-\alpha+\pi)}{\sin(\pi-\alpha)\cot(2\pi-\alpha)}$ 时,在用诱导公式算出 4 个三角函数值后,竟然没有注意写上括号,出现了乘号与负号连写的错误

$$原式=\frac{-\cos\alpha-\tan\alpha}{\sin\alpha-\cot\alpha}=-\tan\alpha$$

如何改善注意的分配呢? 由于注意分配的水平取决于同时并进的几种活动的性质、复杂程度以及人们对活动的熟悉或熟练程度等条件,因此,改善注意的分配要注重训练.

1. 加强基本技能训练,使之达到熟练的程度

如果没有一定的知识和经验,没有掌握最基本的技能,要想使注意指向不同的对象或活动,那是很困难的. 要改善注意的分配,就必须加强最基本技能的训练,并使之达到熟练的程度. 例如,在解一些计算题时,首先要掌握运算的通法法则,熟记一些常用的数据,能熟练地进行计算,这样才有可能将注意分配到更多的对象上,才有可能发现计算对象的特殊性,并采取相应的算法. 比如:要计算 $13+15-12+27-16-26+14-20-11-15+19+10$,可以按顺序

$$13+(15-12)-16+(27-26)+(14-15)+(-20+19)+(-11+10)$$

进行,很快就得出答案是 -2. 在此过程中,注意的中心不在计算括号内的加减,而是分配到搜索能相互"抵消"的项上.

2. 加强综合训练,全面把握对象

要使注意分配到多个对象上,就必须选择一些较复杂的、涉及知识点较多的材料对学习者进行综合训练,使他们能全面把握呈现的材料,逐渐形成将注意分配于多个局部对象的习惯.

例如,求函数 $y=\sqrt{\frac{x^2-2}{x+1}}+\lg\sin x$ 的定义域. 这是一道涉及知识点较多的综合题,解决问题的关键是建立不等式组,而不等式组的建立则依赖于注意的分配,既要注意到根式和分式成立的条件,又要注意对数函数和正弦函数的性质,这样才能避免顾此失彼的错误.

2.1.4 关注注意的转移

注意的转移是指,根据新的需要,主动地把注意从一个对象转移到另一个对象上去. 注意转移能力的强弱反映了一个人的灵活性. 在探索问题的解法时,适时地转移自己的分析思路,对问题的解决非常重要.

心理学的研究表明,注意转移的快慢与难度依赖于原来注意的紧张程度. 原来注意的紧张程度越大,注意的转移就越困难、越缓慢;反之,注意的转移就比较容易. 指导者在数学学习指导中,要把握好注意的集中与转移的度. 既要让学习者注意听讲,又要让学习者不要被

某些问题缠住. 在解题时,既要做到全神贯注,又要适时从旧模式中解脱出来.

要提高学习者的注意转移能力,可以从以下方面去训练学习者:

1. 多观察,多联想

在指导过程中,要结合实际问题,使学习者养成多观察、多联想的习惯. 从观察已知条件中产生一系列的联想,并从联想的结果中得出由条件推出的结论,再从多个结论中选择出有用的部分. 引导学习者一些联想的基本方法,如类比联想、关系联想、由部分联想到整体等. 这样的训练可以帮助学习者克服思维定式的消极影响,提高注意的转移能力.

2. 训练学习者转换思路

在解决问题的思路探索过程中,要求学习者会摆脱熟悉的模式,能从错误思路中退出并及时转向,学会逆向思考、逆用公式、逆用法则、逆用定理.

3. 适当运用一题多解

指导者在平时的指导中,应有意识地挖掘教材的潜在功能,选择适当的问题,启发引导学习者以问题为出发点,不局限于单一的解题思路和方法,从不同的角度、用不同的方法去分析问题和解决问题,以训练学习者转移注意的技能.

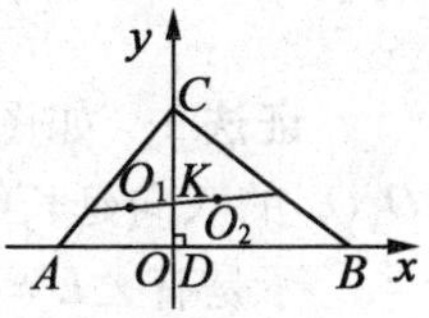

例 7 如图 2 – 4,在 Rt$\triangle ABC$ 中,$\angle ACB$ 为直角,$CD \perp AB$ 于 D,$\triangle ADC$ 和 $\triangle CDB$ 的内心分别为 O_1,O_2,O_1O_2 与 CD 交于 K,则

$$\frac{1}{BC} + \frac{1}{AC} = \frac{1}{CK}$$

证法 1 以 D 为原点,AB 所在直线为 x 轴建立直角坐标系,设 $C(0,1)$,$B(m,0)$,则由 $DC^2 = AD \cdot DB$ 有 $A\left(-\frac{1}{m},0\right)$,圆 O_2 的半径 $r_2 = \frac{1}{2}(1 + m - \sqrt{1+m^2})$,圆 O_1 的半径 $r_1 = \frac{r_2}{m}$. 于是 $O_2(r_2, r_2)$,$O_1\left(-\frac{r_2}{m}, \frac{r_2}{m}\right)$,$O_1O_2$ 的方程为 $(1-m)x + (1+m)y = 1 + m - \sqrt{1+m^2}$,所以 $K\left(0, 1 - \frac{\sqrt{1+m^2}}{1+m}\right)$,从而 $CK = \frac{\sqrt{1+m^2}}{1+m}$,而 $BC = \sqrt{1+m^2}$,$AC = \frac{1}{m}\sqrt{1+m}$.

图 2 – 4

由此即证得结论成立.

证法 2 如图 2 – 5,设 O_1O_2 的延长线分别与 AC,BC 交于 M,N. 联结 CO_1,DO_1,DO_2.
由 Rt$\triangle ACD \sim$ Rt$\triangle CBD$,知

$$\frac{DO_1}{DO_2} = \frac{AC}{BC}$$

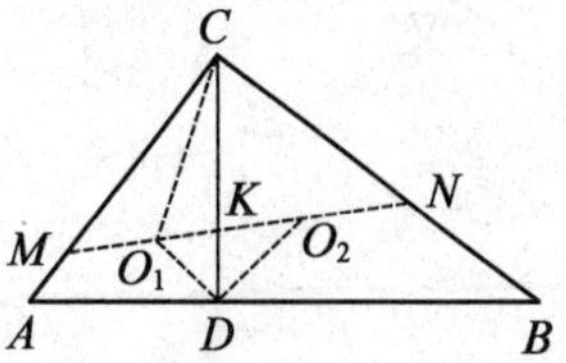

又

$$\angle O_1DO_2 = 90°$$

则

$$\triangle O_1DO_2 \sim \triangle ACB$$

即

$$\angle O_2O_1D = \angle BAC$$

因此 O_1,M,A,D 四点共圆.

故

$$\angle CMN = \angle ADO_1 = \angle CDO_1 = 45°$$

图 2 – 5

于是
$$\triangle CMO_1 \cong \triangle CDO_1$$
即 $CM = CD$. 同理 $CD = CN$.

设 $\angle BCD = \alpha$, 则 $\angle ACD = 90° - \alpha$. 于是由弦角公式, 有
$$\frac{\sin 90°}{CK} = \frac{\sin \alpha}{CM} + \frac{\sin(90° - \alpha)}{CN}$$
即
$$\frac{1}{CK} = \frac{\sin \alpha}{CD} + \frac{\cos \alpha}{CD}$$
但
$$\sin \alpha = \frac{CD}{BC}, \cos \alpha = \frac{CD}{AC}$$
故
$$\frac{1}{CK} = \frac{1}{BC} + \frac{1}{AC}$$

证法 3 如图 2-6, 延长 BC 到 E, 使 $CE = AC$, 联结 AE. 设 O_1O_2 的双向延长线分别与 AC, BC 相交于 M, N.

于是有 $\angle E = 45°$.

由证法 2 知
$$CM = CD, \angle CMK = 45°$$
又
$$\angle B = \angle MCK$$
则
$$\triangle ABE \backsim \triangle KCM$$

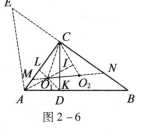

图 2-6

即
$$\frac{AB}{BE} = \frac{CK}{CM}$$
即
$$CK \cdot BE = CM \cdot AB$$
又
$$\frac{CK}{BC} + \frac{CK}{AC} = \frac{CK}{BC}\left(1 + \frac{BC}{AC}\right)$$
$$= \frac{CK}{BC} \cdot \frac{AC + BC}{AC} = \frac{CK}{BC} \cdot \frac{BE}{AC}$$
$$= \frac{CM \cdot AB}{BC \cdot AC} = \frac{CD \cdot AB}{BD \cdot AC} = 1$$
故
$$\frac{1}{BC} + \frac{1}{AC} = \frac{1}{CK}$$

证法 4 如图 2-6, 设 O_1O_2 的双向延长线分别与 AC, BC 相交于 M, N, 又设 $\angle ACD = \alpha$, 则 $\angle BCD = 90° - \alpha$. 从而

$$\sin\alpha + \cos\alpha = \frac{CD}{BC} + \frac{CD}{AC} \qquad ①$$

又由

$$S_{\triangle MCK} + S_{\triangle NCK} = S_{\triangle MCN}$$

有

$$CK \cdot CM \cdot \sin\alpha + CK \cdot CN \cdot \cos\alpha = CM \cdot CN$$

于是由证法 $2: CM = CD = CN$ 知

$$CK(\sin\alpha + \cos\alpha) = CD \qquad ②$$

将①代入②得

$$CK\left(\frac{CD}{BC} + \frac{CD}{AC}\right) = CD$$

故

$$\frac{1}{BC} + \frac{1}{AC} = \frac{1}{CK}$$

证法 5 如图 $2-7$,分别延长 DO_1, DO_2 交 AC, BC 于 E, F,连 O_1C, O_2B.

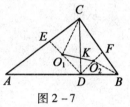

图 $2-7$

显然

$$\triangle DO_1C \backsim \triangle DO_2B$$

由此可知

$$\triangle DO_1O_2 \backsim \triangle DCB$$

则

$$\angle DO_1K = \angle DCB = \angle A$$

即

$$\angle CKO_1 = \angle DO_1K + 45° = \angle A + 45° = \angle CEO_1$$

于是

$$\triangle CKO_1 \cong \triangle CEO_1$$

则 $CK = CE$,同理

$$CK = CF$$

从而

$$CE = CK = CF$$

又

$$\frac{CE}{EA} = \frac{CD}{DA}, \frac{CF}{FB} = \frac{CD}{DB}$$

且

$$\frac{CD}{DA} = \frac{DB}{CD}$$

则

$$\frac{CE}{EA} = \frac{FB}{CF}$$

即

$$\frac{CK}{AC - CK} = \frac{BC - CK}{CK}$$

化简,变形得
$$\frac{1}{BC}+\frac{1}{AC}=\frac{1}{CK}$$

证法 6 如图 2-7,设 Rt$\triangle ADC$ 和 Rt$\triangle CDB$ 的内切圆半径分别为 r_1,r_2.

因
$$\triangle DO_1C \backsim \triangle DO_2B$$

则
$$\frac{r_1}{r_2}=\frac{CD}{DB}=\frac{AC}{BC}$$

或
$$CD \cdot r_2=DB \cdot r_1, \frac{r_1}{r_1+r_2}=\frac{AC}{AC+BC}$$

易知
$$DK=\frac{2r_1r_2}{r_1+r_2}$$

从而
$$\begin{aligned}CK&=CD-\frac{2r_1r_2}{r_1+r_2}\\&=\frac{CD \cdot r_1+CD \cdot r_2-2r_1r_2}{r_1+r_2}\\&=\frac{r_1(CD+DB)-2r_1r_2}{r_1+r_2}\end{aligned}$$

又
$$CD+DB=2r_2+BC$$

则
$$CK=\frac{r_1 \cdot BC}{r_1+r_2}=\frac{AC \cdot BC}{AC+BC}$$

故
$$\frac{1}{BC}+\frac{1}{AC}=\frac{1}{CK}$$

证法 7 欲证式可等价变换成
$$(AC+BC)CK=AC \cdot BC \qquad ③$$

如图 2-8,延长 BC 至 E,使 $CE=CA$,则
$$③ \Leftrightarrow BE \cdot CK=AC \cdot BC=AB \cdot CD$$
$$\Leftrightarrow \frac{BE}{AB}=\frac{CD}{CK} \qquad ④$$

式④左边为 $\triangle ABE$ 两边之比,而右边则不是. 因此,要设法将右边转换成一个三角形的两边之比.

于是,联结 DO_1 并延长交 AC 于 L. 若 $CK=CL$,则
$$④ \Leftrightarrow \frac{BE}{AB}=\frac{CD}{CL} \Leftrightarrow \triangle ABE \backsim \triangle LCD \qquad ⑤$$

因 $\angle ABC = \angle ACD$（同为 $\angle BCD$ 的余角），$\angle AEC = \angle CDL = 45°$，故式⑤成立.

因此，只要证明 $CK = CL$ 即可，于是我们的问题等价于

$$\triangle CKO_1 \cong \triangle CLO_1$$
$$\Leftrightarrow \triangle CKM \cong \triangle CLD$$
$$\Leftrightarrow \triangle CDO_1 \cong \triangle CMO_1$$
$$\Leftrightarrow \angle CMK = \angle CDL = 45°$$

而这只要证明 Rt$\triangle CMN$ 等腰：$CM = CN$. 设 I 为 $\triangle ABC$ 的内心，这等价于 $\angle ACB$ 平分线 $CI \perp MN$.

联结 AO_1、延长必过 I，联结 CO_2，则因 $\angle CAI = \frac{1}{2}\angle BAC = \frac{1}{2}\angle BCD = \angle BCO_2$，从而

$$\angle CAI + \angle ACO_2 = 90°$$

亦即

$$AI \perp CO_2$$

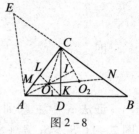

图 2-8

同理可证，$BI \perp CO_1$. 从而点 I 是 $\triangle CO_1O_2$ 的垂心. 因此 $CI \perp O_1O_2$. 于是结论获证.

上述例题，我们给出了 7 种证法. 若从注意技能讲，证法 1 是注意不作辅助线，运用解析法通过计算来证，而证法 2～证法 7 注意的是怎么作辅助线来证明，这是一种注意转移. 在证法 2～证法 7 中作辅助线时，由于注意到各种不同情形的找三角形相似或全等，这又是另一种类型的注意转移.

前面的用解析法的这种注意转移技能可以说是从形转移到数的转移，也可以从数转移到形，请看下例：

例8 已知 $a,b,m \in \mathbf{R}^*$，且 $a < b$，求证：$\dfrac{a+m}{b+m} > \dfrac{a}{b}$.

解析 此题是一个典型的代数不等式问题，它表明了真分数的一个性质. 注意到代数结构，可由 $b > a$，有 $bm > am$，亦有 $ab + bm > ab + am$，从而 $(a+m)b > (b+m)a$，由此即证得结论.（此例的其他代数证法可参见本套书中的《数学眼光透视》第三章思考题第 1 题解答.）在此，我们进行注意转移，注意从几何角度给出其证明.

证法 1 注意到直角三角形，作 Rt$\triangle ABC$，设 $AC = a, AB = b$，延长 AC, AB 到 D, E，使 $CD = BE = m$，联结 DE, BD, CE. 如图 2-9. 则

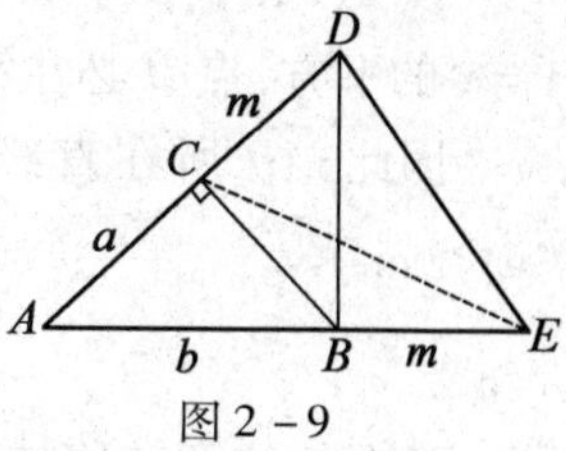

$$S_{\triangle BCD} > S_{\triangle BCE}, S_{\triangle ABD} > S_{\triangle ACE}$$

即

$$\frac{1}{2} \cdot b(a+m) \cdot \sin A > \frac{1}{2} \cdot a \cdot (b+m) \sin A$$

所以

$$\frac{a+m}{b+m} > \frac{a}{b}$$

图 2-9

证法 2 注意到正三角形，以 $a+m+b$ 为边长作正 $\triangle ABC$，如图 2-10. 则

$$S_{\triangle BDG} = S_{\triangle EFC}, S_{\triangle DEG} > S_{\triangle DEF}$$

则

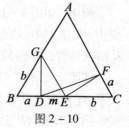

图 2-10

$$S_{\triangle BEG} > S_{\triangle DCF}$$

$$\frac{1}{2} \cdot b \cdot (a+m) \cdot \sin 60° > \frac{1}{2} \cdot a(b+m) \cdot \sin 60°$$

即

$$\frac{a+m}{b+m} > \frac{a}{b}$$

证法 3 注意到矩形,以 $a+m,b+m$ 为边长作一矩形,如图 2-11,$S_1 > S_3,S_1+S_2 > S_2+S_3$,则

$$b(a+m) > a(b+m)$$

即

$$\frac{a+m}{b+m} > \frac{a}{b}$$

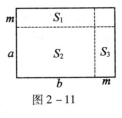

图 2-11

证法 4 注意到直角梯形.

作上底为 a,下底为 b,高为 $b+m+a$ 的直角梯形 $ABCD$,如图 2-12.

则

$$S_{\triangle ADE} = S_{\triangle BCF}, S_{\triangle EFC} > S_{\triangle DEF}$$

所以

$$S_{\triangle BCE} > S_{\triangle AFD}$$

即

$$\frac{1}{2} \cdot b \cdot (a+m) > \frac{1}{2} \cdot a(b+m)$$

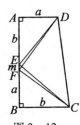

图 2-12

故

$$\frac{a+m}{b+m} > \frac{a}{b}$$

证法 5 注意到点的坐标.

设 $A(b,a),B(-m,-m)$,则知点 A 必在第一象限内且在直线 $y=x$ 的下方,点 B 必在第三象限内且直线 $y=x$ 上,如图 2-13.

因此,AB 所在直线的倾斜角大于 OA 所在直线的倾斜角,即 $k_{AB} > k_{OA}$,故

$$\frac{a+m}{b+m} > \frac{a}{b}$$

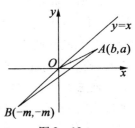

图 2-13

如上的注意转移技能已向能力迈进了.如果注意转移技能越强就成为一种能力了.下面的例题可以说明这一点.

例 9 如图 2-14,给定锐角 $\triangle ABC$,点 O 为其外心,直线 AO 交边 BC 于点 D,动点 E,F 分别位于边 AB,AC 上,使得 A,E,D,F 四点共圆,求证:线段 EF 在边 BC 上的射影的长度为定值.

证明 如图 2-14,注意到三角形的外心、垂心之间的密切关系,即它们是其等角共轭点,于是,作 $AP \perp BC$ 交圆 O 于点 P,显然垂心 H 在 AP 上.

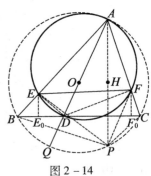

图 2-14

于是,若令 $\angle BAD = \alpha, \angle DAP = \beta$,则 $\angle PAC = \alpha$.

延长 AD 交圆 O 于点 Q,则 AQ 为圆 O 的直径.

设圆 $AEDF$ 的直径为 d,联结 PE, PF, DE, DF,运用正弦定理及托勒密定理,有

$$S_{AEPF} = S_{\triangle AEP} + S_{\triangle APF}$$
$$= \frac{AP}{2}[AE \cdot \sin(\alpha + \beta) + AF \cdot \sin \alpha]$$
$$= \frac{AP}{2d}(AE \cdot DF + AF \cdot ED)$$
$$= \frac{AP}{2d}AD \cdot EF$$
$$= \frac{AP}{2}AD \cdot \sin A$$

注意到 $AP, AD, \sin A$ 均为定值,即知 S_{AEPF} 为定值.

设 EF 在 BC 上的射影为 E_0F_0,且 EF 与 AP 的夹角为 θ.

注意到 $S_{AEPF} = \frac{1}{2}AP \cdot EF \cdot \sin \theta$,及 AP 为定值,S_{AEPF} 为定值,知 $EF \cdot \sin \theta$ 为定值.

由于 $AP \perp BC$,知 $E_0F_0 = EF \cdot \sin \theta$ 为定值.

注 (1)在上述推证中,$\sin(\alpha + \beta)$ 中的 $\alpha + \beta$ 由夹角 $\angle EAP$ 经注意转移变为圆 $AEDF$ 中弦 DF 所对的夹角 $\angle DAF$,$\sin \alpha$ 中的 α 由夹角 $\angle PAF$ 易位变为圆 $AEDF$ 中弦 ED 所对的夹角 $\angle EAD$,使得问题化归为易判断.

(2)等角共轭点即 $\angle OAB = \angle HAF$, $\angle OBA = \angle HBC$, $\angle DCB = \angle HCA$ 的点 O, H.

例 10 如图 2-15,凸四边形 $ABCD$ 内接于圆 O,对角线 AC 与 BD 相交于点 P,$\triangle ABP$,$\triangle CDP$ 的外接圆相交于点 P 和另一点 Q,且 O, P, Q 三点两两不重合,试证:$\angle OQP = 90°$.

证明 注意到题设图形特性. 如图 2-15,设 O_1, O_2 分别为 $\triangle ABP$ 和 $\triangle PCD$ 的外心,联结 O_2P 并延长交 AB 于点 H,联结 O_2D,于是,$\angle BPH = \angle O_2PD = 90° - \frac{1}{2}\angle DO_2P = 90° - \angle DCP = 90° - \angle ABD$,从而 $\angle PHB = 90°$,即 $O_2P \perp AB$.

又 $OO_1 \perp AB$,则 $OO_1 \parallel O_2P$.

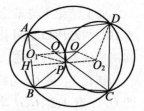

图 2-15

同理 $OO_2 \parallel O_1P$. 于是,四边形 O_1PO_2O 为平行四边形.

设 E 为 OP 的中点,F 为 PQ 的中点,则 $EF \parallel OQ$,且 E 在 O_1O_2 上,从而 $O_1O_2 \parallel OQ$. 注意到 O_1O_2 是 PQ 的中垂线,从而 $PQ \perp OQ$,故 $\angle OQP = 90°$.

再注意这道试题,运用转移的眼光看待它时,则有如下结论:

结论 1 四边形 $ABCD$ 内接于圆 O,对角线所在直线 AC 与 BD 相交于点 P. $\triangle ABP$ 与 $\triangle CDP$ 的外接圆的另一交点为 Q,且 O, P, Q 三点两两不重合,则 $\angle OQP = 90°$.

证明 内接于圆的四边形可以是凸四边形,也可以是折四边形. 因而本题分两种情形讨论,如图 2-16,图 2-17,联结 BO, BQ, CO, CQ,在射线 PQ 上取一点 K.

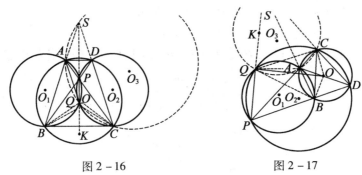

图 2-16　　　　　　　图 2-17

对于凸四边形 $ABCD$ 内接于圆 O,可按例 10 的证法来证.也可如下证.如图 2-16,由 $\angle BQC = \angle BQK + \angle KQC = \angle BAC + \angle BDC = 2\angle BAC = \angle BOC$,即知 B,C,O,Q 四点共圆,于是,$\angle OQK = \angle OQC + \angle KQC = \angle OBC + \frac{1}{2}\angle BOC = 90°$,故 $\angle OQP = 180° - \angle OQK = 90°$.

对于折四边形 $ABCD$ 内接于圆 O,如图 2-17,由 $\angle BQC = \angle BQK - \angle KQC = (180° - \angle BQP) - \angle KQC = 180° - \angle BAP - \angle BDC = 180° - 2\angle BDC = 180° - \angle BOC$,即知 Q,B,O,C 四点共圆.

于是 $\angle OQK = \angle BQK - \angle OQB = (180° - \angle BDC) - \angle OCB = 180° - (\frac{1}{2}\angle BOC + \angle OCB) = 180° - 90° = 90°$,故 $\angle OQP = 90°$. 证毕.

如果再转移视角,结论 1 也可改述为下述图形的命题:

结论 2 已知 $\triangle PCD$,以 O 为圆心的圆经过顶点 C,D,且与边 PC,PD 或其延长线分别交于点 A,B,若 $\triangle PAB$ 与 $\triangle PCD$ 的外接圆交于另一点 Q,则 $\angle OQP = 90°$.

结论 2 也分为图 2-16,图 2-17 两种情形.

如上结论 1 与结论 2 虽然图形表述不一样,但其本质是相同的.如果再转移视角,设 $\triangle ABP$ 与 $\triangle PCD$ 的外接圆分别为圆 O_1 与圆 O_2,下面的一个结论可以认为是上述命题的转移视角的本质性表述.

结论 3 圆 O_1 与圆 O_2 相交于 P,Q 两点,AC,BD 是过点 P 的两条割线段,分别交圆 O_1,圆 O_2 于点 A,B,C,D.若 A,B,C,D 四点共圆于圆 O_3,则 $OQ \perp PQ$.

综上,我们从 4 个方面讨论了数学注意技能的操握.从上面的例题也可以看到,操握数学注意技能是离不开数学观察的.

2.2　数学观察技能

数学观察技能是指,对概括化、形式化的空间结构和逻辑模式的识别技能.在数学学习中,数学符号、几何图形的识别,数学关系的发现,联想的展开,以及进行抽象与概括、对比与类比、归纳与演绎、分析与综合等都离不开数学观察.因此,培养学习者的观察技能是培养学习者数学技能的一个重要方面.在数学学习中,培养学习者的观察技能主要是培养关注观察的目的性、观察的客观性、观察的全面性、观察的精确性、观察的深刻性、观察的直感性等.培养数学观察技能也是离不开数学注意的,所以我们少不了关注.

2.2.1 关注观察的目的性

观察是人们对客观事物自觉主动地认识活动.人在观察过程中,对复杂的客观事物不可能全部清楚地感知到,总是有选择地以少数事物作为知觉对象,而其他事物则退化为背景.知觉的这种选择性揭示了人对客观事物反映的主动性.根据知觉的这一特征,指导者在引导学习者进行观察时,必须确定明确的目的性,知觉对象应是事先确定的目的任务所限定的事物,要使注意集中地指向与目的关系密切的部分,不为其他刺激所吸引.例如,在引导学习者观察一元二次方程的根与系数的关系时,首先向学习者提供观察材料,试解下列一元二次方程:

① $x^2 - 5x + 4 = 0$;
② $x^2 + 4x - 5 = 0$;
③ $2x^2 - 3x - 2 = 0$;
④ $3x^2 + 5x - 2 = 0$.

然后按下面的层次提出观察要求.

(1)观察①②两个方程,它们的两个根与常数项有何关系?与一次项系数又有何关系?

(2)观察方程③和④,它们能否转化为方程①②的形式?如何转化?再观察(1)中研究的结论对方程③④是否适用?

上述观察的每一步都有明确的目的性,知觉就会处于积极状态,按指定的方向主动去感知.例如,为了完成上述第(2)项的观察要求,首先要观察方程①②的特点,并概括出一般形式;再观察方程③④与方程①②的不同点,并确定转化的方法.围绕总的观察要求,每一步都需要自己去确定观察的目的,这对培养学习者观察的目的性是有帮助的.

例11 请找出 6 个不同的正整数,分别填入下式的 6 个括号中,使之成立

$$\frac{1}{(\quad)} + \frac{1}{(\quad)} + \frac{1}{(\quad)} + \frac{1}{(\quad)} + \frac{1}{(\quad)} + \frac{1}{(\quad)} = 1$$

解析 观察到分子均为1,目的是找到6个不同数,这可以填哪些不同的正整数呢?

$$1 = \frac{1}{2} + \frac{1}{2}$$
$$= \frac{1}{2} + \frac{1}{4} + \frac{1}{4}$$
$$= \frac{1}{2} + \frac{1}{4} + \frac{1}{8} + \frac{1}{8}$$
$$= \frac{1}{2} + \frac{1}{4} + \frac{1}{8} + \frac{1}{16} + \frac{1}{16}$$
$$= \frac{1}{2} + \frac{1}{4} + \frac{1}{8} + \frac{1}{16} + \frac{1}{17} + \frac{1}{16 \times 17}$$

或

$$1 = \frac{1}{2} + \frac{1}{3} + \frac{1}{6}$$
$$= \frac{1}{4} + \frac{1}{4} + \frac{1}{3} + \frac{1}{6}$$
$$= \frac{1}{3} + \frac{1}{4} + \frac{1}{6} + \frac{1}{8} + \frac{1}{8}$$
$$= \frac{1}{3} + \frac{1}{4} + \frac{1}{6} + \frac{1}{8} + \frac{1}{9} + \frac{1}{72}$$

等等.

注 本题目的只要找到6个数即可,因而答案不唯一. 注意到 $\dfrac{1}{n} = \dfrac{1}{n+1} + \dfrac{1}{n(n+1)}$, 即有 $\dfrac{1}{16} = \dfrac{1}{17} + \dfrac{1}{16 \times 17}$, $\dfrac{1}{2} = \dfrac{1}{3} + \dfrac{1}{6}$ 及 $\dfrac{1}{8} = \dfrac{1}{9} + \dfrac{1}{72}$.

例12 求如下代数式

$$\sqrt{9x^2+4} + \sqrt{9x^2-12xy+4y^2+1} + \sqrt{4y^2-16y+20}$$

达到最小值时的 x, y 的值.

解析 观察所给代数式,目的是求 x, y 的值. 但 x, y 均在根式中,这要明确 x, y 的地位. x, y 所处的式子应看作是两点间的距离式,明确到了这点,则可达求 x, y 的目的.

用勾股定理看待所给条件中的根式. 如图2-18. 于是

$$\begin{aligned}
\text{原式} &= \sqrt{[0-(-2)^2]^2 + (3x-0)^2} + \\
&\quad \sqrt{(1-0)^2 + (2y-3x)^2} + \\
&\quad \sqrt{(3-1)^2 + (4-2y)^2} \\
&= AB + BC + CD \geqslant AD
\end{aligned}$$

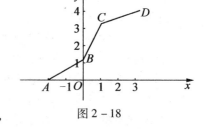

图 2-18

其中, $A(-2,0), B(0,3x), C(1,2y), D(3,4)$, 并且当点 B, C 在线段 AD 上时,原式取得最小值,此时

$$\dfrac{3x}{2} = \dfrac{4}{5}, \dfrac{2y}{3} = \dfrac{4}{5}$$

解得 $x = \dfrac{8}{15}, y = \dfrac{6}{5}$.

在多次观察实践的基础上,指导者应启发学习者总结出一些特色或规律,诸如上述例题. 又比如在从具体事例概括出概念的观察时,要注意寻找它们共同的本质属性;在进行从具体事例抽象出一般规律的观察时,要注意观察对象的共同规律;在从特殊现象过渡到一般结论的观察时,要观察特殊与一般的区别与联系,等等. 这些措施对培养学习者确定观察目的性比较有效.

2.2.2 关注观察的客观性

所谓观察的客观性是指培养学习者能够摆脱不利因素的干扰,如实反映客观事物,为探索、总结规律,归纳、概括结论提供可靠信息.

由于感知能正确反映客观事物,故在多数情况下,观察的成果与客观事物是完全相符的. 但在个别情况下,错觉也可能在知觉中发生. 加上学习者在知识和经验方面的局限性,或受其他因素的影响,观察的结果可能与客观事实不相符. 例如,在 $\triangle ABC$ 中, AD, BE, CF 为三条高,如图2-19,让学习者观察有18对相似直角三角形,若联结 DE, EF, FD, 则有33对相似三角形. 初学者由于对较复杂的图形各组成部分的感知强弱不同,会出现遗漏的情况. 又比如对重叠着的图形感知较弱,或者说视而不见,此时就不能正确反映客观事物. 要克服这些现象,可以通过分解复杂图形为基本图形的方法,使学习者清楚地看到图形之间的关系,从而强化图形中的弱信息,消除一些图形作用于感觉器官时产生的不正确知觉,保证观察的客观性. 例如,对图2-19,可分大一点的直角三角形和小一点的直角三角形. 再分3种情形即可得18对相似直角三角形. 联了线后,则要考虑非直角三角形了,注意到同弧上圆周角相等或圆外角等于内对角得相似三角形,又分4种情形,即 D, E, F 处各4对,与 $\triangle ABC$ 相似有3对得15对.

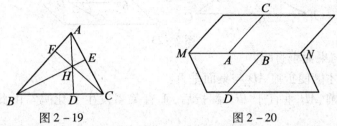

图 2 - 19　　　　　　　图 2 - 20

人们在感知研究对象时,总是根据以往的知识经验来理解它,于是就会出现不正确的观察. 例如,学习者初学立体几何时,常常感到不习惯. 由于空间图形是用一些平面图形来表示的,要靠观察者将平面图形想象成空间图形来加以理解,因此,空间观念弱的学习者就会不可避免地出现错觉. 例如,在图 2 - 20 中,已知 $C - MN - D$ 是一个二面角, $\angle CAB = \angle DBA$. 有些学习者观察图形后就得出 $AC /\!/ BD$ 的结论. 这种错误是由于学习者对当前对象的感知总是受过去经验(内错角相等两直线平行)的影响. 虽然对象的结构已经发生了变化,但过去的经验还在影响着当前的观察. 要消除这种错觉,就得依靠实际模型进行观察检验,通过由实物模型到直观图,由直观图到实物模型的转换,逐步建立起相应的空间观念,以保证观察的客观性.

根据学习者的识图的客观性,培训其观察的客观性的技能也有循序渐进的过程. 例如,在引导学习者学习"直线与平面垂直的判定定理"时,可安排如下的问题串培训其观察的客观性.

问题 1　如图 2 - 21,在长方体 $ABCD - A_1B_1C_1D_1$ 中,棱 BB_1 与底面 $ABCD$ 垂直,观察 BB_1 与底面 $ABCD$ 内的直线 AB, BC 有怎样的位置关系?由此你认为保证 BB_1 与底面 $ABCD$ 垂直的条件是什么?

问题 2　如图 2 - 22,如何将一张长方形贺卡直立于桌面?

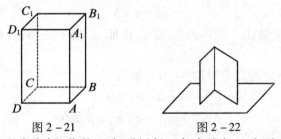

图 2 - 21　　　　　　　图 2 - 22

问题 3　由上面的两个实例,你能观察到判断一条直线与一个平面垂直的条件吗?

由此,引导学习者得到,如果一条直线与一个平面内的两条相交直线都垂直,那么该直线与此平面垂直.

问题 4　如图 2 - 23,过 $\triangle ABC$ 的顶点 A 将三角形纸片翻折,得到折痕 AD,再将翻折后的纸片竖起放在桌面上,使 BD, DC 都在桌面上,进行观察并思考:

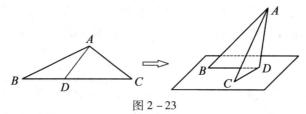

图 2-23

（1）折痕 AD 与桌面垂直吗？

（2）如何翻折才能使折痕 AD 与桌面垂直？

问题 5 翻折前，AD 垂直于 BC，翻折后，垂直关系发生变化吗？由此，你能得出什么结论？

通过这样的问题情境，让学习者从特殊情况入手，针对"垂直"与"不垂直"两种情况进行分析，根据"两条相交直线确定一个平面的事实"和生活经验中的直觉感知与现实模型观察，归纳得出线面垂直的判定定理。既经历了知识发生和发展的过程，又培养了观察的客观性的技能。

在数学解题中，为了摆脱不利因素的干扰，有时可以进行等效增设以保证观察的客观性。

例 13 已知 $a>2,b>2$，求证

$$ab>a+b$$

证明 因

$$a>2,b>2$$

则可设

$$a=2+m,b=2+n,m>0,n>0$$

由

$$\begin{aligned}&ab-(a+b)\\&=(2+m)(2+n)-(2+m+2+n)\\&=mn+m+n>0\end{aligned}$$

故

$$ab>a+b$$

例 14 已知 a,b,c 是任一三角形的三边，求证：$a^2(b+c-a)+b^2(c+a-b)+c^2(a+b-c)\leqslant 3abc$.

证明 注意到 a,b,c 的完全对称性，故不妨设

$$a\geqslant b\geqslant c>0$$

且

$$a=b+m,c=b-n,m,n\geqslant 0$$

则

$$(b+m)^2(b-m-n)+b^2(b+m-n)+(b-n)^2(b+m+n)\leqslant 3(b+m)\cdot b\cdot (b-n)$$

或

$$b(m^2+mn+n^2)+(m+n)(m^2-n^2)\geqslant 0$$

当 $m=n=0$ 时，此式取等号；当 $m\geqslant n$ 时，不等式成立。

下面讨论 $m<n$ 的情况：

对于任一三角形，有 $a-c<b$ 或 $m+n<b$ 将以上得到的表达式写为

$$b(2m^2+mn)b(n^2-m^2)-(m+n)(n^2-m^2)\geqslant 0$$

或

$$(n^2 - m^2)[b - (m+n)] + b(2m^2 + mn) \geqslant 0$$

此式在 $m \leqslant n$ 时必然成立. 从最后所得的不等式, 可得出题给不等式, 本题得证.

例 15 设 $a > 2$, 给定数列 $\{x_n\}$, 其中 $x_1 = a, x_{n+1} = \dfrac{x_n^2}{2(x_n - 1)}$. 求证: $x_n > 2$.

证明 运用数学归纳法, 有:

当 $n = 1$ 时, $x_1 = a > 2$ 成立.

若 $n = k$ 时, 有 $x_k > 2$, 不妨设

$$x_k = 2 + m, m > 0$$

则

$$x_{k+1} = \frac{x_k^2}{2(x_k - 1)} = \frac{(2+m)^2}{2(1+m)}$$

$$= \frac{(m+1)^2 + 1 + 2(m+1)}{2(1+m)}$$

$$> \frac{2(m+1) + 2(m+1)}{2(m+1)} = 2$$

即 $x_{k+1} > 2$, 因此对一切自然数 n 都有 $x_n > 2$, 命题得证.

2.2.3 关注观察的全面性

观察的全面性主要表现在, 通过观察能反映事物的全貌, 以及事物的组成部分和相互联系; 能在较复杂的图形中全面反映事物的某种属性; 能指出在某种特定条件下感知对象所能发生的各种可能情况.

知觉对象是一个整体, 它的不同属性、不同组成部分, 彼此之间是有一定联系和内在规律的. 而观察是顺序知觉的过程, 如果能根据观察目的, 抓住对象的组成特点, 遵循对象的内在规律, 确定某种观察程序, 就能全面把握事物的本质属性.

初学几何的学习者, 在观察时往往不按一定的顺序进行, 又易受到某些背景图形的干扰, 于是就会出现遗漏的现象. 为了观察的全面性, 应根据已知条件和观察要求, 结合图形结构的特点确定观察顺序.

例 16 如图 2 - 24, 在六边形 $ABCDEF$ 中, $AB \mathbin{/\mkern-2mu/} DE, BC \mathbin{/\mkern-2mu/} EF, CD \mathbin{/\mkern-2mu/} FA, AB + DE = BC + EF, A_1 D_1 = B_1 E_1, A_1, B_1, C_1, D_1, E_1$ 分别是边 AB, BC, DE, EF 的中点, 求证: $\angle CDE = \angle AFE$.

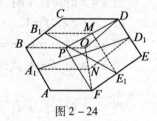

图 2 - 24

证明 观察到 AB 与 DE, BC 与 EF 处在对边的位置, 要应用上题设条件, 再应该观察到它们的联系. 平移有关线段, 于是我们可作 $\square ABPF$, 联结 DP, 取 DP 的中点 M, 则四边形 $BCDP$ 是梯形, 联结 $B_1 M, E_1 M$. 由梯形中位线定理知

$$B_1 M \mathbin{/\mkern-2mu/} CD \mathbin{/\mkern-2mu/} BP \mathbin{/\mkern-2mu/} AF, ME_1 \mathbin{/\mkern-2mu/} DE \mathbin{/\mkern-2mu/} FP \mathbin{/\mkern-2mu/} AB$$

且

$$B_1 M = \frac{BP + CD}{2} = \frac{AF + CD}{2}, E_1 M = \frac{PF + DE}{2} = \frac{AB + DE}{2}$$

同理, 作 $\square BCDO$, 联结 OF, 取 OF 的中点 N, 联结 $A_1 N, D_1 N$, 由梯形中位线定理知

$$A_1 N \mathbin{/\mkern-2mu/} AF \mathbin{/\mkern-2mu/} BO \mathbin{/\mkern-2mu/} CD, ND_1 \mathbin{/\mkern-2mu/} EF \mathbin{/\mkern-2mu/} OD \mathbin{/\mkern-2mu/} BC$$

且
$$A_1N = \frac{AF+BO}{2} = \frac{AF+CD}{2}$$
$$D_1N = \frac{EF+OD}{2} = \frac{EF+BC}{2} = \frac{AB+DE}{2}$$

在 $\triangle B_1ME_1$ 与 $\triangle A_1ND_1$ 中
$$B_1M = A_1N, E_1M = D_1N$$

又因为 $A_1D_1 = B_1E_1$,所以
$$\triangle B_1ME_1 \cong \triangle A_1ND_1$$

因此
$$\angle B_1ME_1 = \angle A_1ND_1$$

故
$$\angle CDE = \angle AFE$$

例17 对于正整数 n,记 $n! = 1 \times 2 \times \cdots \times n$. 求所有的正整数组 (a,b,c,d,e,f),使得 $a! = b! + c! + d! + e! + f!$,且 $a > b \geq c \geq d \geq e \geq f$.

解 进行数学观察,知 $3! = 1 \times 2 \times 3 = 6 > 3 = 1 + 2 = 1! + 2!$,且 $3! = 3 \cdot 2!$;

$4! = 1 \times 2 \times 3 \times 4 = 24 > 9 = 1 + 2 + 6 = 1! + 2! + 3!$,且 $4! = 4 \cdot 3! = 4 \times 3 \cdot 2! = 12 \cdot 2!$;

$5! = 1 \times 2 \times 3 \times 4 \times 5 = 120 > 33 = 1 + 2 + 6 + 24 = 1! + 2! + 3! + 4!$,且 $5! = 120 = 5 \times 24 = 5 \cdot 4! = 5 \times 4 \cdot 3! = 20 \cdot 3!$.

由上可知,$a! \geq 5 \cdot f! \geq 5$,所以,$a \geq 3$.

由 $a > b$,得 $a! \geq a \cdot b!$,进而结合题设得
$$a \cdot b! \leq a! \leq 5 \cdot b!$$

故 $a \leq 5$,于是,$3 \leq a \leq 5$.

当 $a = 3$ 时,$b < 3$,此时
$$b! + c! + d! + e! + f! = 6$$

当 $b = 2$ 时,$c! + d! + e! + f! = 4$.

故 $c = d = e = f = 1$.

当 $b = 1$ 时,$c = d = e = f = 1$,此时,不满足题设.

当 $a = 4$ 时,$b < 4$,此时
$$b! + c! + d! + e! + f! = 24$$

当 $b = 3$ 时,$c! + d! + e! + f! = 18$,由于
$$4 \times 2! < 18$$

故 $c = 3, d! + e! + f! = 12$;

由于 $3 \times 2! < 12$,故 $d = 3, e! + f! = 6$,此时无解.

当 $a = 5$ 时,$b \leq 4$,此时
$$b! + c! + d! + e! + f! = 120$$

又
$$120 = b! + c! + d! + e! + f! \leq 5 \cdot b! \leq 5 \times 4! = 120$$

故 $b=c=d=e=f=4$.

综上,满足题设的 $(a,b,c,d,e,f)=(3,2,1,1,1,1),(5,4,4,4,4,4)$.

2.2.4 关注观察的精确性

观察的精确性主要表现在不仅满足于了解事物的全貌,还要精确地把握事物的特征,对不同事物既能发现它们的相似之处,又能辨别它们的细微差别.

事物的特征往往是事物本质的外部表现,善于抓住事物的特征是认识事物本质的关键. 就数学问题而言,解题思路往往就蕴含在问题本身的结构特征或图形特征或数字特征之中. 因此,揭示特征、探索解题思路的过程也就是培养学习者观察精确性技能的过程.

例18 从如图 2-25(a)所示的等边三角形开始,把它的各边分成相等的三段,在各边中间一段上向外画出一个小等边三角形,形成如图 2-25(b)所示的六角星图形;再在六角星各边上用同样的方法向外画出更小的等边三角形,形成一个如图 2-25(c)所示的有 18 个尖角的图形;然后在其各边上再用同样的方法向外画出更小的等边三角形(如图 2-25(d)). 如此继续下去,图形的轮廓就能形成分支越来越多的曲线,这就是瑞典数学家科赫将雪花理想化得到的科赫雪花曲线.

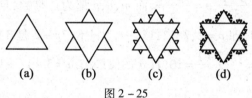

图 2-25

如果设原等边三角形边长为 a,不妨把每一次的图形变化过程叫作"生长",例如,第一次生长后得到图 2-25(b),每个小等边三角形的边长为 $\frac{1}{3}a$,所形成的图形的周长为 $4a$,请填写下表(用含 a 的代数式表示).

	第一次生长后	第二次生长后	第三次生长后	…	第 n 次生长后
每个小等边三角形的边长	$\frac{1}{3}a$			…	
所形成的图形的周长	$4a$			…	

解析 经仔细观察图 2-25 中的(b)(c)(d),得到如下结果:

	第一次生长后	第二次生长后	第三次生长后	…	第 n 次生长后
每个小等边三角形的边长	$\frac{1}{3}a$	$\frac{1}{9}a$	$\frac{1}{27}a$	…	$\left(\frac{1}{3}\right)^n a$
所形成的图形的周长	$4a$	$\frac{16}{3}a$	$\frac{64}{9}a$	…	$\frac{4^n}{3^{n-1}}a$

例19 现有 a 根长度相同的火柴棒,按图 2-26(a)可摆成 m 个正方形,按图 2-26(b)可摆成 $2n$ 个正方形.

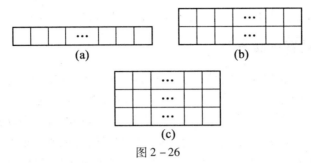

图 2-26

(1)用含 n 的代数式表示 m;

(2)当这 a 根火柴棒还能摆成如图 2-26(c)所示的形状时,求 a 的最小值.

解 经仔细观察进行求解. (1)图 2-26(a)中火柴棒总数是 $3m+1$ 根,图 2-26(b)中火柴棒总数是 $5n+2$ 根,因为火柴棒的总数相同,所以 $3m+1=5n+2$,即 $m=\dfrac{5n+1}{3}$.

(2)设图 2-26(c)中有 $3p$ 个小正方形,则火柴总数为 $7p+3$ 根. 由题意得 $a=3m+1=5n+2=7p+3$,所以 $m=\dfrac{7p+2}{3}, n=\dfrac{7p+1}{5}$,而 m,n,p 都为正整数,且 $7p+1$ 被 5 整除,于是 p 的个位数字只能是 2 或 7,即 $p=2,7,12,17,\cdots$,其中使 $7p+2$ 是 3 的倍数且值最小的 $p=7$,这时 $m=\dfrac{7\times7+2}{3}=17, n=\dfrac{7\times7+1}{5}=10$,且 a 的值最小,$a=3\times17+1=5\times10+2=7\times7+3=52$.

例 20 将 $2,3,\cdots,n(n\geqslant 2)$ 任意分成两组,如果总可以在其中一组中找到数 a,b,c(可以相同)使得 $a^b=c$,求 n 的最小值.

解 注意到题设要求是任意分成两组,可取特殊情形进行试探不满足任意性.

因 $2^2=4$,观察到 2 与 4 不要在一组;

因 $2^3=8, 3^2=9$,观察到 2,3 与 8,9 不要在一组.

同样,观察到 2,5 与 25,32;2,6 与 36,64;2,7 与 49,128;2,8 与 64,256,均不要在一组.

又观察到 $2,3,2^3,9,10,\cdots,15$ 在一组,4,5,6,7 在另一组,此时 $n=15=2^4-1$ 不合要求.

若观察到 $2,3,2^4,17,18,\cdots,31$ 在一组,$4,5,6,\cdots,15$ 在另一组,此时 $n=31=2^5-1$ 不合要求.

当 $n=2^{16}-1$ 时,把 $2,3,\cdots,n$ 分成如下两个数组
$$\{2,3,2^8,2^8+1,\cdots,2^{16}-1\}$$
$$\{4,5,\cdots,2^8-1\}$$

在前一个数组中,由
$$3^3<2^8, (2^8)^2>2^{16}-1$$
知其中不存在数 a,b,c,使得 $a^b=c$.

在后一个数组中,由 $4^4>2^8-1$,知其中不存在数 a,b,c,使得 $a^b=c$.

所以,$n\geqslant 2^{16}$.

下面证明:当 $n=2^{16}$ 时,满足题设条件.

不妨设 2 在前一个数组,若 $2^2=4$ 也在前一个数组,则结论已经成立. 故不设防 $2^2=4$

在后一个数组.

同理,可设 $4^4 = 2^8$ 在前一个数组,$(2^8)^2 = 2^{16}$ 在后一个数组.

此时,考虑数 8.

若 8 在前一个数组,取 $a = 2, b = 8, c = 2^8$,此时 $a^b = c$;

若 8 在后一个数组,取 $a = 4, b = 8, c = 2^{16}$,此时 $a^b = c$.

综上,$n = 2^{16}$ 满足题设条件.

因此,n 的最小值为 2^{16}.

综上,观察的精确性是一种重要的技能,也是一种重要的数学素养.

2.2.5 关注观察的深刻性

观察的深刻性主要表现在,通过观察能发现事物的隐含条件;能在别人看不出问题的地方看出问题,在一些熟知的事实中觉察出问题;能根据事物的特征,归纳、概括出事物的本质规律等. 要操练自己观察的深刻性,可以从以下几个方面去考虑.

首先,在数学解题学习中,经过他人引导学习观察发现问题的隐含条件,以操练自己观察的深刻性. 其次,在数学学习过程中,应有意识有计划地操练自己的问题意识,以提高观察的深刻性. 第三,通过学习发现模式的操练,培养自己试探、观察、猜想的能力. 此外,实践告诉我们:理解在知觉中起着重要作用. 当观察事物时,与这个事物有关的知识和经验越丰富,对事物的观察就越敏锐、越深刻,思维也就越活跃,从而对事物的判断和认识就会更准确. 因此,观察技能的培养离不开相关的基础知识的理解与记忆.

例 21 (参见例 4)如果 AB 和 BC 组成一条圆 O 的折弦 ($BC > AB$),如图 2-27,M 为 $\overset{\frown}{ABC}$ 的中点,则从点 M 向弦 BC 作垂线的垂足 D 是折弦 $\overset{\frown}{ABC}$ 的中点,即 $AB + BD = DC$.

此例,我们已在前面给出了几种证法,下面我们再给出一种证法,并以此来操练观察的深刻性.

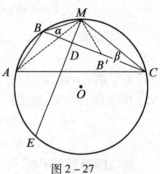

图 2-27

证明 在图 2-27 中,令 $\angle MBC = \alpha, \angle MCB = \beta$,并作 B 关于 MD 的对称点 B',则

$$BD = B'D, \angle MB'B = \angle MBB' = \alpha$$

由于在 $\triangle ABM$ 与 $\triangle CB'M$ 中

$$\angle BAM = \angle BCM = \angle B'CM = \beta$$
$$\angle BMA = \angle BCA = \alpha - \beta = \angle CMB', BM = B'M$$

所以 $\triangle ABM \cong \triangle CB'M$,所以 $AB = CB'$,从而有 $AB + BD = DC$.

证明了这个结论之后,由图还可利用正弦定理、锐角三角函数从图中探索计算 $\sin \alpha$,$\cos \alpha, \sin \beta, \cos \beta, \sin 2\alpha, \cos 2\alpha, \sin(\alpha + \beta), \cos(\alpha + \beta), \sin(\alpha - \beta)$ 和 $\cos(\alpha - \beta)$ 等,并观察它们之间的关系,看怎样发现的关系式最多.

不失一般性,设圆 O 的直径为 1,则根据正弦定理与锐角三角函数,如图 2-28,有

$$MC = \sin \alpha, MB = \sin \beta, AM = MC = \sin \alpha$$
$$CD = MC \cos \beta = \sin \alpha \sin \beta$$
$$BD = BM \cos \alpha = \sin \beta \cos \alpha, MD = MC \sin \beta = \sin \alpha \sin \beta$$

$$BE = \sin(90° - \alpha) = \cos\alpha, DE = BE\cos\beta = \cos\alpha\cos\beta$$
$$CE = \sin\angle CME = \sin(90° - \beta) = \cos\beta$$
$$BC = \sin\angle BAC = \sin(\alpha + \beta)$$
$$AC = \sin\angle AMC = \sin(180° - 2\alpha) = \sin 2\alpha$$

由于
$$\angle ACM = \angle CAM = \angle CBM = \alpha$$

所以
$$\angle ACB = \alpha - \beta$$

于是
$$AB = \sin(\alpha - \beta)$$

由于
$$\angle MAE = \angle MAC + \angle CAE = \alpha + \angle CME = \alpha + 90° - \beta$$

所以
$$ME = \sin(90° + \alpha - \beta) = \cos(\alpha - \beta)$$

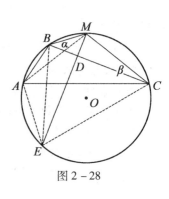

图 2-28

联结 MO 交 AC 于 F,延长后交圆 O 于 N,如图 2-29,则由 M 为 $\overset{\frown}{ABC}$ 的中点知,MO 垂直平分 AC. 所以
$$AF = FC = AM\cos\alpha = \sin\alpha\cos\alpha$$
$$MF = MC\sin\alpha = \sin^2\alpha$$
$$OF = OC\cos\angle COF = \frac{1}{2}\cos 2\alpha$$
$$AN = MN\cos\alpha = \cos\alpha$$
$$NF = AN\cos\alpha = \cos^2\alpha$$

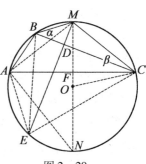

图 2-29

为了求 $\cos(\alpha + \beta)$,作 M 关于 BC 的对称点 M',再过 C 作 $CG \perp BC$ 交圆 O 于 G,如图 2-30. 由于
$$\angle G = 180° - \angle EMC = 90° + \beta$$
$$\angle GCM' = \angle MM'C = 90° - \beta$$

所以四边形 $CM'EG$ 为平行四边形.

故
$$CG = M'E$$
$$\angle CEG = \angle ECM' = \angle CM'M - \angle MEC = 90° - \alpha - \beta$$

所以
$$CG = M'E = \sin(90° - \alpha - \beta) = \cos(\alpha + \beta)$$
$$MM' = 2MD = 2\sin\alpha\sin\beta$$

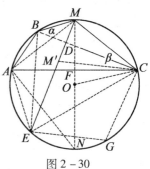

图 2-30

仔细观察图中有关线段之间的关系,容易发现如下一些三角函数公式.

由 $BC = BD + CD$,得
$$\sin(\alpha + \beta) = \cos\alpha\sin\beta + \sin\alpha\cos\beta = \sin\alpha\cos\beta + \cos\alpha\sin\beta \quad ①$$

由 $AB = CB' = CD - B'D = CD - BD$,得
$$\sin(\alpha - \beta) = \sin\alpha\cos\beta - \cos\alpha\sin\beta \quad ②$$

由 $AC = 2AF$,得

由 $ME = MD + DE$,得
$$\cos(\alpha - \beta) = \sin\alpha\sin\beta + \cos\alpha\cos\beta \qquad ④$$
由 $MF + FN = MN = 1$,得
$$\sin^2\alpha + \cos^2\alpha = 1 \qquad ⑤$$
由 $MF + FO = MO = \dfrac{1}{2}$,得
$$\sin^2\alpha + \dfrac{1}{2}\cos 2\alpha = \dfrac{1}{2}$$
或
$$\cos 2\alpha = 1 - 2\sin^2\alpha \qquad ⑥$$
由 $FO + NO = NF$,得
$$\dfrac{1}{2}\cos 2\alpha + \dfrac{1}{2} = \cos^2\alpha \text{ 或 } \cos 2\alpha = 2\cos^2\alpha - 1 \qquad ⑦$$
由 $CG = M'E = DE - DM' = DE - MD$ 得
$$\cos(\alpha + \beta) = \cos\alpha\cos\beta - \sin\alpha\sin\beta \qquad ⑧$$
由 $2BD = BC - AB$,得
$$2\cos\alpha\sin\beta = \sin(\alpha + \beta) - \sin(\alpha - \beta) \qquad ⑨$$
由 $2CD = CD + BD + AB = BC + AB$,得
$$2\sin\alpha\cos\beta = \sin(\alpha + \beta) + \sin(\alpha - \beta) \qquad ⑩$$
由 $2MD = MM' = ME - M'E = ME - CG$,得
$$2\sin\alpha\sin\beta = \cos(\alpha - \beta) - \cos(\alpha + \beta) \qquad ⑪$$
由 $2DE = DE + ME - MD = ME + DM' + M'E - MD = ME + CG$,得
$$2\cos\alpha\cos\beta = \cos(\alpha - \beta) + \cos(\alpha + \beta) \qquad ⑫$$
由 $BM + CM > BC$,得
$$\sin\alpha + \sin\beta > \sin(\alpha + \beta) \qquad ⑬$$
由 $BE + CE > BC$,得
$$\cos\alpha + \cos\beta > \sin(\alpha + \beta) \qquad ⑭$$
……

注 此例的内容参考了杨宪立、杨之老师的文章《折弦定理》,数学通报,2011(4):19-20.

从上述例题可以看到:观察得越深入,越能有新的发现. 在数学解题中,这种技能越强,我们的解题能力也就越强.

例22 设 m,n,p 为正实数,且 $m^2 + n^2 - p^2 = 0$,求 $\dfrac{p}{m+n}$ 的最小值.

解 观察到题设条件 $m^2 + n^2 = p^2$ 具有勾股定理的形式,试探是否可构图求解. 由题设式特点,可构造如图 2-31 所示的圆,其中 O 为圆心,AB 为直径,$CD \perp AB$,垂足为 D. 设 $AC = m, BC = n$,则 $AB^2 = AC^2 + BC^2 = m^2 + n^2$. 又 $m^2 + n^2 - p^2 = 0$,则 $AB = p$.

由直角三角形的面积关系知

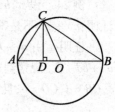

图 2-31

$$AC \cdot BC = CD \cdot AB$$

则

$$CD = \frac{AC \cdot BC}{AB} = \frac{mn}{p}$$

于是

$$\frac{p}{m+n} = \sqrt{\left(\frac{p}{m+n}\right)^2} = \sqrt{\frac{p^2}{m^2+n^2+2mn}}$$

$$= \sqrt{\frac{p^2}{p^2+2mn}} = \sqrt{\frac{1}{1+\frac{2mn}{p^2}}} = \sqrt{\frac{1}{1+\frac{CD}{\frac{p}{2}}}}$$

$$= \sqrt{\frac{1}{1+\sin\angle COD}} \geqslant \sqrt{\frac{1}{1+1}} = \frac{\sqrt{2}}{2}$$

故 $\frac{p}{m+n}$ 的最小值为 $\frac{\sqrt{2}}{2}$,此时,$m=n$.

例 23 解方程 $2\sqrt{x^2-121} + 11\sqrt{x^2-4} = 7\sqrt{3}x$.

解 观察到题给方程式具有 $ab+cd=ef$ 的形式,由此,我们可以构造一直径 $AB=x(x \geqslant 7\sqrt{3})$ 的圆,如图 2-32,在 AB 的两侧的半圆上分别取 C,D 两点,使 $BC=2, BD=11$,于是 $AC=\sqrt{x^2-4}$,$AD=\sqrt{x^2-121}$.

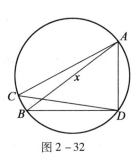

图 2-32

依托勒密定理得

$$CD \cdot x = 2\sqrt{x^2-121} + 11\sqrt{x^2-4}$$

将此式与原方程比较得

$$CD = 7\sqrt{3}$$

在 $\triangle BCD$ 中,由余弦定理得

$$\cos\angle CBD = \frac{2^2+11^2-(7\sqrt{3})^2}{2 \times 2 \times 11} = -\frac{1}{2}$$

则

$$\angle CBD = 120°$$

故

$$x = AB = \frac{CD}{\sin 120°} = \frac{7\sqrt{3}}{\sin 120°} = 14$$

例 24 设 a,b,c,d 为整数,$a>b>c>d>0$,且 $ac+bd=(b+d+a-c)(b+d-a+c)$,证明:$ab+cd$ 不是素数.

证明 由 $ac+bd=(b+d+a-c)(b+d-a+c)=(b+d)^2-(a-c)^2$ 可知,$a^2-ac+c^2=b^2+bd+d^2$. 观察到这个等式两边的结构特点,因此可构造凸四边形 $ABCD$,使得 $AB=a, AD=c, CB=d, CD=b$,且 $\angle BAD=60°, \angle BCD=120°$,此时,$A,B,C,D$ 四点共圆,如图 2-33,则

$$BD^2 = a^2-ac+c^2$$

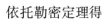

设 $\angle ABC = \alpha$,则 $\angle ADC = 180° - \alpha$. 对 $\triangle ABC$ 与 $\triangle ADC$ 分别用余弦定理可得

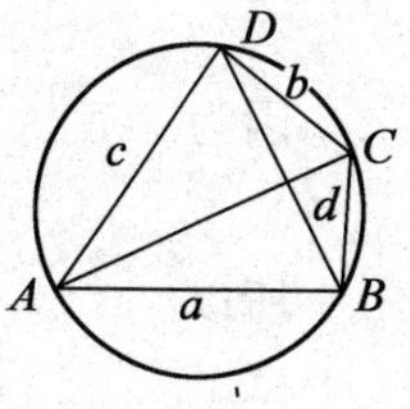

$$AC^2 = a^2 + d^2 - 2ad\cos\alpha$$
$$= b^2 + c^2 - 2bc\cos(180° - \alpha)$$
$$= b^2 + c^2 + 2bc\cos\alpha$$

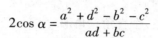

图 2-33

解出

$$2\cos\alpha = \frac{a^2 + d^2 - b^2 - c^2}{ad + bc}$$

所以

$$AC^2 = a^2 + d^2 - ad \cdot \frac{a^2 + d^2 - b^2 - c^2}{ad + bc}$$
$$= \frac{(a^2 + d^2)(ad + bc) - ad(a^2 + d^2 - b^2 - c^2)}{ad + bc}$$
$$= \frac{(a^2 + d^2)bc + ad(b^2 + c^2)}{ad + bc}$$
$$= \frac{(ab + cd)(ac + bd)}{ad + bc} \qquad ②$$

圆内接四边形 $ABCD$ 中,由托勒密定理得 $AC \cdot BD = a \cdot b + c \cdot d$. 平方得

$$AC^2 \cdot BD^2 = (ab + cd)^2 \qquad ③$$

将①和②代入③,整理得 $(a^2 - ac + c^2)(ac + bd) = (ab + cd)(ad + bc)$,所以

$$ac + bd \mid (ab + cd)(ad + bc) \qquad ④$$

因为 $a > b > c > d$,所以 $ab + cd > ac + bd > ad + bc$.

假如 $ab + cd$ 是素数,则 $ac + bd$ 与 $ab + cd$ 互素,结合④得 $ac + bd \mid ad + bc$,这又与 $ac + bd > ad + bc$ 矛盾!所以 $ab + cd$ 不是素数.

例 25 如图 2-34,AB 是半圆 O 的直径,C 是半圆弧的中点,P 是 AB 延长线上一点,PD 与半圆 O 相切于点 D,$\angle APD$ 的平分线分别交 AC,BC 于点 E,F,求证:线段 AE,BF,EF 可以组成一个直角三角形.

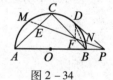

图 2-34

证法 1 如图 2-34,设直线 PE 交半圆 O 于 M,N 两点,联结 DE,DF,DB. 则 $\angle APM \stackrel{m}{=\!=\!=} \frac{1}{2}(\overparen{AM} - \overparen{BN})$,$\angle DPM \stackrel{m}{=\!=\!=} \frac{1}{2}(\overparen{MC} + \overparen{CD} - \overparen{ND})$.

因为 $\angle APM = \angle DPM$,则

$$\overparen{AM} - \overparen{BN} = \overparen{MC} + \overparen{CD} - \overparen{ND}$$

又 $\overparen{AM} + \overparen{MC} = \overparen{CD} + \overparen{DN} + \overparen{NB}$,从而 $\overparen{MC} = \overparen{ND}$.

于是

$$\angle DPM \stackrel{m}{=\!=\!=} \frac{1}{2}(\overparen{MC} + \overparen{CD} - \overparen{ND}) = \frac{1}{2}\overparen{CD} = \angle CBD$$

所以 P,D,F,B 四点共圆.

同理,P,D,E,A 四点共圆.

又 PE 平分 $\angle APD$,所以

$$DF = BF, DE = AE$$

因为
$$\angle PDE = 180° - \angle PAE = 135°, \angle PDF = \angle ABF = 45°$$

所以
$$\angle EDF = \angle PDE - \angle PDF = 90°$$

故 $AE^2 + BF^2 = DE^2 + DF^2 = EF^2$.

即线段 AE, BF, EF 可以组成一个直角三角形.

证法 2 如图 2-35,联结 AD, BD,分别交 PE 于 X, Y,联结 ED, FD,则 $\angle PDB = \angle BAD, \angle XDY = \angle ACB = 90°$.

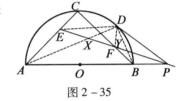

图 2-35

因为
$$\angle DXY = \angle PAX + \angle APX = \angle PDB + \frac{1}{2}\angle APD$$

$$\angle DYX = \angle PDY + \angle DPY = \angle PDB + \frac{1}{2}\angle APD$$

所以
$$\angle DXY = \angle DYX = 45° = \angle ABC$$

又
$$\angle ABC = \angle PFB + \angle BPF = \angle PFB + \frac{1}{2}\angle APD$$

所以 $\angle PDB = \angle PFB$,从而 P, D, F, B 四点共圆.

由于 PF 平分 $\angle BPF$,则 $BF = DF$.

又 $\angle DPE = \angle DBC = \angle DAE$,则 P, D, E, A 四点共圆.

由 PE 平分 $\angle APD$,有 $AE = DE$.

又
$$\angle EDX = \angle EPA = \angle BDF$$

所以
$$\angle EDF = \angle EDX + \angle XDF = \angle BDF + \angle XDF = \angle XDY = 90°$$

从而 $AE^2 + BF^2 = DE^2 + DF^2 = EF^2$. 即知 AE, BF, EF 可组成一个直角三角形.

观察上述证法及图,我们可得到下述结论:

结论 1 P, A, E, D 和 P, B, F, D 分别四点共圆.

这个结论在证法 1,2 中已经得到证明.

结论 2 四边形 $CDFE$ 为等腰梯形.

证明 如图 2-36,联结 CD, OC, OD,分别交 PE 于点 M, N,联结 ED, DF,则
$$OC \perp PA, OD \perp PD$$

所以
$$\angle OMN = 90° - \angle APE, \angle ONM = \angle PND = 90° - \angle DPE$$

因为 $\angle APE = \angle DPE$,所以 $\angle OMN = \angle ONM$,则 $OM = ON$.

又 $OC = OD$,故 $CD /\!/ EF$.

由结论 1 知,P,B,F,D 四点共圆,所以
$$\angle PDF = \angle ABF = 45°$$

因为
$$\angle CEF = \angle EAP + \angle APE = 45° + \angle APE$$
$$\angle DFE = \angle PDF + \angle DPF = 45° + \angle DPE$$

又 $\angle APE = \angle DPE$,所以 $\angle CEF = \angle DFE$.

故四边形 $CDFE$ 为等腰梯形.

结论 3 $CE = BF, CF = AE$.

证明 由结论 1 知,P,B,F,D 四点共圆,又 $\angle BPF = \angle DPF$,所以 $DF = BF$.

由结论 2 知,$CE = DF$,故 $CE = BF$.

同理,$CF = AE$.

结论 4 点 F,E 分别为 $\triangle POD$ 的内心和一个旁心.

证明 如图 2 - 37,联结 ED,CD,OD,FD,由结论 1 知,P,B,F,D 四点共圆,则 $\angle PDF = \angle ABF = 45°$.

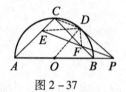

图 2 - 37

因为 $OD \perp PD$,所以 $\angle ODP = 90° = 2\angle PDF$,即 DF 平分 $\angle ODP$.

又 PF 平分 $\angle OPD$,所以 F 为 $\triangle POD$ 的内心.

由结论 2 知,四边形 $CDFE$ 为等腰梯形,所以 $\angle EDF = \angle ECF = 90°$,即 $DE \perp DF$.

所以 DE 平分 $\angle PDO$ 的外角.

又 PE 平分 $\angle OPD$,所以 E 为 $\triangle POD$ 的一个旁心.

结论 5 $OF /\!/ AD, OE /\!/ BD$.

证明 如图 2 - 38,联结 DO,则由结论 4 知,F 为 $\triangle POD$ 的内心,所以 $\angle POF = \dfrac{1}{2} \angle POD = \angle BAD$,从而 $OF /\!/ AD$.

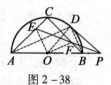

图 2 - 38

同理,$OE /\!/ BD$.

结论 6 C,E,O,F 四点共圆,且 $OE = OF$.

证明 如图 2 - 38,由结论 4 知,F,E 分别为 $\triangle POD$ 的内心和一个旁心. 所以 OF,OE 分别平分 $\angle POD$ 和 $\angle AOD$,则 $OE \perp OF$.

又 $CE \perp CF$,所以 C,E,O,F 四点共圆.

因为
$$\angle OFE = \angle POF + \angle OPF = \dfrac{1}{2}(\angle POD + \angle OPD) = 45°$$

又 $\angle EOF = 90°$,所以
$$\angle OEF = \angle OFE = 45°$$

故 $OE = OF$.

结论 7 设 $OG \perp PE$,垂足为 G,则 $OG = DG$,且 G 为 EF 的中点.

证明 如图 2-39,联结 OD,因为 $OG \perp PE$,$OD \perp PD$,所以 O,P,D,G 四点共圆.

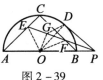

图 2-39

因为 PG 平分 $\angle OPD$,所以
$$OG = DG$$
联结 OE,OF,则由结论 6 知
$$OE = OF$$
又 $OG \perp PE$,故 G 为 EF 的中点.

注 由结论 2 和结论 7 知,C,D,F,O,E 五点共圆,且 G 为该圆的圆心.

结论 8 设 DA,DB 与 PE 分别交于点 X,Y,则有:

(1) $\dfrac{AX}{XD} = \dfrac{DY}{YB}$;

(2) A,B,F,X 和 A,B,Y,E 分别四点共圆.

证明 (1) 如图 2-40,因为
$$\angle APE = \angle DPE$$
所以
$$\frac{AX}{XD} = \frac{PA}{PD},\frac{DY}{YB} = \frac{PD}{PB}$$

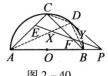

图 2-40

因为 PD 是半圆 O 的切线,所以
$$PD^2 = PA \cdot PB$$
即 $\dfrac{PA}{PD} = \dfrac{PD}{PB}$,故 $\dfrac{AX}{XD} = \dfrac{DY}{YB}$.

(2) 联结 CD,则由结论 2 知,$CD \parallel EF$,所以
$$\angle AXE = \angle ADC = \angle ABC$$
故 A,B,F,X 四点共圆.

同理,A,B,Y,E 四点共圆.

下面,利用上述有关结论,再给出例 25 的一种更合乎常规的证法.

证法 3 如图 2-41,过点 F 作 $FG \parallel AC$ 交 AB 于点 G,联结 EG,DF,则
$$\angle FGB = \angle CAB = 45°, GF = BF$$
由结论 1 知
$$\angle PDF = 45° = \angle PGF, DF = BF = GF$$
所以
$$\triangle PDF \cong \triangle PGF$$

图 2-41

则 $PD = PG$.

因为 PD 是半圆 O 的切线,所以
$$PG^2 = PD^2 = PB \cdot PA$$

即 $\dfrac{PG}{PA} = \dfrac{PB}{PG}$.

又 $FG // AC$,所以 $\dfrac{PF}{PE} = \dfrac{PG}{PA} = \dfrac{PB}{PG}$.

所以,$FB // EG$,则 $\angle AGE = \angle ABC = 45°$.

从而
$$\angle EGF = 90°$$

所以四边形 $CEGF$ 为矩形,则 $GE = AE, GF = BF$.

故 $AE^2 + BF^2 = GE^2 + GF^2 = EF^2$.

即线段 AE, BF, EF 可以组成一个直角三角形.

由上例可知,观察得越深入,就会有一系列新的发现.

2.2.6 关注观察的直感性

数学直感是在观察数学对象的表象基础上对有关数学对象形象的特征判别,是一种直观感知过程,它不必借助于语言,也不一定以概念为中介,只要将数学表象与类似的具有普遍性的表象特征进行对照,即可作出判别.

例 26 已知复数 z_1, z_2 满足 $|z_1 + z_2| = |z_1 - z_2|$,求证:$\dfrac{z_1}{z_2}$ 为纯虚数.

解析 题中提供的数学表象为 $|z_1 + z_2|, |z_1 - z_2|$. 直感到复数也可看作向量,由向量的加减法,可作出特征判别:$|z_1 + z_2|, |z_1 - z_2|$ 分别是以 $\overrightarrow{OZ_1}, \overrightarrow{OZ_2}$ 为邻边的 $\square OZ_1ZZ_2$ 的两条对角线长,而 $|z_1 + z_2| = |z_1 - z_2|$,则 OZ_1ZZ_2 为矩形,$\overrightarrow{OZ_1} \perp \overrightarrow{OZ_2}$. 由两向量垂直的特征即可得

$$\dfrac{z_1}{z_2} = a\mathrm{i} \quad (a \neq 0, a \in \mathbf{R})$$

显然按上述思路得到的解法比其他解法要简练得多,也足见数学直感在解决数学问题中所显示出来的威力.

下面,我们来探讨有关数学操作中的数学直感.

1. 等价转化中的数学直感

有许多数学问题直接求解有一定难度或直接求解较烦琐,进行等价转化后会有柳暗花明之感. 数学直感导致等价转化不失为一种好的途径.

例 27 对于 $x \in \mathbf{R}$,试确定 $\sqrt{x^2 + x + 1} - \sqrt{x^2 - x + 1}$ 的取值范围.

分析 带有根式的问题,我们曾经遇到过(比如例 21),与两点距离有关. 由数学直感可作出判断:

$\sqrt{x^2 + x + 1}, \sqrt{x^2 - x + 1}$ 均为两点间距离结构模式,故萌发了将之转化为距离问题来解决的想法. 因为

$$\sqrt{x^2 + x + 1} - \sqrt{x^2 - x + 1} = \sqrt{(x + \dfrac{1}{2})^2 + (0 - \dfrac{\sqrt{3}}{2})^2} - \sqrt{(x - \dfrac{1}{2})^2 + (0 - \dfrac{\sqrt{3}}{2})^2}$$

这表示在 x 轴上的动点 $P(x,0)$ 到两定点 $A(-\frac{1}{2},\frac{\sqrt{3}}{2})$, $B(\frac{1}{2},\frac{\sqrt{3}}{2})$ 的距离之差,且 $\triangle PAB$ 始终可构成.

所以 $||PA|-|PB||<|AB|=1$,故

$$-1<\sqrt{x^2+x+1}-\sqrt{x^2-x+1}<1$$

例28 已知 $x+2y+3z=a$, $x^2+y^2+z^2=a^2(a>0)$. 求证

$$\frac{3-\sqrt{65}}{14}a \leq z \leq \frac{3+\sqrt{65}}{14}a$$

解析 根据已知式的表象特征,若将 z 看成常数后,前一式表示直线,后一式表示圆,且点 (x,y) 既在直线上,又在圆上.由此原题可转化为圆 $x^2+y^2=a^2-z^2$ 与直线 $x+2y+(3z-a)=0$ 有公共点的问题.

于是 $\frac{|3z-a|}{\sqrt{5}} \leq \sqrt{a^2-z^2}$,且 $|x|<a$.

可得 $\frac{3-\sqrt{65}}{14}a \leq z \leq \frac{3+\sqrt{65}}{14}a$.

2. 合理估计中的数学直感

有些数学题,使人有不知从何着手解决的感觉,利用数学直感,施行合理估计以后,就会茅塞顿开.

例29 设 $a,b \in \mathbf{Q}^*$,求证: $\sqrt{2}$ 在 $\frac{b}{a}$ 与 $\frac{2a+b}{a+b}$ 之间.

解析 不妨先作估计,令 $a=1,b=2$,则

$$\frac{b}{a}=2, \frac{2a+b}{a+b}=\frac{4}{3}$$

此时有

$$\frac{2a+b}{a+b}<\sqrt{2}<\frac{b}{a}$$

又令

$$a=2, b=1$$

则

$$\frac{b}{a}=\frac{1}{2}, \frac{2a+b}{a+b}=\frac{5}{3}$$

又可得

$$\frac{b}{a}<\sqrt{2}<\frac{2a+b}{a+b}$$

两种可能性的存在,可作出直观判断:只要证明 $(\frac{b}{a}-\sqrt{2})(\frac{2a+b}{a+b}-\sqrt{2})<0$ 即可.

3. 知识迁移中的数学直感

在中学数学中,有许多数学内容,它们之间既互相区别,又互相联系、互相渗透.在解决

数学问题时往往需要互相之间的知识迁移,如函数与不等式之间,函数与方程之间,几何与代数之间,式结构与形结构之间等的知识迁移,数学直感可在二者之间架起桥梁.

例30 已知 $\sin\alpha+\sin\beta=1,\cos\alpha+\cos\beta=0$. 求 $\cos 5\alpha+\sin 5\beta$ 的值.

解析 这是一道三角求值题. 已知的两等式是数学表象,将此二式结合在一起与复数的三角表达式的形象特征一对照,就可将此三角问题迁移为复数问题.

令 $z_1=\cos\alpha+i\sin\alpha, z_2=\cos\beta+i\sin\beta, z=\cos\dfrac{\pi}{2}+i\sin\dfrac{\pi}{2}$,则 $z_1+z_2=z$,且 $|z_1|=|z_2|=|z|=1$. 即 z_1,z_2,z 对应点 Z_1,Z_2,Z 位于单位圆上,且 Z 为 y 轴正向与单位圆之交点,Z_1,Z_2 关于 y 轴对称. 故 $\triangle OZZ_2,\triangle OZZ_1$ 均为正三角形. 则

$$\alpha=2k\pi+\dfrac{\pi}{6}\quad (k\in\mathbf{Z})$$

$$\beta=2k\pi+\dfrac{5}{6}\pi\quad (k\in\mathbf{Z})$$

或

$$\alpha=2k\pi+\dfrac{5}{6}\pi\quad (k\in\mathbf{Z})$$

$$\beta=2k\pi+\dfrac{\pi}{6}\quad (k\in\mathbf{Z})$$

故

$$\cos 5\alpha+\sin 5\beta=\dfrac{1-\sqrt{3}}{2}\text{或}\dfrac{1+\sqrt{3}}{2}$$

4. 运算结果中的数学直感

解题以后,运算结果的正确性有许多不易被证实,而数学直感却可弥补许多问题的这个缺陷.

例31 过双曲线 $2x^2-y^2-8x+6=0$ 的右焦点作直线 l 交曲线于 A,B 两点,若 $|AB|=4$,则这样的直线有_____条.

解析 学习者对此问题的答案五花八门,1,2,3,4 可能都有,究竟哪一个正确?利用数学直感就可真相大白.

将方程化为 $(x-2)^2-\dfrac{y^2}{2}=1$,右焦点为 $F(2+\sqrt{3},0)$,画出草图. 不难得出过 F 的通径长为4,故仅与双曲线右支相交且符合条件的直线只有一条. 而 $2a=2<4$,由数学直感可判断,与左右支均相交的符合条件的直线有2条,故正确答案为3条.

例32 过点 $P(-2,5)$ 作直线 PQ,使其与抛物线 $y^2-8x-6y-7=0$ 仅有一个公共点,求直线 PQ 的方程.

解析 一般地,设 PQ 方程为 $y-5=k(x+2)$,将其代入 $y^2-8x-6y-7=0$,得 $ky^2-(6k+8)y+9k+40=0$. $k\neq 0$ 时,由 $\Delta=0$ 得 $k=1$,PQ 方程为 $x-y+7=0$,此答案是否正确呢?作出图像,凭借数学直感可知符合条件的直线还有2条

$$x=-2 \text{ 及 } y=5$$

5. 解题方向中的数学直感

确定解题方向是解决数学问题时至关重要的一招,有的问题一目了然,有的问题却充满迷雾,极易选错方向. 而数学直感,往往可在此时帮助拨开迷雾.

例 33 已知双曲线 $\dfrac{x^2}{a^2}-\dfrac{y^2}{b^2}=1(a>0,b>0)$ 的离心率 $e>1+\sqrt{2}$,F_1,F_2 分别为左、右焦点,左准线为 l. 问能否在双曲线的左半支上找到一点 P,使得 $|PF_1|$ 是 P 到 l 的距离 d 与 $|PF_2|$ 的比例中项?若能,求出点 P 的坐标;若不能,说明理由.

解析 此系存在性命题,若从距离公式入手解题,将会十分繁杂. 纵观全题的条件,$e>1+\sqrt{2}$ 特别引人注意. 数学直感传递了一个信息:e 与双曲线第二定义有关,可从此处切入解题.

设在左支上存在符合条件的点 P,则

$$|PF_1|^2=d|PF_2|,\quad \frac{|PF_1|}{d}=\frac{|PF_2|}{|PF_1|}=e$$

又

$$|PF_2|-|PF_1|=2a$$

则

$$|PF_1|=\frac{2a}{e-1},\quad |PF_2|=\frac{2ae}{e-1}$$

至此解题又可能受阻,但从 $|PF_1|$,$|PF_2|$ 的表达式中可感知,要使 $|PF_1|$,$|PF_2|$ 都与 e 有关,必须引进 c. 此时结合图像,直观地得出

$$|PF_1|+|PF_2|\geqslant 2c$$

即

$$\frac{2a}{e-1}+\frac{2ae}{e-1}\geqslant 2c,\quad e^2-2e-1\leqslant 0$$

故 $1<e\leqslant\sqrt{2}+1$ 与 $e>\sqrt{2}+1$ 矛盾,因此 P 不存在.

6. 简捷解法中的数学直感

简捷的解题方法是数学问题的解决过程中不断追求的一个目标,数学直感在这方面所起的作用十分显著.

例 34 设函数 $f(x)=x^2+x+a(a>0)$ 满足 $f(m)<0$,试判断 $f(m+1)$ 的符号.

解析 此题解法很多,但若能充分利用数学直感,解法相当简捷,给人一种美的享受. 题中 $f(x)=x^2+x+a(a>0)$ 及图像分别为代数表象及几何表象,根据表象的特征可得出判断:对称轴为 $x=-\dfrac{1}{2}$,$f(0)=f(-1)=a>0$,在 $\left(-\dfrac{1}{2},+\infty\right)$ 上为增函数. 已知 $f(m)<0$,故 $-1<m<0$,则

$$0<m+1$$

故

$$f(m+1)>f(0)>0$$

例 35 设函数 $f(x)=ax^2+8x+3(a<0)$. 对于给定的负数 a,有一个最大的正数 $L(a)$,

使得在整个区间$[0,L(a)]$上不等式$|f(x)|\leq 5$都成立.问a为何值时$L(a)$最大?求出这个最大的$L(a)$.证明你的结论.

解析 该题题意较难理解,但若借助数学直感不但可弄懂题意,也可得到简捷解法.

由于$f(x)=a(x+\frac{4}{a})^2+3-\frac{16}{a},a<0$,对此表达式及图像可得以下特征:函数图像开口向下,对称轴$x=-\frac{4}{a}$在y轴右方,过定点$(0,3)$,且$f(x)_{\max}=3-\frac{16}{a}$.

题中要求即为在$0\leq x\leq L(a)$时要使函数图像在二直线$y=\pm 5$之间.于是可分为两种情况:

(i)如图2-42,$3-\frac{16}{a}>5$,即$-8<a<0$时,有$0<L(a)<-\frac{4}{a}$,而$L(a)$是方程$ax^2+8x+3=5$的较小根.故

$$L(a)=\frac{-8+\sqrt{64+8a}}{2a}$$
$$=\frac{2}{\sqrt{16+2a}+4}<\frac{2}{4}=\frac{1}{2}.$$

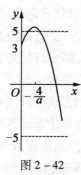
图2-42

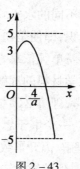
图2-43

(ii)如图2-43,$3-\frac{16}{a}<5$,即$a\leq -8$.

有$L(a)>-\frac{4}{a}$,$L(a)$是方程$ax^2+8x+3=-5$的较大根.故

$$L(a)=\frac{-8-\sqrt{64-32a}}{2a}=\frac{4}{\sqrt{4-2a}-2}\leq\frac{4}{\sqrt{20}-2}=\frac{\sqrt{5}+1}{2}.$$

仅当$a=-8$时取等号.

而$\frac{\sqrt{5}+1}{2}>\frac{1}{2}$,从而仅当$a=-8$时,$L(a)$取最大值$\frac{\sqrt{5}+1}{2}$.

注 上述内容参考了金明烈老师的文章《应注意重视数学直感的作用》,中学数学,1999(11):7-9.

第三章 数学理解和数学记忆

3.1 数学理解技能

学习数学,不仅要通过感知认识数学对象的表面现象和外部联系,获得感性认识,而且还要在感性认识的基础上,通过理解,逐步达到对数学对象的理性认识.理解是学习数学的中心环节.

一般地说,理解是在感知的基础上,通过思维加工,把新学习的内容同化于已有的认知结构,或者改组扩大原有的认知结构,把新学习的内容包括进去,逐步达到认识数学对象的本质和规律的一种思维活动.例如,在数学学习中,弄清概念,明确公式、定理、法则的条件及使用范围,结论的来龙去脉,推理论证的依据,这都是理解.

数学理解是要经历一定的过程并逐步深入.在数学学习的不同阶段,对所学数学知识的理解可以有不同的层次,不同的水平.不能认为,只有对数学对象的本质和规律的认识才算是理解.对数学对象的认识,即使是初步的,不完全的,只要它是与数学对象的本质和规律的认识相联系的,只要它不是单纯依靠直接感知揭露的,都可以称为方程解.

在数学学习中,对数学材料的理解,一方面固然需要他人的指导或精辟讲解,但另一方面更需要自己的独立思考,理解必须是在感知的基础上,通过思维和想象来实现的.要理解,必须开动脑筋,积极思维,一个懒于思考的人是不可能有什么理解而言的.

学习数学需要数学理解,离开了数学理解,是不能真正掌握数学知识的.数学理解不仅是获取数学知识的关键,也是保持数学知识的基础.只有深刻理解的数学知识,才能牢固掌握.

由于数学理解涉及的层面、内涵比较广泛,因而数学理解有如下特征:

1. 复杂性

理解不是一件非黑即白、泾渭分明的事,也就是说理解不是全对或全错的结果,任何形式的学习都将带有一定程度的理解,只不过是理解程度不同而已.这个观点至少给我们两点启示:第一,对于我们实施素质教育,推进课程改革有着积极的意义,为看待学习者的学习水平提供了新的观念,它促使我们需对日常评价学习者数学学习所采用的各种手段与方法重新认识和反思,重点应从结果向过程转移,吸取其合理、有益成分,进行科学的评价,而不是作简单的对和错的判断.第二,数学理解不是绝对的,即绝对的理解大概是不存在的,在理解与不理解之间存在着"灰色地带".那种设定学习目标所谓"节节清""章章清"可能是海市蜃楼.理解的复杂性决定了学习方式的多样性,极端的"发现式"(完全排除他人指导)并不符合数学教育实际;给讲授法扣上"注入式"或"满堂灌"帽子也未必就是公正的;适量的训练并非就是"机械式",可能伴随着有意义的学习发生.我们应该要特别注意的是:对于同一个概念,不同的人可能有不同的理解,这里的不同可能是理解的深浅不同也有可能是理解的角度不同.

2. 动态性

理解的过程不是线性式发展,而是一个渐进的、曲直的、动态的、呈螺旋式上升的过程,这个过程是充满着同化、顺应、平衡调节的过程. 很多概念的理解也不是经过一次、两次学习或训练就能够解决的,甚至还会出现反复的情况,因此要分阶段渐次巩固或提升,使数学理解由知之甚少到知之甚多、由模糊到清晰、由表层到深层. 这就要求我们在数学学习中要从整体上合理布局,系统安排,宏观把握,微观切入.

3. 广泛性

所谓数学理解的广泛性有三个方面的含义:深度、广度、贯通度. 深度是指相关题材与更为基本、更为深刻的数学思想联系;广度是指横向联系的广泛程度;贯通度则是指在所包含的各种成分间迅速转换的能力.

例如,复数 $r(\cos\theta + i\sin\theta)$ 的 n 次方根公式

$$z_k = \sqrt[n]{r}\left(\cos\frac{\theta + 2k\pi}{n} + i\sin\frac{\theta + 2k\pi}{n}\right) \quad (k = 0, 1, 2, \cdots, n-1)$$

它所蕴含的广泛的丰富内涵需揭示出来,使学习者对它的理解由形式进入内容,由表面深入到实际,由零散到联系,呈现出生动的富有生命力的数学公式.

(i) 与几何的联系(几何意义).

易知原式可变为

$$z_k = \sqrt[n]{r}\left(\cos\frac{\theta}{n} + i\sin\frac{\theta}{n}\right)\left(\cos\frac{2k\pi}{n} + i\sin\frac{2k\pi}{n}\right) \quad (k = 0, 1, 2, \cdots, n-1)$$

若记 $z_0 = \sqrt[n]{r}\left(\cos\frac{\theta}{n} + i\sin\frac{\theta}{n}\right)$,由复数乘法的几何意义可知,将向量 $\overrightarrow{Oz_0}$ 绕原点逆时针旋转 $\frac{2\pi}{n}$,便得 $\overrightarrow{Oz_1}$;将向量 $\overrightarrow{Oz_1}$ 绕原点逆时针旋转 $\frac{2\pi}{n}$,便得 $\overrightarrow{Oz_2}$;……;将向量 $\overrightarrow{Oz_{n-1}}$ 绕原点逆时针旋转 $\frac{2\pi}{n}$,便得 $\overrightarrow{Oz_0}$.

于是复数 $z_k(k=0,1,\cdots,n-1)$ 对应的 n 个点在以原点为圆心,半径为 $\sqrt[n]{r}$ 的圆上均匀分布,且组成正 n 边形的 n 个顶点.

(ii) 与数列的联系.

若记 $q = \left(\cos\frac{2\pi}{n} + i\sin\frac{2\pi}{n}\right)$,则

$$z_k = \sqrt[n]{r}\left(\cos\frac{\theta}{n} + i\sin\frac{\theta}{n}\right)\left(\cos\frac{2\pi}{n} + i\sin\frac{2\pi}{n}\right)^k = z_0 q^k$$

于是 $\{z_k\}(k=0,1,\cdots,n-1)$ 是一个首项为 $z_0 = \sqrt[n]{r}\left(\cos\frac{\theta}{n} + i\sin\frac{\theta}{n}\right)$,公式为 $q = \cos\frac{2\pi}{n} + i\sin\frac{2\pi}{n}$ 的等比数列.

容易知道 $z_{n+k} = z_k$.

若让 k 取遍一切自然数,则无穷等比数列 $\{z_k\}$ 是周期数列,周期为 n.

(iii) 与三角的联系.

易知 $\sum_{k=0}^{n-1} z_k = 0$,即

$$\sum_{k=0}^{n-1} \sqrt[n]{r}\left(\cos\frac{\theta+2k\pi}{n}+i\sin\frac{\theta+2k\pi}{n}\right)=0$$

由复数相等定义得

$$\sum_{k=0}^{n-1}\sin\frac{\theta+2k\pi}{n}=0$$

$$\sum_{k=0}^{n-1}\cos\frac{\theta+2k\pi}{n}=0$$

若对 θ 和 n 赋值,则可得到一大批三角恒等式,比如令 $\theta=\pi,n=7$ 得

$$\cos\frac{\pi}{7}+\cos\frac{3\pi}{7}+\cos\frac{5\pi}{7}=\frac{1}{2}$$

(iv) 与其他学科知识的联系.

将 $\overrightarrow{Oz_k}$ 视为力,作用点为原点,上述 n 个力的合力为零,即 $\sum_{k=0}^{n-1}\overrightarrow{Oz_k}=0$.

此例中理解的广泛性、丰富性表现得淋漓尽致. 如果上述广泛性没有被揭示的话,那么对这个公式的理解只能是浅层次的.

4. 发展性

关于概念无论在学习中还是在教材陈述中,都是按所学的先后次序或逻辑顺序建立结构关系,一些学习者也特别重视按演绎推理关系来联系数学概念,但数学概念之间并不是那种"一脉相承"的线性关系,而是"相辅相成"的关系,不能只靠前面的概念来理解后面的概念,后面的概念同样能帮助理解前面的概念,而且能起到深化、提升的作用,对后者当予以足够的重视才是. 例如,关于绝对值的概念的发展与联系

$$|a|=\begin{cases}a, & a\geq 0\\-a_1, & a<0\end{cases}$$

学习实践证明,初学者理解它有一定困难. 这个定义给出了去绝对值符号方法(讨论法).

$|a|$ 表示数轴上 a 到原点的距离(非负性),是一维向量长度. 它也可以视为几何角度的绝对值定义. $|a|$ 还可以定义为 $|a|=\max\{-a,a\}$.

实际上上述三者是等价的,只不过是角度不同而已,正是这些不同的角度,给绝对值的概念内涵带来了丰富多变的形式.

$|a-b|$ 表示数轴上 a 与 b 间的距离,当 $a,b\in\mathbf{C}$,它表示复平面上两个复数对应点间的距离.

$|x|=\sqrt{x^2}$ (去根式的联系);

$|x|^2=x^2$ (去绝对值符号的一种方法——平方法).

到高中阶段用函数的观点看绝对值 $f(x)=|x|$. 它本质上是分段函数,从它的图像上看到在 $(-\infty,0)$ 单调递减,从而直观地看到负数绝对值大的反而小,绝对值小的反而大(这再次强化了初中阶段的知识). 联系到 $f(x)=|x|$ 图像可视为是将直线 $y=x$ 沿 x 轴向上作翻折变换得到的,不难推广到:$|f(x)|$ 图像是将 $f(x)$ 的图像沿 x 轴向上作翻折变换得到的. 到了高中阶段复数部分,$z=a+bi$ 的模 $|z|=\sqrt{a^2+b^2}$,即为实数绝对值推广,几何上是从一维向量的长度,推广到二维向量的长度. 还可推广到 n 维向量 $\{a_1,\cdots,a_n\}$ 的模.

同时,绝对值函数 $f(x)=|x|$ 是连续函数,但在 $x=0$ 处不可导,是数学分析中连续不可导的一个重要反例. 由此可见,高中层次的概念对于前一层次的概念对象的形成存在着反作用,为我们开辟了居高临下的新视角,如果指导者在指导中经常这样有意识地点明或自觉实施,概念理解必然大为增强.

下面,我们来探讨数学理解技能的操握.

3.1.1 数学理解可借助丰富的感性材料

例1 求函数 $f(x)=x^2-2x+3$ 在区间 $[-1,2]$ 上的最大值和最小值.

此问题的求解,常规的求解步骤一般是:第一步:配方,求出对称轴方程(不拘泥于配方法);第二步:画图,即画出开口方向及对称轴的位置;第三步:截段,即截取给定区间上的一段图像. 这样,观察便知,函数在什么时候取到最大值和最小值. 更简便地,只要比较函数顶点和闭区间两个端点处的函数值的大小,即可得最大值和最小值.

求解了如上问题之后,再来看如下一串问题:

问题1 若函数 $f(x)=x^2-2tx+3$ 在区间 $[-1,2]$ 上的最大值是2,求实数 t 的值.

问题2 设函数 $f(x)=x^2-2x+3$ 在区间 $[t,t+1]$ 上的最小值 $g(t)$,求 $g(t)$ 的解析式.

问题3 设函数 $f(x)=x^2-tx+3$ 在区间 $[t,t+1]$ 上的最小值是 $g(t)$,求 $g(t)$ 的解析式.

由于原问题(即例1)是给定函数解析式和确定的区间,而在问题串中,问题1中,对称轴动、区间定;问题2中,对称轴定、区间动;问题3中,对称轴动、区间动,函数的图像不确定,函数顶点和闭区间两个端点处的值的大小也不确定.

通过对这一串问题的处理,对学习者关于二次函数在闭区间求最值是有帮助的.

求函数在某区间上的最值问题,主要是要"明朗"区间内的单调性问题. 而对于二次函数来说,主要是要分清楚对称轴与区间的相对位置,即比较区间端点与对称轴的位置. 如果学习者对此有比较强的认知性理解,那么不论是对称轴动、区间定,还是对称轴定、区间动,或对称轴动、区间动这些均能迎刃而解了.

3.1.2 数学理解可借助合适的问题情境

通过合适的问题情境,可促进理解. 我们知道,理解的主要心理依据是思维,没有思维便没有理解,而思维总是从问题开始的. 然而,不是所有的问题都能引起学习者的思维. 数学学习中合适的问题情境,应该具备两个条件:一是和学习者已有的知识经验有联系,学习者有条件、有可能去思索和探究;二是要有新的要求,使学习者不能简单地利用已有的知识经验去解决. 这样才能使学习者面临一种似乎熟悉,但又一下子找不出解决问题的方法和手段的情境之中. 孔子说:"不愤不启,不悱不发",这里的"愤"就是欲求明白而不得,"悱"就是想说又说不出来,即心欲求而不得,口欲言而不能的一种心理状态. 这时,学习者有一种不可遏制的跃跃欲试的求知欲望,促使他们去思考,去理解有关的知识.

例2 有一块三角形的玻璃被打碎成如图3-1所示的两块,如果要照原样配一块,要不要把两块都带去?

解析 这个问题,来自生活实际,立即如磁铁一样引起学习者的兴趣. 可能议论纷纷,有人认为应带Ⅰ去,有人认为应带Ⅱ去,有人认为两块都应带去.

图3-1

通过分析,其实只需带一块去就行了. 那么,是带Ⅰ去,还是带Ⅱ去? 还是随便带哪一块都行呢？这又是为什么？

这个问题再次引起学习者的兴趣和思考，学习者的思路进入活跃状态．有的学习者说带 Ⅰ 去，有的说带 Ⅱ 去，还有的说带较大的一块去，小的不行，等等．

此时，让我们看一看带 Ⅰ 去行不行？

从图 3-2 中可以看到，根据 Ⅰ 不能恢复到原三角形玻璃的形状和大小，所以带 Ⅰ 去是不行的．

接下来再让我们看一看，带 Ⅱ 去行不行呢？

从图 3-3 中可以看到，根据 Ⅱ 可以恢复到原三角形玻璃的形状和大小，所以必须带 Ⅱ 去．

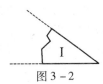 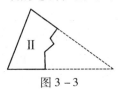

图 3-2　　　　　　图 3-3

为什么带 Ⅱ 去是可行的，而带 Ⅰ 去却不行呢？

这里已经开始涉及问题的实质了，前面议论纷纷是不知道其中的内在原因，进入一种心欲求而未得，口欲言而不能的心理状态．

这个问题的实质是一个三角形有六个元素，三条边和三个内角．若带 Ⅰ 去，只带去了三角形的一个元素；若带 Ⅱ 去，带去了三角形的三个元素．在图 3-1 中，三角形的六个元素破坏了二个元素．

这样就把全等三角形的判定的意义和目的，通过问题情境，加强了确认性理解．

所谓确认性理解，即学习者懂得了数学的基本概念、原理和方法，能够运用所学知识解决一些识记性与操作性步骤比较强的简单的问题．

例 3　如图 3-4，已知点 P 是锐角 $\triangle ABC$ 内的一个点，且使 $PA+PB+PC$ 最小．试确定点 P 的位置，并证明你的结论．

解析　由题设，需试探作出与 PA, PB, PC 相等的线段变成首尾相连的直线段时才会最小，于是分别以 AC, BC 为边向外作正 $\triangle ACB'$，$\triangle BCA'$，联结 BB'，AA' 交于点 P，则点 P 即为所求．如图 3-4．

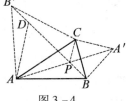

图 3-4

事实上，易证
$$\triangle BCB' \cong \triangle A'CA \Rightarrow \angle B'BC = \angle AA'C$$
故 A', B, P, C 四点共圆．

从而，$\angle BPA' = \angle BCA' = 60°$．

因为 $\angle APB'$ 与 $\angle BPA'$ 为对顶角，所以
$$\angle APB' = \angle BPA' = 60°$$
在 PB' 上截取 $PD=AP$，联结 AD, CP，得 $\triangle APD$ 为正三角形．易证
$$\triangle APC \cong \triangle ADB' \Rightarrow CP = B'D \Rightarrow PA+AB+PC = PD+PB+B'D = BB'(\text{定值})$$

为了说明 $PA+PB+PC = BB'$ 为最小，继续进行试探，如图 3-5，在 $\triangle ABC$ 内任取一点 M（不同于点 P），联结 MA, MB, MC．

以点 A 为旋转中心，将 $\triangle AMC$ 逆时针旋转 $60°$，使 AC 与 AB' 重合，得 $\triangle AGB'$．则
$$\triangle AGB' \cong \triangle AMC \Rightarrow B'G = CM$$
联结 GM，则 $\triangle AGM$ 为正三角形，有 $MA=MG$．故

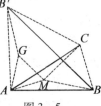

图 3-5

$$MA + MB + MC = MG + MB + B'G = BM + MG + GB' > BB'$$

因此,点 P 到三个顶点 A,B,C 的距离之和最短(若以 AB 为边向外作正 $\triangle ABC'$,可得 $AA' = BB' = CC'$).

上述例题的求解,把几何中的旋转变换的操作与作用,通过问题情境,加强了确认性理解.

3.1.3 数学理解要抓本质和规律的揭示

在数学学习中,通过分析、综合、抽象、概括等思维活动,理解数学知识的本质和规律,才能达到对有关概念和原理的精确而清晰的认识. 抓本质和规律,可采取如下"三抓"措施:

1. 抓要点

数学概念及原理等的理解,要抓要点. 例如,学习"线段的垂直平分线"这一概念时,可以抓住这样几个要点:第一,它是一条直线;第二,这条直线过线段的中点;第三,这条直线垂直于这条线段. 其中,第一点指出了它"是什么"图形,第二点和第三点指出了它"是怎样"的图形.

2. 抓关键

例如,"正弦函数"这一概念中,涉及比的意义、角的大小、点的坐标、距离公式、相似三角形和函数的概念等知识,其中"比"是这一概念的关键特征. 我们可以这样理解:第一,正弦函数实质上就是一个"比",是一个数值;第二,在角 α 的终边上任取一点 $P(x,y)$,那么这个"比"就是

$$\frac{\text{角 }\alpha\text{ 终边上一点 }P\text{ 的纵坐标}}{\text{点 }P\text{ 到原点的距离}} = \frac{y}{r}$$

其中 $r = \sqrt{x^2 + y^2}$;第三,这个"比"随角 α 的确定而确定;第四,"比"的大小与点 P 在角 α 上的位置无关.

3. 举反例,抓变式

准确地理解数学知识要学会举反例. 一般地说,从正面阐述概念和原理是很重要的,但为了更确切地理解这些知识,最好在正面认识的基础上,再从反面或侧面取剖析它.

例如,学习"因式分解"时,可举出反例

$$x^2 - y^2 + 1 = (x+y)(x-y) + 1$$

这不是对多项式 $x^2 - y^2 + 1$ 进行因式分解.

所谓变式,就是变换同类事物的非本质特征,突出其本质特征,从而更确切地理解事物的本质特征.

例如,公式 $x^2 + (a+b)x + ab = (x+a)(x+b)$ 的实质是要找两个数或式,使其积为 ab,其和为 $a+b$,至于 x,a 和 b 具体表示什么,那是无关紧要的,它们可以是数,也可以是式(单项式、多项式、根式、超越式等). 为了让学习者认清这个实质,在指导中可以引导学习者做下面的练习:

(1) $1^2 + (a+b) \cdot 1 + ab = (\boxed{} + a)(\boxed{} + b)$;

(2) $(x^2 - 1)^2 + (a+b)(x^2 - 1) + ab = (\boxed{} + a)(\boxed{} + b)$;

(3) $(y^2 + 1) + (a+b)\sqrt{y^2 + 1} + ab = (\boxed{} + a)(\boxed{} + b)$;

(4) $1 + (m^2 + m^4) + m^6 = (1 + \boxed{})(1 + \boxed{})$；

(5) $t^2 + (\sin\alpha + \cos\alpha)t + \sin\alpha\cos\alpha = (t + \boxed{})(t + \boxed{})$．

通过如上一系列由易到难,由简单到复杂的变式训练,可以加强学习者对这个公式实质的理解.

例4 概念理解.

例如"对称",容易想到的是轴对称、中心对称、对称式等,不错,这些都属于对称,但我们应从更高的层面去理解,数学中所讲的对称应上升为处理问题的一种指导思想,是对客观世界合理性的一种理解,任何一个矛盾都必然存在互相矛盾的两个侧面(即矛的一面和盾的一面),相互矛盾又共存于一个统一体之中.现实生活中"来"和"去"就是一种对称;函数与其反函数是一种对称;数和形也是一种对称;等式两边是对称的,不等式两边也是对称的,但多数学生观察它们时心理表现是不对称的,从而致使解题方法单一,思维容易受阻.产生这种情况原因可能是关注方向单一或者是思维训练方向失衡.又比如我们说理解公式,即意味着从左到右、从右到左及其变形,公式的意义(实际的、几何的),来龙去脉及其蕴涵的数学思想方法都包含于其中.

例5 方法理解.

在证明$A > B$这类不等式时,我们常常把它转化为证明$A - B > 0$,观察这一过程,我们可能会想,为什么一遇到证明$A > B$就会不假思索地这样做呢?多数老师给出这样一种回答:$A > B$与$A - B > 0$在逻辑上是等价的.是的,这样的回答没有错,课本上也是这样写的:$A > B \Leftrightarrow A - B > 0$.但逻辑上是等价还不足以回答采用后者的理由,其实证明$A > B$,我们拥有的办法是不多的,然而我们证明$A - B > 0$却拥有丰富的手段,对$A - B$充分使用代数变形,化为若干个因式乘积或若干个平方和,然后与零作比较,经验告诉我们这样做成功的机会比较大.其中对$A - B$变形是手段,与零作比较才是本质和目的,人们将此法总结为"求差法".这个例子表明:第一,人们在思考问题时并不总是徘徊于逻辑形式$A > B$与$A - B > 0$之间的等价关系,有时需要借助于经验,否则人们的认识就不能有所前进.第二,"科学的数学"需要加工成"教育的数学",教师的作用更重要的是在这里体现出来的.但"加工"这个过硬的本领绝非一日之功,而是一个长期的理论学习、反思和实践智慧累积的过程,这个过程是教师个人艰苦努力与执着追求的过程,它应贯穿着教师的整个职业生涯.

例6 数学问题本质理解.

问题 已知函数$f(x) = \dfrac{2^x}{2^x + 1}, a \leq b \leq c$,求证

$$f(a-b) + f(b-c) + f(c-a) \leq \dfrac{3}{2} \quad (*)$$

首先,对所给函数$f(x) = \dfrac{2^x}{2^x + 1}$进行一些探讨:当$x = 0$时,$f(0) = \dfrac{1}{2}$;取$-x$时,$f(-x) = \dfrac{2^{-x}}{2^{-x} + 1} = \dfrac{1}{2^x + 1}$.于是,可知$f(x) + f(-x) = 1$.

如果将上述两种特殊情形综合考虑,则可讨论$xy(x + y) = 0$时的情形.

下面,我们探讨如上数学问题的本质,看如下结论:

结论 1 已知函数 $f(x)=\dfrac{a^x}{a^x+1}(a>1),x,y\in\mathbf{R}$,那么:

(1) 当 $xy(x+y)=0$ 时,$f(x)+f(y)=\dfrac{1}{2}+f(x+y)$;

(2) 当 $xy(x+y)<0$ 时,$f(x)+f(y)<\dfrac{1}{2}+f(x+y)$;

(3) 当 $xy(x+y)>0$ 时,$f(x)+f(y)>\dfrac{1}{2}+f(x+y)$.

(当 $0<a<1$ 时,(1)仍成立;(2)和(3)不等号反向).

证明
$$f(x)+f(y)-\dfrac{1}{2}-f(x+y)$$
$$=\dfrac{a^x}{a^x+1}+\dfrac{a^y}{a^y+1}-\dfrac{1}{2}-\dfrac{a^{x+y}}{a^{x+y}+1}$$
$$=\left(\dfrac{a^x}{a^x+1}-\dfrac{1}{2}\right)+a^y\left(\dfrac{1}{a^y+1}-\dfrac{a^x}{a^{x+y}+1}\right)$$
$$=\dfrac{a^x-1}{2(a^x+1)}-\dfrac{a^y(a^x-1)}{(a^y+1)(a^{x+y}+1)}$$
$$=\dfrac{(a^x-1)(a^y-1)(a^{x+y}-1)}{2(a^x+1)(a^y+1)(a^{x+y}+1)}$$

由以上最后一个等式的右边及 $a>1$,即知结论 1 的结论成立.

注意到函数 $f(x)=\dfrac{a^x}{a^x+1}$ 具有性质:$f(t)+f(-t)=1(t\in\mathbf{R})$,在结论 1 中令 $-x-y=z$,则有:

推论 1 已知 $f(x)=\dfrac{a^x}{a^x+1}(a>1),x+y+z=0$,那么:

(4) 当 $xyz=0$ 时,$f(x)+f(y)+f(z)=\dfrac{3}{2}$;

(5) 当 $xyz<0$ 时,$f(x)+f(y)+f(z)<\dfrac{3}{2}$;

(6) 当 $xyz>0$ 时,$f(x)+f(y)+f(z)>\dfrac{3}{2}$.

(当 $0<a<1$ 时,(4)仍成立;(5)(6)不等号反向).

推论 1 从根本上回答了前面的问题.

深入思考又可获以下"三元问题":

结论 2 已知函数 $f(x)=\dfrac{a^x}{a^x+1}(a>1),x,y,z\in\mathbf{R}$(特别地,当 $z=0$ 时即为结论 1),那么:

(7) 当 $(x+y)(y+z)(z+x)=0$ 时,$f(x)+f(y)+f(z)=1+f(x+y+z)$;

(8) 当 $(x+y)(y+z)(z+x)<0$ 时,$f(x)+f(y)+f(z)<1+f(x+y+z)$;

(9) 当 $(x+y)(y+z)(z+x)>0$ 时,$f(x)+f(y)+f(z)>1+f(x+y+z)$.

(当 $0<a<1$ 时,(7)仍成立;(8)和(9)不等号反向).

证明 $f(x)+f(y)+f(z)-1-f(x+y+z)$

$$= \frac{a^x}{a^x+1} + \frac{a^y}{a^y+1} + \frac{a^z}{a^z+1} - 1 - \frac{a^{x+y+z}}{a^{x+y+z}+1}$$

$$= \frac{a^x}{a^x+1} + \frac{a^y}{a^y+1} + \frac{a^z}{a^z+1} - 1 - 1 - \frac{1}{a^{x+y+z}+1}$$

$$= \frac{a^x}{a^x+1} + \frac{1}{a^y+1} + \frac{1}{a^z+1} + \frac{1}{a^{x+y+z}+1}$$

$$= \frac{(a^{x+y}-1)}{(a^x+1)(a^y+1)} - \frac{a^z(a^{x+y}-1)}{(a^x+1)(a^{x+y+z}+1)}$$

$$= \frac{(a^{x+y}-1)(a^{y+z}-1)(a^{x+z}-1)}{(a^x+1)(a^y+1)(a^z+1)(a^{x+y+z}+1)}$$

据此,易知结论 2 成立.

类似于推论 1,我们有:

推论 2 已知 $f(x) = \frac{a^x}{a^x+1}(a>1), x+y+z+w=0$,那么:

(10) 当 $(x+y)(y+z)(z+x) = 0$ 时, $f(x) + f(y) + f(z) + f(w) = 2$;

(11) 当 $(x+y)(y+z)(z+x) < 0$ 时, $f(x) + f(y) + f(z) + f(w) < 2$;

(12) 当 $(x+y)(y+z)(z+x) > 0$ 时, $f(x) + f(y) + f(z) + f(w) > 2$.

(当 $0 < a < 1$ 时,(10) 仍成立,(11) 和 (12) 不等号反向).

由上述结论和推论,我们便较深刻地理解了前面问题的本质.

3.1.4 数学理解要抓联系与应用

希尔伯特曾经说过:"数学学科是一个不可分割的有机整体,它的生命力在于各部分之间的联系". 数学中由于不同的形式可以表现同一种内容,不同的内容又可以用同一种形式表现出来,这是我们实施变式教学的理论依据,同时也为数学学习创造预留了极大的空间. 一般可通过一题多解、变式等来练习、引申、发散原问题,使之建立各种联系,从而增进数学理解.

例 7 若 $y = f(x)$ 是 **R** 上的连续奇函数, $f(0) = ?$ 且这个结论反映了奇函数的什么性质?

解析 对于前者,一般地知 $f(0) = 0$,对于后者是开放式的,至少可得如下一些结论:

① $x = 0, y = 0$.

② **R** 上的连续奇函数 $f(x)$ 的图像必过原点.

③ $f(x)$ 是 **R** 上的连续奇函数,且方程 $f(x) = 0$ 至少有一个根 $x = 0$.

④ $f(x)$ 是 **R** 上的连续奇函数,且方程 $f(x) = 0$ 只有有限多个根,则方程 $f(x) = 0$ 必有奇数个根.

⑤ $f(x)$ 是 **R** 上的连续奇函数,且方程 $f(x) = 0$ 只有有限多个根,则方程 $f(x) = 0$ 的所有根代数和必为零.

要完满地解答上述问题,需要解答者能够从多个角度理解奇函数的性质.

实际上数学理解程度取决于个人内部认知间联系的丰富程度,由于数学主要研究空间形式和数量关系,尽管数和形有明显的差异,但却又有着千丝万缕的联系,不能死板、孤立地就形论形,就数论数. 要加强数学中数形联系教学深度开发研究,拓宽数形联系的路子. 比如:

①集合中用文氏图表示集合间关系.

②函数周期性定义 $f(x+T)=f(x)$ 中,其几何意义即 $f(x+T)$ 是将 $f(x)$ 平移 T 个单位得到,这就深刻揭示了图像重复出现这个周期性本质.

③方程 $f(x)=0$ 的根即为曲线 $y=f(x)$ 与 x 轴的交点,方程 $f(x)=g(x)$ 的根即为 $y=f(x)$ 图像与 $y=g(x)$ 图像的交点横坐标.

④$\sqrt{a^2+b^2}$ 与勾股定理、复数的模、点 (a,b) 到原点距离的联系.

⑤x^2 或 xy 与面积,x^3 或 xyz 与体积.

⑥$|a-b|$ 与一维数轴上两点间距离,当 $a,b\in\mathbf{C}$,它是二维复平面上两点间距离.

⑦a^2+ab+b^2 与余弦定理.

⑧$\Delta=b^2-4ac$ 符号与 $f(x)=ax^2+bx+c$ 图像和 x 轴的交点个数.

⑨$\lambda=\dfrac{P_1P}{PP_2}$ 的数值与点 P 在有向线段 $\overrightarrow{P_1P_2}$ 上的位置.

⑩揭示公式的几何意义,比如:$(a+b)^2=a^2+2ab+b^2$,$\dfrac{1}{2}(a+b)\geqslant\sqrt{ab}$ 等.

这些看似简单的数形联系实际上是对数学精髓的领悟,有着重要而又实质性的作用,往往是新方法产生的源泉.

在数学学习中关注数学联系,首先要强化联系意识,除如上所述数形结合外,还有数学内部各概念之间的联系、数学与其他学科之间的联系、数学与外部的联系(应用),还应关注逆向联系,以及加强对概念学习全方位的审视(正向、反向、变式、相近易混概念的辨析)等.

例8 几个著名定理之间的联系.

在 $\triangle ABC$ 中,令 $BC=a$,$CA=b$,$AB=c$,$P=\dfrac{1}{2}(a+b+c)$. 我们有:

定理1 (面积公式)

$$S_{\triangle ABC}=\dfrac{1}{2}ab\sin C \quad ①$$
$$=\dfrac{1}{2}bc\sin A \quad ②$$
$$=\dfrac{1}{2}ca\sin B \quad ③$$

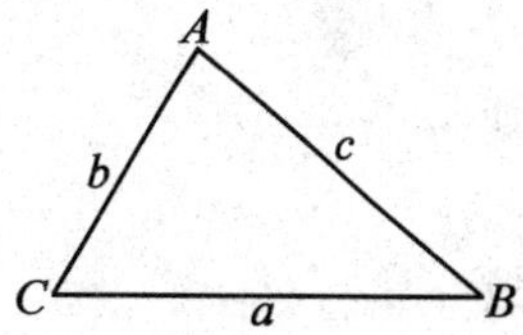

图 3-6

定理2 (正弦定理)

$$\dfrac{a}{\sin A}=\dfrac{b}{\sin B}=\dfrac{c}{\sin C}$$

定理3 (余弦定理)

$$a^2=b^2+c^2-2bc\cos A \quad ④$$
$$b^2=c^2+a^2-2ca\cos B \quad ⑤$$
$$c^2=a^2+b^2-2ab\cos C \quad ⑥$$

定理4 (勾股定理)若 $C=90°$,则

$$c^2=a^2+b^2$$

定理5 (海伦公式)

$$S_{\triangle ABC}=\sqrt{p(p-a)(p-b)(p-c)}$$

其中 $p = \frac{1}{2}(a+b+c)$.

值得注意的是,上述五个定理是等价的. 我们分四步证明这个结论,所用公式不超出现行教材.

先证定理1⇔定理2.

证明 (1)先证"⇒" 由定理1得

$$\begin{cases} ab\sin C = bc\sin A \\ bc\sin A = ca\sin B \end{cases} \Rightarrow \begin{cases} \dfrac{a}{\sin A} = \dfrac{c}{\sin C} \\ \dfrac{a}{\sin A} = \dfrac{b}{\sin B} \end{cases} \Rightarrow \dfrac{a}{\sin A} = \dfrac{b}{\sin B} = \dfrac{c}{\sin C}$$

即"⇒"获证.

(2)再证"⇐" 由定理2知(图3-7作 $AD \perp BC$ 于 D 并令 $AD = h$)

$$\frac{h}{\sin C} = \frac{b}{\sin 90°} \Rightarrow h = b\sin C$$

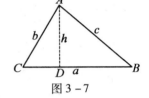

图3-7

故

$$S_{\triangle ABC} = \frac{1}{2}ah = \frac{1}{2}ab\sin C$$

即①成立.

同理可证②③成立,故"⇐"获证.

综上所述,定理1⇔定理2.

其次证定理2⇔定理3.

证明 (1)"⇒" 由定理2,令

$$\frac{a}{\sin A} = \frac{b}{\sin B} = \frac{c}{\sin C} = t$$

则

$$a = t\sin A, b = t\sin B, c = t\sin C$$

故

$$\begin{aligned}
& b^2 + c^2 - 2bc\cos A \\
&= t^2(\sin^2 B + \sin^2 C - 2\sin B\sin C\cos A) \\
&= t^2[\sin^2 B + \sin^2 C + 2\sin B\sin C\cos(B+C)] \\
&= t^2[\sin^2 B + \sin^2 C + 2\sin B\sin C(\cos B\cos C - \sin B\sin C)] \\
&= t^2(\sin^2 B + \sin^2 C - 2\sin^2 B\sin^2 C + 2\sin B\sin C\cos B\cos C) \\
&= t^2[\sin^2 B(1-\sin^2 C) + \sin^2 C(1-\sin^2 B) + 2\sin B\sin C\cos B\cos C] \\
&= t^2(\sin^2 B\cos^2 C + \sin^2 C\cos^2 B + 2\sin B\sin C\cos B\cos C) \\
&= t^2(\sin B\cos C + \cos B\sin C)^2 \\
&= t^2\sin^2(B+C) \\
&= t^2\sin^2 A = a^2
\end{aligned}$$

故 $a^2 = b^2 + c^2 - 2bc\cos A$ 即④成立.

同理可证⑤⑥成立,故"⇒"获证.

(2)"⇐" 由定理3中,④+⑤得
$$0 = 2c^2 - 2bc\cos A - 2ca\cos B$$
则 $c = b\cos A + a\cos B$,代入⑥得
$$(b\cos A + a\cos B)^2 = a^2 + b^2 - 2ab\cos C$$
$$\Rightarrow b^2\cos^2 A + a^2\cos^2 B + 2ab\cos A\cos B = a^2 + b^2 - 2ab\cos C$$
$$\Rightarrow a^2\sin^2 B + b^2\sin^2 A - 2ab[\cos A\cos B - \cos(A+B)]$$
$$\Rightarrow a^2\sin^2 B + b^2\sin^2 A - 2ab\sin A\sin B = 0$$
$$\Rightarrow (a\sin B - b\sin A)^2 = 0$$
$$\Rightarrow a\sin B = b\sin A$$
$$\Rightarrow \frac{a}{\sin A} = \frac{b}{\sin b}$$

同理可证 $\frac{b}{\sin B} = \frac{c}{\sin C}$,从而 $\frac{a}{\sin A} = \frac{b}{\sin B} = \frac{c}{\sin C}$,故"⇐"获证.

综上所述,定理2⇔定理3.

再证定理3⇔定理4.

证明 (1)"⇒"显然成立.

(2)"⇐"我们选证⑥,同理可证④⑤.由定理4,当 $C = 90°$时,⑥成立.当 $C < 90°$时,如图3-8并由定理4知

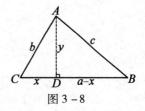

图3-8

$$c^2 = (a-x)^2 + y^2$$
$$= a^2 + x^2 - 2ax + y^2$$
$$= a^2 + b^2 - 2ab\cos C$$

即⑥成立.

当 $C > 90°$时,如图3-9并由定理4知

$$c^2 = (a+x)^2 + y^2$$
$$= a^2 + x^2 + 2ax + y^2$$
$$= a^2 + b^2 + 2ab\cos(180° - C)$$
$$= a^2 + b^2 - 2ab\cos C$$

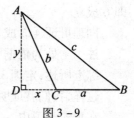

图3-9

即⑥成立.

故⑥成立.

同理可证④⑤成立,故"⇐"获证.

综上所述,定理3⇔定理4.

注 在上述的证明过程中,我们有 $a^2 + b^2 - c^2$ 与 $\cos C$ 同号.

最后证定理3⇔定理5.

证明 (1)"⇒" 由定理3(并结合定理1)知

$$S_{\triangle ABC} = \frac{1}{2}ab\sin C$$
$$= \frac{1}{2}ab\sqrt{1 - \cos^2 C}$$
$$= \frac{1}{2}ab\sqrt{1 - \left(\frac{a^2 + b^2 - c^2}{2ab}\right)^2}$$

$$= \sqrt{\frac{4a^2b^2 - (a^2 + b^2 - c^2)^2}{16}}$$

$$= \sqrt{\frac{1}{16}(a+b+c)(b+c-a)(c+a-b)(a+b-c)}$$

$$= \sqrt{p(p-a)(p-b)(p-c)}$$

其中 $p = \frac{1}{2}(a+b+c)$.

故"⇒"获证.

(2)"⇐" 由定理5(并结合定理1)知

$$S_{\triangle ABC} = \sqrt{p(p-a)(p-b)(p-c)}$$

$$= \frac{1}{2}ab\sqrt{1 - \left(\frac{a^2+b^2-c^2}{2ab}\right)^2}$$

及

$$S_{\triangle ABC} = \frac{1}{2}ab\sin C$$

则

$$\sin C = \sqrt{1 - \left(\frac{a^2+b^2-c^2}{2ab}\right)^2}$$

$$\Rightarrow \cos^2 C = \left(\frac{a^2+b^2-c^2}{2ab}\right)^2$$

$$\Rightarrow \cos C = \frac{a^2+b^2-c^2}{2ab} \text{ *}$$

$$\Rightarrow c^2 = a^2 + b^2 - 2ab\cos C$$

即⑥成立.

同理可证④⑤成立,故"⇐"获证.

注 *处为依据"定理3⇔定理4"证明完成后的注解.

综上所述,定理3⇔定理5.

这样,我们就证明了:定理1⇔定理2⇔定理3⇔定理4⇔定理5.

在数学学习中,一题多解是建立数学知识向联系的一种传统优良方法.

例9 已知 a, b 是不相等的正数,试求函数 $y = \sqrt{a\cos^2 x + b\sin^2 x} + \sqrt{a\sin^2 x + b\cos^2 x}$ 的最值.

解法1 (利用三角函数的有界性)因为

$$y^2 = (a\cos^2 x + b\sin^2 x) + (a\sin^2 x + b\cos^2 x) + 2\sqrt{(a\cos^2 x + b\sin^2 x)(a\sin^2 x + b\cos^2 x)}$$

$$= a + b + \sqrt{4ab + (a-b)^2\sin^2 2x}$$

又 $y > 0$, 故当 $\sin 2x = 0$ 时, y 取最小值 $\sqrt{a} + \sqrt{b}$; 当 $\sin 2x = 1$ 时, y 取最大值 $\sqrt{2(a+b)}$.

解法2 (利用基本不等式)由

$$a + b \leq \sqrt{2(a^2 + b^2)} \quad (a \geq 0, b \geq 0)$$

有

$$y = \sqrt{a\cos^2 x + b\sin^2 x} + \sqrt{a\sin^2 x + b\cos^2 x}$$

$$\leqslant \sqrt{2[(a\cos^2 x + b\sin^2 x) + (a\sin^2 x + b\cos^2 x)]}$$
$$= \sqrt{2(a+b)}$$

当且仅当 $a\cos^2 x + b\sin^2 x = a\sin^2 x + b\cos^2 x$, 即 $\cos 2x = 0$ 时, 取等号.
则 y 的最大值为 $\sqrt{2(a+b)}$. 又
$$\sqrt{a^2+b^2} \cdot \sqrt{c^2+d^2} \geqslant ac + bd \quad （柯西不等式）$$

则
$$y^2 = a + b + 2\sqrt{a\cos^2 x + b\sin^2 x} \cdot \sqrt{a\sin^2 x + b\cos^2 x}$$
$$\geqslant a + b + 2(\sqrt{a}\cos x \cdot \sqrt{b}\cos x + \sqrt{b}\sin x \cdot \sqrt{a}\sin x)$$
$$= a + b + 2\sqrt{ab}$$

当且仅当 $\sqrt{a}\cos x \cdot \sqrt{b}\sin x = \sqrt{b}\cos x \cdot \sqrt{a}\sin x$, 即 $\sin 2x = 0$ 时, 取等号.
故 y 的最小值为
$$\sqrt{a+b+2\sqrt{ab}} = \sqrt{a} + \sqrt{b}$$

解法 3 （构造复数）设
$$z = \sqrt{a}\cos x + (\sqrt{b}\sin x)i$$
$$u = \sqrt{b}\cos x + (\sqrt{a}\sin x)i$$

则
$$y = |z| + |u| \geqslant |z + u|$$
$$= |(\sqrt{a} + \sqrt{b}) \cdot (\cos x + i\sin x)|$$
$$= \sqrt{a} + \sqrt{b}$$

当且仅当 z, u 同向, 即 $\cos x = 0$ 或 $\sin x = 0$ 时, 取等号.
则 y 的最小值为 $\sqrt{a} + \sqrt{b}$.
又
$$y = |z| + |u| \leqslant \sqrt{2(|z|^2 + |u|^2)}$$
$$= \sqrt{2(a+b)}$$

当且仅当 $|z| = |u|$, 即 $\cos 2x = 0$ 时, 取等号.
故 y 的最大值为 $\sqrt{2(a+b)}$.

解法 4 （构造三角形）设
$$AB = \sqrt{a\cos^2 x + b\sin^2 x}, AC = \sqrt{a\sin^2 x + b\cos^2 x}$$

以 AB, AC 为直角边作 $Rt\triangle ABC$, 则 $|BC| = \sqrt{a+b}$.
因为
$$\frac{y}{\sqrt{a+b}} = \frac{\sqrt{a\cos^2 x + b\sin^2 x}}{\sqrt{a+b}} + \frac{\sqrt{a\sin^2 x + b\cos^2 x}}{\sqrt{a+b}}$$
$$= \frac{AB}{BC} + \frac{AC}{BC} = \cos B + \sin B$$

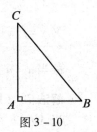

图 3-10

$$= \sqrt{2}\sin\left(B + \frac{\pi}{4}\right)$$

不妨设 $a < b$，则 $AC \in [\sqrt{a}, \sqrt{b}]$，则

$$\arcsin\sqrt{\frac{a}{a+b}} \leqslant B \leqslant \arcsin\sqrt{\frac{b}{a+b}}$$

故当 $B = \frac{\pi}{4}$ 时，$\frac{y}{\sqrt{a+b}}$ 最大，最大值为 $\sqrt{2}$，此时 y 也最大，最大值为 $\sqrt{2(a+b)}$.

当 $B = \arcsin\sqrt{\frac{a}{a+b}}$ 时，$\frac{y}{\sqrt{a+b}}$ 最小，最小值为 $\sqrt{\frac{a}{a+b}} + \sqrt{\frac{b}{a+b}}$，此时，$y$ 也最小，最小值为

$$\sqrt{a} + \sqrt{b}$$

解法 5（构造二次函数）设

$$a\sin^2 x + b\cos^2 x = t$$

则

$$a\cos^2 x + b\sin^2 x = a + b - t$$

则

$$\begin{aligned} y &= \sqrt{a+b-t} + \sqrt{t} \\ &= \sqrt{a+b + 2\sqrt{(a+b-t) \cdot t}} \\ &= \sqrt{a+b + 2\sqrt{-t^2 + (a+b)t}} \end{aligned}$$

不妨设 $a < b$，则 $t \in [a, b]$.

故当 $t = \frac{a+b}{2}$ 时，y 取最大值 $\sqrt{2(a+b)}$；当 $t = a$ 或 b 时，y 取最小值 $\sqrt{a} + \sqrt{b}$.

解法 6（利用函数的性质）注意到解法 5 中的代换，则可设

$$f(x) = \sqrt{a+b-x} + \sqrt{x}$$

不妨设 $a < b$，由

$$f\left(\frac{a+b}{2} - x\right) = f\left(\frac{a+b}{2} + x\right) \quad (x \in [a, b])$$

$y = f(x)$ 的图像关于 $x = \frac{a+b}{2}$ 对称；

又 $y = f(x)$ 在 $[a, \frac{a+b}{2}]$ 上单调递增（证明略）.

故当 $x = a$ 或 b 时，y 取最小值 $\sqrt{a} + \sqrt{b}$；当 $x = \frac{a+b}{2}$ 时，y 取最大值 $\sqrt{2(a+b)}$.

解法 7（构造半圆）如图 3-11.
以 $AB = a + b$ 为直径作半圆，C 在 AB 上，且 $BC = t, t \in [a, b]$.
过 C 作 $CD \perp AB$ 交半圆于 D，连 AD, BD.
因

$$\angle ADB = 90°, DC \perp AB$$

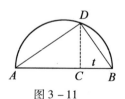

图 3-11

则
$$AD^2 = AC \cdot AB = (a+b)[(a+b)-t]$$
即
$$AD = \sqrt{a+b} \cdot \sqrt{a+b-t}$$
同理
$$BD = \sqrt{a+b} \cdot \sqrt{t}$$
则
$$\sqrt{a+b} \cdot y = AD + BD$$
又
$$\begin{aligned}(AD+BD)^2 &= AD^2 + BD^2 + 2AD \cdot BD \\ &= (a+b)^2 + 2AB \cdot DC \\ &= (a+b)^2 + 2(a+b) \cdot DC\end{aligned}$$
又
$$\sqrt{ab} \leq DC \leq \frac{a+b}{2}$$

故当 $DC = \dfrac{a+b}{2}$ 时，$(AD+BD)^2$ 最大，此时 y 取最大值，最大值为 $\sqrt{2(a+b)}$.

当 $DC = \sqrt{ab}$ 时，$(AD+BD)^2$ 最小，此时 y 也最小，最小值为 $\sqrt{a} + \sqrt{b}$.

此例的 7 种解法，从多方面联系到了众多的知识.

下面，我们谈谈知识的灵活运用问题. 知识的运用，既是对是否理解知识的一种检验，又是深入理解知识的一种方法.

例如，学习者如果已经理解了等差数列的定义，掌握了它的通项公式和前 n 项求和公式，但这并不意味着学习者已经深刻理解了等差数列的有关知识. 他们在解下列题目时可能发生困难：

等差数列共有 $3n$ 项，前 n 项、次 n 项、后 n 项之和分别为 S_1，S_2 和 S_3. 求证
$$S_2^2 - S_1 S_3 = \left(\frac{S_1 - S_3}{2}\right)^2$$

一部分学习者只会机械地套用等差数列的通项公式和求和公式，陷入了非常繁杂的计算而不能自拔. 他们只知道原数列为等差数列，却不知道，对于确定的 n 来说，S_1，S_2 和 S_3 也构成等差数列. 其公差为 $n^2 d$（d 为原等差数列的公差）. 于是可设 $S_1 = S_2 - n^2 d$，$S_3 = S_2 + n^2 d$，这样题目便迎刃而解了. 这里 S_1，S_2 和 S_3 成等差数列就是对等差数列这一概念的更深刻、更透彻的理解.

3.1.5 数学理解要植根于数学知识网络之中

学习和掌握知识不是简单的知识积累（堆砌），它要求学习者在头脑中建立良好的认知结构，包括清晰的知识层次、知识间的相互关系及内在联系，以及其中所蕴涵的数学思想和方法.

一些学习者之所以不能灵活运用知识，是因为他们头脑储存中缺少网络，或者只是一些

无序各自无关的破碎的小网络,甚至是孤立的知识点. 当面临解决问题情境时,难以将知识激活,或无法将知识检索出来. 而优秀的学习者之所以优秀是因为他们头脑中有一张存储有序,严密的、立体的知识网络,其存储方式不是点状,而是由知识组块形成的链状、网状、立体结构,易于激活与提取. 学习实践表明,帮助学习者构建联结有序数学知识网络对于深化数学理解尤为重要. 可让学习者通过自己的总结做单元小结,比较知识之间的联系与区别、编织结构,使之系统化,从中提炼出思想方法,用高观点统率全局. 比如做完一道题后,这道题反映了什么样的知识,关键点在哪儿?碰壁后如何找到正确路子的,还有别的方法吗?有更简单的方法吗?还可引申吗?经常作这样回顾性的反思总结,评判能力会逐渐提高,这些体验便及时纳入个人认知网络之中,其知识的存储在网络中必然是有序的,编码也是合乎规律的. 一个人对学习的体验是有时效性的,如果不及时进行总结反思,体验就会消退,从而失去了将经验上升为规律,将感性上升为理性的时机. 下面,我们看几个例子:

例 10 设二次函数 $f(x) = ax^2 + bc + c(a>0)$,方程 $f(x) = x$ 的根为 x_1, x_2,且 $x_2 - x_1 > \frac{1}{a}$,当 $0 < t < x_1$ 时,试比较 $f(t)$ 与 x_1 的大小关系.

解法 1 已知方程 $f(x) = x$,整理为
$$ax^2 + (b-1)x + c = 0$$

由韦达定理得

$$\begin{cases} x_1 + x_2 = -\dfrac{b-1}{a} \\ x_1 x_2 = \dfrac{c}{a} \end{cases}$$

根据题意 $a > 0$,则

$$x_2 - x_1 > \frac{1}{a} > 0$$

所以

$$x_2 - x_1 = \frac{\sqrt{(b-1)^2 - 4ac}}{a} > \frac{1}{a}$$

得到

$$\sqrt{(b-1)^2 - 4ac} > 1 \qquad (*)$$

又 x_1 是方程 $f(x) = x$ 的根,则

$$x_1 = \frac{-(b-1) - \sqrt{(1-b)^2 - 4ac}}{2a}$$

由(*)可知

$$x_1 < \frac{-(b-1) - 1}{2a} = -\frac{b}{2a}$$

又因为 $f(x)$ 开口向上,在 $(-\infty, -\dfrac{b}{2a}]$ 是单调递减的,且由题意

$$0 < t < x_1 < -\frac{b}{2a}$$

因此

$$f(t) > f(x_1) = x_1$$

上述解法是常规的解法,还有其他解法吗?

解法 2 由已知方程 $f(x) = x$ 的两根为 x_1, x_2,则有
$$f(x) - x = a(x - x_1)(x - x_2)$$
即
$$f(x) = a(x - x_1)(x - x_2) + x$$
因为
$$f(t) - x_1 = a(t - x_1)(t - x_2) + t - x_1 = (t - x_1)[a(t - x_2) + 1]$$
由题意,$0 < t < x_1$,得
$$t - x_1 < 0 \qquad ①$$
又由 $x_2 - x_1 > \dfrac{1}{a}$,可得
$$x_2 - t > \dfrac{1}{a}, a(x_2 - t) > 1, a(t - x_2) < -1, a(t - x_2) + 1 < 0 \qquad ②$$
综合①②,有 $f(t) - x_1 > 0$,所以 $f(t) > x_1$.

显然,上述解法 2 是在知识组块形成的网状结构中考虑问题的. 因而解法显得比较简单.

例 11 已知 $a^2 + b^2 = a - b$,求证:$-1 \leq a + b \leq 1$.

证法 1 由
$$\begin{aligned} 1 &= 2\left[\left(a - \dfrac{1}{2}\right)^2 + \left(b + \dfrac{1}{2}\right)^2\right] \\ &\geq (a - \dfrac{1}{2})^2 + 2(a - \dfrac{1}{2})(b + \dfrac{1}{2}) + (b + \dfrac{1}{2})^2 \\ &= (a + b)^2 \end{aligned}$$
故 $-1 \leq a + b \leq 1$.

证法 2 注意到
$$a + b = (a - b) + 2b = a^2 + b^2 + 2b = a^2 + (b + 1)^2 - 1 \geq -1 \qquad ①$$
$$a + b = (b - a) + 2a = -(a^2 + b^2) + 2a = -(a - 1)^2 - b^2 + 1 \leq 1 \qquad ②$$
上述式①在 $a = 0, b = -1$ 时取等号,式②在 $a = 1, b = 0$ 取等号,它们恰好都满足 $a^2 + b^2 = a - b$,故 $-1 \leq a + b \leq 1$.

证法 3 令 $m = a + b \Rightarrow b = m - a$,代入
$$a^2 + b^2 = a - b$$
得 $a^2 + (m - a)^2 = a - (m - a)$,则
$$2a^2 - 2(m + 1)a + m^2 + m = 0$$
这样我们得到一个关于 a 的一元二次方程,要使有意义必须有
$$\Delta = [2(m + 1)]^2 - 4 \cdot 2(m^2 + m) \geq 0$$
即 $(m + 1)(m - 1) \leq 0$,有 $-1 \leq m \leq 1$,故
$$-1 \leq a + b \leq 1$$

证法 4 由 $x^2 + y^2 = x - y$,有 $\left(x - \dfrac{1}{2}\right)^2 + \left(y - \dfrac{1}{2}\right)^2 = \dfrac{1}{2}$,即知圆心 $C\left(\dfrac{1}{2}, \dfrac{1}{2}\right)$,半径为

$R = \frac{\sqrt{2}}{2}$.

又圆心到直线 $x + y = m$ 的距离

$$d = \frac{|x+y-m|}{\sqrt{2}} = \frac{\left|\frac{1}{2} - \frac{1}{2} - m\right|}{\sqrt{2}} \leqslant \frac{\sqrt{2}}{2}$$

则 $-1 \leqslant m \leqslant 1$,故

$$-1 \leqslant a + b \leqslant 1$$

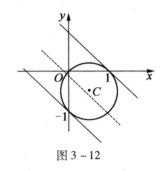

图 3-12

证法 5 假设结论不成立,则有 $a + b < -1$,或 $a + b > 1$.

(ⅰ)如果 $a + b < -1$,即 $a - b + 2b < -1$,从而

$$a^2 + b^2 + 2b < -1$$

即 $a^2 + (b+1)^2 - 1 < -1$,故 $a^2 + (b+1)^2 < 0$,故矛盾.

(ⅱ)如果 $a + b > 1$,则 $-a + b + 2a > 1$,从而

$$-a^2 - b^2 + 2a > 0$$

即 $-(a-1)^2 - b^2 + 1 > 1$,故 $(a-1)^2 + b^2 < 0$,故矛盾.

由(ⅰ)(ⅱ)可知 $-1 \leqslant a + b \leqslant 1$.

上述例题的 5 种证法,每一种证法都是在不同的知识组块形成的不同网状结构中考虑问题的,因而体现出每一种证法都有巧妙之处.

例 12 领悟不同问题的共同实质.

问题 1 平面上有 $n(n \geqslant 2)$ 个点,其中无三点共线,在每两点间连一条直线. 问一共可以作多少条直线?

这道题难度不大,无论是用分类相加还是用分步相乘,都可得出直线有 $N_n = \frac{n(n-1)}{2}$ 条. 下面讨论另一个问题.

问题 2 将 $n(n \geqslant 2)$ 个同学任意分成两组,给两组之间的每两个同学都拉上一条绳子(同一组内的同学不拉绳子),继续这个过程,只要某组的同学数大于 1,就把这组同学再随意分成两组,并给两组之间的每两个同学再拉一条绳子,直至每组只有 1 个同学为止,求过程结束时绳子的总数.

对于这个问题,先考虑简单情形:

取 $n = 2$,作一次分组就结束了,用了 1 条绳子,$N_2 = 1$.

取 $n = 3$,作两次分组就结束了,用绳子 $N_3 = 2 + 1 = 3$.

取 $n = 4$,第一次有两种分组方式:$2 + 2$ 或 $1 + 3$.

若是 $2 + 2$,则 $N_4 = 2 \times 2 + 1 + 1 = 6$;若是 $1 + 3$,则 $N_4 = 3 + 2 + 1 = 6$.

这些试验告诉我们,随着数字的增多,第一次分组的方式就会越来越多,情况也会越来越复杂. 但是分组特殊化:$2 = 1 + 1$;$3 = 1 + 2$,$4 = 1 + 3$ 等却有着较明显的规律.

再考虑特殊分组情形:

对 n 个同学作 $1 + (n-1)$ 分组,用 $n - 1$ 条绳子.

对 $n - 1$ 个同学作 $1 + (n-2)$ 分组,用 $n - 2$ 条绳子.

依此类推,最后对 2 个同学作 $1 + 1$ 分组,用 1 条绳子.

对这个特殊的分组,有

$$N_n = (n-1) + (n-2) + \cdots + 2 + 1 = \frac{n(n-1)}{2}$$

这恰好是问题 1 的结果. 这个"发现"提示我们,两道外形很不一样的题目可能有着共同的实质. 问题是怎样做出一般性的揭示?

回想到问题 1 的求解有一个分步相乘的视角:每一个点都与另外 $n-1$ 个点连线,n 个点计算便有 $n(n-1)$ 条连线,但在这个计算中,每条线都重复了 1 次,故得

$$N_n = \frac{n(n-1)}{2}$$

现在来做类比,点对应着人,连线对应着拉绳子,每一个点都与另外 $n-1$ 个点连线对应着每一个人都与另外 $n-1$ 个人拉绳子……这样一来,思路应该是通的.

于是,我们可以给出一般性证明:

将 n 个同学记为 $a_1, a_2, \cdots, a_n$,任取其中 1 个同学 a_i,当全体同学被分成两组时,a_i 与另一组中的每一个同学都拉有绳子,当 a_i 所在的组继续分成两小组时,a_i 又与另一小组中的每一个同学都拉有绳子,依此类推,直到每组只有 1 个同学时,a_i 就与 a_i 之外的 $n-1$ 个同学都拉有绳子,令 $i = 1, 2, \cdots, n$,可得 $n(n-1)$. 但在这个计算中,每条绳子都重复计算了 1 次,故得绳子总数为 $N_n = \frac{n(n-1)}{2}$.

又继续看看下例:

问题 3 将平面上的 $n(n \geq 2)$ 个石子任意分成两堆,记下这两堆石子数的乘积. 继续这个过程,只要某堆的石子数大于 1,就把这堆石子再随意分成两小堆,并记下两小堆石子数的乘积,直至每堆只有 1 个石子为止. 求上述所有乘积之和.

这三道题虽然外形不一样,但内在结构是相同的. 问题 1 比较标准,思考时,其中的点 a_i 可以直接说与其他 $n-1$ 个点作连线;问题 2 有变化,其中的同学 a_i 是分步骤与其他 $n-1$ 个同学拉绳子的;在问题 3 中可能还要考虑加法的交换律、结合律. 从运算的结果看,这些现象都是非实质的. 领悟不同题目中深层结构的实质,就可以做到举一反三. 在数学知识网络中理解不同数学问题的共同实质.

3.2 数学记忆技能

记忆是人脑对过去感知过的事物的反映,它包括识记、保持、再认与回忆. 从信息论的角度来看,记忆的过程也就是信息的输入、加工、编码、贮存、检索和提取的过程. 在学与教的过程中,学习者的大脑不断地接受信息,加工信息,贮存信息,输出信息. 良好的记忆是学习者认知的必要条件之一,因此,培养学习者的数学记忆技能是数学学习的基本内容. 那么,如何按照记忆的规律和数学这门学科的特点来培养学习者的数学记忆技能呢?

在数学学习过程中,新知识输入原数学认知结构以后,新知识和原数学认知结构中的有关知识相互作用,建立联系,原数学认知结构得到充实和扩大,形成新的数学认知结构。但是,这种新旧知识之间的相互作用,并不是在新知识输入时新的意义一出现就宣告结束的,这种相互作用还在继续进行,这种继续进行的相互作用就是数学记忆的心理机制.

数学记忆有一个"记"和"忆"的过程."记"就是识记和保持;"忆"就是再认和再现.所以,数学记忆的基本过程包括识记、保持、再认和再现三个基本阶段.

识记阶段是识别和记住数学知识的过程,通常是一个反复感知和理解的过程.识记阶段也是新学习的数学知识与原数学认知结构相互联系,获得新的意义的阶段.记忆是信息的输入和编码的过程.

保持阶段就是将已经识记的知识在头脑中保存和巩固下来,保持新知识与原数学认知结构之间的联系,保持所获得的意义。值得指出的是,这种新获得的联系和意义,并非是机械的、固定不变的.在新知识与原数学认知结构的继续相互作用下,它们不仅被保存下来,而且会更加趋于稳定,更有条理性.保持是信息的储存和继续编码的过程.

再认和再现阶段是在不同的情况下,将保持下来的知识和经验恢复起来的过程.具体地说,就是恢复新旧知识之间的联系,恢复新获得的意义.所谓再认,就是学习过的知识经验再度出现时,感到熟悉,能把它们重新回想起来的过程;所谓再现,就是学习过的知识经验虽不在眼前,但能够将它们回忆起来的过程.再认和再现是信息的提取的过程.

识记、保持、再认和再现是彼此相互联系的统一过程.识记是保持的前提,保持是巩固识记成果的重要手段,识记和保持是再认和再现的必要条件,识记的效果如何,保持得怎样,主要表现在再认和再现上,而再认和再现又是识记和保持的结果和明证,同时还能加强识记和保持.

数学记忆的品质可分为:记忆的牢固性、记忆的深刻性和记忆的准确性.学习数学,不仅要对已学过的数学概念、定义、定理、公式、法则记得比较准和牢,即有优良的记忆品质,而且数学记忆技能的本质在于对数学材料及典型的推理和运算式的概括记忆.只有记得准、记得牢,才有可能直接提高数学活动的效率,使数学学习得以顺利进行.

数学记忆从形式上来分,可分为机械记忆、理解记忆、类比记忆、形象记忆、组织记忆、巩固记忆和歌诀概括记忆等.

3.2.1 善于运用各种形式的记忆

1. 运用机械记忆

机械记忆就是学习者采取按照数学事实、数据、定理、概念、法则等所表现的形式进行记忆.机械记忆主要是依靠数学材料之间的一些偶然的、表面的、非本质的联系去进行记忆,它缺乏已有知识经验的支持,是一种以多次重复数学材料为基础而进行的记忆.我们通常所说的死记硬背,就是指的这种机械记忆.

对于乘法"九九表",一般的是要求机械记忆的,还要求学习者横背、竖背、拐弯背等,活泼、有趣且有效.记住这张表,任何复杂的乘法运算,都将不成问题.这对于简单的数学乘法的算法的核心部分,可以不经过大脑就能脱口而出.算法被压缩成了"九九表",进而在大部分小学生头脑中,渐渐地连"九九表"可不见,而自动执行算法规则.

"九九表"得以长久传承和发展的原因,除了其实用价值之外,还与中国汉文字、语言所特有的优势有关.我国数字的单音节发音,才使得"九九乘法表"朗朗上口、易学易记,老少皆宜.如八九七十二,这一句口诀,在我国只要五个音节就能表述,而其他国家的文字大多做不到.这一点也保证了中国"九九表"的教学时间比许多其他国家要少得多.

"九九表"不仅仅是一项重要的数学基本技能,而且在几千年的发展演变和使用中,已与中国的文字、口语、习俗等传统文化和社会生活融合,成为传统数学文化中重要内容,成为数学启蒙教育的重要内容. 很多社会人员,如小商小贩,尽管幼时并未学习"九九乘法表",却能十分熟练地掌握. 在悠久的历史文化影响下,很多人从小就对"九九表"中的部分口诀有所了解,经过生活实践的磨炼,慢慢就学会了.

"九九表"是算术学习的一个知识点,运算技能的一个基础点,数学启蒙教育的一个切入点.

2. 运用理解记忆

记忆以理解为基础,只有理解了的东西才能被牢牢地记住. 美国数学家 N. 维纳对理解记忆曾有过很好的解释:"当我听到一段音乐时,大部分声音都进入我的感官并到达我的脑子. 但是,如果我缺乏感受力和对音乐结构的审美理解所必需的训练的话,那么这种信息就碰到了障碍."这就说明,要有效地进行记忆,就必须使学习者深刻地理解记忆对象的意义. 因此,在数学学习中,指导者应注意揭示数学知识的发生过程,帮助学习者弄清楚每一个概念、公式、法则、定理和性质的本质含义,这样,学习者才能真正理解这些内容,也才能牢牢地记住这些内容. 指导者应要求学习者尽量减少机械记忆,多使用理解记忆,并学会把一些机械记忆转化为理解记忆. 例如,三角形的面积公式,梯形的面积公式,以及柱体、锥体、台体、球体的体积公式虽然都各不相同,但它们却可以统一为计算公式: $y = \frac{1}{6} h(x_1 + 4x_0 + x_2)$. 这个统一公式中,括号内字母系数之和恰好等于分母. 当 y 表示面积时,x_1, x_0, x_2 分别表示上底、下底面的面积. 只要理解了公式中各个字母的意义,就可以得到不同的求积公式. 比如,对于锥体而言,$x_1 = 0, x_2 = \pi R^2, 4x_0 = \pi R^2$,所以锥体的体积 $y = \frac{1}{3}\pi R^2 h$;对于球体而言,$x_1 = x_2 = 0, x_0 = \pi R^2, h = 2R$,所以球体的体积 $y = \frac{4}{3}\pi R^3$.

理解记忆就是根据学习者对数学材料的理解,运用有关的知识和经验进行记忆. 理解记忆主要依靠理解数学知识之间的必然的、本质的联系来进行记忆,它充分利用已有的知识经验,使新知识在已有知识的基础上建立起来,并把新学习的知识纳入相应的知识系统之中,成为其有机的组成部分. 数学中的定义、定理、公式和法则等都是阐明客观事物的本质属性和内在联系的,数学学习中的记忆主要依靠理解记忆.

机械记忆是一种层次较低的记忆,这种记忆在数学学习中尽管也是必需的,但这种记忆容易遗忘,即使记住了,也难以在适当的情况下提取出来. 机械记忆能力与学习者的数学能力关系不大,数学上的成就很少依赖于对大量事实、数学公式的机械记忆. 理解记忆是一种较高层次的记忆,在理解基础上的记忆,不仅不容易遗忘,而且依靠某种联系,很容易再认和再现. 理解记忆能力与学习者的数学能力有着密切的联系,数学能力强的学习者往往采用理解记忆.

3. 运用类比记忆

记忆以联系为内容,巴甫洛夫认为,记忆要依靠联想和类比,而联想和类比是新旧知识建立联系的产物. 对于一件简单事物的记忆,也包含着多种联系. 把数学材料联系起来进行类比记忆,使新旧信息得以融合,组成新的记忆系统,使新信息在已有的信息的基础上保持下来,并使原有的信息得以强化,这无疑是一种好的记忆形式. 旧知识积累得越多,新知识联系得越多,就越容易产生联想,也就容易理解和记忆. 数学中有许多可供联系、类比的材料,将这些材料"串"起来,组成信息链,这样就可以"触类旁通"或"牵一发而动全身"了.

例如,反三角函数的值域:

$y = \arcsin x$ 是 $\left[-\dfrac{\pi}{2}, \dfrac{\pi}{2}\right]$;$y = \arccos x$ 是 $[0, \pi]$;

$y = \arctan x$ 是 $\left(-\dfrac{\pi}{2}, \dfrac{\pi}{2}\right)$;$y = \operatorname{arccot} x$ 是 $(0, \pi)$.

只要记住了正、余弦函数的值域,就可通过类比记住正、余切函数的值域."正"对"正","余"对"余",后者仅仅是不能取到端点值,因为当 $x = \dfrac{\pi}{2}$ 时,$\tan x$ 不存在;当 $x = 0, \pi$ 时,$\cot x$ 不存在.

4. 运用形象记忆

记忆的研究表明,如果对材料进行意义和形象两方面的编码,那么人们在回忆时就容易把材料检索出来. 这种双重编码以表象为其形式,表象所反映的通常是输入事物的轮廓和主要特征. 事物的表象一经激发,回忆也即开始. 学习者形象记忆能力的高低,很大程度上取决于"形象化"的编码方式. 因此,指导者应将抽象的数学材料尽可能地"直观化"和"形象化",使学习者脑中形成生动的数学表象.

指数函数和对数函数的性质的记忆,对初学的学习者而言有一定的难度. 从教材内容安排来说,指数函数在前,对数函数在后,而且对数函数是指数函数的反函数,因此,指数函数的性质是关键. 借助于指数函数的图像,其性质可以一目了然. 如图3-13所示,指数函数 $y = a^x$ 的图像可以归结为过点 $(0,1)$ 的"撇"($a > 1$)或"捺"($0 < a < 1$)的曲线.

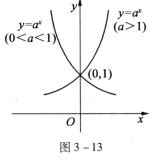

图3-13

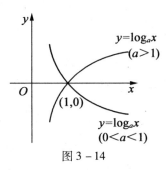

图3-14

由图可知:

当 $a > 1$ 时,$y = a^x$ 在区间 $(-\infty, +\infty)$ 上是增函数;

当 $0 < a < 1$ 时,$y = a^x$ 在区间 $(-\infty, +\infty)$ 上是减函数;

当 $a > 1$ 时,若 $x > 0$,则 $y > 1$;若 $x < 0$,则 $0 < y < 1$;

当 $0 < a < 1$ 时,若 $x > 0$,则 $0 < y < 1$;若 $x < 0$,则 $y > 1$.

在"对数函数的性质"的学习中,有些指导者只是要求学习者去"记"住函数的图像,却未考虑到它与指数函数的图像之间的关系,没有启发学习者如何利用指数的图像去记忆对数函数的图像,而更多的指导者是利用互为反函数的函数图像之间的关系来教学习者记忆对数函数的图像. 事实上,只要比较图3-13与图3-14,就可以发现,只要将前者以原点为中心顺时针旋转90°就可以得到后者. 此时,x 轴变为 y 轴,y 轴变为 x 轴,只需将 x 与 y 对换,重新标上坐标轴即可. 相应地,交换 $(0,1)$ 的纵横坐标,交换 $a > 1$ 和 $0 < a < 1$,就完全得

出了对数函数的图像.有了图像,性质也就一目了然.记忆对数函数的图像与性质,只需记住由指数函数的图像"旋转"及"交换"即可.

5. 运用组织记忆

记忆以组织为关键.人的记忆是通过积极主动地把输入大脑的信息进行选择、加工、编码,才能牢固地贮存与灵活提取信息.因此,培养和提高记忆能力,要表现在对信息的组织上.布鲁纳提出:"人类记忆的首要不是储存而是检索,而检索的关键在于组织,即到哪里寻找信息和怎样获取信息."学习者在课堂上每时每刻都在输入信息,随时对信息进行组织,即分析、加工、编码,并使之纳入已有的信息系统,或者组织成新的信息系统.但重要的是,如何在教学中讲清数学材料的特点,有效地使学习者对输入的大量信息进行加工、编码,形成记忆网络,从而既能牢固保持又能灵活检索.

心理学的研究表明,记忆效果依赖于是否按顺序进行记忆.若能按顺序进行记忆,记忆的效果就好,否则效果就差.数学中有许多可供顺序记忆的材料,通过有意识的编码加工就能牢固地记忆.例如,对数换底公式 $\log_a N = \dfrac{\log_b N}{\log_b a}$,利用顺序心理就容易记住它.这是因为左边的 N 在"上",a 在"下",而右边的 N 仍在"上",a 仍在"下".类似地,公式

$$\log_{a^n} b^m = \frac{m}{n} \log_a b \quad (a>0, a\neq 1, b>0)$$

左右两边的 m 与 n 也有类似的"上""下"关系.

又如,圆锥曲线的离心率 e 的不同,表示着不同的圆锥曲线,这是学习者记忆的一个难度.如果对圆锥曲线和离心率的关系进行编码加工,就可以突破此难点.按"圆"的程度这一规则将这几个圆锥曲线排列为

圆—椭圆—抛物线—双曲线(有两支,最不"圆")

再将离心率 e 按"大小"顺序分为4种情况(0 最"圆",$e>1$ 最不"圆")

$$e=0 \to 0<e<1 \to e=1 \to e>1$$

与上面排列的圆锥曲线相对应,就记住了二者之间的关系,即 $e=0$ 时为圆;$0<e<1$ 时为椭圆;$e=1$ 时为抛物线;$e>1$ 时双曲线.

6. 运用巩固记忆

记忆的目的是信息长时期的贮存,以便于日后的提取.为了巩固记忆,就必须和遗忘现象做斗争.一般来说,在识记之后,遗忘就开始了.其特点是先快后慢.这就是德国著名心理学家艾宾浩斯(H. Ebbinghaus)发现的遗忘规律.对付遗忘的最好办法是,在识记之后"趁热打铁",及时进行复习,不要等遗忘后再去复习.复习可以增加信息的"冗余量",使信息反复刺激大脑,这样就不容易遗忘.

提取信息是记忆的最终目的.经常提取信息并运用之,不但能时时尝试回忆,而且还能扫清信息检索的通道.根据"用进废退"的原则,大脑信息经常被提取,就越容易提取.因此,指导者应有意识地让学习者适当地多做一些有助于保持学习者记忆和提高学习者记忆能力的练习.

对识记过的材料不能再认和再现,或者出现错误的再认和再现称为遗忘.遗忘是保持的对立面.

德国心理学家艾宾浩斯得出的艾宾浩斯遗忘曲线(又称保持曲线)表明了遗忘的一般

规律:遗忘的进程不是均衡的,在识记的初期遗忘较快,以后遗忘速度放慢,到了相当时间,几乎很少遗忘了.所以,人们简称遗忘的规律为"先快后慢".

在数学学习中,遗忘的原因是什么?在识记阶段导致遗忘的主要原因在于学习者原有数学认知结构中的有关数学知识经验本身不巩固、不清晰,或者根本没有适当的知识经验,那么这样学得的知识一开始就是含糊的,极易遗忘;在保持阶段,如果没有及时强化和复习,新知识与原数学认知结构之间的联系就会脱离,从而失去所获得的意义,迅速导致遗忘.

记忆是思维活动的基础.如果学习者边学边忘,那将一无所得,只能永远处于无知的状态.因此,人们提出了与遗忘做斗争的口号.其实,不能笼统地提与遗忘做斗争.就是说,不要奢求记住所有的知识,因为这是不必要的,也是不可能的.我们只需要牢记那些必要的知识,忘掉那些不必要记住的知识,这样有所取舍,才能巩固记忆.

知识必须加工和组织,简化和减轻记忆负担,才能有效地保持在认知结构中.在有意义的遗忘过程中,人的认识简化,合乎经济原则,是以遗忘知识的具体细节为代价的.也就是说,有意义的遗忘不完全是一个消极的过程,它的积极的一面是简化了认识,提高了知识的概括性和通用性.所谓同遗忘做斗争,在有意义的学习中,实际上是同那种导致知识真正损失的遗忘做斗争.

7. 运用歌诀概括记忆

在数学学习中,有许多公式、法则,在结构上呈现一定的规律和特点,抓住这些规律和特点加以概括,可以减轻记忆负担,帮助记忆.运用歌诀式概括效果更佳.

我们曾在前面也强调过,记忆以理解为基础,数学理解要植根于数学知识网络之中,而歌诀是网络的形象表述.

信息加工理论认为,信息的特点之一是可以处理,大脑进行思维活动实质上就是在处理信息,长期记忆中的信息常常需要回忆出来参与加工(即"学而时习之").为了能迅速准确地激活信息,提取信息,长期记忆里的信息不应是孤立的、散乱的结论或过程,而必须合理地组织起来.提高激活信息、提取信息水平的方法就是要把存储的信息组织成网络块状.有关联的信息整合、浓缩起来,排列成有序列的信息链,组成新的单元,就可能让尽可能多的信息进入工作记忆的信息通道,做加工处理,从而实现高效率的利用.美国人工智能专家和心理学家安德森认为复杂的认知是由相对简单的知识单元组成的,而这些知识单元则是通过相对简单的原理获得的.华罗庚先生的"厚薄"读书法——由薄到厚(加上自己的注解),再由厚到薄(比较、研究、消化、提炼、概括),是这种理论的一种经验性的描述,是一种很实用的读书法,信息加工方法.歌诀式概括可视为这种理论在学习实践中的一种运用.数学歌诀式概括是对数学对象本质的提炼概括、浓缩简约后的智慧结晶,能将概念、法则、策略组成复杂的网络,以便在需要使用时作为组块进入工作记忆.

信息加工、提炼概括的简便有效方式之一是编制歌诀.对进入某阶段的学习者,或多或少地对所学数学有点不适应,作为指导者更有必要引导学习者在认清数学对象本质、深刻理解的基础上,抓住其关键字眼进行加工,使其概括浓缩成记忆链中的一个个节点;进而引导学习者理清紊乱的知识脉络,优化无序的知识结构,形成有序的知识链,学习者回忆检索时十分方便.如在学习《集合》这一大节后,为了浓缩、概括有关集合的内容知识,可编制如下的"一、二、三"歌诀:(1)一个概念——集合的概念;(2)两种关系——元素与集合的关系、集合与集合的关系;(3)三种运算——交、并、补.这样梳理概括浓缩后,学习者不单可以体验到数学知识的严谨美,还有助于从整体上把握材料内容,便于有序提取信息,有序地复习. 这样的工作还可以细化到每节内容,让学习者自己动手动脑做小结工作,从而提高他们浓缩概括信息的能力. 比如,在学习《四种命题》后,可以引导学习者编制"四、三、二、一"歌诀:(1)四种命题——原命题、逆命题、否命题、逆否命题;(2)三种关系——互逆、互否、互为逆否;(3)两种不定——互逆命题、互否命题的真假关系不定;(4)一种相同——互为逆否关系的命题同真假. 这样的梳理画龙点睛式地概括了四种命题间的关系,使学习者对所学的知识化离散为集中,便于他们在课后有序地去琢磨,消化吸收,形成更高层次的认知结构. 小结是小单元学习中重要的一环,可以尝试让学习者自己动手梳理知识脉络,提高概括处理信息的能力.

在数学学习实践中,简明扼要、琅琅上口的数学歌诀在帮助学习者洞悉概念的内涵、深刻领会性质、记忆定理公式、归纳章节内容、形成合理的解题程序及技能技巧、渗透数学思想方法方面有着提纲挈领的作用.

概念、定理和公式是教材的精髓,不牢记这些基本内容,运用时便会处处捉襟见肘. 如"截距"的定义是:"曲线与坐标轴交点的坐标",可正可负还可以为零,"截距截轴,截距非距"这一歌诀道出了它的本质,真可谓"八字传神"!三角函数的诱导公式有六组几十个公式,如果一个一个记忆真是沉重的思想负担,歌诀式概括只要十个字"奇变偶不变,符号看象限"就可将这组公式囊括在认知结构中,成为心智的一部分. 这样的歌诀真是脍炙人口. 又如判断复合函数单调性的歌诀是"(内层函数与外层函数的单调性)同则增,异则减". 函数单调性的定义也合乎这个歌诀,"(因变量与自变量的变化步调)同则增,异则减". 这也和有理数乘法的符号法则的"浓缩版"——"同则正,异则负"有着异曲同工之妙,能唤起学习者诸多遐想,促进他们广泛联想、类比、迁移,促进认知图式的进一步丰富和完善. 歌诀式概括还可以扼要地浓缩整章整节的内容. 如《直线和平面》是立体几何的精髓,内容丰富,有深度也有难度,学习者一时不易理清教材的脉络. 下列歌诀能起到化繁为简,彩线穿珠的效果. "一、二、三、四"歌诀式概括如下:(1)一个原始概念——平面;(2)两种特殊位置关系——垂直和平行;(3)三类空间角——异面直线所成的角、直线与平面所成的角、二面角;(4)四种空间距——异面直线之间的距离、直线到平面的距离、点到平面的距离、两平行平面的距离. 这样梳理后,能帮助学习者理清头脑中的"乱麻",有层次有步骤地逐步理解消化材料. 在信息技术的支持下,还可制作成概念图的形式,让学习者在点击菜单的过程中,查漏补缺、自我矫正,学会自主学习. 学习者学会这种口诀式概括后,还能迁移到高等数学的学习中. 如《不定积分》的内容可以浓缩概括如下:(1)一个概念——原函数;(2)两种方法——分部积分法和换元法;(3)三种题型——有理函数的积分、三角函数的积分和简单无理函数的积分. 在科学技术迅猛发展的今天,现代文盲将不是不识字的人,而是不会学习的人. 因此,授给学习者一些能迁移适用面广的学习方法,是指导的应有之义.

波利亚说:"掌握数学意味着什么呢?这就是善于解题……"一些合理的行之有效的解题方法可以歌诀式概括,形成问题解决的方法体系. 如解决有关三角函数问题的方法,可以概括归纳为:(1)一抓角的变化;(2)二抓函数名称的变化;(3)三抓代数结构的变化. 有关三角函数的习题虽然变化多端,然而问题解决的思路却不外乎这三条. 在指导中,若不要题海苦作舟,就可尝试引导学习者逐步归纳总结出这些解题规律来. 解题规律的获得离不开反思、提炼和概括. 解有关反三角函数问题的要领是"反三角问题三角化". 解决立体几何问题的四部曲是"作、证、点、算".学习者解题时要依这四步而行,指导者评阅时也是依这四步踩点给分.求几何体体积的程序是"选底定高",在积分学中,求平面曲线所围成的面积,是对 x 积分还是对 y 积分,其实也是一个"选底定高"的问题.解决复数问题总的指导原则是:化虚为实、以实促虚、虚实结合.这些歌诀字字珠玑,精妙传神,立片言而居要.

精妙的口诀有助于记忆一些技能技法和数学思想方法.在学习斜二测画法时,其要领可用"水平保持不变,铅直倾斜取半"记忆.建立直角坐标系的要领可用六个字概括:(1)占线——尽可能地使坐标轴落在现成的线段或直线上;(2)过点——尽量让更多的点落在 x 轴或 y 轴上;(3)对称——尽可能地使图形对称地落在 x 轴或 y 轴上.这个要领不单对斜二测画法适用,而且对确定椭圆、双曲线、抛物线的方程同样适用.仅仅如此还不能画出合乎要求的图形,下列歌诀式概括可以帮你的大忙:先近后远、先外后内、先实后虚、先画轴截面后套椭圆.在学习《球的体积》时,我们先大致猜测出球的体积所在的范围,然后精确地求出球的体积,这谓之为"先定性,后定量";在由已知条件确定曲线的方程时,我们的做法是"先定位,后定型";在确定 $a\sin\theta + b\cos\theta = \sqrt{a^2+b^2}\sin(\theta+\varphi)$ 中的 φ 值时,先由点 (a,b) 所在象限确定 φ 所在的象限,再由 $\tan\varphi = \dfrac{b}{a}$ 确定 φ 的大小,这谓之为"先定位,后定量".在做计算题时,总是"先化简,后求值".这些歌诀式的概括不是模式化的死板程式,而是经验的感悟与积累.还有诸如"正难则反""反客为主""以静制动""退中求进""数形结合""设而不求"等,更是深入人心的数学思想方法.

三角函数的和差化积公式的记忆是学习者的一个难点

$$\sin x + \sin y = 2\sin\frac{x+y}{2} \cdot \cos\frac{x-y}{2}$$

$$\sin x - \sin y = 2\cos\frac{x+y}{2} \cdot \sin\frac{x-y}{2}$$

$$\cos x + \cos y = 2\cos\frac{x+y}{2} \cdot \cos\frac{x-y}{2}$$

$$\cos x - \cos y = -2\sin\frac{x+y}{2} \cdot \sin\frac{x-y}{2}$$

这四个公式可从函数方面总结为:
正弦加正弦,正弦在前面;
正弦减正弦,正弦在后面;
余弦加余弦,余弦并肩现;
余弦减余弦,余弦不见面.
这个歌诀朗朗上口,又体现了特色.角的表式四个式子一致.
如上四个公式的记忆还可总结为:
正和正在前,正差正后迁;
余和一色余,余差大翻天.

三角函数的和差化为积后的形式是 2 乘以 $\dfrac{x+y}{2}$ 与 $\dfrac{x-y}{2}$ 的正余弦的积."正和正在前面"是指两个角的正弦的和化为积后是 $2\sin\dfrac{x+y}{2}\cos\dfrac{x-y}{2}$,即正弦在前面;"正差正后迁"是指两个角的正弦的差化为积后是 $2\cos\dfrac{x+y}{2}\sin\dfrac{x-y}{2}$,即正弦迁到了后边;"余和一色余"是指两个角的余弦的和化为积后是 $2\cos\dfrac{x+y}{2}\cos\dfrac{x-y}{2}$,"一色余"即全是余弦;"余差大翻天"是相对"余和一色余"而言,是指两个角的余弦的差化为积后是 $-2\sin\dfrac{x+y}{2}\sin\dfrac{x-y}{2}$,不仅将正弦都改为余弦,同时符号也由正号改为了负号,一个"大"字充分突出了"翻天"的程度之大,既有名称的"翻天"又有符号的"翻天".

又如指数函数与对数函数的图像规律可总结为:
指数函数水上飘,恰在(0,1)与轴交;
若是底数小于1,自左向右玩滑梯;
若是底数大于1,纵身跃起冲云霄;
对数函数跳龙门,经过(1,0)再凝神;
若是底数小于1,右脚起跳向天际;
若是底数大于1,左脚发力不停息.

再如四种形式的抛物线的标准方程的开口方向及焦点所在坐标轴的关系可以概括为:焦点追随一次项,符号决定开口向. 即抛物线的焦点在一次项所对应的坐标轴上,一次项的符号决定抛物线开口的方向. $\log_a N$ 的正负规律可以概括为:N 与 a,关于1,同侧正,异侧负.

从学习实践上说,学习和运用知识的过程就是概括的过程. 没有概括,学习者就不可能掌握知识、运用知识;没有概括,学习者的认知结构就无法形成. 要引导学习者用简洁、明了和通俗易懂语言一步步地深入概括,把冗长的信息浓缩成具有中枢作用的认知单元(cognitive units). 认知单元的编码容量虽小但富含信息,便于贮存、提取和运用. 就像计算机通过简单的二进制运算可以完成复杂的任务一样,人类复杂的认知活动是建立在基本元素和原理的复杂组合上的,因此,深入研究相对简单的认知单元具有重要意义,对学习不无启示.

纯理性、纯数学的教学是一种误区,应逐步走向理性与非理性相结合、科学与人文和谐发展的宽广道路. 语文和数学都是工具课和基础课,数学是结构化世界的基本表现,语文是意义化世界的基本表现. 歌诀式概括的创编是教学的科学性与艺术性相结合的产物,是科学内容的艺术表现. 歌诀式概括的创编不仅需要对结构化的数学有通透的理解,还要有一定的文字表达能力. 正如维特根斯坦所言:"我的语言的界限意味着我的世界的界限,我们不能思我们不能思的东西;因此我们也不能说我们所不能说的东西."理解了的东西要说出来,做了的东西要说出来. 表达不仅检测了我们的表达能力,还检测了我们的理解水平.

杨叔子院士指出数学与语言相融则利、相离则弊. 齐民友先生就欧几里得《几何原本》传入中国的艰难历程作了深入剖析,认为只有把现代科技当作一种文化加以吸收,才能在一个民族中生根发芽. 在数学教学实践中,通过歌诀式概括创设一个适宜的文化氛围,并用之于解析复杂的数学,有助于数学更加平易近人,让更多的人通过文化层面理解数学、喜欢数学、热爱数学、有助于提高学习者的表达能力.

注 上述内容参见了徐章韬老师的文章《口诀式概括:一种信息加工的重要方式》,数学通讯,2011(1):13-14.

3.2.2 理解是记忆的基础

学习数学是一种由具体直观到一般抽象的循序渐进过程. 反过来,在理解了抽象的数学关系的本质属性前提下,将其又迁移到浅显直观的事物中,则可实现数学抽象意义下的直观记忆. 这种直观形式揭示了更多的数学本质,浓缩了抽象的本质特征. 因此,在理解的基础上记忆,是一种较为有效,且为较高层次的数学记忆方式.

根据认知建构的理论观点,学习者的理解程度与他们内在的认知结构休戚相关. 著名教育家 Bruner 曾指出:"获得的知识如果没有完整的结构将它联系在一起,那是一个多半会被遗忘的知识. 一串不连贯的论据在记忆中仅有短促的可怜的寿命". 不仅如此,认知结构除了有助于信息的记忆存储和恢复外,还有促进理解的功能.

认知结构是个人将已有的知识组织起来的心理系统. 它可以分为概念结构(或称"图式")和关系结构(或称"图式结构"). 在形式上,它是由结点和连线构成的线性、树型或网络结构,而它的内容,就是学习掌握了的知识实体. 从一个数学概念的内部看,它是由有关的要素,按特定结构或关系构建而成. 学习者需恰当地将有关的信息组织起来,形成新的意义. 这些要素,或者是学习者已经认识的信息,或者是学习者要新接受的信息.

例如,锐角 A 的三角函数 $\cos A$,它由直角三角形的锐角 A 的邻边与斜边之比构成,其中的要素如直角三角形、锐角 A、邻边、斜边、比等,都是学习者事先已知的. 现在,学习者要按特定的关系将这些要素组织起来,产生一个新的对象,形成其新的意义(包括其代数、几何意义),即概念结构. 从概念的外部看待 $\cos A$,学习者必须确认这个新概念与已学的其他概念的关系,确定将它放到哪一个体系中、哪一个位置上比较合适,便于说得清、记得住. 例如,学习者要思考余弦函数与其他三角函数的关系,组成一个有关联的相对稳定的认知系统. 随着学习的深入,还会考虑 $\cos A$ 与任意角的三角函数的关系,与一般的函数概念的关系,等等,在更大的范围内全面准确地摆正它应有的位置,以便更深入地把握它. 除此之外,还需要在更大的范围,认识概念所嵌入的数学外部的现实情境,包括它的起源和应用,进一步把那个认知结构嵌入到更大的认知结构中去.

所以,学习一个数学概念、原理或法则,就是要在心理上组织起适当的有效的认知结构,并使之成为个人内部的知识网络的一部分. 其中,所需要做的具体工作,就是寻找并建立适当的新、旧知识之间的联系,否则就不会理解. 理解一个新的概念以前,头脑里一定要具备与之相关的准备知识,作为新概念形成的依托,也就是要在心理上有相应的基础图式. 例如,学习复数的概念,除了要用到正、负实数和方根等基本概念,还要具备多项式及其运算的概念. 在接纳新概念的过程中,学习者头脑内部的基础图式会产生两种变化过程或机制,即同化和顺应. 这样,理解就是一个由学习者自我积极构造图式的过程,也是图式结构不断精致的过程. 每一次的构造,又必须在随后的学习中接受检验,在不断的往复过程中反刍,不断修正精化. 例如,在学习乘法概念时,我们将乘法视为连加,因它需要建立在加法概念之上,就会很自然地运用层次的观念,来理解乘法与加法之间的关系. 但是当后来全面地看待四则运算时,思维的调整又会使我们对这两个概念"平起平坐"地理解. 到后来,这些概念将会与代数结构中的一般性的乘法,与微积分中的微分运算、积分运算"平等"地看待,都是算子概念中的一个实例. 所以理解并不是一个仅仅接受现成结果或是获得知识的最终状态,而是认知结构的建构. 由数学学习的内在活动看,是一个过程,一个动态的、发展的过程.

综上可知,这进一步说明了我们在前面所谈到的:尽量减少机械记忆,多使用理解记忆,并学会把一些机械记忆转化为理解记忆的深层根由.

例如,在三角函数学习中,除经常用和差化积公式外,也还要经常用到积化和差.如果我们对这两类公式有深入地理解,就不需要记两类公式,只需记住和差公式就行了,即记住公式

$$\sin x + \sin y = 2\sin\frac{x+y}{2} \cdot \cos\frac{x-y}{2}$$

$$\sin x - \sin y = 2\cos\frac{x+y}{2} \cdot \sin\frac{x-y}{2}$$

$$\cos x + \cos y = 2\cos\frac{x+y}{2} \cdot \cos\frac{x-y}{2}$$

$$\cos x - \cos y = -2\sin\frac{x+y}{2} \cdot \sin\frac{x-y}{2}$$

上述公式在应用时,由左边推到右边是和差化积公式,从右边推到左边是积化和差公式.因此只需记住上述公式就行了.

例 12 如图 3-13,在 $\triangle ABC$ 中,A_1,A_2 分别是边 BC 上异于端点的两点,令 $\angle BAA_1 = \alpha$,$\angle A_1AA_2 = \beta$,$\angle A_2AC = \gamma$,则 $\alpha = \gamma$ 的充分必要条件是 $\dfrac{\sin\alpha}{\sin\gamma} = \dfrac{\sin(\beta+\gamma)}{\sin(\alpha+\beta)}$.

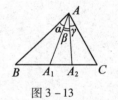

图 3-13

解析 我们运用积化和差与和差公式能迅速证明这个结论

$$\frac{\sin\alpha}{\sin\gamma} = \frac{\sin(\beta+\gamma)}{\sin(\alpha+\beta)} \Leftrightarrow \sin\alpha \cdot \sin(\alpha+\beta) = \sin\gamma \cdot \sin(\beta+\gamma)$$

$$\Leftrightarrow \cos\beta - \cos(2\alpha+\beta) = \cos\beta - \cos(\beta+2\gamma)$$

$$\Leftrightarrow \cos(\beta+2\gamma) - \cos(2\alpha+\beta) = 0$$

$$\Leftrightarrow -2\sin(\alpha+\beta+\gamma) \cdot \sin(\gamma-\alpha) = 0$$

$$\Leftrightarrow \sin(\gamma-\alpha) = 0 \Leftrightarrow \alpha = \gamma$$

3.2.3 背诵是记忆的手段

语言学习是强调背诵记忆的.语文学习要背诵生词、诗句、范文;外语学习要背诵单词、词组、范文.数学是科学的语言,同样需要对有些知识要进行背诵记忆.最显著的例子是小学算术中的"九九表"的背诵.

背诵是用出声的言语激发大脑的功能,加强记忆.数学中的一些运算法则与运算律以及一些重要的数学定理是需要背诵记忆的.前面,我们已介绍了要善于运用歌诀概括记忆,歌诀就是用来背诵的.下面,我们从 4 个方面来介绍采用歌诀背诵来记忆数学学习中有关知识(资料来自于《数学通讯》杂志).

(1)用背诵歌诀来记忆数学知识.

函　数

研究函数不要慌,定义域优先理应当.
判断函数单调性,先取两个自变量,
作差变形化成积,定号判断是方向;
借助图像更直观,上升为增减下降.
奇偶函数要判定,对称考虑在前方,
自变量变号来比较,相反为奇偶一样.
若要求解反函数,互换变量来帮忙,
细心确定定义域,参照值域莫要忘.

（安徽无为县任士武提供）

函数的单调性

一次单调看斜率,正增负减有规律;
二次单调看顶点,一边递增一边减;
指对单调看底数,大(于1)增小(于1)减分两路.

指数函数

指数函数像束花,(0,1)这点把它扎.
撇增捺减无例外,底互倒数纵轴夹.
$x=1$为判底线,交点y标看小大.
重视数形结合法,横轴上面图像察.

对数函数

对数函数也好记,花束右倒(0,1)系.
底属(0,1)减函数,函数若增底大1.
$y=1$为判底线,交点横标易求底.
底互倒数横轴夹,图像y轴右边去.

（辽宁本溪市杨文君提供）

幂函数

幂函数图像是曲线,指正——和原点.
象在一三母子奇,对称原点占两限.
子偶母奇落一二,左右对称毫不偏.
子奇母偶只第一,三个象限不沾边.
子大母小向上长,子小母大奔向前.

注　"指正——和原点"指的是指数为正数时,图像经过点(1,1)和原点."象在一三母子奇,对称原点占两限."指的是指数的分子、分母均为奇数时,图像分布在一、三象限,并且关于原点对称."子偶母奇落一二,左右对称毫不偏."指的是指数的分子为偶数、分母为奇数时,图像分布在一、二象限,并且关于y轴对称."子奇母偶只第一,三个象限不沾边."指的是指数的分子为奇数,分母为偶数时,图像只分布在第一象限,其他三个象限没有图像.函数的凸凹性也是学生比较难掌握的,为此可以编成"子大母小向上长,子小母大奔向前."意指指数的分子大于分母时,图像在第一象限内是凹的;若指数的分子小于分母时,图像在第一象限内是凸的.

幂函数图像是曲线,指负——非原点.
象在一三母子奇,对称原点占两限.
子偶母奇落一二,左右对称毫不偏.
子奇母偶只第一,三个象限不沾边.
借问曲线欲何往,无限逼近两轴线.

注 "指负——非原点"指的是指数为负数时,图像经过点(1,1)而不经过原点."无限逼近两轴线"反映了曲线的变化趋势,实质上指明了坐标轴是曲线的渐近线.

(江苏宿迁市张徐健提供)

等差数列

等差数列差相等,首相公差可确定.
通项公式递推出,求和公式倒排灵.
三个公式五个量,知三求二解方程.
三项等差有中项,首尾等距和相同.
掌握特点巧利用,事半功倍显奇能.

等比数列

等比数列比相同,取值实数不为零.
首项、公比基本量,两个确定数列成.
通项公式递推出,求和公式分道行:
公比非1错位减,公比为1加变乘.
遇见公比难确定,分别讨论须记清.
公式联系五个量,知三求二解方程.
三项等比有中项,首尾等距积相等,
掌握特点巧利用,事半功倍显奇能.

(湖南茶陵李雪文提供)

圆锥曲线标准方程焦点轴

圆锥曲线妙,焦点先知道.
椭圆看大小,双曲看符号.
抛物不用愁,范围是理由,
一次焦点轴,符号定开口.

圆锥曲线第二定义

定点定直线,距离比不断.
(0,1)是椭圆,等1抛物线.
双曲大于1,应用美名传.

圆锥曲线焦半径

圆锥曲线焦半径,第二定义来决定,
函数分析为一次,单调减来单调增.
若遇焦点弦问题,一分为二也能行.
注意数形要结合,不记结果记过程.

圆锥曲线弦

曲线直线两交点,设而不解代入减,
因式分解平方差,斜率中点皆出现.
韦达定理要慎用,参数讨论再定性.
多种情况排列好,数形结合准成功.

（浙江桐乡姜长包提供）

椭圆、双曲线两种标准方程的区分

椭圆分母看大小,焦点随着大的跑;
双曲方程看正负,焦点跟着正的去.

注 椭圆标准方程:$\frac{x^2}{a^2}+\frac{y^2}{b^2}=1$,$\frac{x^2}{b^2}+\frac{y^2}{a^2}=1$,因为$a>b>0$,所以分母大的是$a^2$,焦点在其分子的同名轴上. 双曲线标准方程:$\frac{x^2}{a^2}-\frac{y^2}{b^2}=1$,$\frac{y^2}{a^2}-\frac{x^2}{b^2}=1(a>0,b>0)$,焦点在左边正项的分子同名轴上.

概率与统计

概率统计重概念,
思想方法要熟练.
"随机""必然""不可能",
三种事件要分辨.
"等可能性"求概率,
排列组合能实现.
"互斥""对立""互独立"
异同关系紧相连.
随机变量分布列,
期望、方差是重点.
统计抽样有三法,
"随机""系统"与"分层".
正态分布重实用,
线性回归能预言.
概念、公式牢记住,
分析、计算真方便.

（江西南昌市英健提供）

(2)用背诵歌诀来记忆数学解题方法.

探寻解题途径方法

盯着已知和未知,

寻找链条与类似.

定义法则细搜索,

锲而不舍好念至.

（湖北沙市张玉涛提供）

求函数值域与最值方法

值域最值紧相连,均值二次最常见.

换元变形巧转化,变生为熟功可建.

单调结合定义域,利用导数更简便.

由数到形能互化,选择合理是关键.

（山西黎城王多强提供）

解应用题的方法

应用解题先分析,背景过程看仔细,

研究对象要明确,建立模型表题意,

找出横纵关系量,选用定理要适题,

作图书写规范化,结果检验合实际.

（湖北随州胡理华、陈泽凯提供）

直接法求轨迹方程的五步骤方法

建系适当,力求对称,

计算简单,方程简明；

动点坐标,任意特性；

几何条件,动点适用；

翻译坐标,原始方程；

化成最简,同解变形；

证明不写,莫太高兴,

特殊情况,予以说明.

（安徽临泉王峰提供）

求线性规划方法

二元函数求最值,线线组成可行域.

平移直线得优解,寻值思想方法灵.

目标函数斜截式,数形结合找最值.

实际问题线性化,价值择优属于"你".

（湖南衡阳彭国庆提供）

解题思维方法

数学解题顺向多,正难则反定势破.
复杂问题太棘手,以退为进勇探路.
等与不等两对立,适时转化变统一.
分割补合见几何,辩证认识路开阔.
动中有静(定)静寓动,动中求静(定)静制动.
数形结合形直观,形数转化天地宽.
实数虚数皆复数,虚实相生等式求.
数列列数有无限,摆动数列(极)限有无.
掌握思维辩证法,数学领域闯天下.

数学解题"三步曲"方法

数学涉及几何代(数),你我顺口溜起来;
列表描点与连线,基本作图三步全.
作差化积定符号,比较函数值大小.
求函数值域解方程,换位定义域要标明.
一正二定三相等,最值求时不虚行.
一作二证三计算,空面问题化平面.
建系设标立等式,曲线方程化简知.
一二三来三二一,哼着步曲看实际.

(湖北郧西县揭明生,徐杰提供)

(3)用背诵歌诀来记忆数学方法内涵.

分析法
结论出发思转化,
执果索因探路径.
瞻前顾后防岔路,
方向择优找充分.

综合法
条件出发顺路行,
由因导果手牵藤.
胸有目标方向定,
必要条件细探寻.

类比法
法在两类事物间,
共同属性是关键.
简单复杂相借鉴,
创造发明别有天.

构造法
数量关系找模型,
辅助因素自通灵.
打破僵局重构造,
开拓思路万里行.

(湖南祁东陈都提供)

向量的加减法与数乘法

向量加法首尾连,自始至终未改变;
向量减法同起点,终点相连向被减;
数乘向量系数看,正数同向负数反;
法则不仅适平面,照样推广到空间;

代数形式抓特点,化简向量节时间.

(安徽临泉王峰提供)

(4)用背诵歌诀来记忆数学知识学习方式.

三角函数的学习

三角概念坐标定,角作变量比值成.
六中三个最重要,正弦余弦正切名①.
特殊三角函数值,直角三角易记住.
一二三来三二一,三九相乘二十七②.
同角三角函数间,三角定义最相关.
平方倒数各三个,商有正弦比余弦.
若记具体又全面,六边形上各顶点.
平方关系倒立形,倒数关系对角线.
商数关系公式多,正余切用正余弦.
其他若要全记住,就看相邻三顶点③.
诱导公式真的广,记忆办法大家想.
诱导公式共九组,统一记忆方法有.
九十奇变偶不变,前面符号看象限④.
和差倍半公式多,使用起来够灵活.
两点距离公式好,和角余弦可推导.
后面公式由它起,逐步推导找联系.
三角求值好统一,操作顺序从负起.
负化正来大化小,化成锐角再查表.
求值化简和证明,三角常见解题型.
差异分析方向找,寻求联系变形好.
常见差异三方面,角度数值走在前.
函数名称各不同,化成相同后从容.
结构特征要注意,常把公式来联系.
三角形中求问题,正弦余弦不可离.
三角图像性质里,数形结合在一起.
单调奇偶成对称,特殊性质有周期.
三角作图常变换,五点作图是关键.
图像变换方法异,针对变量记心里.

注 ①三角函数是由坐标定义的,它是由角作变量比值作为函数值的函数.在六个三角函数中,正弦、余弦、正切是最常用的也是最重要的.

②记忆特殊角的三角函数值.可用直角三角形的方法来记忆.还可以借助下表来记忆.

把三个特殊角按 $\frac{\pi}{6},\frac{\pi}{4},\frac{\pi}{3}$ 从小到大排列,它们的正余弦值分母都是2,分子可看成根号下面分别为 1,2,3 和 3,2,1. 而正切、余切值的分母都统一为 3, 分子可看成根号下面为 3,9, 27 和 27,9,3.

③同角三角函数间的关系式,是由三角函数定义推导出来的. 可用如图 3 - 14 所示的正六边形来记忆.

平方关系:$\sin^2\alpha + \cos^2\alpha = 1, \tan^2\alpha + 1 = \sec^2\alpha. \cot^2\alpha + 1 = \csc^2\alpha$.

图中倒立三角形上面两顶点处函数的平方和等于下面顶点处函数的平方.

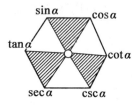

图 3 - 14

倒数关系:$\tan\alpha \cdot \cot\alpha = 1, \sin\alpha \cdot \csc\alpha = 1, \cos\alpha \cdot \sec\alpha = 1$. 图中三条对角线两端点处的函数值的乘积等于对角线中点处的值 1.

商数关系:$\dfrac{\sin\alpha}{\cos\alpha} = \tan\alpha, \dfrac{\cos\alpha}{\sin\alpha} = \cot\alpha$.

图中正六边形中任选三个相邻顶点,按顺时针方向,第一个顶点处的三角函数值等于第二个顶点处的函数值除以第三个顶点处的函数值.

④诱导公式有 $\alpha + k \cdot 360°(k \in \mathbf{Z})$, $-\alpha, 90° \pm \alpha, 180° \pm \alpha, 270° \pm \alpha, 360° - \alpha$ 共九组. "奇变偶不变"是指公式中的角是 90° 的奇数倍时,函数名称要变,其变化规律是:正弦与余弦互变,正切与余切互变;90° 的偶数倍时,函数名称不变,"符号看象限"是指把公式中的 α 角看成锐角时原三角函数值的符号.

立体几何的学习

学好立几并不难,空间观念最关键①.

点线面体是一家②,共筑立几百花园.

点在线面用属于③,线在面内用包含④.

四个公理是基础⑤,推证演算巧周旋.

空间之中两直线,平行相交和异面⑥.

线线平行同方向,等角定理进空间⑦.

判定线和面平行,面中找条平行线⑧.

已知线与面平行,过线作面找交线⑨.

要证面和面平行,面中找出两交线.

线面平行若成立,面面平行不用看⑩.

已知面与面平行,线面平行是必然⑪.

若与三面都相交,则得两条平行线⑫.

判定线和面垂直,线垂面中两交线⑬.

两线垂直同一面,相互平行共伸展⑭.

两面垂直同一线,一面平行另一面⑮.

要让面和面垂直,面过另面一垂线⑯.

面面垂直成直角,线面垂直记心间⑰.
一面四线定射影,找出斜射一垂线.
线线垂直得巧证,三垂定理风采显⑱.
空间距离和夹角,平行转化在平面.
一找二证三构造,三角形中求答案.
引进向量新工具,计算证明开新篇.
空间建系求坐标,向量运算更简便⑲.
知识创新无止境,学问思辨勇登攀⑳.

注 ①"空间想象能力"是高中数学教学大纲中要求高中学生必须具备的数学思维能力之一,也是学好立体几何的必要素质.

②点、直线、平面、几何体是"立几"研究的基本对象.

③如:$A \in l, A \in \alpha$.

④如:$l \subset \alpha$.

⑤公理1-4及公理3的三个推论.

⑥空间直线的位置关系.

⑦等角定理.

⑧线面平行的判定定理.

⑨线面平行的性质定理.

⑩面面平行的判定定理及推论.

⑪面面平行的性质:如果两个平面平行,那么其中一个平面内的直线平行于另一个平面.

⑫面面平行的性质定理.

⑬线面垂直的判定定理.

⑭线面垂直的性质定理.

⑮可用于证明面面平行:和同一条直线垂直的两个平面平行.

⑯面面垂直的判定定理.

⑰面面垂直的性质定理:如果两个平面互相垂直,那么在一个平面内垂直于它们交线的直线垂直于另一个平面.

⑱三垂线定理及三垂线定理的逆定理.

⑲灵活运用向量知识,可以简化运算、优化解法.

⑳"勤学之,审问之,善思之,明辨之,笃行之."

——陶行知

(山东寿光刘忠敏、李玉娟提供)

3.2.4 思辨是记忆的益友

数学是思维的科学,思辨可以理清思绪,辨明思路,有助于准确地记忆数学知识.

(1)运用解题辩错来记忆有关概念特性.

例13 已知集合 $A = \{x \mid x^2 + 2(a+1)x + a^2 - 1 = 0, x \in \mathbf{R}\}$,$B = \{x \mid x^2 + 4x = 0\}$,且 $A \cap B = A$(或给出 $A \cup B = B$),求实数 a 的值的集合.

错解 因为 $B=\{0,4\}$, $A\cap B=A$ 就是 $A\subseteq B$, 所以:

(i) 当 $A=B$ 时, 由 $\begin{cases} 2(a+1)=4 \\ a^2-1=0 \end{cases}$, 或由 $0,-4$ 是方程 $x^2+2(a+1)x+a^2-1=0$ 的两个根, 解得 $a=1$;

(ii) 若 $A\subsetneq B$, 则 $A=\{0\}$ 或 $\{-4\}$, 而由 $\Delta=0$ 得 $a=-1$, 此时 $A=\{0\}$, A 不可能为 $\{-4\}$.

综上 a 值的集合是 $\{-1,1\}$.

解析 空集 $\varnothing$ 是任何集合的子集, 在集合运算中的地位比较特殊, 容易被忽视、疏漏, 常常是一个陷阱. 如 A 是 B 的子集 $A\subseteq B$ 包含有两种情形: (1) $A=B$; (2) $A\subsetneq B$. 在 $A\subsetneq B$ 中, 不要忘了 A 可能为 $\varnothing$. 要防止忽视空集 $\varnothing$ 惹祸.

从而其完整解补上当 $A=\varnothing$ 时, 由 $x^2+2(a+1)x+a^2-1=0$ 的 $\Delta<0$, 解得 $a<-1$. 综上 a 值的集合是 $\{a\mid a\leqslant -1 \text{ 或 } a=1\}$.

(2) 辩析解题困惑来记忆公式、定理、方法的应用条件.

例 14 设 $a,b,c\in\mathbf{R}^*$. 求函数 $f(a,b,c)=(a+\dfrac{1}{a})^3+(b+\dfrac{1}{b})^3+(c+\dfrac{1}{c})^3$ 在下述条件下的最小值.

(Ⅰ) $a+b+c=3$;

(Ⅱ) $a+b+c=1$;

(Ⅲ) $a+b+c=6$.

解析 (Ⅰ) 注意平均值不等式, 有

$$(a+\dfrac{1}{a})^3+(b+\dfrac{1}{b})^3+(c+\dfrac{1}{c})^3 \geqslant 3(a+\dfrac{1}{a})(b+\dfrac{1}{b})(c+\dfrac{1}{c})$$
$$\geqslant 3\times 2\times 2\times 2=24$$

其中两个不等式中的等号当且仅当 $a=b=c=1$ 时取得, 故 $f(a,b,c)$ 的最小值为 24.

(Ⅱ) 注意平均值不等式及等号成立的条件, 有

$$1=a+b+c\geqslant 3\sqrt[3]{abc}$$

即 $abc\leqslant \dfrac{1}{27}$, 其中等号当且仅当 $a=b=c=\dfrac{1}{3}$ 时取得. 又

$$a+\dfrac{1}{a}=a+\dfrac{1}{9a}+\cdots+\dfrac{1}{9a}\geqslant 10\sqrt[10]{\dfrac{1}{9^9\cdot a^8}}$$

同理

$$b+\dfrac{1}{b}\geqslant 10\sqrt[10]{\dfrac{1}{9^9\cdot b^8}}, c+\dfrac{1}{c}\geqslant 10\sqrt[10]{\dfrac{1}{9^9\cdot c^8}}$$

以上三个不等式中, 等号成立的条件为当且仅当 $a=\dfrac{1}{3}, b=\dfrac{1}{3}, c=\dfrac{1}{3}$.

于是

$$(a+\dfrac{1}{a})^3+(b+\dfrac{1}{b})^3+(c+\dfrac{1}{c})^3\geqslant 3(a+\dfrac{1}{a})(b+\dfrac{1}{b})(c+\dfrac{1}{c})$$

$$\geq 3 \cdot 10^3 \cdot \sqrt[10]{\frac{1}{9^{27} \cdot (abc)^8}}$$

$$\geq 3 \cdot 10^3 \cdot \sqrt[10]{\frac{1}{3^{54} \cdot 3^{-24}}}$$

$$= \frac{1\ 000}{9}$$

由上述三个不等式中均当且仅当 $a = b = c = \frac{1}{3}$ 时等号成立,得 $f(a,b,c)$ 的最小值为 $\frac{1\ 000}{9}$.

(Ⅲ)由平均值不等式及等号成立的条件,有 $6 = a + b + c \geq 3\sqrt[3]{abc}$,即 $abc \leq 8$,其中等号当且仅当 $a = b = c = 2$ 时取得. 又

$$a + \frac{1}{a} = \frac{a}{4} + \frac{a}{4} + \frac{a}{4} + \frac{a}{4} + \frac{1}{a} \geq 5\sqrt[5]{\frac{a^3}{4^4}}, \cdots$$

这时按(Ⅱ)的求法是求不下去的,不能用上 $abc \leq 8$ 的条件,不等式变形不同向.

这个困惑使得我们需另辟蹊径来求解. 因为,应用平均值不等式来求最值要记住保证满足三个条件:满足正数,满足定值,满足等号成立条件,且不等式变形中还需同向.

由 $(a + \frac{1}{a})^3 + (2 + \frac{1}{2})^3 + (2 + \frac{1}{2})^3 \geq 3(a + \frac{1}{a}) \cdot (\frac{5}{2})^2$,有

$$(a + \frac{1}{a})^3 \geq 3(a + \frac{1}{a}) \cdot (\frac{5}{2})^2 - 2(\frac{5}{2})^3$$

同理 $(b + \frac{1}{b})^3 \geq 3(b + \frac{1}{b}) \cdot (\frac{5}{2})^2 - 2(\frac{5}{2})^3$,$(c + \frac{1}{c})^3 \geq 3(c + \frac{1}{c}) \cdot (\frac{5}{2})^2 - 2(\frac{5}{2})^3$.

又由平均值不等式有 $(a + b + c)(\frac{1}{a} + \frac{1}{b} + \frac{1}{c}) \geq 9$,即有 $\frac{1}{a} + \frac{1}{b} + \frac{1}{c} \geq \frac{3}{2}$,其中等号当且仅当 $a = b = c = 2$ 时成立.

于是

$$(a + \frac{1}{a})^3 + (b + \frac{1}{b})^3 + (c + \frac{1}{c})^3 \geq 3(\frac{5}{2})^2 \left[(a + b + c) + (\frac{1}{a} + \frac{1}{b} + \frac{1}{c})\right] - 6(\frac{5}{2})^3$$

$$\geq 3(\frac{5}{2})^2 (6 + \frac{3}{2}) - 6(\frac{5}{2})^3$$

$$= 9(\frac{5}{2})^3 - 6(\frac{5}{2})^3$$

$$= \frac{375}{8}$$

其中两个不等式中等号成立当且仅当 $a = b = c = 2$ 时成立. 故 $f(a,b,c)$ 的最小值为 $\frac{375}{8}$.

注 在条件 $a + b + c = 6$ 下的上述求法具有一般性. 只需将 6 改为 A,有

$$\frac{1}{a} + \frac{1}{b} + \frac{1}{c} \geq \frac{9}{A}$$

且

$$(a+\frac{1}{a})^3 + (b+\frac{1}{b})^3 + (c+\frac{1}{c})^3 \geq 3(\frac{A}{3}+\frac{3}{A})^2[A+(\frac{1}{a}+\frac{1}{b}+\frac{1}{c})] - 6(\frac{A}{3}+\frac{3}{A})^3$$

$$\geq 3(\frac{A}{3}+\frac{3}{A})^2(A+\frac{9}{A}) - 6(\frac{A}{3}+\frac{3}{A})^3 = 3(\frac{A}{3}+\frac{3}{A})^3$$

当 $A=3$ 时,即得(Ⅰ)的结果;当 $A=1$ 时即得(Ⅱ)的结果;当 $A=6$ 时即得(Ⅲ)的结果. 是因这种求法满足了三个条件,且不等式变形保持了同向变形而具一般性.

(3)辩别解题假象来记忆有关解题程序.

例 15 用数学归纳法证明: $(n^2-1) + 2(n^2-2^2) + \cdots + n(n^2-n^2) = \frac{1}{4}n^2(n^2-1)$,其中 $n \in \mathbf{N}^*$.

解析 当 $n=1$ 时,所证式两边均等于 0. 显然结论成立.

假设当 $n=k(k>1)$ 时等式成立,那么当 $n=k+1$ 时

原等式左边 $= [(k+1)^2-1] + 2[(k+1)^2-2^2] + \cdots + (k+1)[(k+1)^2-(k+1)^2]$

$= [1+2+\cdots+(k+1)](k+1)^2 - [1^3+2^3+\cdots+(k+1)^3]$

$= \frac{1}{2}(k+1) \cdot [1+(k+1)](k+1)^2 - \frac{1}{4}(k+1)^2[(k+1)+1]^2$

$= \frac{1}{4}(k+1)^2[2(k+1)(k+2) - (k+2)^2]$

$= \frac{1}{4}(k+1)^2[(k+1)-1][(k+1)+1]$

$= \frac{1}{4}(k+1)^2[(k+1)^2-1] =$ 原等式右边

在上面的证明中,推导 $n=k+1$ 时,却未采用 $n=k$ 成立的式子这一归纳假设,而是由前 n 个自然数的求和公式和前 n 个自然数的立方和公式计算得的结果. 虽然推导没有错误,但与数学归纳法证题程序相违背. 因此,这不是数学归纳法证明问题. 运用数学归纳法应如下推导:假设 $n=k(k>1)$ 时等式成立,即有

$$(k^2-1) + 2(k^2-2^2) + \cdots + k(k^2-k^2) = \frac{1}{4}k^2(k^2-1)$$

当 $n=k+1$ 时

原等式左边 $= [(k+1)^2-1] + 2[(k+1)^2-2^2] + \cdots + k[(k+1)^2-k^2] +$
$(k+1)[(k+1)^2-(k+1)^2]$

$= [k^2-1+2k+1] + 2[k^2-2^2+2k+1] + \cdots + k[k^2-k^2+2k+1] + 0$

$= [(k^2-1) + 2(k^2-2^2) + \cdots + k(k^2-k^2)] + (1+2+\cdots+k)(2k+1)$

$= \frac{1}{4}k^2(k^2-1) + \frac{1}{2}k(k+1)(2k+1)$

$= \frac{1}{4}k(k+1)[k(k-1) + 2(2k+1)]$

$= \frac{1}{4}k(k+1)(k+1)(k+2)$

$$= \frac{1}{4}(k+1)^2[(k+1)^2-1] = 原等式右边$$

由归纳法原理,知对一切非零自然数原命题获证.

3.2.5 重复是记忆的窍门

"熟能生巧"是我国教育的一条古训.

"熟能生巧",字面含意是:熟练了就会有巧妙的办法.从认知的角度看,数学学习的"巧"的实质应该是理解."熟能生巧"指的是,大量的练习可以促进学习者对数学的理解.理解了便于记忆.

中国的数学教学,以习题多,练习多而著称."题海战术""大运动量训练""模拟考试"等,都是不同形式的重复.对于机械地重复,一向为众多的数学教育家所诟病.但是中国的教育传统表明,一个基本概念或基本技能的形成,需要有一定程度的重复.这就是熟能生巧的教育古训.

那么,中国数学教学中的"重复训练",是否有什么优越的地方?一个回答是"重复经过变式而得到发展".变式教学成为中国数学教学的特征之一.

变式数学,不限于数学教学.它的一般含义是:

在教学中使学习者确切掌握概念的重要方法之一.即在教学中用不同形式的直观材料或事例说明事物的本质属性,或变换同类事物的非本质特征以突出事物的本质特征.目的在于使学习者理解哪些是事物的本质特征,哪些是事物的非本质特征,从而对一事物形成科学概念.

例 16 圆幂定理的变式记忆.

圆幂定理 设点 P 为圆 O 外(或内)一点,过点 P 的直线交圆 O 于点 A,B. 记圆 O 的半径为 R,则点 P 对圆 O 的幂 $PA \cdot PB$ 为定值,即

$$PA \cdot PB = \begin{cases} PO^2 - R^2, P \text{ 在圆 } O \text{ 外} \\ R^2 - PO^2, P \text{ 在圆 } O \text{ 内} \end{cases}$$

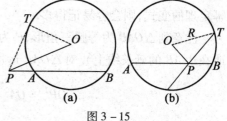

图 3 - 15

事实上,如图 3 - 15,有
$$PA \cdot PB = PT^2 = |PO^2 - OT^2|$$
$$= \begin{cases} PO^2 - R^2, 点 P \text{ 在圆 } O \text{ 外时} \\ R^2 - PO^2, 点 P \text{ 在圆 } O \text{ 内时} \end{cases}$$

圆幂定理在处理有关圆的平面几何问题中常发挥重要作用,请看下述问题:

问题 如图 3 - 16,已知 AB 是圆 O 的弦,M 是弧 $\overparen{AB}$ 的中点,C 是圆 O 外任意一点,过点 C 作圆 O 的切线 CS,CT,联结 MS,MT,分别交 AB 于点 E,F,过点 E,F 作 AB 的垂线,分别交 OS,OT 于点 X,Y,通过点 C 作圆 O 的割线,交圆 O 于 P,Q. 联结 MP 交 AB 于点 R. 设 Z 是 $\triangle PQR$ 的外心,求证:X,Y,Z 三点共线.

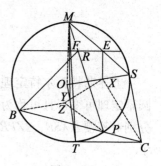

图 3 - 16

证明 如图 3-16,联结 OM,则知 $OM \perp AB$.

由 $XE \perp AB$,知
$$XE \parallel OM$$
从而 $\angle XES = \angle OMS = \angle XES$,则有
$$XE = XS$$
联结 MX,应用圆幂定理,有
$$XM^2 = XE^2 + ME \cdot MS \qquad ①$$
由相似三角形,有
$$ME \cdot MS = MB^2 = MA^2 = MR \cdot MP$$
令 $XE = XS = r_x$,则有
$$XM^2 = XE^2 + ME \cdot MS = r_x^2 + MR \cdot MP \qquad ②$$
由 $OS \perp SC$,有
$$XC^2 = r_x^2 + SC^2 \qquad ③$$
因 Z 是 $\triangle PQR$ 的外心,联结 ZP, ZQ, ZR,且令 $ZP = r_z$,则由圆幂定理,有
$$ZM^2 = ZP^2 + MR \cdot MP = r_z^2 + MR \cdot MP \qquad ④$$
$$ZC^2 = ZQ^2 + CP \cdot CQ = r_z^2 + SC^2 \qquad ⑤$$
由②③④⑤有
$$XM^2 - XC^2 = ZM^2 - ZC^2$$
从而由定差幂线定理,知 $XZ \perp MC$.

同理,$YZ \perp MC$. 故 X, Y, Z 三点共线.

上述问题中,3 次用到了圆幂定理,但对于圆幂定理,有些学习者觉得难记. 若注意到圆幂定理的变式,则会容易记得多.

注意到 $\triangle OAB$ 为等腰三角形,P 为等腰 $\triangle OAB$ 底边 AB 所在直线上的点(或在边 AB 上,或在边 AB 的延长线上). 对 $\triangle OAB$ 运用斯特瓦尔特定理,有

$$OP^2 = OA^2 \cdot \frac{\overrightarrow{PB}}{\overrightarrow{AB}} + OB^2 \cdot \frac{\overrightarrow{AP}}{\overrightarrow{AB}} - \overrightarrow{AP} \cdot \overrightarrow{PB}$$

$$= OA^2 \left(\frac{\overrightarrow{PB}}{\overrightarrow{AB}} + \frac{\overrightarrow{AP}}{\overrightarrow{AB}} \right) - \overrightarrow{AP} \cdot \overrightarrow{PB}$$

$$= OA^2 - \overrightarrow{AP} \cdot \overrightarrow{PB} = R^2 \mp AP \cdot PB$$

上述斯特瓦尔特定理的特例即可称为等腰三角形的性质,在圆中即为圆幂定理. 因而,圆幂定理可变形且可称为等腰三角形的一条性质. 于是在上述问题证明中,①④⑤三式均可分别对等腰 $\triangle XSE$, $\triangle ZPR$, $\triangle ZQP$ 运用等腰三角形的上述性质了. 这样记用起来也就容易了.

3.2.6 趣味是记忆的媒介

趣味的数学表述不仅能激发学习者的学习兴趣,还能加强大脑的记忆.

例17 利用面积关系记忆差角正、余弦公式.

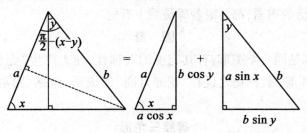

图 3-17 $\cos(x-y) = \cos x\cos y + \sin x\sin y$

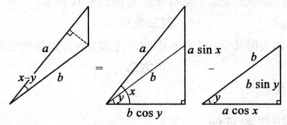

图 3-17 $\sin(x-y) = \sin x\cos y - \cos x\sin y$

例18 进行素质教育,记住下述数学哲理.

零和负数
在实数里,负数比零小;在生活里,没有思想比无知更糟.

零与任何数
任何数与零相加减,仍得任何数;光说不做,只能在原地停留.

小数点
丢掉了小数点数值会变大;大拘小节会犯大错误.

相反数
两个相反数,相加等于零;聪明不勤奋,将一事无成.

分　数
人好比是一个分数. 他的实际才能是分子,而他对自己的估价是分母,分母越大,则分数值越小.

水平线
当一个人本能地追求一条水平线时,他体验到了一种内在感,一种合理性,一种理智.

垂直线
人要追随一条垂直线,是由于一种狂喜和激情的驱使,就必须中断他正常的观看方向,而举目望天.

直　线
向两边延伸,无始无终,无边无际,代表着果断、刚劲和一往无前的毅力.

曲　线
轻快流畅,犹如一条静静流淌的小溪;蜿蜒、曲折,犹如人生历程的轨迹. 望着您纤细不倦的身影,却放大成奔腾浩荡的大河和博大幽深的海洋.

螺旋线

知识的掌握,生活的积累,都是沿着螺旋线上升的.

圆　形

从各个方向看都是同一个图形,有其完美的对称性,使人产生"完美无缺"的美感和向往. 难怪有圆满、圆润、圆通、圆场之说和"花好月圆"的成语. 但是"圆滑"一词,却为人们所不爱.

等腰三角形

有扎实、深厚的基础知识功底,才能构建起尖端的科技大厦.

倒三角形

头重脚轻根底浅,如大厦将倾. 华而不实的浮夸者,亦有如是的立世后果.

正方形

坦蕴方正,是人格的追求.

3.2.7 联想是记忆的延伸

联想指的是从事物的相互联系中考虑问题,从一事物想到与密切相关的各种不同的事物,进行由此及彼的思索. 显然,这是有利于数学记忆的. 联想有广泛联想、双向联想、类似联想、对比联想、关系联想、辩证联想等.

例 19 由联想加深几何图形性质的记忆.

问题 如图 3-19,M,N 分别为正方形 $ABCD$ 的边 BC 与 CD 上的点,图中有横线的两个三角形 $\triangle ABM$ 和 $\triangle ADN$ 的面积恰好与有纵线的 $\triangle AMN$ 的面积相等,问 $\angle MAN$ 是多少度.

解析 将 $Rt\triangle ABM$ 绕点 A 旋转 $90°$ 至 $\triangle ADM'$ 的位置,由

$$\angle ABM = 90°$$

则 M',D,C 三点共线,从而有 $S_{\triangle AMN} = S_{\triangle ANM'}$,且

$$AM = AM', \angle MAM' = 90°$$

于是

$$\frac{1}{2}AM \cdot AN \cdot \sin\angle MAN = \frac{1}{2}AN \cdot AM' \cdot \sin\angle NAM'$$

亦有

$$\sin\angle MAN = \sin\angle NAM'$$

注意到

$$\angle MAN + \angle NAM' = 90°$$

则

$$\angle MAN = \angle NAM' = \frac{1}{2}\angle MAM' = 45°$$

对上述问题,仔细研究,发现它的逆命题也成立,即在图 3-19 中,若 $\angle MAN = 45°$,则

$$S_{\triangle AMN} = S_{\triangle ABM} + S_{\triangle ADN}$$

证明 将 $Rt\triangle ABM$ 绕点 A 旋转 $90°$ 至 $\triangle ADM'$ 位置,如图 3-19. 显然 M',D,C 三点共

线. 从而有
$$AM = AM'$$
$$\angle M'AD = \angle MAB$$

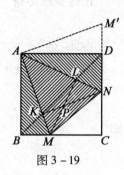

图 3-19

又
$$\angle MAN = 45°$$
即有
$$\angle NAD + \angle MAB = 45°$$
则
$$\angle NAD + \angle M'AD = 45°$$
从而
$$\angle M'AN = \angle MAN$$
故
$$\triangle ANM \cong \triangle ANM'$$
于是
$$S_{\triangle ANM} = S_{\triangle ANM'} = S_{\triangle ADN} + S_{\triangle ABM}$$

综合上述正反两个方面,它给我们揭示了关于正方形的一条有趣结论,即:

性质1 在图 3-19 中
$$S_{\triangle ABM} + S_{\triangle ADN} = S_{\triangle AMN} \Leftrightarrow \angle MAN = 45°$$

事实上,从上面的证明中,由 $\triangle ANM \cong \triangle ANM'$,不难得到
$$MN = M'N = DM' + DN = BM + DN$$
也就是说
$$MN + CM + CN = BM + DN + CM + CN = BC + CD$$

即在图 3-19 中,若 $\angle MAN = 45°$,则 $\triangle CMN$ 的周长等于该正方形 $ABCD$ 周长的一半.

至此,我们自然会联想,这时的逆命题,即图 3-19 中,若 $\triangle CMN$ 的周长等于正方形 $ABCD$ 周长的一半,则 $\angle MAN = 45°$ 是否也成立呢?回答是肯定的.

这样,我们又得到了关于正方形的另外一条有趣结论,即:

性质2 在图 3-19 中
$$\angle MAN = 45° \Leftrightarrow MN = BM + DN$$

其实,在图 3-19 中,我们还可以得到一些优美的结论:

性质3 设 $BM = m, DN = n, AB = a$,则有
$$\angle MAN = 45° \Leftrightarrow a^2 = a(m+n) + mn$$

证明 先证"$\Rightarrow$".

由条件及性质 2 有 $CM = a - m, CN = a - n$ 及 $MN = m + n$.
在 $Rt \triangle CMN$ 中,有
$$MN^2 = CM^2 + CN^2$$
即
$$(m+n)^2 = (a-m)^2 + (a-n)^2$$

化简整理即得
$$a^2 = a(m+n) + mn$$

再证"$\Leftarrow$".

由 $a^2 = a(m+n) + mn$,则可得
$$\frac{a(m+n)}{a^2 - mn} = 1$$

即
$$\frac{\dfrac{m}{a} + \dfrac{n}{a}}{1 - \dfrac{m}{a} \cdot \dfrac{n}{a}} = 1$$

注意到
$$\tan\angle BAM = \frac{m}{a}, \tan\angle DNA = \frac{n}{a}$$

则
$$\frac{\tan\angle BAM + \tan\angle DAN}{1 - \tan\angle BAM \cdot \tan\angle DAN} = 1$$

从而
$$\tan(\angle BAM + \angle DAN) = 1$$

则 $\angle BAM + \angle DAN = 45°$,故 $\angle MAN = 45°$.

性质 4 在图 3 – 19 中,若 $\angle MAN = 45°$,则:

(i) $AM \cdot AN = MN \cdot BD$;

(ii) $\dfrac{AB + BM}{AD + DN} = \dfrac{AB^2 + BM^2}{AD^2 + DN^2}$.

在这里只就(i)加以证明,(ii)就留给有兴趣的读者去完成.

证明 由性质 2 及性质 3 有
$$MN \cdot BD = (m+n) \cdot \sqrt{2}a$$

又
$$\begin{aligned}
AM \cdot AN &= \sqrt{(a^2 + m^2)(a^2 + n^2)} \\
&= \sqrt{a^4 + a^2(m^2 + n^2) + (mn)^2} \\
&= \sqrt{a^4 + a^2(m^2 + n^2) + [a^2 - a(m+n)]^2} \\
&= a\sqrt{2(m^2 + n^2 + mn) + [2a^2 - 2a(m+n)]} \\
&= a\sqrt{2(m^2 + n^2 + mn) + 2mn} \\
&= a\sqrt{2(m+n)^2} \\
&= (m+n) \cdot \sqrt{2}a
\end{aligned}$$

故
$$AM \cdot AN = MN \cdot BD$$

性质 5 在图 3-19 中, $\angle MAN = 45°$,则:

(i) $0.4a^2 < S_{\triangle AMN} \leqslant 0.5a^2$;

(ii) $0.5a^2 < S_{\triangle MCN} < 0.6a^2$.

证明略.

性质 6 在图 3-19 中,BD 与 AM,AN 分别相交于 K,L,且 $S_{\triangle MCN} = BM \cdot DN$,则 $\triangle AMN$ 被直线分成面积相等的两部分.

证明 因

$$S_{\triangle MCN} = BM \cdot DN$$

则

$$\frac{1}{2}CM \cdot CN = BM \cdot DN$$

从而

$$(a - BM)(a - DN) = 2BM \cdot DN$$

即

$$a^2 = a(m + n) + mn$$

于是由性质 3 可知 $\angle MAN = 45°$,联结 ML, KN,两线交于点 P. 由 $\angle MAN = \angle DBC = 45°$,则 A,B,M,L 四点共圆,则 $ML \perp AN, LA = LM$.

同理可证 $NK \perp AM, KN = KA$.

即 A,K,P,L 四点共圆. 故

$$\angle KPL = 135°$$

而

$$S_{\triangle AKL} = \frac{1}{2}LA \cdot KA \sin 45°$$

$$S_{MNLK} = \frac{1}{2}LM \cdot KN \sin 135°$$

故

$$S_{\triangle AKL} = S_{MNLK}.$$

继续仔细研究、探讨. 还可发现图 3-19 所隐含的另一个较为深刻的结论,即:

性质 7 若 M,N 分别在正方形 $ABCD$ 的边 BC,CD 上,且 $MF \perp AN, NE \perp AM$,如图 3-20,则有 B,E,F,D 四点共线 $\Leftrightarrow \angle MAN = 45°$.

证明 先证"$\Rightarrow$".

联结 BE, EF, FD. 由于 $\angle AFM = \angle ABC = 90°$,则 A,B,M,F 四点共圆. 又 B,E,F,D 四点共线,所以 $\angle MAN = \angle MBF = 45°$.

再证"$\Leftarrow$".

根据性质 1 辅助线的作法可知

$$\triangle AMN \cong \triangle AM'N$$

再作 $AH \perp MN$,则有

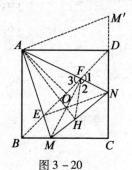

图 3-20

$$AH = AD$$

于是
$$\text{Rt}\triangle AHN \cong \text{Rt}\triangle ADN.$$
$$HN = DN, \angle AND = \angle ANH$$

进而便可推得
$$\triangle NDF \cong \triangle NHF$$

故 $\angle 1 = \angle 2$.

再由 E, F, N, M 四点及 A, F, H, M 四点分别共圆知
$$\angle 2 = \angle AMN = \angle 3$$

综上可知：$\angle 1 = \angle 3$. 即 D, F, E 三点共线.

同理可证：B, E, F 三点共线. 故 B, E, F, D 四点共线.

性质 8 在图 3-20 中, 若 $\angle MAN = 45°$, 且 $AO \perp EF$ 于 O, 则 O 必为正方形 $ABCD$ 的中心.

证明 由性质 7 知 B, E, F, D 四点共线, 且 $AO \perp EF$, 则 $AO \perp BD$. 因此 O 为 BD 的中点, 故点 O 为 $ABCD$ 的中心.

注 上述内容参见了陈可龙老师的文章《"巧算角度"的联想》.

例 20 联想各种题设视角, 加深对模式的记忆.

问题 已知数列 $\{a_n\}, \{b_n\}$ 满足 $a_1 = 1, b_1 = \tan\theta$ (θ 为常数), 且对任意正整数 n, 有
$$\begin{cases} a_{n+1} = a_n\cos\theta - b_n\sin\theta \\ b_{n+1} = a_n\sin\theta + b_n\cos\theta \end{cases}, 求 \frac{a_n}{b_n}.$$

视角 1 矩阵变换.

对于递推关系 $\begin{cases} a_{n+1} = a_n\cos\theta - b_n\sin\theta \\ b_{n+1} = a_n\sin\theta + b_n\cos\theta \end{cases}$, 若从矩阵变换的视角看, 则可以把它转化成
$$\begin{bmatrix} a_{n+1} \\ b_{n+1} \end{bmatrix} = \begin{bmatrix} \cos\theta & -\sin\theta \\ \sin\theta & \cos\theta \end{bmatrix} \begin{bmatrix} a_n \\ b_n \end{bmatrix},$$
其中矩阵 $\boldsymbol{M} = \begin{bmatrix} \cos\theta & -\sin\theta \\ \sin\theta & \cos\theta \end{bmatrix}$ 为旋转变换矩阵, 它表示将向量 $\begin{bmatrix} a_n \\ b_n \end{bmatrix}$ 绕原点逆时针旋转角 θ 得到向量 $\begin{bmatrix} a_{n+1} \\ b_{n+1} \end{bmatrix}$.

于是有
$$\begin{bmatrix} a_n \\ b_n \end{bmatrix} = \boldsymbol{M}^{n-1} \begin{bmatrix} a_1 \\ b_1 \end{bmatrix} = \begin{bmatrix} \cos(n-1)\theta & -\sin(n-1)\theta \\ \sin(n-1)\theta & \cos(n-1)\theta \end{bmatrix} \begin{bmatrix} a_1 \\ b_1 \end{bmatrix}$$

从而
$$\begin{cases} a_n = \cos(n-1)\theta - \sin(n-1)\theta \cdot \tan\theta \\ b_n = \sin(n-1)\theta + \cos(n-1)\theta \cdot \tan\theta \end{cases}$$

解得
$$a_n = \frac{\cos n\theta}{\cos\theta}, b_n = \frac{\sin n\theta}{\cos\theta}$$

所以
$$\frac{a_n}{b_n} = \frac{1}{\tan n\theta}$$

视角2 复数旋转.

设 $c_n = a_n + \mathrm{i}b_n$,则
$$\frac{c_{n+1}}{c_n} = \frac{(a_n\cos\theta - b_n\sin\theta) + \mathrm{i}(a_n\sin\theta + b_n\cos\theta)}{a_n + \mathrm{i}b_n}$$
$$= \cos\theta + \mathrm{i}\sin\theta$$

所以$\{c_n\}$是首项为$1 + \mathrm{i}\tan\theta$,公比为$\cos\theta + \mathrm{i}\sin\theta$的等比数列. 于是
$$c_n = (1 + \mathrm{i}\tan\theta) \cdot (\cos\theta + \mathrm{i}\sin\theta)^{n-1}$$
$$= \frac{(\cos\theta + \mathrm{i}\sin\theta)^n}{\cos\theta}$$
$$= \frac{\cos n\theta + \mathrm{i}\sin n\theta}{\cos\theta}$$

所以
$$a_n = \frac{\cos n\theta}{\cos\theta}, b_n = \frac{\sin n\theta}{\cos\theta}, \frac{a_n}{b_n} = \frac{1}{\tan n\theta}$$

上述解法的关键是构造复数,并得到等比关系$\frac{c_{n+1}}{c_n} = \cos\theta + \mathrm{i}\sin\theta$,这一关系式的本质就是将复数$c_n$绕原点逆时针旋转角$\theta$得到$c_{n+1}$,只有认识到问题的旋转背景,才能得到这一优美的解法.

视角3 先猜后证.

如若问题认识不透,我们可以从解题策略这个视角来处理问题,"先猜后证"是一个行之有效的办法.

首先,利用 $a_1 = 1, b_1 = \tan\theta$ 以及 $\begin{cases} a_{n+1} = a_n\cos\theta - b_n\sin\theta \\ b_{n+1} = a_n\sin\theta + b_n\cos\theta \end{cases}$,可以依次得到$\frac{a_1}{b_1} = \frac{1}{\tan\theta}$,$\frac{a_2}{b_2} = \frac{1}{\tan 2\theta}$,$\frac{a_3}{b_3} = \frac{1}{\tan 3\theta}$,$\cdots$,从而归纳出$\frac{a_n}{b_n} = \frac{1}{\tan n\theta}$.

其次,利用数学归纳法证明.

证明(1)当$n = 1$时,结论显然成立;

(2)假设$n = k$时结论成立,即$\frac{a_k}{b_k} = \frac{1}{\tan k\theta}$,则
$$\frac{a_{k+1}}{b_{k+1}} = \frac{a_k\cos\theta - b_k\sin\theta}{a_k\sin\theta + b_k\cos\theta}$$
$$= \frac{\frac{a_k}{b_k}\cos\theta - \sin\theta}{\frac{a_k}{b_k}\sin\theta + \cos\theta}$$

$$= \frac{\frac{1}{\tan k\theta}\cos\theta - \sin\theta}{\frac{1}{\tan k\theta}\sin\theta + \cos\theta}$$

化简得 $\frac{a_{k+1}}{b_{k+1}} = \frac{1}{\tan(k+1)\theta}$,所以猜想成立.

视角4 转化递推关系.

递推关系 $\begin{cases} a_{n+1} = a_n\cos\theta - b_n\sin\theta \\ b_{n+1} = a_n\sin\theta + b_n\cos\theta \end{cases}$,把数列 $\{a_n\}$,$\{b_n\}$ 杂糅在一起,我们可以消去 $\{b_n\}$,只研究 $\{a_n\}$ 的递推关系.

由 $a_{n+1} = a_n\cos\theta - b_n\sin\theta$,得

$$b_n = \frac{a_n\cos\theta}{\sin\theta} - \frac{a_{n+1}}{\sin\theta}, \quad b_{n+1} = \frac{a_{n+1}\cos\theta}{\sin\theta} - \frac{a_{n+2}}{\sin\theta}$$

代入 $b_{n+1} = a_n\sin\theta + b_n\cos\theta$,有

$$\frac{a_{n+1}\cos\theta}{\sin\theta} - \frac{a_{n+2}}{\sin\theta} = a_n\sin\theta + \left(\frac{a_n\cos\theta}{\sin\theta} - \frac{a_{n+1}}{\sin\theta}\right)\cos\theta$$

化简得 $a_{n+2} = 2a_{n+1}\cos\theta - a_n$,这样若知相邻两项,就能求出下一项.

又 $a_1 = 1$,$b_1 = \tan\theta$ 及 $a_{n+1} = a_n\cos\theta - b_n\sin\theta$,易得 $a_2 = \frac{\cos 2\theta}{\cos\theta}$,又由 $a_{n+2} = 2a_{n+1}\cos\theta - a_n$,可求得 $a_3 = \frac{\cos 3\theta}{\cos\theta}$,$a_4 = \frac{\cos 4\theta}{\cos\theta}$,$\cdots$,于是归纳出 $a_n = \frac{\cos n\theta}{\cos\theta}$,需用数学归纳法证明(过程略).

最后,把 $a_n = \frac{\cos n\theta}{\cos\theta}$ 代入 $b_n = \frac{a_n\cos\theta}{\sin\theta} - \frac{a_{n+1}}{\sin\theta}$,求出 $b_n = \frac{\sin n\theta}{\cos\theta}$,从而 $\frac{a_n}{b_n} = \frac{1}{\tan n\theta}$.

视角5 三角化简.

由递推关系 $\begin{cases} a_{n+1} = a_n\cos\theta - b_n\sin\theta \\ b_{n+1} = a_n\sin\theta + b_n\cos\theta \end{cases}$,结合目标:求 $c_n = \frac{a_n}{b_n}$,易想到下列处理

$$\frac{a_{n+1}}{b_{n+1}} = \frac{a_n\cos\theta - b_n\sin\theta}{a_n\sin\theta + b_n\cos\theta} = \frac{\frac{a_n}{b_n}\cos\theta - \sin\theta}{\frac{a_n}{b_n}\sin\theta + \cos\theta} = \frac{\frac{a_n}{b_n} - \tan\theta}{\frac{a_n}{b_n}\tan\theta + 1}$$

于是 $c_{n+1} = \frac{c_n - \tan\theta}{1 + c_n\tan\theta}$,若令 $c_n = \tan\alpha_n$,则可运用两角差的正切公式. 而 $c_1 = \frac{a_1}{b_1} = \frac{1}{\tan\theta}$,与 $c_n = \tan\alpha_n$ 不吻合,怎样解决这个矛盾呢?只需要考虑倒数关系,令 $c_n = \frac{b_n}{a_n}$,这样我们就能得到下列方法:

解 由递推关系 $\begin{cases} a_{n+1} = a_n\cos\theta - b_n\sin\theta \\ b_{n+1} = a_n\sin\theta + b_n\cos\theta \end{cases}$,得

$$\frac{b_{n+1}}{a_{n+1}} = \frac{\sin\theta + \frac{b_n}{a_n}\cos\theta}{\cos\theta - \frac{b_n}{a_n}\sin\theta}$$

设 $c_n = \dfrac{b_n}{a_n}$,有

$$c_{n+1} = \frac{\sin\theta + c_n\cos\theta}{\cos\theta - c_n\sin\theta} = \frac{\tan\theta + c_n}{1 - c_n\tan\theta}$$

令 $c_n = \tan\alpha_n$,因 $c_1 = \dfrac{b_1}{a_1} = \tan\theta$,则

$$\alpha_1 = \theta + k_1\pi \quad (k_1 \in \mathbf{Z})$$

于是

$$c_{n+1} = \tan\alpha_{n+1} = \frac{\tan\theta + \tan\alpha_n}{1 - \tan\alpha_n\tan n} = \tan(\alpha_n + \theta)$$

从而

$$\alpha_{n+1} = \alpha_n + \theta + k_2\pi \quad (k_2 \in \mathbf{Z})$$

所以

$$\alpha_n = \alpha_1 + (n-1)\theta + k\pi = n\theta + k\pi \quad (k \in \mathbf{Z})$$

$$c_n = \frac{b_n}{a_n} = \tan\alpha_n = \tan n\theta$$

即 $\dfrac{a_n}{b_n} = \dfrac{1}{\tan n\theta}$.

注 上述内容参见了崔志荣老师的文章《剖析一个数学问题的几个视角》,数学教学,2015(3):19-20.

3.2.8 简化是记忆的助手

简化的事物是有利于记忆的.

在前面的例 16 中,对于等腰三角形的一条性质

$$OP^2 = OA^2 - \overrightarrow{AP} \cdot \overrightarrow{PB} = R^2 \mp AP \cdot PB$$

记住了向量形式比非向量形式要方便得多,对判断点 P 在底边 AB 上还是在 AB 的延长线上也易于把握.

在立体几何中,有关直线与平面的平行与垂直的命题存在下列规律:

把命题中某一直线(平面)换以平面(直线),同时把与这一直线(平面)有关的平行(垂直)关系换以垂直(平行)关系,所得命题与原命题同为真伪.

例如有:

命题 1 通过空间一点能作且仅能作一条直线 b 与已知直线 a 平行.

若把命题 1 中的"直线 b"换以"平面 β","平行"换以"垂直",则得:

命题 2 通过空间一点能作且仅能作一个平面 β 与已知直线 a 垂直.

显然,命题 2 与命题 1 同真.

按照上述规律还可得出与命题 1 同真的命题来.

对于上述规律,若采用向量方法表示记忆起来运用起来会方便得多.

用向量 a,b 可分别表示直线或平面的方向向量或法向量,若 $a \cdot b = 0$ 则表示这两个向量是垂直的,若 $a = kb$ 则表示这两个向量是平行的. 这样便可表示上述命题 1 与命题 2 的实质了,也可以表示按上述规律写的其他命题了. 这时,表示这些同真伪的命题其实就是同一个向量式,所以同真伪,这样既易于记忆,也便于运用.

在不等式研究中,有数不清的不等式. 为了能记忆有关的不等式,可采用文字描述记忆,因中国文字言简意明.

例如 对于 $a_1, a_2, \cdots, a_n \in \mathbf{R}^*$,则有

$$\frac{a_1 + a_2 + \cdots + a_n}{n} \geq \sqrt[n]{a_1 a_2 \cdots a_n} \geq \frac{n}{\frac{1}{a_1} + \frac{1}{a_2} + \cdots + \frac{1}{a_n}}$$

这个不等式可这样记:n 个正数的算术平均值不小于其几何平均值,其几何平均值不小于其调和平均值.

对于 $a_1, a_2, \cdots, a_n$ 及 $b_1, b_2, \cdots, b_n \in \mathbf{R}$,则有

$$(a_1^2 + a_2^2 + \cdots + a_n^2)(b_1^2 + b_2^2 + \cdots + b_n^2) \geq (a_1 b_1 + a_2 b_2 + \cdots + a_n b_n)^2$$

这个不等式可这样记:一组 n 个数的平方和与另一组 n 个数的平方和的乘积不小于其两组对应数乘积的和的平方.

对于 $a_{ij} \geq 0 (i = 1, 2, \cdots, n; j = 1, 2, \cdots, m)$,则

$$\prod_{j=1}^{m} \left(\sum_{i=1}^{m} a_{ij} \right)^{\frac{1}{m}} \geq \sum_{i=1}^{n} \left(\prod_{j=1}^{m} a_{ij} \right)^{\frac{1}{m}}$$

这个不等式可这样记:在 $n \times m$ 非负实数矩阵中,m 列的每列元素之和的几何平均值不小于其 n 行的每行元素的几何平均值之和.

3.2.9 模拟是记忆的恩人

模拟是用其他现象或过程来描述所研究的现象或过程,模拟也是一种以熟悉事物的形象去表示或表述所研究的对象的形象的方式.

例2 等号的延伸.

谁都知道,"="是数学里用得最多的符号之一. 其实,它可以延伸,摇身一变,成为别的符号. 用这种方式可以记忆这些符号,这对青少年是有帮助的. 例如:

添加一笔,可以变成不等号 $\neq$;

加上一点,成了近似号 $\doteq$;

窜改得歪斜些,成为另一种近似号 $\approx$;

加一划,成了恒等号 $\equiv$;

上面添个波浪式的一笔,它就变为全等号 $\cong$;

在中间做一些加工,使它变成求和号 $\sum$;

旋转 90°之后,上面再加一划,变成连乘号或圆周率号;

……

如上的模拟形象地表述了这些数学符号,印象多深刻啊!

例22 凸四边形的重心性质的证明.

我们知道三角形的重心性质:三角形三边上的中线交点即为三角形的重心,那么,对于凸四边形,我们有结论:

结论 凸四边形两组对边中点的连线与两条对角线中点的连线相交于一点,而且互相平分.

对于平行四边形这个结论我们是非常熟悉的. 对于一般的凸四边形. 如图 3 – 21. 设 E, F, G, H 分别为凸四边形 $ABCD$ 的边 AB, BC, CD, DA 的中点, P, Q 为对角线 BD, AD 的中点.

我们运用物理中的重心原理证明上述结论:

在凸四边形 4 个顶点处都放置单位质量 1,以 O 表示质点系 $\{A,B,C,D\}$ 的重心.

显然点 E 是质点系 $\{A,B\}$ 的重心,其质量为 2;点 G 是质点系 $\{C,D\}$ 的重心,质量为 2;于是 EG 的中点是质点系 $\{A,B,C,D\}$ 的重心.

同理可证 FH 的中点是质点系 $\{A,B,C,D\}$ 的重心.

类似地,可知 P 是质点系 $\{B,D\}$ 的重心,质量是 2,点 Q 是质点系 $\{A,C\}$ 的重心,质量是 2. 于是 PQ 的中点也是质点系 $\{A,B,C,D\}$ 的重心.

由于 $\{A,B,C,D\}$ 只有唯一的重心,可知 EG, FH, PQ 三线共点于 O,而且 O 是它们的中点. 证毕.

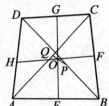

图 3 – 21

如上的证法,就是模拟证法,印象多深刻啊!

例23 编"π 诗"记忆多位 π 值.

为了帮助记忆多位 π 值,人们发明了形形色色的方法. 例如,利用韵律优美的诗歌,有趣的故事,顺口的口诀,等等.

古老的中国曾经流传着一首打油诗:山,一石一壶酒,二侣舞仙舞,罢酒去旧衫……它可以帮助记忆 16 位 π 值.

华罗庚用的"山巅一寺一壶酒,尔乐苦煞吾,把酒吃,酒杀尔,杀不死,乐尔乐",就背下 26 位 π 值.

故事的例子是:(一个农民有一块)山(田),一斗一石籼(米),(养了)七(只)羊(和)四(匹)马;即"山,一斗一石籼七羊四马". 这句话里每个字的笔画数即为对应的 π 值,即 3. 141 592 653.

可以看出,中国人用字的谐音或笔画数代表对应数字.

当然,用诗记 π 并不是中国人的"专利",所不同的是,它们通常用字母的个数代表相应数字——字长记忆法. 当然,最简单的字长记忆法的"诗",可能就是"How I wish I could calculate pi."(我好想算出圆周率)了.

1906 年,美国欧尔(A. C. Orr)在《文摘》杂志上刊登了一首诗,只要把每个词换成它所含字母的个数,就能得到准确到 30 位小数的 π 值:

"Now I, even I, would, celebrate
   3 1   4   1   5   9

In rhymes inapt, the great
 2   6   5   3   5

Immortal Syracusan, rivaled nevermore,
    8   9   7   9

Who in his wondrous lore,
  3 2 3   8   4

Passed on before,
   6   2   6

Left men his guidance
  4   3   3   8

How to circles mensurate."
  3 2   7   9

现将这段诗试译如下

> 现在,
> 我甚至要庆贺——用那伟大的诗句,
> 叙拉古那无与伦比的伟人(阿基米德).
> 他有令人瞠目结舌的学识.
> 从古至今,
> 给来人指向导航,
> 怎样揭开圆的奥秘.

1914 年,《科学美国人》增刊也载有一首帮助记忆 π 的诗:

"See, I have a rhyme assisting my feeble brain, its tasks of times resisting."

它可帮助记忆 13 位 π 值. 诗的大意是

> 我有一个顺口溜,
> 它能让我笨拙的头脑变得灵活,
> 并时刻发挥作用.

另外有三段分别帮助记忆 8,15 和 21 位 π 值的诗如下:

"May I have a large container of coffee?"

诗的大意是:我能要一大杯咖啡吗?

"How I want a drink, alcoholic of course, after the heavy lectures involving quantum mechanics."

它的大意是:我要在一次重要的涉及技巧的讲演之后,举行一次酒会.

Sir, I bear a rhyme excelling

In mystic force and magic spelling

Celestial sprites elucidate

All my own striving can'trelate.

其大意是:

> 先生,
> 我们要作一首优美的诗,
> 述说天上的妖魔用神秘的力量和符咒为所欲为.
> 而我所有的努力,
> 都无济于事.

第四章 数学计算和数学推理

4.1 数学计算技能

能算是数学的四种基本的数学技能之一. 计算有算理、有算法、有速度、有层次、有简繁等. 一般地,要求计算合乎算理,按照有关算法进行迅速、合理、简捷地获得结果. 显然,这是与一定的计算技能分不开的. 计算,一般地包括估算、妙算、运算等.

4.1.1 数学估算的方式及应用

估算,顾名思义,估摸着计算,是以正确的算理和深刻理解研究问题的本质为基础,通过大体估值、合情猜想和特值探路等手段,进行粗略、近似地计算并获得正确答案的过程.

1. 数学估算的方式

例1 如图4-1所示,在多面体 $ABCDEF$ 中,四边形 $ABCD$ 是边长为3的正方形,EF // AB,$EF=\dfrac{3}{2}$,EF 与平面 $ABCD$ 的距离为2,则该多面体的体积为( ).

A. $\dfrac{9}{2}$ B. 5 C. 6 D. $\dfrac{15}{2}$

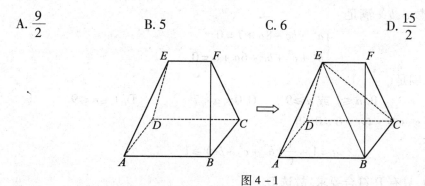

图4-1

解析 直接计算该多面体的体积费时费力,可联结 BE,CE,将原多面体的体积转化为四棱锥 $E-ABCD$ 和三棱锥 $E-BCF$ 的体积之和. 易求 $V_{E-ABCD}=6$,由局部与整体的关系可知原多面体的体积应大于6. 故选 D.

注 若研究对象是由若干个部分构成的,可先研究其中易求的一个或几个部分,再把所得结果同局部与整体的关系联系起来估算整体的结果.

例2 三棱柱 $ABC-A_1B_1C_1$ 的所有棱长均为 a,且侧面 $A_1B_1BA \perp$ 底面 $A_1B_1C_1$,则直线 C_1B 与平面 A_1B_1BA 所成角的范围是( ).

A. $\left(0,\dfrac{\pi}{2}\right)$ B. $\left(\dfrac{\pi}{6},\dfrac{\pi}{3}\right)$ C. $\left(\dfrac{\pi}{6},\dfrac{\pi}{4}\right)$ D. $\left(\dfrac{\pi}{4},\dfrac{\pi}{2}\right)$

解析 用极限估算. 取 A_1B_1 的中点 D,联结 C_1D,则 $\angle C_1BD$ 为直线 C_1B 与平面 A_1B_1BA 所成的角. 因此 C_1D 的长度为 $\dfrac{\sqrt{3}a}{2}$(常数),所以只需确定 BD 长度的变化范围. 设 $\angle BDA_1=$

θ,则当 $\theta \to \pi$ 时

$$BD \to DB_1 + BB_1 = \frac{a}{2} + a = \frac{3a}{2}$$

当 $\theta = \frac{\pi}{2}$ 时

$$BD = a$$

当 $\theta \to 0$ 时

$$B \to A_1, BD \to \frac{a}{2}$$

从而

$$\frac{a}{2} < BD < \frac{3a}{2}$$

因此

$$\tan \angle C_1BD = \frac{C_1D}{BD} \in \left(\frac{\sqrt{3}}{3}, \sqrt{3}\right)$$

即

$$\angle C_1BD \in \left(\frac{\pi}{6}, \frac{\pi}{3}\right)$$

故选 B.

例 3 已知实数 a, b, c 满足

$$\begin{cases} a^2 - bc - 8a + 7 = 0 \\ b^2 + c^2 + bc - 6a + 6 = 0 \end{cases}$$

则实数 a 的取值范围是( ).

A. $\mathbf{R}$ B. $a \leq 1$ 或 $a \geq 9$ C. $0 < a < 7$ D. $1 \leq a \leq 9$

解析 由 $b^2 + c^2 + bc - 6a + 6 = 0$,得

$$a = 1 + \frac{1}{6}(b^2 + c^2 + bc) \geq 1$$

纵观 4 个选项,只有 D 符合要求. 故选 D.

注 借助相关量的取值范围进行估算,简洁明了,操作性强,易于接受.

例 4 设 P 为空间中的一点,PA, PB, PC, PD 是 4 条射线. 若 PA, PB, PC, PD 两两所成的角相等. 则任意 2 条射线所成角的余弦值为( ).

A. $\frac{1}{3}$ B. $-\frac{1}{3}$ C. $\frac{1}{2}$ D. $-\frac{1}{2}$

解析 由题意易联想到正方体的 4 条对角线交于一点,且它们两两所成的角相等,故可构造正方体 $AEDF-GBHC$,取其中心为 P,联结 PA, PB, PC, PD,由余弦定理即可求出 PA, PB, PC, PD 中任意 2 条所成角的余弦值为 $-\frac{1}{3}$. 故选 B.

注 在立体几何中,常构造正四面体模型、正方体模型、长方体模型等进行估算;在函数试题中,常构造一次函数模型、二次函数模型、指(对)数函数模型等进行估算.

2. 数学估算的应用

从上述例题可以看到,应用估算法解选择题是很方便的.因四选一的选择题的特点是"只有一个选择项是正确的".根据这一重要信息,对题目所给条件进行扩大或缩小,得出符合题意的一个范围,再用排除法排除干扰支,可取得意想不到的效果.

估算还可以应用于其他题型.

例 5 已知 $\sin\alpha + \cos\alpha = -\dfrac{1}{5}(0 < \alpha < \pi)$,则 $\tan\alpha = $ _____.

解析 本题若平方后得到 $\sin 2\alpha$ 的值,再用万能公式求 $\tan\alpha$,不仅费时,且求出的 $\tan\alpha$ 的值有 2 个,容易出错,可估算如下:

由 $0 < \alpha < \pi$ 知 $\sin\alpha > 0$,且 $\sin\alpha + \cos\alpha = -\dfrac{1}{5}$,故 $\cos\alpha < 0$,考虑到 $\sin^2\alpha + \cos^2\alpha = 1$ 及结果为 $-\dfrac{1}{5}$,可估算出 $\sin\alpha = \dfrac{3}{5}$,$\cos\alpha = -\dfrac{4}{5}$,故 $\tan\alpha = -\dfrac{3}{4}$.

注 填空题题小,跨度大,覆盖面广,形式灵活,可以有目的、和谐地综合一些问题,突出训练学习者准确、严谨、全面、灵活运用知识的能力和基本运算能力.要想又快又准地答好填空题,除直接推理计算外,估算法也不失为一种好的计算方法.

例 6 如图 4-2,已知平行六面体 $ABCD-A_1B_1C_1D_1$ 的底面 $ABCD$ 是菱形,且 $\angle C_1CB = \angle C_1CD = \angle BCD = 60°$.

(Ⅰ)证明:$C_1C \perp BD$;

(Ⅱ)当 $\dfrac{CD}{CC_1}$ 的值为多少时,能使 $A_1C \perp$ 平面 C_1BD?请给出证明.

解析 此题为 2000 年全国高考题,据统计第(Ⅱ)问得分相当低.究其原因是第(Ⅱ)问找不到思路,不知从何入手.若用估算法对所给条件进行加强,联想到在正方体中 $A_1C \perp$ 平面 C_1BD 是成立的,且满足题目所给条件,可估计 $\dfrac{CD}{CC_1} = 1$,从而寻找到解题的思路,以下证明就迎刃而解了(证明略).

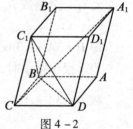

图 4-2

注 解题的关键是探求思路,特别是比较抽象、困难的问题,更是重在探求解题思路.在充分理解题意的基础上,用估算法常常能寻找到解题的途径.

例 7 已知 a,b 为常数,且 $a \neq 0$,$f(x) = ax^2 + bx$ 且 $f(2) = 0$,并使方程 $f(x) = x$ 有等根.

(Ⅰ)求 $f(x)$ 的解析式;

(Ⅱ)是否存在实数 $m,n(m < n)$,使 $f(x)$ 的定义域和值域分别为 $[m,n]$ 和 $[2m,2n]$?

解析 对第(Ⅰ)问易求得

$$f(x) = -\dfrac{1}{2}x^2 + x = -\dfrac{1}{2}(x-1)^2 + \dfrac{1}{2}$$

对第(Ⅱ)问的解答一般应分为 $m < n \leq 1$,$m < 1 < n$,$1 \leq m < n$ 三种情况进行讨论,很复杂,易出错.若对 $f(x)$ 的值域先进行估算,解答过程就会简单得多.

由 $f(x) = -\dfrac{1}{2}(x-1)^2 + \dfrac{1}{2}$,知 $f(x) \leq \dfrac{1}{2}$,则有 $2n \leq \dfrac{1}{2} \Rightarrow n \leq \dfrac{1}{4}$,可知 $m < n \leq \dfrac{1}{4}$.

由函数的单调性很容易求得

$$m = -2, n = 2$$

注 一个优美的解题过程应给人匀称、舒服的感觉,当解题过程明显烦琐、冗长时,应考虑用估算法进行简化或优化,使解题过程快捷、准确.

例8 等差数列$\{a_n\}$中,$a_1>0$,前n项和为S_n,且$S_9>0$,$S_{10}<0$,当n为何值时,S_n最大?

解析 一般解法是由
$$S_9 = \frac{9(a_1+a_9)}{2} = 9a_5 > 0$$
$$S_{10} = \frac{10(a_1+a_{10})}{2} = 5(a_5+a_6) < 0$$

得
$$a_1 > a_2 > a_3 > \cdots > a_5 > 0 > a_6 > a_7 > \cdots$$

故当$n=5$时,S_n最大.

注 结果的对错除了直接检查运算过程之外,还可用估算法进行检验.

检验 因为$S_n=f(n)$的图像是过原点的抛物线,且横坐标为自然数,又该数列公差小于零,故抛物线开口向下,与横轴的一个交点的横坐标为零,另一交点的横坐标在区间$(9,10)$内,可见其顶点横坐标在区间$(4.5,5)$内,可知$n=5$时,S_n最大.

例9 求29的立方根的近似值.

解析 回忆起完全立方公式
$$(a+b)^3 = a^3 + 3a^2b + 3ab^2 + b^3$$

若有一个整数$N>0$,且存在$A,D,x>0$,使得
$$N = A^3 + D = (A+x)^3 = A^3 + 3A^2x + 3Ax^2 + x^3$$

即$D = 3A^2x + 3Ax^2 + x^3$.

当x很小很小时,x^2,x^3更小,或者x^2,x^3都很靠近0.

故$D \approx 3A^2x$,即$x \approx \frac{D}{3A^2}$,亦即$N \approx \left(A+\frac{D}{3A^2}\right)^3$.

于是,由$29 = 3^3 + 2 = (3+x)^3 \approx \left(3+\frac{2}{3\times 3^2}\right)^3 \approx 3.07^3$.

从而知29的立方根的近似值为3.07.

注 类似于此例的近似公式还有:(1)$(1\pm a)^2 \approx 1\pm 2a$;(2)$(1\pm a)^3 \approx 1+3a$;(3)$(1-a)(1-b) \approx 1-a-b$;(4)$\sqrt{a^2+b} \approx a + \frac{b}{2a}$;(5)$\sqrt[n]{a^n+b} \approx a + \frac{b}{na^{n-1}}$.

4.1.2 数学妙算方式及应用

首先,我们看看谈祥柏先生在《数学不了情》一书中讲的一个故事:

南洋某国有位著名的华人作家兼画师,丧偶多年之后遇到了一位年轻女子,双双坠入爱河,即将幸福地步入教堂.

老作家有一位故交的儿子是某大学讲师,智商很高,又善于随机应变.那时改革开放刚刚起步,他同所有的教师一样,工资不高,生活清苦.他得知自己尊敬的老作家热烈的黄昏恋

后,就想为他的新婚送一份贺礼,用以表达他内心真诚的祝福,然而,千金重礼,靠他菲薄的收入无论如何也承受不起,冥思苦想了好几天,灵感来了,他忍不住拍了拍大腿,自言自语道:"我何不在婚宴上来个即兴表演呢? 一面表示祝贺,同时借此机会,又可充分表现自己,岂不是一箭双雕的妙计?"

那年老作家恰好 83 岁,此君灵机一动,与 83 挂起钩来,作了一个"数字通灵术"现场表演. 他请人拿来一块黑板,写下了一个算式

$$4\ 109\ 589\ 041\ 096 \times 83 = ?$$

然后诚惶诚恐地说:"世伯新婚燕尔之喜,小侄无以为敬,谨献上小技,聊表寸心. 请看,这个被乘数长达 13 位,而乘积只有 2 位,暗示了伯父、伯母年龄的差距,正好 83 又是老伯今年的高龄. 请大家猜一猜,我做这种乘法需要多少时间?"

宾客们不禁啧啧称奇:"题目不能算难,但是做起来绝对不会轻松. 计算器的容量一般只能表达 10 位有效数字,可是现在被乘数有 13 位,计算器对付不了,或者这小子故弄玄虚,事先下工夫,把答数背了出来. 那我们就要不客气,拆穿他的西洋镜".

岂知说时迟,那时快,此君竟在不到几秒钟的时间内做好了乘法,只见他把 8 和 3 分拆开来,分别放在被乘数的尾巴和头上,其他数字则纹丝不动. 他脸带笑容,眯着眼睛说:"我所得出的乘积 341 095 890 410 968(一个 15 位长的天文数字)就是正确的乘积,它象征着作家的婚姻天长地久. 请各位允许我用'闪电乘法'来衷心地祝贺两位新人'闪电恋爱'的成功."

用词如此优美,情景如此奇特,自然引起了观众席上的连锁反应,暴风雨般的掌声经久不息. 但是也有些人不相信,他们满头大汗地演算起来. 结果如何呢,答案果然丝毫不差.

其实,道理很简单. 如果一个 n 位数(不妨记为 x)与 83 的乘积竟然具有上述奇妙性质,那就可以用一个简单的方程来表示

$$83x = 10x + 300\cdots 0(n\ 个零)8$$

移项整理以后,即可简化为

$$73x = 300\cdots 0(n\ 个零)8$$

它告诉我们:如果素数 73 能够恰好整除一个以 3 打头、以 8 结尾、中间夹着许多个 0 的数,那么这个商数就是符合"闪电乘法"条件的 x.

如果不相信,让我们干脆就来做一做这种除法,试一试便知

```
          41096
      25)3000008
         292
         ———
          80
          73
          ——
          700
          657
          ———
          438
          438
          ———
```

所以 41 096 是符合妙算条件的. 然而这个数只有 5 位,不够长,表演起来效果不佳,必须进一步修改加工,给它整容,梳妆打扮之后才能出台.

在执行除法的时候,因为中间的 0 并没有固定的数目,所以如果万一疏忽,未及时地把末位的 8 用上去,那么除法就要拉长,但它是否会没完没了地一直做下去呢? 数学里头的循

环小数理论肯定地告诉我们,不会有那样的事.

关键之点为

$$\frac{1}{73} = 0.\dot{0}1369863\dot{}$$

是一个循环节为 8 位的循环小数,所以当初如果因疏忽大意而错过了时机,那么你不必担心,顶多再除 8 位,机会就会再次出现的.

说得更直露一些:438 如果能被 73 除尽,那么 43 000 000 008 必然也能被 73 除尽. 不仅如此,中间的 0 的个数只要是 8 的倍数(16 位,24 位,32 位,等等)就全都可以.

按照这种提示,我们在 3 000 008 的基础上,中间再添加 8 个 0,然后再执行除法,即可得出符合题意的第二个重点对象 4 109 589 041 096,它就是那位无师自通的妙算家所看中的、长短适中、迷惑视听、又不易露出马脚的天文数字!

到此地步,我们已经明白:只要在该数的前面不断添加 8 位一节的 41 095 890,最后再加上一个"永恒的尾巴"41 096,就能得出越来越长、无穷无尽的"闪电乘数".

人们也许要问:除了 83 这个奇异的数字之外,是否还有别的两位乘数也具有类似性质呢? 有人经过研究,这也是存在的,但为数不多. 常言道:"物以稀为贵",多了就不稀罕了. 除 83 以外,只有 71 和 86 两个乘数具有这种"迅雷不及掩耳"式的快速妙乘性质. 值得注意的是,86 并非素数,而是一个合数,这也未免有点出人意料.

从上述故事看到,数学中的妙算实际上是有背景的,是操握了某些整数的计算特征而进行的计算. 这样有背景的整数计算特征有许多,例如下面的就是我们很熟悉的结论:

1. 作除法时,记住有关整数的可整除性特征

(1)被 2 或 5 整除的数的特征是末位数字能被 2 或 5 整除.

(2)被 4 或 25 整除的数的特征是末两位数字能被 4 或 25 整除.

(3)被 8 或 125 整除的数的特征是末三位数字能被 8 或 125 整除.

(4)被 3 或 9 整除的数的特征是各位数字和能被 3 或 9 整除.

(5)被 11 整除的数的特征是其奇数位数字之和与偶数位数字之和的差能被 11 整除.

例 10 求证:$10\underbrace{\cdots}_{8\uparrow 0}01$ 能被 11 整除.

证明
$$10\underbrace{\cdots}_{8\uparrow 0}01 = 10^9 + 1 = (10^3)^3 + 1 = (10^3 + 1)(10^6 - 10^3 + 1)$$
$$= (10+1)(10^2 - 10 + 1)(10^6 - 10^3 + 1)$$
$$= 11(10^2 - 10 + 1)(10^6 - 10^3 + 1)$$

故 $10\underbrace{\cdots}_{8\uparrow 0}01$ 能被 11 整除.

注 $10\underbrace{\cdots}_{8\uparrow 0}01$ 能被 11 整除可用上述整除性特征来判断,它有 10 位数,恰好奇数位上和偶数上各有一个 1,由上述可整除特征(5)即可判定了.

2. 在做加减法时,要善于凑成整十、整百、整千的数

例 11 当 $a+b=100$ 且 $a>b$ 时,有 $a-b = a-(100-a) = 2a-100$;当 $a+b=1\,000$ 且 $a>b$ 时,有 $a-b = 2a-1\,000$ 等.

如 $64-36 = 2\times 64 - 100 = 28$.

又如,$824-176 = 824\times 2 - 1\,000 = 648$.

3. 做乘法时,注意多项式乘法公式的运用

(Ⅰ)十位数字相同,个位数字和是 10 的两个两位数相乘等于十位数字与比其大 1 数的积的百倍加上个位数字的积. 即:

如 $b+c=10$,则

$$(10a+b)(10a+c)=100a(a+1)+bc$$

例 12 计算 (1) 32×38. (2) 94×96.

解析 (1)

```
                    3 2
                 ×  3 8
3(3+1)           1 2
2×8                1 6
                 ─────
                 1 2 1 6
```

(2)

```
                    9 4
                 ×  9 6
9(9+1)           9 0
4×6                2 4
                 ─────
                 9 0 2 4
```

(Ⅱ)个数数字相同. 十位数字和是 10 的两个两位数相乘等于十位数字积与一个位数字和的百倍加上个位数字的积,即:

如 $a+c=10$,则

$$(10a+b)(10c+b)=100(ac+b)+b^2$$

例 13 计算 (1) 83×23. (2) 47×67.

解析 (1)

```
                    8 3
                 ×  2 3
8×2+3            1 9
3×3                  9
                 ─────
                 1 9 0 9
```

(2)

```
                    4 7
                 ×  6 7
4×6+7            3 1
7×7                4 9
                 ─────
                 3 1 4 9
```

(Ⅲ)被乘数两数字相同,乘数的两数字和是 10,其积等于被乘数数字与比乘数十位数字大 1 数的积的百倍加上个位数字的积,即:

如 $b+c=10$,则

$$(10a+a)(10b+c)=100a(b+1)+ac$$

例 14 计算 (1) 88×37. (2) 33×46.

解析 (1)

```
                    8 8
                 ×  3 7
8(3+1)           3 2
8×7                5 6
                 ─────
                 3 2 5 6
```

(2)

```
                    3 3
                 ×  4 6
3(4+1)           1 5
3×6                1 8
                 ─────
                 1 5 1 8
```

(Ⅳ)十位数字相同,个位数字之和不等于 10 的两个两位数相乘等于十位数字积的百倍加上两个两位数字和与十位数字积的十倍再加上个位数之积,即

$$(10a+b)(10a+c) = 100a^2 + 10a(b+c) + bc$$

例 15 计算 (1) 54×57. (2) 82×84.

解析 (1)
```
              5 4
          ×   5 7
5×5       ─────────
          2 5
5(4+7)      5 5
4×7       ─────────
              2 8
          3 0 7 8
```

(2)
```
              8 2
          ×   8 4
8×8       ─────────
          6 4
8(2+4)      4 8
2×4       ─────────
                8
          2 8 8 8
```

类似于上述多项式乘法式的还有许多,如:

(1) $a \cdot b = (\dfrac{a+b}{2})^2 - (\dfrac{a-b}{2})^2$.

(2) $(10a+5)(10b+5) = 100(ab + \dfrac{a+b}{2}) + 25$.

(3) $(50+a)(50+b) = 100(25 + \dfrac{a+b}{2}) + 25$.

(4) $(500+a)(500+b) = 1\,000(250 + \dfrac{a+b}{2}) + ab$.

(5) $(10^n+a)(10^n+b) = A \cdot B = 10^n[(A-10^n)+B] + ab$.

(6) $(10^n-a)(10^n-b) = A \cdot B = 10^n[A+B-10^n] + ab$.

(7) $(10^n+a)(10^n-b) = A \cdot B = 10^n[(A-10^n)+B] - ab$.

(8) $(10^n a+b)(10^n a+c) = 10^{2n} a(a+1) + bc$.

(9) $(10^n a+c)(10^n b+c) = 10^{2n}(ab + 10^{m-n} \cdot c) + c^2$,其中 $a+b = 10^m$.

(10) $a = 1,2,\cdots,9$ 时,三位数 $\overline{a05}$ 的平方,即
$$\overline{a05}^2 = 1000(10a^2+a) + 025$$

……

在此,我们用数学大师华罗庚的一首诗作为本小节的结语

妙算还从拙中来,愚公智叟两分开.

积久方显愚公智,发白始知智叟呆.

埋头苦干是第一,熟能生出百巧来.

勤能补拙是良训,一分辛劳一分才.

4.1.3 数学运算技能的内涵和技能培养

中学数学中的运算包括数的运算、式的恒等变形、方程和不等式的变形、初等函数的运算和求值、各种几何量的计算、集合的运算、求极限及统计量的计算等.

运算技能一般是指逻辑思维推演与基本计算相结合技能,它具有下述两个特点:

一是运算技能的综合性,即运算技能不可能独立地存在和发展,而与记忆、理解、推理、表达以及空间想象等技能互相渗透、互相支持.运算技能的这一特点,说明运算技能的培养

决不能离开其他技能孤立地进行.

二是运算技能的层次性,即运算技能的发展总是从简单到复杂,从低级到高级,从具体到抽象,有层次地发展起来的. 例如,由数的运算发展到式的运算,由代数数的运算发展到超越数的运算,由有限运算发展到无限运算,等等. 而在上述每一种运算中又有不同的层次,例如数的运算是由 20 以内正整数的运算发展到整数的运算,再逐步发展到有理数的运算、实数的运算和复数的运算.

运算技能的重要标志是,运算正确,不出差错;运算迅速、合理、简捷.

学习者运算中存在的问题主要是两个字:错与繁,即错误率高,运算呆板而烦琐. 为了培养学习者正确迅速的运算技能,可以采用下面一些做法:

(1)加强基础知识和基本技能的教学,提高运算的准确性. 数学中的基础知识是算理的依据,对运算具有指导意义. 基础知识混淆、模糊,基本技能不过硬,往往是引起运算错误的根本原因,所以加强和落实双基教学是提高运算技能的一个很现实的问题.

(2)让学习者掌握运算的通法通则. 尽管数学运算种类繁多,运算方法因题而异,但有些方法、法则还是具有共同性的. 只有正确掌握数学运算的通法通则,才有可能实现正确而迅速的运算. 例如,要求学习者掌握运算程序的通则,四则混合运算中,先高级后低级;运算中含有多层括号时,先内层后外层;复杂的算式,先局部后整体;求值运算,先化简后代值,等等.

(3)关注运用条件,提高运算的简捷性. 运算的简捷性是提高运算技能的核心. 一般的运算大多数有一定的模式可循,但由于所选择的基础知识、基本技能的不同,往往繁简各异. 因此,要使学习者会做并不困难,困难的是使学习者达到灵活、简捷.

让我们来看一个例子:

例 16 已知 $x = \dfrac{\sqrt{3}-\sqrt{2}}{\sqrt{3}+\sqrt{2}}, y = \dfrac{\sqrt{3}+\sqrt{2}}{\sqrt{3}-\sqrt{2}}$,求 $3x^2 - 5xy + 3y^2$ 的值.

解法 1 将 x 和 y 的值直接代入 $3x^2 - 5xy + 3y^2$ 后再运算,只要运算仔细,即可求出正确答案.

解法 2 通过分母有理化,得

$$x = 5 - 2\sqrt{6}, y = 5 + 2\sqrt{6}$$

再代入计算,亦可求出答案.

解法 3 如果我们抓住 $x + y = 10, xy = 1$ 这两个特点,将原式变换一下,则解法便十分简捷,即

$$原式 = 3x^2 - 5xy + 3y^2 = 3(x+y)^2 - 11xy$$
$$= 300 - 11 = 289$$

这个例子说明,解数学题,不能满足于会做,还要力求简捷. 从不会到会是一个飞跃,从会到巧这又是一个飞跃. 培养简捷运算的技能,可以发展学习者的观察分析能力,使思维敏捷、灵活而深刻.

(4)克服思维定势,灵活进行运算.

所谓思维定势,指的是思维的方向性、目的性、程序性,它是人们按照一种固定的思路去思考问题的思维形态. 它有两个基本的特征:一是将新问题归结为旧问题的倾向性;二是扩大已有经验的应用范围. 它既有积极的一面,也有消极的一面. 要使学习者运算正确、迅速、

合理,势必要使学习者掌握运算的通法、运算的思路,通过练习而形成运算模式的心理表象,其外显形式则达到了熟练的水平. 但与此同时,思维定势也就产生了.

例如,在学习者学习分数的基本性质时,尽管指导者已说明了它在分数通分和约分中的作用,并举例说明了它在繁分数化简中的作用,但过一段时间之后,指导者再让学习者计算 $\dfrac{\dfrac{1}{2}+\dfrac{1}{3}}{1-\dfrac{1}{2}\times\dfrac{1}{3}}$,许多学习者却不利用分数的基本性质计算,他们习惯于先计算分子、分母的值,再化为除法来计算. 这是旧有的运算模式在作怪. 因此,在让学习者熟练掌握算法、算理的同时,一定要注意训练学习者能根据实际情况从旧有的运算桎梏中解脱出来,克服思维定势的消极影响,提倡发散思维,以提高学习者运算的转换技能.

要使学习者能适时摆脱已有的运算模式,就要引导学习者注意观察运算对象的特征,进行联想,以发现简便的计算.

例如,化简

$$\frac{\dfrac{2(1-x)}{1+x}+\dfrac{(1-x)^2}{(1+x)^2}+1}{\dfrac{2(1+x)}{1-x}+\left(\dfrac{1+x}{1-x}\right)^2+1}$$

学习者往往采用分子、分母分别通分,再把繁分式化为两个分式的除法来运算的方法. 指导者可以提醒学习者注意观察这个繁分式的分子和分母的特点,让学习者注意从整体上去观察,就会发现分子和分母都符合完全平方公式的特点,于是就得到了简捷的解法

$$\text{原式}=\left(\dfrac{1-x}{1+x}+1\right)^2\div\left(\dfrac{1+x}{1-x}+1\right)^2=\left(\dfrac{2}{1+x}\right)^2\div\left(\dfrac{2}{1-x}\right)^2=\left(\dfrac{1-x}{1+x}\right)^2=\dfrac{(1-x)^2}{(1+x)^2}$$

4.1.4 会算、会少算、也要会不算

1. 会算

会算包括懂得算理、算法,找到简捷的运算途径,等等. 要简化运算甚至避免运算,关键是抓住数学的本质,注意发挥直觉思维的作用.

例 17 已知函数 $f(x)=ax^5+b\sin x+3$ 且 $f(-3)=7$,求 $f(3)$ 的值.

解析 $f(x)$ 的解析式中含有两个参数 a,b,却只有一个条件 $f(-3)=7$. 无法确定出 a,b 的值,因此函数 $f(x)$ 的解析式不确定. 注意到 $g(x)=ax^5+b\sin x=f(x)-3$ 是奇函数,可得 $g(-3)=-g(3),7=f(-3)=g(-3)+3$.

即 $g(-3)=4,f(3)=g(3)+3=-g(-3)+3=-4+3=-1$.

注 这种解法要会利用函数的奇偶性及整体思想,化整体为局部,再由局部问题的解决使整体问题得解.

例 18 若 $f(a+b)=f(a)\cdot f(b)$ 且 $f(1)=2$,则 $\dfrac{f(2)}{f(1)}+\dfrac{f(4)}{f(3)}+\dfrac{f(6)}{f(5)}+\cdots+\dfrac{f(2\,010)}{f(2\,009)}$ 等于( ).

A. 2 007   B. 2 008   C. 2 009   D. 2 010

解析 显然 $f(x)\neq 0$ 否则与 $f(1)=2$ 矛盾. 令 $a=x-1,b=1$,则 $f(x)=f[(x-1)+1]=$

$f(x-1)\cdot f(1)$,即 $\dfrac{f(x)}{f(x-1)}=f(1)=2$,所以,原式 $=2\times 1\,005=2\,010$,故选 D.

注 此题求解时要会代换运算.

例 19 已知定义在 **R** 上的奇函数 $f(x)$,满足 $f(x-4)=-f(x)$,且在区间 $[0,2]$ 上是增函数,若方程 $f(x)=m(m>0)$ 在区间 $[-8,8]$ 上有四个不同的根 x_1,x_2,x_3,x_4,则 $x_1+x_2+x_3+x_4=$ _____.

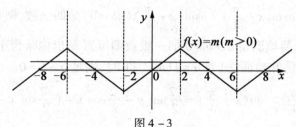

图 $4-3$

解析 因为定义在 **R** 上的奇函数,满足 $f(x-4)=-f(x)$,所以 $f(x-4)=f(-x)$,由 $f(x)$ 为奇函数,得函数图像关于直线 $x=2$ 对称且 $f(0)=0$,由 $f(x-4)=-f(x)$ 知 $f(x-8)=f(x)$,所以函数是以 8 为周期的周期函数. 又因为 $f(x)$ 在区间 $[0,2]$ 上是增函数,所以 $f(x)$ 在区间 $[-2,0]$ 上也是增函数. 如图 $4-3$ 所示,那么方程 $f(x)=m(m>0)$ 在区间 $[-8,8]$ 上有四个不同的根 x_1,x_2,x_3,x_4,不妨设 $x_1<x_2<x_3<x_4$,由对称性知 $x_1+x_2=-12,x_3+x_4=4$.

所以 $x_1+x_2+x_3+x_4=-12+4=-8$.

注 本题要求求解者会运用函数的奇偶性、单调性、对称性、周期性. 会运用由函数图像解答方程问题. 数形结合是降低难度的一条捷径.

例 20 设 $f(x)=x(x+1)(x+2)\cdots(x+n)$,则 $f'(0)=$ _____.

解析 设
$$g(x)=(x+1)(x+2)\cdots(x+n)$$
则
$$f(x)=xg(x)$$
于是
$$f'(x)=g(x)+xg'(x)$$
$$f'(0)=g(0)+0\cdot g'(0)=g(0)=1\cdot 2\cdot\cdots\cdot n=n!$$

注 本题要会运用分拆和整体处理有关运算.

2. 会少算

会少算,就是尽情避免烦琐的运算,能够精算与估算结合,等等.

例 21 函数 $f(x)$ 对一切实数 x 都满足 $f(\dfrac{1}{2}+x)=f(\dfrac{1}{2}-x)$,并且 $f(x)=0$ 有 3 个实根. 求这 3 个实根之和.

解析 由 $f(\dfrac{1}{2}+x)=f(\dfrac{1}{2}-x)$ 知直线 $x=\dfrac{1}{2}$ 是函数图像的对称轴,又 $f(x)=0$ 有 3 个实根,由对称性知 $x_1=\dfrac{1}{2}$ 必是方程的一个根,其余两根 x_2,x_3 关于 $x=\dfrac{1}{2}$ 对称.

即 $x_2 + x_3 = 2 \times \dfrac{1}{2} = 1$,故 $x_1 + x_2 + x_3 = \dfrac{3}{2}$.

注 注意到函数 $f(x)$ 满足 $f(a+x) = f(a-x)$,则直线 $x = a$ 是函数图像的对称轴,该题中的对称轴为 $x = \dfrac{1}{2}$. 这就是要用到的特殊直线. 发掘题设特征,运用有关结论,常使问题简捷求解.

例 22 若 $f(x) = a\sin(x + \dfrac{\pi}{4}) + b\sin(x - \dfrac{\pi}{4})(ab \neq 0)$ 是偶函数,则有序实数对 (a,b) 可以是_____.(注:只要填满足 $a + b = 0$ 的一组数即可)(写出你认为正确的一组数即可).

解法 1 (特殊值法和验证法)当 $a = 1, b = -1$ 时,满足 $a + b = 0$.

此时 $y = \sin(x + \dfrac{\pi}{4}) - \sin(x - \dfrac{\pi}{4}) = \dfrac{\sqrt{2}}{2}\sin x + \dfrac{\sqrt{2}}{2}\cos x - (\dfrac{\sqrt{2}}{2}\sin x - \dfrac{\sqrt{2}}{2}\cos x) = \sqrt{2}\cos x$ 为偶函数. 答案为 $(1, -1)$.

解法 2 (偶函数定义法和特殊值法)由 $f(-x) = f(x)$. 令 $x = \dfrac{\pi}{4}$ 有

$$f(-\dfrac{\pi}{4}) = f(\dfrac{\pi}{4})$$

得

$$a\sin 0 + b\sin(-\dfrac{\pi}{2}) = a\sin \dfrac{\pi}{2} + b\cos 0$$

则 $-b = a$,即 $a + b = 0$.

故 $(a,b) = (1, -1) = (2, -2)$ 等.

注 本题的解决:首先充分利用偶函数的定义解题;其次巧妙地运用特殊值法和验证法、定义法是值得借鉴的.

例 23 已知二次函数 $f(x) = x^2 + 2(p-2)x + p$,若在区间 $[0,1]$ 内至少存在一个实数 c,使 $f(c) > 0$,则实数 p 的取值范围是( ).

A. $(1,4)$ B. $(1, +\infty)$ C. $(0, +\infty)$ D. $(0,1)$

解析 取 $p = 1$,满足题设和结论,故排除 A,B,D,选 C.

注 特殊化可快速排除干扰选择支,这是解选择题的重要方法之一.

例 24 已知函数 $f(x) = x^3 - 2x + 1$ 定义在区间 $[0,1]$ 上,若对于 $x_1, x_2 \in [0,1]$ 且 $x_1 \neq x_2$,求证:$|f(x_1) - f(x_2)| < 2|x_1 - x_2|$.

解析 该题变形后就是要证明 $\left|\dfrac{f(x_1) - f(x_2)}{x_1 - x_2}\right| < 2$,绝对值里面就是斜率,因此可用导数定义切入.

注意到 $x_1 \neq x_2$,则 $x_1 - x_2 \neq 0$,欲证

$$|f(x_1) - f(x_2)| < 2|x_1 - x_2|$$

只需证

$$\left|\dfrac{f(x_1) - f(x_2)}{x_1 - x_2}\right| < 2$$

又

$$f'(x) = \frac{f(x_1) - f(x_2)}{x_1 - x_2}$$

即证$|f'(x)| < 2$,由$x_1, x_2 \in [0,1]$且$x_1 \neq x_2$,知$|f'(x)| < 2$必然成立. 故原命题成立.

注 本题证法很多,而使用导数几何意义最为简捷!这是求解者善于运用模型的效果.

3. 会不算

有些问题本质上就是考察性质的,不需要计算,而有些问题是可以通过深层次思考避免计算的.

例25 设$f'(x)$是函数$f(x)$的导函数,$y = f'(x)$的图像如图4-4所示,则$y = f(x)$的图像最有可能的是( ).

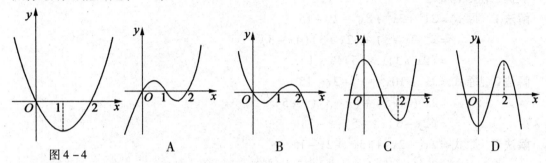

图4-4

解析 由$y = f'(x)$的图像知当$x \in (-\infty, 0]$和$[2, +\infty)$时,$y = f(x)$是递增的;当$x \in [0, 2]$时是递减的,只有C符合. 故选C.

例26 已知函数$y = f(x)$的导函数$y = f'(x)$的图像如图4-5,则( ).

A. 函数$f(x)$有1个极大值点,1个极小值点
B. 函数$f(x)$有2个极大值点,2个极小值点
C. 函数$f(x)$有3个极大值点,1个极小值点
D. 函数$f(x)$有1个极大值点,3个极小值点

图4-5

解析 利用取极值的条件,就知道选A.

例27 过圆$C:(x-1)^2 + (y-1)^2 = 1$的圆心,作直线分别交x, y正轴于点A, B,$\triangle AOB$被圆分成四部分,如图4-6,若这四部分图形面积满足$S_I + S_{IV} = S_{II} + S_{III}$,则这样的直线$AB$有( ).

A. 0条 B. 1条 C. 2条 D. 3条

解析 设$|OA| = x$,则$x > 1$,S_{II}与S_{IV}均为常数.

设$S_I = f(x)$,$S_{III} = g(x)$,则$f(x)$在$(1, +\infty)$上为增函数,$g(x)$在$(1, +\infty)$上为减函数. 故函数$y = f(x) - g(x) + S_{IV} - S_{II}$为$(1, +\infty)$上的增函数,且$x \to 1$时$f(x) \to 0$,$g(x) \to +\infty$,所以$y \to -\infty$;同理$x \to +\infty$时,$y \to +\infty$. 因此,有且仅有一个$x$值使$y = 0$ 故应选B.

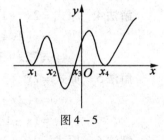

图4-6

注 构造函数,利用函数的性质,不用计算就能完成问题的解答.

上述内容参见了童其林老师的文章《会算、会少算、也要会不算》,中学生数学,2011(6):2-4.

总之,学习者运算技能的培养,应以掌握有关运算的基础知识和基本技能为前提,同时要能灵活运用运算的法则、性质、公式,并善于进行观察、比较、分析、综合、抽象概括、推理、联想,它和注意技能、观察技能、记忆技能、逻辑思维技能、数学形象思维技能、数学直觉思维技能(比如运算中的估算就经常涉及)这些能力密切相关. 因此,运算技能的培养应贯穿于整个数学学习过程的始终.

4.1.5 发挥恒等变形运算在解题中的作用

例28 分解因式 $2x^3+11x^2+2x-15$.

从拆二次项考虑:

解法1 原式 $=2x^3+3x^2+8x^2+2x-15$
$\qquad =x^2(2x+3)+(2x+3)(4x-5)$
$\qquad =(2x+3)(x+5)(x+1)$.

解法2 原式 $=2x^3+10x^2+x^2+2x-15$
$\qquad =2x^2(x+5)+(x-3)(x+5)$
$\qquad =(2x+3)(x+5)(x-1)$.

解法3 原式 $=2x^3-2x^2+13x^2+2x-15$
$\qquad =2x^2(x-1)+(x-1)(13x+15)$
$\qquad =(x-1)(2x+3)(x+5)$.

从拆一次项考虑:

解法4 原式 $=2x^3+11x^2+12x-10x-15$
$\qquad =x(2x+3)(x+4)-5(2x+3)$
$\qquad =(2x+3)(x+5)(x-1)$.

解法5 原式 $=2x^3+11x^2-13x+15x-15$
$\qquad =x(2x+13)(x+1)+15(x-1)$
$\qquad =(x-1)(x+5)(2x+3)$.

解法6 原式 $=2x^3+11x^2+5x-3x-15$
$\qquad =x(2x+1)(x+5)-3(x+5)$
$\qquad =(x+5)(2x+3)(x-1)$.

从拆常数项考虑:

解法7 原式 $=2x^3+11x^2+2x-13-2$
$\qquad =2(x^3-1)+(11x^2+2x-13)$
$\qquad =2(x-1)(x^2+x+1)+(11x+13)(x-1)$
$\qquad =(x-1)(2x+3)(x+5)$.

解法8 原式 $=2x^3+11x^2+2x-265+250$
$\qquad =2(x^3+125)+(11x^2+2x-265)$
$\qquad =2(x+5)(x^2-5x+25)+(11x-53)(x+5)$
$\qquad =(x-5)(2x+3)(x-1)$.

从同时拆一、二次项考虑:

解法9 原式 $=2x^3+3x^2+8x^2+12x-10x-15$

$$= x^2(2x+3) + 4x(2x+3) - 5(2x+3)$$
$$= (2x+3)(x+5)(x-1).$$

解法 10 原式 $= 2x^3 - 2x^2 + 13x^2 - 13x + 15x - 15$
$$= 2x^2(x-1) + 13x(x-1) + 15(x-1)$$
$$= (x-1)(2x+3)(x+5).$$

解法 11 原式 $= 2x^3 + 8x^2 + 3x^2 - 10x + 12x - 15$
$$= 2x(x^2+4x-5) + 3(x^2+4x-5)$$
$$= (x-1)(x+5)(2x+3).$$

解法 12 原式 $= 2x^3 + 10x^2 + x^2 + 5x - 3x - 15$
$$= 2x^2(x+5) + x(x+5) - 3(x+5)$$
$$= (x+5)(2x+3)(x-1).$$

解法 13 原式 $= 2x^3 + 13x^2 - 2x^2 + 15x - 13x - 15$
$$= x(2x^2+13x+15) - (2x^2+13x+15)$$
$$= (2x+3)(x+5)(x-1).$$

解法 14 原式 $= 2x^3 + x^2 + 10x^2 - 3x + 5x - 15$
$$= x(2x^2+x-3) + 5(2x^2+5x-3)$$
$$= (2x+3)(x-1)(x+5).$$

例 29 分解 $x^3 - 7x - 6$.

解析 用 10 代 x: $x^3 - 7x - 6 = 1\ 000 - 7 \times 10 - 6 = 924$.

将 924 分解质因数: $924 = 3 \times 2^2 \times 7 \times 11$.

适当组合: $924 = 12 \times 7 \times 11 = (10+2)(10-3)(10+1)$.

故 $x^3 - 7x - 6 = (x+2)(x-3)(x+1)$.

例 30 分解 $x^3 - 11x^2 + 6x + 144$.

解析 代 10 后, 原式 $= 104 = 2^3 \times 13$, 若写成 $8 \times 13 = (10-2)(10+3) = (x-2)(x+3)$ 就错了. 因为 $f(x)$ 是 x 的三次多项式而 $(x-2)(x-13)$ 显然为二次, 两边"级别"不同.

所以, $2^3 \times 13$ 应写成 $2^2 \times 2 \times 13 = 4 \times 2 \times 13 = (10-6)(10-8)(10+3)$. 故
$$x^3 - 11x^2 + 6x + 144 = (x-6)(x-8)(x+3)$$

例 31 分解 $x^3 + 2x^2 + 2x + 1$.

解析 代 10 后原式 $= 1221 = 11 \times 3 \times 37$, 显然无法使 x^3 的系数为 1, 这时可将 3×37 作为一个数 $111 = (10^2 + 10 + 1)$. 故
$$x^3 + 2x^2 + 2x + 1 = (x+1)(x^2+x+1)$$

例 32 设实数 x, y 满足 $4x^2 - 5xy + 4y^2 = 5$, 设 $S = x^2 + y^2$. 求 $\dfrac{1}{S_{\min}} + \dfrac{1}{S_{\max}}$.

解析 由条件式有 $\dfrac{x^2+y^2}{5} = 1$, 从而
$$4x^2 - 5xy + 4y^2 = 5 \cdot \frac{x^2+y^2}{5}$$

于是
$$(4S-5)y^2 - 5Sxy + (4S-5)x^2 = 0 \qquad (*)$$

因当 $x=0$ 时，$y^2=\dfrac{5}{4}$，此时，$S=x^2+y^2=\dfrac{5}{4}$.

当 $x\neq 0$ 时，式($*$)变为 $(4S-5)(\dfrac{y}{x})^2-5S\cdot\dfrac{y}{x}+(4S-5)=0$.

视上式为 $\dfrac{y}{x}$ 的一元二次方程，那么应有
$$\Delta=(5S)^2-4\cdot(4S-5)^2\geqslant 0$$
此时，$\dfrac{10}{13}\leqslant S\leqslant\dfrac{10}{3}$，其中等号成立的条件分别为
$$x=-y=\pm\dfrac{\sqrt{65}}{13},\ x=y=\pm\dfrac{\sqrt{15}}{3}$$
从而知 $\dfrac{1}{S_{\min}}+\dfrac{1}{S_{\max}}=\dfrac{8}{5}$.

例 33 已知 a,b,c 为 $\triangle ABC$ 的三边长，求证
$$\dfrac{a^2}{b+c-a}+\dfrac{b^2}{c+a-b}+\dfrac{c^2}{a+b-c}\geqslant a+b+c$$

证法 1 由权方和不等式，有
$$\dfrac{a^2}{b+c-a}+\dfrac{b^2}{c+a-b}+\dfrac{c^2}{a+b-c}\geqslant\dfrac{(a+b+c)^2}{(b+c-a)+(c+a-b)+(a+b-c)}=a+b+c$$

证法 2 设所证不等式左端为 M，注意
$$a+b+c=(b+c-a)+(c+a-b)+(a+b-c)$$
则
$$2=1+1=\dfrac{1}{M}\left(\dfrac{a^2}{b+c-a}+\dfrac{b^2}{c+a-b}+\dfrac{c^2}{a+b-c}\right)+\dfrac{a+b+c}{a+b+c}$$
$$=\left[\dfrac{a^2}{(b+c-a)M}+\dfrac{b+c-a}{a+b+c}\right]\left[\dfrac{b^2}{(c+a-b)M}+\dfrac{c+a-b}{a+b+c}\right]\left[\dfrac{c^2}{(a+b-c)M}+\dfrac{a+b-c}{a+b+c}\right]$$
$$\geqslant\dfrac{2a}{\sqrt{(a+b+c)M}}+\dfrac{2b}{\sqrt{(a+b+c)M}}+\dfrac{2c}{\sqrt{(a+b+c)M}}=\dfrac{2(a+b+c)}{\sqrt{(a+b+c)M}}$$
$$=\dfrac{2\sqrt{a+b+c}}{\sqrt{M}}$$

从而
$$\sqrt{M}\geqslant\sqrt{a+b+c}$$
故
$$M\geqslant a+b+c$$

例 34 已知实数 $a>1,b>1,c>1$. 求证：$\dfrac{a^3}{b^2-1}+\dfrac{b^3}{c^2-1}+\dfrac{c^3}{a^2-1}\geqslant\dfrac{9\sqrt{3}}{2}$.

证明
$$\dfrac{a^3}{b^2-1}=\dfrac{1}{b^2-1}\left[\left(\dfrac{a^2-1}{2}+\dfrac{a^2-1}{2}+1\right)^3\right]^{\frac{1}{2}}$$
$$\geqslant\dfrac{1}{b^2-1}\left[\left(3\sqrt[3]{\dfrac{a^2-1}{2}\cdot\dfrac{a^2-1}{2}\cdot 1}\right)^3\right]^{\frac{1}{2}}=\dfrac{3\sqrt{3}(a^2-1)}{2(b^2-1)}$$

同理,$\dfrac{b^3}{c^2-1} \geq \dfrac{3\sqrt{3}(b^2-1)}{2(c^2-1)}, \dfrac{c^3}{a^2-1} \geq \dfrac{3\sqrt{3}(c^2-1)}{2(a^2-1)}.$

于是,所证不等式左端 $\geq \dfrac{3\sqrt{3}}{2}\left(\dfrac{a^2-1}{b^2-1}+\dfrac{b^2-1}{c^2-1}+\dfrac{c^2-1}{a^2-1}\right) \geq \dfrac{3\sqrt{3}}{2} \times 3 = \dfrac{9\sqrt{3}}{2}.$

4.1.6 关注"算两次"

"算两次"是从不同角度看问题的另一种说法,是一种常用的数学技能,它体现了数学的转化思想、方程思想.

通常的列方程其实就是一种"算两次".两个方面考虑的是同一个量,因此结果相等,这就产生了方程(等式).许多数学公式的推导可以运用"算两次"技能,如两角和的余弦公式的向量方法证明."算两次"也是处理许多有一点难度的数学问题的手法.

例 35 如图 4-7,在 $\triangle ABC$ 中,D, E 分别是边 AB, AC 上的点,$DB = \dfrac{1}{3}AB, CE = \dfrac{1}{4}CA$,$CD$ 与 BE 交于点 F. 设 $\overrightarrow{AB} = \boldsymbol{a}, \overrightarrow{AC} = \boldsymbol{b}$,$\overrightarrow{AF} = x\boldsymbol{a} + y\boldsymbol{b}$,求实数 x, y 的值.

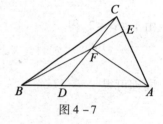

图 4-7

解析 因为点 B, F, E 共线,所以存在实数 m,使
$$\overrightarrow{AF} = m\overrightarrow{AB} + (1-m)\overrightarrow{AE} = m\boldsymbol{a} + \dfrac{3}{4}(1-m)\boldsymbol{b}$$

因为点 D, F, C 共线,所以存在实数 n,使
$$\overrightarrow{AF} = n\overrightarrow{AD} + (1-n)\overrightarrow{AC} = \dfrac{2}{3}n\boldsymbol{a} + (1-n)\boldsymbol{b}$$

因此
$$m\boldsymbol{a} + \dfrac{3}{4}(1-m)\boldsymbol{b} = \dfrac{2}{3}n\boldsymbol{a} + (1-n)\boldsymbol{b}$$

由平面向量基本定理,得
$$\begin{cases} m = \dfrac{2}{3}n \\ \dfrac{3}{4}(1-m) = 1-n \end{cases}$$

解得
$$m = \dfrac{1}{3}, n = \dfrac{1}{2}$$

因此
$$\overrightarrow{AF} = \dfrac{1}{3}\boldsymbol{a} + \dfrac{1}{2}\boldsymbol{b}$$

即
$$x = \dfrac{1}{3}, y = \dfrac{1}{2}$$

注 本题利用了共起点的向量终点共线定理,通过两次计算 $\overrightarrow{AF}$,从而建立向量方程,使问题得到解决.

例36 设函数 $f(x) = \dfrac{x^3}{3} + ax^2 + bx + c$ 在 $[1,2]$ 内有 2 个极值点,求证: $0 \leq a+b \leq 2$.

证明 由题意得
$$f'(x) = x^2 + 2ax + b$$

设 $f(x)$ 的 2 个极值点为 x_1, x_2,则 $x_1, x_2 \in [1,2]$. 且 x_1, x_2 是方程 $f'(x) = 0$ 的 2 个根,于是
$$f'(x) = (x - x_1)(x - x_2)$$

得
$$f'\left(\dfrac{1}{2}\right) = \dfrac{1}{4} + a + b = \left(\dfrac{1}{2} - x_1\right)\left(\dfrac{1}{2} - x_2\right)$$

即
$$a + b = \left(x_1 - \dfrac{1}{2}\right)\left(x_2 - \dfrac{1}{2}\right) - \dfrac{1}{4}$$

由 $1 \leq x_1 \leq 2$,得
$$\dfrac{1}{2} \leq x_1 - \dfrac{1}{2} \leq \dfrac{3}{2}$$

同理可得
$$\dfrac{1}{2} \leq x_2 - \dfrac{1}{2} \leq \dfrac{3}{2}$$

于是
$$\dfrac{1}{4} \leq \left(x_1 - \dfrac{1}{2}\right)\left(x_2 - \dfrac{1}{2}\right) \leq \dfrac{9}{4}$$

即
$$0 \leq a + b \leq 2$$

注 本题运用"算两次"技能,通过二次函数的一般式与双根式,得到 $f'\left(\dfrac{1}{2}\right)$ 的两种不同的表达式,从而建立起 $a+b$ 关于 x_1, x_2 的函数.

如果在考虑一个量时,一方面得到了精确的结果,而另一方面采用了估计(放缩),或者两个方面都采用了估计(一放大、一缩小),那就产生了不等式.

例37 已知 $f(x)$ 是定义在 $\mathbf{R}$ 上的函数,且对任意 $x \in \mathbf{R}$,满足 $f(x+4) - f(x) \leq 2x+3$,$f(x+20) - f(x) \geq 10x + 95$,且 $f(0) = 0$,则 $f(24) = $ _____.

解
$$f(24) = f(0) + [f(4) - f(0)] + [f(8) - f(4)] + \cdots + [f(24) - f(20)]$$
$$\leq 2 \times (0 + 4 + \cdots + 20) + 3 \times 6 \quad (\text{应用第一个条件式})$$
$$= 2 \times \dfrac{6 \times 20}{2} + 18 = 138$$
$$f(24) = f(4) + [f(24) - f(4)] \geq f(4) + 135 \quad (\text{应用第二个条件式})$$

同理可得
$$f(20) \leq 95, f(20) \geq 95$$

因此
$$f(20) = 95$$

由于 $f(20) \leq 95$ 是将 5 个同向不等式相加而得到的,因此这 5 个同向不等式同时取等号,故

$f(4)-f(0)=3$,即 $f(4)=3$,从而 $f(24)\geq 138$.

综上所述
$$f(24)=138$$

注 本题两次利用了"算两次"技能,均实现了以不等促相等.

例 38 已知等差数列 $\{a_n\}$ 的首项为 a,公差为 b,等比数列 $\{b_n\}$ 的首项为 b,公比为 a,其中 a,b 都是大于 1 的正整数,且 $a_1<b_1, a_3>b_2$,对于任意的 $n\in \mathbf{N}^*$,使得 $a_m+3=b_n$ 成立,则 $a_n=$ (   ).

A. $2n+1$ B. $3n-1$ C. $5n-3$ D. $6n-2$

解析 由 $a_3>b_2$ 得
$$a+2b>ba \qquad ①$$

由 $a_1<b_1$ 得
$$a<b \qquad ②$$

因为 a,b 都是大于 1 的正整数,将式①的两边都除以 ab,得
$$\frac{1}{b}+\frac{2}{a}>1 \qquad ③$$

由式②得
$$\frac{1}{b}+\frac{2}{a}<\frac{3}{a} \qquad ④$$

由式③④得
$$\frac{3}{a}>1$$

即
$$a<3$$

又由 $a>1$,得
$$a=2$$

等式 $a_m+3=b_n$ 可化为
$$2+(m-1)b+3=b\cdot 2^{n-1}$$

即
$$b\cdot(2^{n-1}-m+1)=5$$

因此 b 是 5 的约数,故 $b=5$.综合可得
$$a_n=2+(n-1)\cdot 5=5n-3$$

故选 C.

注 运用"算两次"技能,对 $\frac{1}{b}+\frac{2}{a}$ 进行两个方面的估计,缩小得到式③,放大得到式④,综合得到关于 a 的不等式 $\frac{3}{a}>1$.

在解决某些存在型探索性问题(或反证法证明命题)时,首先假设满足条件(或假设结论不成立),考虑某个量的性质,从两个不同的角度,也会得到两个不同的关系,而这两个关系是互相矛盾的,从而说明不存在(或假设错误).

例39 已知函数 $f(x) = \dfrac{1}{2}x^2 + (a-3)x + \ln x$.

(1) 若函数 $f(x)$ 是定义域上的单调函数,求实数 a 的最小值;

(2) 在函数 $f(x)$ 的图像上是否存在两个不同的点 $A(x_1, y_1)$, $B(x_2, y_2)$,线段 AB 的中点的横坐标为 x_0,直线 AB 的斜率为 k,有 $k = f'(x_0)$ 成立? 若存在,请求出 x_0 的值;若不存在,请说明理由.

解 (1) $f'(x) = x + a - 3 + \dfrac{1}{x}\,(x > 0)$.

若函数 $f(x)$ 在 $(0, +\infty)$ 上递增,则 $f'(x)$ 对 $x > 0$ 恒成立.

即 $a \geqslant -\left(x + \dfrac{1}{x}\right) + 3$ 对 $x > 0$ 恒成立,而当 $x > 0$ 时

$$-\left(x + \dfrac{1}{x}\right) + 3 \leqslant -2 + 3 = 1$$

得

$$a \geqslant 1$$

若函数 $f(x)$ 在 $(0, +\infty)$ 上递减,则 $f'(x) \leqslant 0$,对 $x > 0$ 恒成立.

即 $a \leqslant -\left(x + \dfrac{1}{x}\right) + 3$ 对 $x > 0$ 恒成立,这是不可能的.

综上所述,$a \geqslant 1$,a 的最小值为 1.

(2) 假设存在,不妨设 $0 < x_1 < x_2$,则

$$k = \dfrac{f(x_1) - f(x_2)}{x_1 - x_2}$$

$$= \dfrac{\dfrac{1}{2}x_1^2 + (a-3)x_1 + \ln x_1 - \dfrac{1}{2}x_2^2 - (a-3)x_2 - \ln x_2}{x_1 - x_2}$$

$$= x_0 - (a-3) + \dfrac{\ln \dfrac{x_1}{x_2}}{x_1 - x_2}$$

从而

$$f'(x_0) = x_0 + (a-3) + \dfrac{1}{x_0}$$

若 $k = f'(x_0)$,则

$$\dfrac{\ln \dfrac{x_1}{x_2}}{x_1 - x_2} = \dfrac{1}{x_0}$$

即

$$\dfrac{\ln \dfrac{x_1}{x_2}}{x_1 - x_2} = \dfrac{2}{x_1 + x_2}$$

亦即

$$\ln\frac{x_1}{x_2} = \frac{2\dfrac{x_1}{x_2} - 2}{\dfrac{x_1}{x_2} + 1} \quad (*)$$

令 $t = \dfrac{x_1}{x_2}, u(t) = \ln t - \dfrac{2t-2}{t+1}(0 < t < 1)$，则

$$u'(t) = \frac{(t-1)^2}{t(t+1)^2} > 0$$

可得 $u(t)$ 在 $0 < t < 1$ 上递增，从而

$$u(t) < u(1) = 0$$

式（ $*$ ）不成立，与假设矛盾，于是

$$k \neq f'(x_0)$$

因此，满足条件的 x_0 不存在.

注 在第(2)小题中，运用"算两次"技能，一方面得到 $\ln t - \dfrac{2t-2}{t+1} = 0$，另一方面又得到 $\ln t - \dfrac{2t-2}{t+1} < 0$，从而达到归谬的目的.

上述内容参见了郑日锋老师的文章《"算两次"的思想方法》，中学教研（数学），2012(2):23-26.

4.2 数学推理技能

推理是从已知判断推出新的判断的思维形式，其任务在于揭露个别与一般之间的联系. 逻辑对推理的要求是：前提真实，推理过程一贯，不矛盾，并具有论证性. 而注重分析，讲清思路，是培养逻辑推理技能的关键.

4.2.1 演绎推理

演绎推理是从一般到特殊的推理，它是以某类事物的一般判断为前提，作出这类事物的个别特殊事物的判断的推理方法. 演绎推理是逻辑论证中最常用的推理，也是数学证明中常用的推理方法.

演绎推理的根据是推理规则（参见本套书中的《数学精神巡礼》第四章），其中主要依据是三段论推理规则（也称为三段论法公理），即"如果 M 是 P，S 是 M，那么 S 是 P"，写成逻辑式，就是

$$(M \to P) \land (S \to M) \to (S \to P)$$

三段论推理的基本结构是：

大前提：M 是 P（或 M 不是 P）.

小前提：S 是 M.

结　论：S 是 P（或 S 不是 P）.

显然，演绎推理得出的结论是完全可靠的，它是一种严格的推理方法和基本的推理技能.

演绎推理可分为直接推理和间接推理. 直接推理是只有一个前提的推理,间接推理是有两个或两个以上前提的推理,下面分别介绍它们的推理模式和思路.

1. 直言命题变形直接推理

直言命题变形直接推理是对作为前提的原命题进行变形而直接退出结论的一种推理,主要包括换质法、换位法、换质位法三种.

(1) 换质法.

所谓换质,就是通过改变命题的联项(肯定改成否定,否定改成肯定)来改变命题的质. 换质法就是通过改变原命题(前提)的质,同时把命题的谓词改为它的矛盾概念,而得出新命题(结论)的推理方法. 例如,由"所有自然数都不是负数"推出"所有自然数都是非负数"、由"有些复数是实数"推出"有些复数不是虚数"等,都是换质法直接推理.

在换质法直接推理中,作为前提的原命题和作为结论的换质命题是等价的,它的意义在于从不同的侧面,即一个从肯定方面,另一个从否定方面,对事物加以认识,从而使人们不仅知道它是什么,而且知道它不是什么.

(2) 换位法.

所谓换位就是把直言命题的主词和谓词的位置交换. 换位法就是对作为前提的原命题进行换位,并保持不周延词项的不周延性,而得出新命题(结论)的推理方法. 例如,由"所有菱形都是平行四边形"推出"有些平行四边形是菱形",由"有些无理数是超越数"推出"有些超越数是无理数"等都是换位法直接推理.

运用换位法推理应注意,不能把"所有 S 是 P"简单换为"所有 P 是 S",因为前提中谓项 P 是不周延的,只能换位为"有些 P 是 S",换位法直接推理同样能由 S 是(或不是)什么,推知 P 是(或不是)什么,从而加深对事物之间联系的认识.

(3) 换质位法.

换质位法是换位法和换质法交互运用的直言命题变形直接推理.

如果用 SAP 表示全称肯定命题,用 SEP 表示全称否定命题,用 SIP 表示特称肯定命题,用 SOP 表示特称否定命题,那么,四种命题的换质位法直接推理模式可以用以下公式表示

$$SAP \leftarrow 换质 \rightarrow SE \text{非} P \leftarrow 换位 \rightarrow \text{非} PES$$
$$\text{换质位}$$
$$SEP \leftarrow 换质 \rightarrow SA \text{非} P \leftarrow 换位 \rightarrow \text{非} PAS$$
$$\text{换质位}$$
$$SIP \leftarrow 换质 \rightarrow SO \text{非} P \quad \text{不能再换位}$$
$$SOP \leftarrow 换质 \rightarrow SI \text{非} P \leftarrow 换位 \rightarrow \text{非} PIS$$
$$\text{换质位}$$

例如,"所有长方体都是直平行六面体",换质为"所有长方体都不是斜平行六面体",再换位为"所有斜平行六面体都不是长方体".

2. 三段论间接推理

间接推理的种类很多,有三段论、关系推理、联言推理、选言推理、假言推理等,对这些推理都可以根据前面介绍的推理规则对其推理模式进行具体描述. 在这里,我们着重介绍三段论推理. 所谓三段论推理,就是从某类事物的全称判断(大前提)和一个特称判断(小前提)得出一个新的、较小的全称或特称判断(结论)的推理,它最基本的推理模式如下:

因为:M 是 P(或 M 不是 P).　　　　　　　　　(大前提)
又因:S 是 M.　　　　　　　　　　　　　　　　(小前提)
所以:S 是 P(或 S 不是 P).　　　　　　　　　　(结　论)
例如:
因等腰三角形的两底角相等.　　　　　　　　(大前提,M 是 P)
又因∠B,∠C 是等腰△ABC 的两底角.　　　　(小前提,S 是 M)
则∠B 和∠C 相等.　　　　　　　　　　　　　(结论,S 是 P)

运用三段论推理进行数学演绎推理,要注意三个问题:

第一,更多的数学演绎推理要运用多个三段论推理组合,并不是一个三段论推理可以完成的;

第二,在实际的推证过程中,三段论推理中的大前提(或小前提)有时往往省略,表面上看,我们体会不到其中的三段论推理.例如:

例 40　证明:Rt△ABC 的两锐角∠A 和∠B 之和为 90°.

证明　因任意三角形的内角和为 180°.(大前提 1)
而 Rt△ABC 是三角形.(小前提 1,有时会省略)
则 Rt△ABC 的内角和为 180°.(结论 1)
即∠A + ∠B + 90° = 180°.
又等量减等量差相等.(大前提 2,有时会省略)
而(∠A + ∠B + 90°) - 90° = 180° - 90°是等量减等量.(小前提 2)
故∠A + ∠B = 90°.(结论 2)

例 41　在梯形 ABCD 中,AD∥BC,AB = DC,求证:∠B = ∠C.

证明　如图 4 - 8,作 DE∥AB 交 BC 于 E.
因为两组对边分别平行的四边形是平行四边形.(大前提 1,有时会省略)

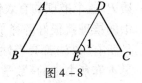

图 4 - 8

四边形 ABCD 的两组对边分别平行:AD∥BE,AB∥DE.(小前提 1)
所以 ABED 是平行四边形.(结论 1)
因为平行四边形的对边相等.(大前提 2,有时会省略)
ABCD 是平行四边形.(小前提 2,有时会省略)
所以 AB = DE.(结论 2)
因为等于同一线段的两线段是相等的.(大前提 3,有时会省略)
DE = AB,DC = AB.(小前提 3)
所以 DE = DC.(结论 3)
因为等腰三角形的两底角是相等的.(大前提 4,有时会省略)
△DEC 是等腰三角形.(小前提 4)
所以∠1 = ∠C.(结论 4)
因为平行线的同位角相等.(大前提 5,有时会省略)
∠1 与∠B 是平行线 AB,DE 的同位角.(小前提 5)
所以∠1 = ∠B.(结论 5)
因为等于同角的两个角是相等的.(大前提 6,有时会省略)

∠C,∠B 是等于∠1 的两个角.(小前提6)

所以∠B =∠C.(结论6)

第三,数学的推证过程并不完全是三段论组合,因为数学毕竟不等于逻辑,它已独自发展了几千年,尤其是它的符号系统,使得它有自身的一套简单推理形式或规则,这些推理也可能能归结为三段论的组合,用三段论解释,但大可不必去追溯它的三段论根源,而直接将之作为推理规则会更好.

例如,数学中的等量代换法则 $a+b=c, a=d \Rightarrow d+b=c$ 是一个很普通的推理形式,若再去探究其三段论解释就没有什么意义了.又如,传递性 $a>b$ 且 $b>c \Rightarrow a>c$,如果模仿三段论推理来解释,推理形式如下:

因大于和小于同一个量的两个量是大于的那个量大于小于的那个量的.(大前提)

$a>b$ 且 $b>c$ 表示 a,c 是大于和小于同一个量 b 的两个量.(小前提)

则大于的那个量 a 大于小于的那个量 $c(a>c)$.(结论)

这样的解释既勉强又烦琐,又有何意义呢?因此,我们说,数学中直接运用三段论推理的地方是不太多的,主要用于理论初建或概念性质运用初期,以后大部分用到的是数学化了的"三段论",因此也有人称之为"拟三段论".它的特点是大前提提供的是一个一般性原理,如定理、公式、公理、法则等,小前提提出了一个适合一般性原理的特殊情形(具体问题),结论则是特殊情形的结果(具体问题的结论).

上升到数理逻辑的语言来表达,则可以用常真公式

$$\forall x P(x) \Rightarrow P(y)$$

来刻画,它的意义是,如果某一论域中所有 x 都具有性质 P,则该论域中某一个体 y 具有性质 P,这个推理的有效性是显然的.这样,形如 $99^2-1=(99+1)(99-1)=9\,800$ 计算过程中的推理就很好解释了,它是普遍原理 $a^2-b^2=(a+b)(a-b)$ 在特殊情形时的应用,或者是所有 (a,b) 都具有性质 $a^2-b^2=(a+b)(a-b)$,因此,个体 $(99,1)$ 也具有此性质.(可参见本套丛书中的《数学精神巡礼》第四章中介绍的九条数理逻辑推演规则来帮助我们对有关的数学推理论证过程作逻辑分析.)

例42 已知:在△ABC 中,∠C=2∠B. 求证:$AB^2=AC^2+BC\cdot AC$.

证明 如图 4-9,延长 AC 至 D 使

$$BC=CD$$

联结 BD,则

$$\angle ACB=2\angle D$$

因

$$\angle ACB=2\angle ABC$$

故

$$\angle D=\angle ABC$$

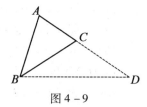

图 4-9

因此 AB 为△BCD 外接圆的切线. 所以

$$AB^2=AC\cdot AD=AC\cdot(AC+CD)$$
$$=AC\cdot(AC+BC)=AC^2+AC\cdot BC$$

例43 已知两圆圆 O_1 与圆 O_2 外切于点 D,A 是圆 O_1 上任一点,AG 与圆 O_2 相切于点 G,过 A 作弦 AB 并延长交圆 O_2 于 K,C,E 是 AB 弧上的中点(E,G 都在直线 AB 同侧),ED

的延长线交圆 O_2 于 F,联结 GF 交 AC 于 H,求证:$AG = AH$.

证明 联结 EO_1,则 $EO_1 \perp AB$,过 O_2 作 $O_2W \perp KC$ 交圆 O_2 于 W,则 O_2W 平分 KC 弧且 $EO_1 \parallel O_2W$;联结两圆圆心 O_1, O_2,显然 O_1, D, O_2 共线,故 $\triangle O_1DE \sim \triangle O_2DW$,因此 E, D, W 共线,故 F 和 W 重合,即 F 是 KC 弧上的中点. 分别联结 FC, FK, CG,所以 $\angle FCK = \angle FKC = \angle FGC$,故 $\triangle FGC \sim \triangle FCH$,所以 $\angle FHC = \angle FCG$,由弦切角可知 $\angle FGA = \angle FCG$,因此 $\angle FGA = \angle FHC$,即 $AG = AH$.

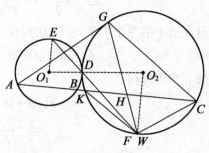

图 4 - 10

例 44 若实数 $a, b, c \geq 0$,则

$$\frac{a+b+c}{3} \geq \sqrt[3]{\frac{a+b}{2} \cdot \frac{b+c}{2} \cdot \frac{c+a}{2}}$$

$$\geq \sqrt{\frac{ab+bc+ca}{3}}$$

$$\geq \frac{\sqrt{ab}+\sqrt{bc}+\sqrt{ca}}{3}$$

$$\geq \sqrt{\frac{a\sqrt{bc}+b\sqrt{ca}+c\sqrt{ab}}{3}}$$

$$\geq \sqrt[3]{abc}$$

证明 先证链中第一个不等式,由三元均值定理,立得

$$\frac{a+b+c}{3} = \frac{(a+b)+(b+c)+(c+a)}{6}$$

$$\geq \sqrt[3]{\frac{a+b}{2} \cdot \frac{b+c}{2} \cdot \frac{c+a}{2}}$$

接下来证难度较大的链中第二个不等式,注意到有恒等式

$$(a+b)(b+c)(c+a) = (a+b+c)(ab+bc+ca) - abc$$

且有

$$a+b+c = \sqrt{(a+b+c)^2}$$

$$\geq \sqrt{3(ab+bc+ca)}$$

$$abc = \sqrt{(ab)(bc)(ca)} \leq \sqrt{\left(\frac{ab+bc+ca}{3}\right)^3}$$

那么

$$(a+b)(b+c)(c+a)$$

$$= (a+b+c)(ab+bc+ca) - abc$$

$$\geq \sqrt{3(ab+bc+ca)}(ab+bc+ca) - \sqrt{\left(\frac{ab+bc+ca}{3}\right)^3}$$

$$= 8\sqrt{\left(\frac{ab+bc+ca}{3}\right)^3}$$

$$\Rightarrow \sqrt[3]{\frac{a+b}{2} \cdot \frac{b+c}{2} \cdot \frac{c+a}{2}} \geq \sqrt{\frac{ab+bc+ca}{3}}$$

再证链中第三个不等式. 注意到有

$$(\sqrt{ab}-\sqrt{bc})^2+(\sqrt{bc}-\sqrt{ca})^2+(\sqrt{ca}-\sqrt{ab})^2 \geq 0$$

展开整理可得

$$3(ab+bc+ca) \geq (\sqrt{ab}+\sqrt{bc}+\sqrt{ca})^2$$

$$\Rightarrow \sqrt{\frac{ab+bc+ca}{3}} \geq \frac{\sqrt{ab}+\sqrt{bc}+\sqrt{ca}}{3}$$

再证链中第四个不等式. 注意到有

$$(\sqrt{ab}-\sqrt{bc})^2+(\sqrt{bc}-\sqrt{ca})^2+(\sqrt{ca}-\sqrt{ab})^2 \geq 0$$

展开整理可得

$$(\sqrt{ab}+\sqrt{bc}+\sqrt{ca})^2 \geq 3(a\sqrt{bc}+b\sqrt{ca}+c\sqrt{ab})$$

$$\Rightarrow \frac{\sqrt{ab}+\sqrt{bc}+\sqrt{ca}}{3} \geq \sqrt{\frac{a\sqrt{bc}+b\sqrt{ca}+c\sqrt{ab}}{3}}$$

最后证链中第五个不等式. 由三元均值定理,立得

$$a\sqrt{bc}+b\sqrt{ca}+c\sqrt{ab} \geq 3\sqrt[3]{a\sqrt{bc} \cdot b\sqrt{ca} \cdot c\sqrt{ab}} = 3\sqrt[3]{(abc)^2}$$

$$\Rightarrow \sqrt{\frac{a\sqrt{bc}+b\sqrt{ca}+c\sqrt{ab}}{3}} \geq \sqrt[3]{abc}$$

至此不等式链全部获证.

4.2.2 归纳推理

从个别事例中概括出一般原理的思维方式称为归纳推理. 例如,人们从长期的生产实践中看到,种瓜得瓜,种豆得豆. 这些大量的个别的经验事实使人们得到一个结论:一切生物都能将性状传递给后代,这个过程就是一种归纳推理.

归纳推理的客观基础是个性和共性的对立统一,个性中包含着共性,通过个性可以认识共性;个体中有些现象反映本质,为全体所共有,有些则不反映本质,只存在于部分对象中. 这就决定了从个性中概括出来的结论不一定是事物的本质共性.

归纳推理有如下几种形式:

1. 完全归纳

完全归纳推理是根据某类事物的全体对象的属性进行概括的推理方式. 在数学中它可分为穷举归纳推理与类分推理两种.

(1)穷举归纳.

穷举归纳推理是数学中常用的一种完全归纳推理. 它对具有有限个对象的某类事物进

行研究时,将它所有的对象属性分别讨论,当肯定了它们都有某一属性(作出特称判断),从而得到这类事物都有这一属性的一般结论(全称判定)的归纳推理.

如被考察的全体对象是 $S = \{S_i | i = 1, 2, \cdots, n\}$,考察内容是判定 S 是否有性质 P. 用通常的符号可表示为:

$S_1 - P$;
$S_2 - P$;
⋮ ($S_1, S_2, \cdots, S_n$ 是 S 类全体个别事物)
$S_n - P$;
$S - P$.

在数学中所考察的对象大多数是无穷多的,穷举这种方法在很多情况下不适用. 然而对于有些无限多的对象,可将其分为有限的几个类来分别研究. 这就是下面要介绍的类分推理.

(2)类分.

首先我们用集合语言给出分类的定义:

令 $\Pi(S) = \{A_i | A_i \subset S, A_i \neq \varnothing, i = 1, 2, \cdots, n; \bigcup_{i=1}^{n} A_i = S; A_i \cap A_j = \varnothing, i \neq j\}$,则称 $\Pi(S)$ 为 S 的一个分类,$A_i (i = 1, 2, \cdots, n)$ 为该分类下的一个类.

在数学里有许多需要用到完全归纳推理证明的问题,在证明时,先对研究的对象按前提中可能存在的一切情况作如上所述的分类,再按类分别进行证明,如每一类均得证,则全称判断(结论)就得到了,此即类分法. 如中学数学教材中正弦定理的证明就是将全体三角形(S)分为锐角三角形(A_1)、直角三角形(A_2)、钝角三角形(A_3)三类情况进行的.

例 45 求证:平行四边形的内接三角形的面积不大于这个平行四边形面积的一半.

解析 根据内接三角形的三个顶点在平行四边形上的相对位置进行分类.

(i)内接三角形的三个顶点有两个在平行四边形的同一条边上(包括三角形的顶点与平行四边形顶点重合的各种情况),如图 4 – 11(a).

(ii)内接三角形的三个顶点分别在平行四边形的三条边上(包括其中有一个顶点与平行四边形顶点重合),如图 4 – 11(b).

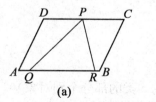
(a)
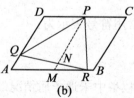
(b)

图 4 – 11

情况(i)的结论易证,情况(ii)需作辅助线(如图中 PM, PN),利用(i)来得出结论. 从而例 45 的结论成立.

从例 45 我们可以看到,欲证命题"S 是 P"成立,若一时难以证明或无法找到适合全体 S 的方法,则可将 S 适当分类,化难为易.

从分类的定义可知分类的基本原则是无遗漏及任两类互斥,另外还要注意到分类要用同一标准.

例 46 任给五个整数,求证:必能从中选出三个,使得它们的和能被 3 整除.

解析 任一个整数被 3 除所得余数只能是 0,1,2 中的一个,给定的五个整数被 3 除之后所得的五个余数,只有以下三种可能:

若 0,1,2 三种都有,则余数各为 0,1,2,三个数之和必是 3 的倍数;

若五个余数重复取 0,1,2 中的任两个,由抽屉原则知,必有一个余数至少出现三次,取余数相同的三个数,它们的和必为 3 的倍数.

若五个余数同为 0,1,2 中的某一数,那么在原给的五个数中任选三个,其和必为 3 的倍数.

综上所述,从任意五个整数中,一定可以取出三个,使它们的和能被 3 整除.

本例的分类,是用五个整数被 3 除所得余数的情况进行的,这样分类是合理的.

如果我们在研究问题时视一类为一个对象,那么类分推理也可看为有限类的穷举推理,统一起来,完全归纳推理也可视为以分类(特殊时,一类只有一个元素,或所有的元素为一类)为基础的穷举推理.

如果在给定的前提下,对每一类结论都成立,那么对于全体结论一定是真的. 所以,完全归纳推论是一种严格的推理方法,在数学中可以用于证明.

2. 不完全归纳

在数学中运用完全归纳推理往往会遇到困难,这不仅仅是因为在我们所考察的事物中,有些含有无限多个对象而又不能进行有限的分类,从而不能使用穷举推理,而且穷举那些有限的,有时候也不是一件轻而易举的事,所以人们往往只根据具有某种属性的部分对象作出概括. 这种根据考察的一类事物的部分对象具有某一属性,而作出该类事物都具有这一属性的一般结论的推理方式称为不完全归纳推理,运用不完全归纳推理的一般步骤,是先找几个特殊对象进行观察或实验,然后归纳出共同特征,最后提出合理的猜想. 即观察、实验→归纳、推广→猜想.

在数学中,不完全归纳分为枚举归纳与因果关系归纳.

(1)枚举归纳.

它是找几个特殊对象进行试验,然后归纳出共性特征,最后提出一种比较合理的猜想的推理方式. 它的步骤可概括为"试验—归纳—猜想". 至于要考察多少个特殊对象,则要视具体情况而定.

枚举归纳推理通常用符号表示为:

$S_1 - P$;

$S_2 - P$;

$\vdots$ ($S_1, S_2, \cdots$ 为在枚举中未遇矛盾情况的 S 类的部分个别对象)

$S_n - P$;

$S - P$.

例 47 一列等式,分别为

$$1 = 1 \qquad ①$$
$$2 - 3 + 4 = 3 \qquad ②$$
$$5 - 6 + 7 - 8 + 9 = 7 \qquad ③$$
$$10 - 11 + 12 - 13 + 14 - 15 + 16 = 13 \qquad ④$$
$$\cdots\cdots$$

写出第 n 个等式.

解析 观察各等式左端,项数分别为 $1,3,5,7\cdots$ 其中最后一项数值分别为 $1^2,2^2,3^2$, $4^2,\cdots$ 故归纳猜想第 n 个等式的左端首项应是 $(n-1)^2+1$,末项应是 n^2,各项正负相同,依次递增 1,共 $2n-1$ 项.

再观察各等式右端,依次分别为 $1^2-0, 2^2-1, 3^2-2, 4^2-3, \cdots$ 故第 n 个等式右端为 $n^2-(n-1)$,从而归纳猜想第 n 个等式为
$$[(n-1)^2+1]-[(n-1)^2+2]+\cdots-[(n-1)^2+2n-2]+n^2=n^2-(n-1)$$

例48 已知 $f(n)=n^2-n+11$,求 $f(1),\cdots,f(8)$ 并归纳出各式结果.

计算结果如下
$$f(1)=11, f(2)=13, f(3)=17, f(4)=23, f(5)=31, f(6)=41, f(7)=53, f(8)=67$$
由 $f(n)$ 计算得到的前 8 个数均为质数,于是猜想:n 取任何自然数时 $f(n)$ 都是质数.

例49 任取一个大于 2 的自然数,反复进行下述两种计算:

（Ⅰ）若是奇数,就将该数乘以 3 再加上 1;

（Ⅱ）若是偶数,则将该数除以 2.

试验
$$3\to10\to5\to16\to8\to4\to2\to1$$
$$4\to2\to1$$
$$5\to\cdots\to1$$
$$6\to3\to\cdots\to1$$
$$7\to22\to11\to34\to17\to52\to26\to13\to40\to20\to10\to\cdots\to1$$

试验多个数字,其结果均为 1,于是产生一个猜想:从任意大于 2 的奇数出发(偶然经有限次(Ⅱ)的运算将得到奇数),反复进行(Ⅰ)(Ⅱ)两种运算,最后结果都得 1.

以上三例都是以某种现象的多次重复作为猜测根据的,故均是枚举归纳推理的例子.

枚举归纳所作出的一般性结论只是一种猜想,其可靠性大有问题. 如以上三例,我们很容易证明例 47 的结论是正确的,而例 48 的结论是错误的,对于例 49 则至今不知其正确与否.

（2）因果关系归纳.

它是将一类事物中部分对象的因果关系作为判断的前提而作出一般性结论的推理方式.

例50 平面上 n 条直线最多能将平面分成多少个平面块?

题目要研究"最多"的情况,因而我们有理由假定这 n 条直线中的任意两条都相交,而且任意三条都不交于同一点.

我们以 $f(n)$ 表示 n 条直线将平面所能分成的最多块数,并依次计算 $f(n)$ ($n=1,2,\cdots$).

如图 4-12, $f(1)=2$,这是显然的,一条直线确实将一个平面分成两块.

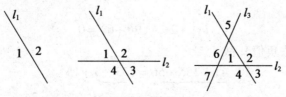

图 4-12

$f(2)=4$，$f(2)$比$f(1)$增加了两块.研究其因果关系：当平面内增加一直线l_2时，l_2与l_1有一个交点，这个交点把l_2分成两段，每一段都把所在的平面块一分为二（如图中l_2的一段将块1分成1,4两块，另一段将块2分成2,3两块，这样就增加了两块）．于是可以说$f(2)=f(1)+2$．再添作直线l_3得$f(3)=7$．研究其因果关系，发现以上的解释仍适用：l_3与l_1,l_2分别相交，则l_3被两个交点分成3段，每一段将它所在的平面块一分为二，各段增加一个平面块，共增加了3块，即$f(3)=f(2)+3$．

于是猜想：$f(4)$应比$f(3)$增加4个平面块．一般地说，当添加第n条直线时，l_n被前$n-1$条直线与之相交的$n-1$个不同的交点分成n段，这n段线将所在的每个平面块一分为二，从而增加n个平面块，亦即有

$$\begin{aligned}f(n)&=f(n-1)+n\\&=f(n-2)+(n-1)+n=\cdots\\&=f(1)+2+3+\cdots+(n-1)+n\\&=2+2+3+\cdots+(n-1)+n\\&=1+\frac{n(n+1)}{2}=\frac{n^2+n+2}{2}\end{aligned}$$

$f(n)$的表达式仍然是猜想，然而这个猜想的依据不再纯粹是现象的多次重复，而是在重复中包含着事物的某种因果关系．由于因果归纳所揭示的情况，可能比现象的多次重复所揭示的情况更接近于事物的本质，所以因果归纳建立起来的猜想一般要比枚举归纳所建立的猜想可靠性大一些．

例51 试问：16,1 156,111 556,11 115 556,…中的每一项都是一个完全平方数吗？还有这样类似的数列吗？

解析 首先观察题中每一项的特征，即
$$a_n=\underbrace{11\cdots1}_{n\text{个}}\underbrace{55\cdots5}_{n-1\text{个}}6$$

接着，利用开平方运算试算数列的前几项
$$16=4^2,1\ 156=34^2,111\ 556=334^2,11\ 115\ 556=3\ 334^2,\cdots$$

归纳得
$$\underbrace{11\cdots1}_{n\text{个}}\underbrace{55\cdots5}_{n-1\text{个}}6=(\underbrace{33\cdots3}_{n-1\text{个}}+1)^2$$

于是，可设$\underbrace{11\cdots1}_{n\text{个}}\underbrace{55\cdots5}_{n-1\text{个}}6=(\underbrace{xx\cdots x}_{n-1\text{个}}+1)^2$，其中$x\in\{1,2,\cdots,9\}$．即

$$\underbrace{11\cdots1}_{n\text{个}}\cdot10^n+5\cdot\underbrace{11\cdots1}_{n\text{个}}+1=(x\cdot\underbrace{11\cdots1}_{n\text{个}}+1)^2$$

令$\underbrace{11\cdots1}_{n\text{个}}=b,10^n=9\cdot\underbrace{11\cdots1}_{n\text{个}}+1=9b+1$代入上式，得

$$b(9b+1)+5b+1=(bx+1)^2$$

整理得
$$bx^2+2x-(9b+6)=0$$

解出$x=\pm3$（舍去负值）．故
$$\underbrace{11\cdots1}_{n\text{个}}\underbrace{55\cdots5}_{n-1\text{个}}6=(\underbrace{33\cdots3}_{n\text{个}}+1)^2$$

由上述推导，我们还可类似归纳，演绎推理得到更一般的情形：

设数列中的项 $a_n = \underbrace{AA\cdots A}_{n\text{个}}\underbrace{BB\cdots B}_{n\text{个}} + 1, n = 1, 2, \cdots$,试求 A, B, C 的值,使对于所有的自然数 n 均有 $\underbrace{AA\cdots A}_{n\text{个}}\underbrace{BB\cdots B}_{n\text{个}} + 1 = (\underbrace{CC\cdots C}_{n\text{个}} + 1)^2$,其中 $A, B, C \in \{0, 1, 2, \cdots, 9\}$.

此时,$A \cdot \underbrace{11\cdots 1}_{n\text{个}} \cdot 10^n + B \cdot \underbrace{11\cdots 1}_{n\text{个}} + 1 = (C \cdot \underbrace{11\cdots 1}_{n\text{个}} + 1)^2$.

令 $\underbrace{11\cdots 1}_{n\text{个}} = b$,则 $10^n = 9 \cdot \underbrace{11\cdots 1}_{n\text{个}} + 1 = 9b + 1$.

从而 $b(9b+1)A + bB + 1 = b^2C^2 + 2bC + 1$. 即

$$(9b+1)A + B = bC^2 + 2C \qquad ①$$

因①对于所有的自然数 n 均成立,所以令 $n = 1$(此时 $b = 1$),有

$$10A + B = C^2 + 2C \qquad ②$$

令 $n = 2$(此时 $b = 11$),有

$$100A + B = 11C^2 + 2C \qquad ③$$

③$-$②得

$$90A = 10C^2$$

于是

$$C = \sqrt{9A} = 3\sqrt{A} \qquad ④$$

由于 $A, B, C \in \{0, 1, 2, \cdots, 9\}$,所以在式①中 A 只能为平方数,即 $A = 0, 1, 4$ 或 9.

此时,由④②得 C, B 的值为

$$C = 0, 3, 6, \text{或} 9, B = 0, 5, 8 \text{或} 9$$

故 A, B, C 的值为

$$(0,0,0), (1,5,3), (4,8,6), (9,9,9)$$

于是,我们可求得以下 4 个数列中的每一项都是一个完全平方数. 即:

(Ⅰ) $1, 1, 1, 1, \cdots, a_n = 1^2$.

(Ⅱ) $16, 1156, 111556, 11115556, \cdots, a_n = \underbrace{3\cdots 3}_{n-1\text{个}}4^2$.

(Ⅲ) $49, 4489, 444889, 44448889, \cdots, a_n = \underbrace{6\cdots 6}_{n-1\text{个}}7^2$.

(Ⅳ) $100, 10\ 000, 1\ 000\ 000, 100\ 000\ 000, \cdots, a_n = \underbrace{10\cdots 00}_{n-1\text{个}}^2$.

在数学发展历史上,运用归纳推理获得重大发现的典型例子为数不少.

数学中的许多著名定理,都是先运用不完全归纳发现而后给予证明的. 1852 年英国数学家格斯里(Guthrie)在对英国地图着色时发现,无论多么复杂的地图,只需用四种颜色就足以将邻区分开. 他曾试图证之,未果,告知别人证之,也未果. 1878 年伦敦数学会上,凯莱正式以"四色猜想"为题公布于众,请与会者证明. 但近百年时间均无人能证明它. 1976 年美国阿佩尔(Appel)和黑肯(Haken)借助计算机给出了证明(它们用前人的结果,将地图上一个国家与其他国家相邻位置的各种复杂情形分为 1 936 种,用数学原理编程,用 IBM360 型超高速计算机运行 1 200 小时,作了近 200 亿个逻辑判断才得证).

例52 质数分布定理的发现.

研究自然数 1 到 N 内质数的个数 P.

(Ⅰ) $N = 10$,1~10 内质数的个数,$P = 4$;

(Ⅱ) $N=100$,1~100 内质数的个数,$P=25$;

(Ⅲ) $N=1\ 000$,1~1 000 内质数的个数,$P=168$;

(Ⅳ) $N=10^6$,1~10^6 内质数的个数,$P=78\ 498$;

(Ⅴ) $N=10^9$,1~10^9 内质数的个数,$P=50\ 847\ 478$.

观察(Ⅰ)(Ⅱ)(Ⅲ),N 成 10 倍地扩大,而 P 扩大倍数约为 6 倍.

观察(Ⅲ)(Ⅳ)(Ⅴ),N 成 10^3 倍地扩大,P 扩大的倍数是否约为 6^3 倍呢?

显然不是这样,而是要比 6^3 倍增长得快,甚至超过 8^3 倍.

因此设想把 N 与质数个数 P 比一比,观察一下比值. 可见比值随着 N 的增大而增大,但增大的速度显然是慢下来了,因此,将下表中列出的 $\dfrac{N}{P}$ 与 $\ln N$ 比较一下.

	N	P	$\dfrac{N}{P}$	$\ln N$	$\ln N - \dfrac{N}{P}$	$\dfrac{N}{\ln N}$	$\dfrac{P\ln N}{N}$
(Ⅰ)	10	4	2.5	2.302 6	-0.197 4	4	0.92
(Ⅱ)	100	25	4	4.605 2	0.605 2	22	1.15
(Ⅲ)	1 000	168	5.952 4	6.907 8	0.955 4	145	1.16
(Ⅳ)	10^6	78 498	12.739 2	13.815 5	1.076 3	72 382	1.08
(Ⅴ)	10^9	50 847 478	19.666 7	20.723 3	1.056 6	48 254 942	1.05

可见 $\dfrac{P\ln N}{N} \approx 1$,于是通过不完全归纳猜想

$$\dfrac{N}{P} \approx \ln N$$

即从 1 到任何自然数 N 之间所含质数的个数

$$P \approx \dfrac{N}{\ln N}$$

当 N 越大,近似程度应越高.

这一猜想经过了 80 多年的研究,终于在 1896 年由法国数学家阿达玛和比利时数学家德拉瓦莱-普森(Delavalee-poussin,ch. J.)作出了完整的证明,成为著名的质数定理

$$\lim \dfrac{P\ln N}{N} = 1$$

例 53 "欧拉公式"的发现.

观察一些凸多面体,例如如图 4-13(a)(b).

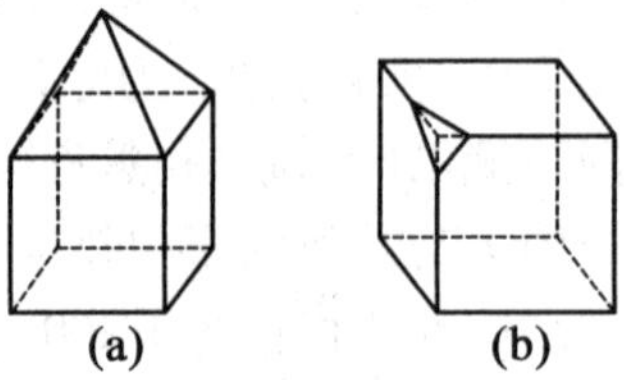

欧拉曾观察一些特殊的多面体,如立方体、三棱柱、五棱柱、四棱锥、三棱锥、五棱锥、八面体、塔顶体(正方体上放一个四棱锥)、截角立方体等. 将每个多面体的 F(面数)、V(顶点数)、E(棱数)数列成下表:

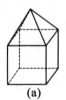

(a) (b)

图 4-13

多面体	面数(F)	顶点数(V)	棱数(E)
三棱锥	4	4	6
方(四)棱锥	5	5	8
三棱柱	5	6	9
五棱锥	6	6	10
立方体	6	8	12
八面体	8	6	12
五棱柱	7	10	15
截角立方体	7	10	15
塔顶体	9	9	16
二十面体	20	12	30
十二面体	12	20	30
有 n 个侧面的棱柱	$n+2$	$2n$	$3n$
有 n 个侧面的棱锥	$n+1$	$n+1$	$2n$
多面体多棱锥顶形	$F+n-1$	$V+1$	$E+n$
多面体截 n 棱角形	$F+1$	$V+n-1$	$E+n$

他首先考虑特殊的多面体的面、顶、棱数目,作了一些尝试:

①面的数目是否随着顶点数目的增大而增大? 否.(如塔顶体与截角立方体)

②棱数是否随面或顶点数目的增大而增大? 否.(如八面体与五棱柱,塔顶体与截角立方体)

他进一步考虑:尽管 F 与 V 均非始终如一地随 E 的增大而增大,但总的趋势似乎是增大的,即 $F+V$ 是在不断增大的. 那么是否有"任何多面体的面数加顶点数与棱有同增趋势"?

由表中数据可知均成立
$$V+F-E=2$$
从而,他得出猜想:任意多面体的面、顶、棱数满足
$$V+F-E=2$$
继续考虑轮胎状多面体,因为
$$F=4\times3=12$$
$$V=4\times3=12$$
$$E=4\times3+4\times3=24$$
故
$$F+V=E\neq E+2$$
之后他修改猜想(结果)得:任意凸多面体的面、顶、棱数满足
$$F+V-E=2$$
后来他证明了该猜想的正确性.

4.2.3 类比推理

类比推理,就是根据两个对象的某些相同属性作为它们的另一些属性也相同或类似的结论的一种推理形式. 这种推理往往是由特殊到特殊的推理,或一般到一般的推理.

类比推理是一种似真推理,推导出来的结论还需证明真伪.

1. 运用类比推理可发现新的结论

例 54 解析几何中有向线段的定比分点公式是 $x_0 = \dfrac{x_1 + \lambda x_2}{1 + \lambda}$,在各类数学问题中有与此相类似的结构.

命题 1 梯形的上底长为 l_1,下底长为 l_2,过腰上一点 P 作底的平行线,交另一腰于 Q. 且 $\dfrac{AP}{PB} = \lambda (\lambda \neq -1)$. 设 PQ 长为 l_0,那么 $l_0 = \dfrac{l_1 + \lambda l_2}{1 + \lambda}$.

证明 设 BA 延长线交 CD 延长线于 E,如图 4-14.

由 $\triangle AED \sim \triangle PEQ$ 可得

$$\frac{AE}{AE + \lambda PB} = \frac{l_1}{l_0} \qquad ①$$

由 $\triangle AED \sim \triangle BEC$ 得

$$\frac{AE}{AE + \lambda PB + PB} = \frac{l_1}{l_2} \qquad ②$$

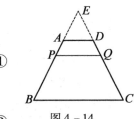

图 4-14

由①②可得

$$l_0 = \frac{l_1 + \lambda l_2}{1 + \lambda}$$

特殊地:当 $\lambda = 1$ 时,即可得到梯形的中位线定理.

命题 2 棱台上底面积为 S_1,下底面积为 S_2,过棱上一点 P 作截面与底面平行,且 $\dfrac{AP}{PB} = \lambda (\lambda \neq -1)$. 设截面的面积为 S_0,那么 $\sqrt{S_0} = \dfrac{\sqrt{S_1} + \lambda \sqrt{S_2}}{1 + \lambda}$.

证明 如图 4-15

$$\frac{\sqrt{S_1}}{\sqrt{S_0}} = \frac{AD}{PQ} \qquad ①$$

$$\frac{\sqrt{S_2}}{\sqrt{S_0}} = \frac{BC}{PQ} \qquad ②$$

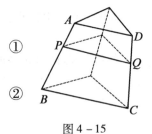

图 4-15

由②得

$$\frac{\lambda \sqrt{S_2}}{\sqrt{S_0}} = \frac{\lambda BC}{PQ} \qquad ③$$

由①③得

$$\frac{\sqrt{S_1} + \lambda \sqrt{S_2}}{\sqrt{S_0}} = \frac{AD + \lambda BC}{PQ} = 1 + \lambda$$

即
$$\sqrt{S_0} = \frac{\sqrt{S_1} + \lambda \sqrt{S_2}}{1 + \lambda}$$

例55 $\lambda \geq 2$,对任何 $\triangle ABC$,求证

$$\frac{1}{\lambda + \cos^2 A} + \frac{1}{\lambda + \cos^2 B} + \frac{1}{\lambda + \cos^2 C} \leq \frac{12}{4\lambda + 1} \qquad (\text{I})$$

将上式中的余弦类比为正弦,可得到这个不等式(I)的一个如下类比:

结论1 设 $\lambda \geq \frac{1}{2}$,对任何 $\triangle ABC$,有

$$\frac{1}{\lambda + \sin^2 A} + \frac{1}{\lambda + \sin^2 B} + \frac{1}{\lambda + \sin^2 C} \geq \frac{12}{4\lambda + 3} \qquad (\text{II})$$

证明 不等式(II)的左侧表达式关于 A, B, C 对称,不妨设 $\angle A \geq \angle B \geq \angle C$.
首先证明:
当 $\lambda \geq \frac{1}{2}$ 时,有

$$\frac{1}{\lambda + \sin^2 A} + \frac{1}{\lambda + \sin^2 B} \geq \frac{2}{\lambda + \sin^2 \frac{A+B}{2}} \qquad ①$$

因为

$$\frac{1}{\lambda + \sin^2 x} = \frac{1}{\lambda + \frac{1 - \cos 2x}{2}} = \frac{2}{2\lambda + 1 - \cos 2x}$$

所以,式①等价于

$$\frac{2}{2\lambda + 1 - \cos 2A} + \frac{2}{2\lambda + 1 - \cos 2B} \geq \frac{4}{2\lambda + 1 - \cos(A+B)}$$

$$\Leftrightarrow [2\lambda + 1 - \cos(A+B)](4\lambda + 2 - \cos 2A - \cos 2B)$$
$$\geq 2(2\lambda + 1 - \cos 2A)(2\lambda + 1 - \cos 2B)$$

$$\Leftrightarrow \cos(A+B)(\cos 2A + \cos 2B) - (4\lambda + 2)\cos(A+B)$$
$$\geq 2\cos 2A \cos 2B - (2\lambda + 1)(\cos 2A + \cos 2B)$$

$$\Leftrightarrow (2\lambda + 1)(\cos 2A + \cos 2B) - (4\lambda + 2)\cos(A+B)$$
$$\geq 2\cos 2A \cos 2B - \cos(A+B)(\cos 2A + \cos 2B)$$

又

$$(2\lambda + 1)(\cos 2A + \cos 2B) - (4\lambda + 2)\cos(A+B)$$
$$= (2\lambda + 1)[\cos 2A + \cos 2B - 2\cos(A+B)]$$
$$= (2\lambda + 1)[2\cos(A+B)\cos(A-B) - 2\cos(A+B)]$$
$$= (4\lambda + 2)\cos(A+B)[\cos(A-B) - 1]$$
$$= -(8\lambda + 4)\cos(A+B)\sin^2 \frac{A-B}{2}$$

$$2\cos 2A \cos 2B - \cos(A+B)(\cos 2A + \cos 2B)$$
$$= \cos(2A + 2B) + \cos(2A - 2B) - 2\cos(A-B)\cos^2(A+B)$$
$$= 2\cos^2(A+B) - 2\sin^2(A-B) - 2\cos(A-B)\cos^2(A+B)$$

$$= 2\cos^2(A+B)[1-\cos(A-B)] - 8\sin^2\frac{A-B}{2}\cos^2\frac{A-B}{2}$$

$$= 4\sin^2\frac{A-B}{2}\left[\cos^2(A+B) - 2\cos^2\frac{A-B}{2}\right]$$

故式①等价于

$$-(8\lambda+4)\cos(A+B)\sin^2\frac{A-B}{2}$$

$$\geqslant 4\sin^2\frac{A-B}{2}\left[\cos^2(A+B) - 2\cos^2\frac{A-B}{2}\right]$$

$$\Leftrightarrow 4\sin^2\frac{A-B}{2}\left[2\cos^2\frac{A-B}{2} - \cos^2(A+B) - (2\lambda+1)\cos(A+B)\right] \geqslant 0 \qquad ②$$

由于

$$\angle A \geqslant \angle B \geqslant \angle C$$

于是

$$\angle A + \angle B \in \left[\frac{2\pi}{3}, \pi\right)$$

有

$$\cos(A+B) \in \left(-1, -\frac{1}{2}\right]$$

所以

$$(2\lambda+1)\cos(A+B) \leqslant -\frac{2\lambda+1}{2} \leqslant -1$$

而

$$2\cos^2\frac{A-B}{2} - \cos^2(A+B) \geqslant 0 - 1 = -1$$

故式②成立,即式①成立.

由式①知

$$\frac{2}{\lambda+\sin^2\frac{A+B}{2}} + \frac{1}{\lambda+\sin^2 C}$$

$$= \frac{4}{2\lambda+1-\cos(A+B)} + \frac{1}{\lambda+1-\cos^2 C}$$

$$= \frac{4}{2\lambda+1+\cos C} + \frac{1}{\lambda+1-\cos^2 C}$$

再证明

$$\frac{4}{2\lambda+1+\cos C} + \frac{1}{\lambda+1-\cos^2 C} \geqslant \frac{12}{4\lambda+3} \qquad ③$$

记 $t = \cos C \in \left[\frac{1}{2}, 1\right)$,式③等价于

$$\frac{4}{4\lambda+1+t} + \frac{1}{\lambda+1-t^2} \geqslant \frac{12}{4\lambda+3}$$

$$\Leftrightarrow 4\lambda + 4 - 4t^2 + 2\lambda + 1 + t$$

$$\geq \frac{12}{4\lambda+3}(\lambda+1-t^2)(2\lambda+1+t)$$
$$\Leftrightarrow 12t^3+8\lambda t^2-8\lambda t-9t+2\lambda+3\geq 0$$
$$\Leftrightarrow (2t-1)^2(3t+2\lambda+3)\geq 0 \qquad ④$$

因为
$$3t+2\lambda+3\geq \frac{3}{2}+1+3>0$$

故式④成立,即式③成立. 又因为式①成立,故不等式(Ⅱ)成立,结论1得证.

利用函数的凸性与 Jensen 不等式,容易证明如下结论:

结论 2 设 $\lambda\geq 1$,对任何 $\triangle ABC$,有

$$\frac{1}{\lambda+\sin A}+\frac{1}{\lambda+\sin B}+\frac{1}{\lambda+\sin C}\geq \frac{6}{2\lambda+\sqrt{3}} \qquad (Ⅲ)$$

注 上述内容参见了翟梦颖、郭要红老师的文章《一个三角不等式的类比》,数学通报, 2015(2):58-59.

例 56 凸多面体的面角和定理的获得.

多边形是平面内的直线形,多面体是空间中的"平面体",它们可能有一些性质相类似. 多边形(凸多边形)有内角和定理,多面体(凸多面体)是否会有类似的性质吗?

首先注意到:

n 边形有 n 个内角,每个内角都小于 π,且 n 边形的内角和为 $(n-2)\pi$. 多边形经连续的拉伸或压缩变形后其内角和不变.

多边形的边数(或顶点数)每增加 1,内角和就增加 π.

多边形内角和定理的一种证明方法是:

如图 4-16,设 $A_1A_2\cdots A_n$ 是 n 边形,当 $n=3$ 时,定理显然成立. 当 $n>3$ 时,截去 $\triangle A_nA_1A_{n-1}$(联结 A_1A_{n-1}),得 $n-1$ 边形 $A_1A_2\cdots A_{n-1}$,这样,原 n 边形的内角和减少了 π. 若 $n-1>3$,重复上述过程,得 $n-2$ 边形 $A_1A_2\cdots A_{n-2}$,这样,原 n 边形的内角和又减少了 π. …… 经过 $n-3$ 次上述过程后,剩下一个三角形($\triangle A_1A_2A_3$),它的内角和比原 n 边形减少了 $(n-3)\pi$,于是原 n 边形的内角和是 $(n-3)\pi+\pi=(n-2)\pi$.

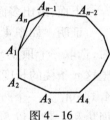

图 4-16

其次再看看多面体的情形:

设多面体有 V 个顶点,每个顶点也是一个多面角的顶点,一个多面角的所有面角的和我们称为多面角的面角和(相当于多边形的一个内角),显然,每个多面角的面角和小于 2π. 多面体的 V 个多面角的面角和之和我们称为多面体的面角和. 多面体经连续的拉伸或压缩变形后其面角和不变. 现在我们来探讨多面体的面角和与顶点数 V 的关系.

在多面体外增加一个顶点(当然也同时增加一些面和棱),我们来看多面体面角和的变化. 例如,在正方体外增加一个顶点,得到有 9 个顶点的多面体,如图 4-17. 面角和增加了 4 个三角形的内角和($\triangle SAB$,$\triangle SCB$,$\triangle SCD$,$\triangle SDA$),同时减少了一个四边形的内角和(四边形 $ABCD$),即增加一个顶点后所得的多面体比原来的正方体面

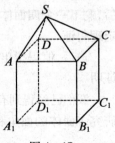

图 4-17

角和增加了 $4\pi - 2\pi = 2\pi$. 这个结论可推广到一般情形,在多面体外增加一个顶点,以这个顶点为顶点,原多面体的一个 n 边形的面为底面组成一个 n 棱锥. 这个 n 棱锥与原多面体拼成一个新多面体. 新多面体比原多面体多一个顶点,面角和增加了 n 棱锥的 n 个侧面三角形的内角和,同时减少了一个 n 边形的内角和,面角和实际增加了 $n\pi - (n-2)\pi = 2\pi$. 即:

多面体的顶点数每增加 1,面角和就增加 2π.

我们知道,有 4 个顶点的多面体(四面体)的面角和是 4π,这样有 5 个顶点、6 个顶点、7 个顶点、……的多面体的面角和就分别是 $6\pi,8\pi,10\pi,\cdots$. 一般地,多面体面角和定理(在严格证明之前还是一个猜想):

有 V 个顶点的多面体的面角和是 $2\pi(V-2)$.

这个结论与多边形的内角和定理十分类似,又一样地简洁、深刻、优美!

此时,可用特殊的多面体来验证. 我们可以选择一些熟悉的、特殊的多面体来验证上述的多面体面角和定理. 先计算每个多面体各个面(多边形)内角和之和(第一种算法),再根据多面体的顶点数应用多面体面角和定理计算(第二种算法),看用两种方法计算的结果是否相同.

多面体	面角和(第一种算法)	面角和(第二种算法)
正六面体	$2\pi \cdot 6 = 12\pi$	$2\pi(8-2) = 12\pi$
正八面体	8π	$2\pi(6-2) = 8\pi$
正十二面体	$3\pi \cdot 12 = 36\pi$	$2\pi(20-2) = 36\pi$
正二十面体	20π	$2\pi(12-2) = 20\pi$
n 棱锥	$n\pi + (n-2)\pi = 2\pi(n-1)$	$2\pi(n+1-2) = 2\pi(n-1)$
n 棱柱	$2n\pi + 2(n-2)\pi = 4\pi(n-1)$	$2\pi(2n-2) = 4\pi(n-1)$

通过以上具体多面体的验证,说明关于多面体面角和的猜想是成立的.

下面,给出多面体面角和定理的证明:

证明 如图 4-17,设多面体有 $V(V \geq 4)$ 个顶点,当 $V = 4$ 时,定理显然成立. 当 $V > 4$ 时,选取一个顶点 S(使其余的顶点不在同一个平面内),设与 S 相关联的棱有 n 条. 适当调整这 n 条棱的长度或方向,使这些棱另一端的 n 个端点 $A_1, A_2, \cdots, A_n$ 在同一个平面内,并且 $A_1A_2\cdots A_n$ 是一个凸 n 边形(多面体的其他部分也要作相应的调整,这样并不改变多面体的面角和). 截去以 S 为顶点,$A_1A_2\cdots A_n$ 为底面的 n 棱锥(保留 n 边形 $A_1A_2\cdots A_n$),得到有 $V-1$ 个顶点的新多面体. 这样,多面体的面角和减少了 $n\pi$(n 棱锥的 n 个侧面三角形的内角和),同时增加了 $(n-2)\pi$(n 边形 $A_1A_2\cdots A_n$ 的内角和),实际减少了 $n\pi - (n-2)\pi = 2\pi$. 即多面体每减少一个顶点后,面角和就减少 2π. 若 $V-1 > 4$,重复上述过程,经过 $V-4$ 次上述步骤后,剩下一个四面体(有 4 个顶点). 所以原多面体的面角和为 $2\pi(V-4) + 4\pi = 2\pi(V-2)$. 定理得证.

最后,值得指出的是,由凸多面体的面角和定理还可获得凸多面体的欧拉定理的发现与证明.

我们已经得到有 V 个顶点的多面体的面角和是 $2\pi(V-2)$. 我们还可以从另一个角度来研究多面体的面角和. 设这个多面体有 F 个面,第 i 个面是 n_i 边形,其内角和是 $(n_i - 2)\pi$. 于是多面体的面角和就是 $\sum_{i=1}^{F}(n_i - 2)\pi = \pi\sum_{i=1}^{F}n_i - 2F\pi$. 注意到 $\sum_{i=1}^{F}n_i$ 是所有多边形边数之和,而两个相邻的多边形的公共边是多面体的一条棱,设这个多面体的棱数为 E,这样 $\sum_{i=1}^{F} n_i = 2E$. 于是多面体的面角和又可表示为 $2E\pi - 2F\pi = 2\pi(E-F)$. 从而 $2\pi(E-F) = 2\pi(V-2)$, $E-F=V-2$,即 $F+V-E=2$. 这样就发现并证明了多面体的欧拉定理:

设多面体的面数、顶点数、棱数分别为 F,V,E,则 $F+V-E=2$.

2. 运用类比推理解答数学问题

(1) 由熟悉的问题作模式来进行类比推理,达到解决新问题的目的.

例57 求已知正四面体的内切球的半径.

解析 平面几何中,有一个类似的问题:求已知正三角形的内切圆的半径,故以此作为模式,将圆与球,三角形与四面体作类比,并由该模式的解决途径:"内切圆的半径与正三角形的高的比是 $1:3$",易知从内切球的半径与正四面体的高的比入手.

如图 4-18 所示,左图中 O 是正三角形的内心. 由 $S_{\triangle ABC} = 3S_{\triangle OBC}$,易得 AD 是 OD 的 3 倍. 图 4-19 中,设 O 是正四面体 $A-BCD$ 的内切球的球心,$V_{四面体A-BCD} = 4V_{四面体O-BCD}$ 易得 AH 是 OH 的 4 倍. 由正四面体的高 $AH = \frac{\sqrt{6}}{3}a$,得内切球的半径为:$\frac{1}{4} \cdot \frac{\sqrt{6}}{3}a = \frac{\sqrt{6}}{12}a$.

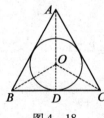
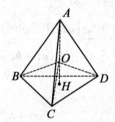

图 4-18　　　　图 4-19

例58 点 P 是球体内的一定点,从点 P 引三条互相垂直的射线分别与球面相交于点 A,B,C,点 Q 是由 PA,PB,PC 为棱组成平行六面体的与点 P 成对角的另一顶点,求由点 P 引出所有三条一组的射线所对应的点 Q 的轨迹.

解析 本题可以从平面上对应问题作类比,对平行六面体用平行四边形作类比,命题即为:点 P 是圆内的一定点,从点 P 引两条互相垂直的射线分别与圆周相交于点 A,B,点 Q 是由 PA,PB 为边组成平行四边形的与点 P 成对角的另一顶点,求由点 P 引出所有两条一组的射线所对应的点 Q 的轨迹.

如图 4-20,不妨取定点 $P(p,0)$,令 $Q(x,y),A(a_1,a_2),B(b_1,b_2)$,由矩形性质,得
$$PQ^2 = PA^2 + PB^2$$
若定圆方程为 $x^2+y^2=r^2$,则
$$(x-p)^2 + y^2 = (a_1-p)^2 + a_2^2 + (b_1-p)^2 + b_2^2$$
即
$$x^2 - 2px + p^2 + y^2 = 2r^2 + 2p^2 - 2(a_1+b_1)p$$

注意 AB 与 PQ 中点重合,于是 $\frac{a_1+b_1}{2} = \frac{p+x}{2}$,则点 Q 轨迹方程为:$x^2+y^2=r^2-p^2$.

由上述解题思路类比考虑可得本题解法.

设定点 $P(p,0,0)$,球面方程为:$x^2+y^2+z^2=r^2$,A,B,C 坐标分别为 $A(a_1,a_2,a_3)$,$B(b_1$,

$b_2, b_3), C(c_1, c_2, c_3)$,由长方体性质

$$PQ^2 = PA^2 + PB^2 + PC^2$$

$$(x-p)^2 + y^2 + z^2 = (a_1-p)^2 + a_2^2 + a_3^2 + (b_1-p)^2 + b_2^2 + b_3^2 + (c_1-p)^2 + c_2^2 + c_3^2$$

即

$$(x-p)^2 + y^2 + z^2 = 3r^2 + 3p^2 - 2p(a_1 + b_1 + c_1)$$

如图 4-21,长方体对角线 $A'B$ 与 PQ 互相平分. $A'B$ 与 PQ 中点重合,由点 A' 坐标为 $(a_1 + c_1 - p, a_2 + c_2, a_3 + c_3)$,$A'B$ 中点为

$$\left(\frac{a_1 + b_1 + c_1 - p}{2}, \frac{a_2 + b_2 + c_2}{2}, \frac{a_3 + b_3 + c_3}{2}\right)$$

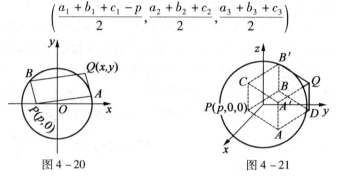

图 4-20　　　　　图 4-21

PQ 中点为 $\left(\frac{p+x}{2}, \frac{y}{2}, \frac{z}{2}\right)$,由中点重合,得

$$\frac{a_1 + b_1 + c_1 - p}{2} = \frac{p + x}{2}$$

则

$$a_1 + b_1 + c_1 = 2p + x$$

于是点 Q 轨迹为: $x^2 + y^2 + z^2 = 3r^2 - 2p^2$.

(2)以某些公式、定理的典型结构特征为模式,进行类比推理联想,从而快速找到解题途径.

例59 求证: $\dfrac{a-b}{1+ab} + \dfrac{b-c}{1+bc} + \dfrac{c-a}{1+ca} = \dfrac{a-b}{1+ab} \cdot \dfrac{b-c}{1+bc} \cdot \dfrac{c-a}{1+ca}$.

解析 若按代数运算进行,必定费事,若联想到左端各项的结构类似公式:$\tan(\alpha - \beta) = \dfrac{\tan\alpha - \tan\beta}{1 + \tan\alpha \cdot \tan\beta}$ 的左端;以此类比联想,若令 $a = \tan\alpha, b = \tan\beta, c = \tan\gamma$,相当于去证:$\tan(\alpha - \beta) + \tan(\beta - \gamma) + \tan(\gamma - \alpha) = \tan(\alpha - \beta)\tan(\beta - \gamma)\tan(\gamma - \alpha)$. 易从学过的三角中的一个著名范例,$\tan A + \tan B + \tan C = \tan A \cdot \tan B \cdot \tan C (A + B + C = k\pi)$ 很快得到证法.

例60 已知,a, b 是小于 1 的数,证明

$$\sqrt{a^2 + b^2} + \sqrt{(1-a)^2 + b^2} + \sqrt{a^2 + (1-b)^2} + \sqrt{(1-a)^2 + (1-b)^2} \geq 2\sqrt{2}$$

解析 不等式左端各项类似距离公式或"复数的模"的公式. 由此类比联想到若令 $z_1 = a + bi, z_2 = (1-a) + bi, z_3 = a + (1-b)i, z_4 = (1-a) + (1-b)i$,相当于去证:$|z_1| + |z_2| + |z_3| + |z_4| \geq 2\sqrt{2}$. 而 $|z_1| + |z_2| + |z_3| + |z_4| \geq |z_1 + z_2 + z_3 + z_4| = |2 + 2i| = 2\sqrt{2}$.

再由不等式左端各项也很似"两点间的距离公式",以此类比联想到,去证以点 $O(0,0), A(1,0), B(1,1), C(0,1)$ 为顶点的正方形内的一点 $D(a,b)$ 到这四个顶点的距离之和大于或等于 $2\sqrt{2}$. 由平几知识不难知道,当点 D 落在正方形的中心,(即"费尔马"点)时,点 D

到四顶点的距离之和为最小,最小值即为此正方形两对角线长度之和 $2\sqrt{2}$,从而也可得证.

当然,也可由"勾股定理"的结构特征类比联想得到证法. 由于篇幅所限,这里略.

例 61 求函数 $y = \dfrac{3 - \sin x}{4 - 2\cos x}$ 的极大值和极小值.

解析 此函数左端与"两点连线的斜率公式"很类似,以此类比联想到,去求联结两点 $P(2\cos t, \sin t), A(4,3)$ 的连线的斜率的极大值和极小值,而点 P 为椭圆 $\dfrac{x^2}{4} + \dfrac{y^2}{1} = 1$ 上的点,由观察知:当 AP 与此椭圆相切时,斜率取得极值.

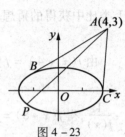

图 4 - 22

设过点 $A(4,3)$ 与此椭圆相切的直线方程为: $y - 3 = k(x - 4)$,代入 $\dfrac{x^2}{4} + \dfrac{y^2}{1} = 1$ 中有 $(1 + 4k^2)x^2 + 8k(3 - 4k)x + 4(3 - 4k)^2 - 4 = 0$,令 $\Delta = 0$,可得: $k = 1 \pm \dfrac{\sqrt{3}}{3}$.

故 $y_{极大} = 1 + \dfrac{\sqrt{3}}{3}, y_{极小} = 1 - \dfrac{\sqrt{3}}{3}$.

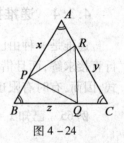

图 4 - 23

(3)将问题作适当变形后,再以常见问题或某些定理、公式为典型结构特征为模式进行类比推理,常会获得令人欣喜的解法.

例 62 设 x, y, z 都在 $(0,1)$ 内. 求证: $x(1 - y) + y(1 - z) + z(1 - x) < 1$.

解析 直接以条件向结论沟通但没有如下解法简捷. 注意结论并考虑条件可知: $x, y, z, 1 - y, 1 - z, 1 - x$ 均为正数,且恰似两线段积之和,给每个正数赋予线段形象;以线段积类比推理联想到三角形面积公式: $S_\triangle = \dfrac{1}{2}ab\sin C$ 而构造模型——三角形.

构造边长为 1 的正 $\triangle ABC$,在 AB, BC, CA 上各取一点 P, Q, R 使得 $AP = x, BQ = z, CR = y$,如图 4 - 24,则 $BP = 1 - x, CQ = 1 - z, AR = 1 - y$,由图易知: $S_{\triangle ABC} > S_{\triangle ADR} + S_{\triangle BPQ} + S_{\triangle CQR}$,即知不等式成立.

例 63 若数列 $\{x_n\}(n \geq 3)$ 满足条件 $(x_1^2 + x_2^2 + \cdots + x_{n-1}^2)(x_2^2 + x_3^2 + \cdots + x_n^2) = (x_1 x_2 + x_2 x_3 + \cdots + x_{n-1} x_n)^2$,则数列 $\{x_n\}$ 是等比数列.

解析 先置数列问题于"不顾",而令 $x_1^2 + x_2^2 + \cdots + x_{n-1}^2 = a, x_2^2 + x_3^2 + \cdots + x_n^2 = c, x_1 x_2 + x_2 x_3 + \cdots + x_{n-1} x_n = b$,条件变形为: $ac = b^2$,即 $b^2 - ac = 0$. 类比公式: $\Delta = B^2 - 4AC = 0$,去构造关于 y 的二次方程 $f(y) = ay^2 - 2by + c = 0$. 由 $\Delta = 0$,此方程有二等根为 $y = e(e$ 为常数).

又因 $f(y) = (x_1 y - x_2)^2 + (x_2 y - x_3)^2 + \cdots + (x_{n-1} y - x_n)^2 = 0$,故有
$$f(e) = (x_1 e - x_2)^2 + (x_2 e - x_3)^2 + \cdots + (x_{n-1} e - x_n)^2 = 0$$

从而 $x_k e - x_{k+1} = 0$,即
$$\dfrac{x_{k+1}}{x_k} = e \quad (k = 1, 2, \cdots, n - 1)$$

因此数列$\{x_n\}$是等比数列.

例64 已知$f(x)$是定义在实数集上的函数,且$f(x+2) \cdot [1-f(x)] = 1+f(x)$,$f(3) = 2$,求$f(2\,015)$的值.

解析 此题若直接求解,思路不清,难度大. 从$f(3)=2$求$f(2015)$的值,跳跃度大,不可强攻,只能智取. 可将条件式变为$f(x+2) = \dfrac{1+f(x)}{1-f(x)}$. 于是,从式子结构特征大胆类比联想公式$\tan\left(x+\dfrac{\pi}{4}\right) = \dfrac{1+\tan x}{1-\tan x}$,再将$\tan x$作为$f(x)$的特例,则在类比推理中可获猜想:$f(x)$是周期函数. 因为$\tan x$的周期为$4 \times \dfrac{\pi}{4} = \pi$,故可进一步猜想$f(x)$的周期是$4 \times 2 = 8$. 有了以上类比中获得的猜想,以下证明只是例行的步骤了.

由$f(x+4) = f[(x+2)+2] = \dfrac{1+f(x+2)}{1-f(x+2)} = \dfrac{1+\dfrac{1+f(x)}{1-f(x)}}{1-\dfrac{1+f(x)}{1-f(x)}} = \dfrac{2}{1-f(x)} \cdot \dfrac{1-f(x)}{-2f(x)} = -\dfrac{1}{f(x)}$,得$f(x+8) = f[(x+4)+4] = -\dfrac{1}{f(x+4)} = -\dfrac{1}{-\dfrac{1}{f(x)}} = f(x)$,则$f(x)$的周期为8.

故$f(2\,015) = f(8 \times 251 + 7) = f(7) = -\dfrac{1}{f(3)} = -\dfrac{1}{2}$.

4.2.4 递推推理

递推是一种由已知项迭代来表示相关联的未知项的一种推理. 显然,递推不是对问题进行直接求解,而且借助于一种关系转化问题使其获解. 递推也是通过有限认识无限的一种方式,因而,有时有限也可通过无限来处理.

例65 已知$x + \dfrac{1}{x} = 3$,则$x^{10} + x^5 + \dfrac{1}{x^5} + \dfrac{1}{x^{10}} =$ _____.

解析 填15 250. 理由:由$x + \dfrac{1}{x} = 3$,得
$$x^2 + \dfrac{1}{x^2} = 9 - 2 = 7$$
进而,$\left(x + \dfrac{1}{x}\right)\left(x^2 + \dfrac{1}{x^2}\right) = 21$,则
$$x^3 + \dfrac{1}{x^3} = 21 - \left(x + \dfrac{1}{x}\right) = 18$$
于是
$$\left(x^2 + \dfrac{1}{x^2}\right)\left(x^3 + \dfrac{1}{x^3}\right) = 126$$
所以
$$\left(x^5 + \dfrac{1}{x^5}\right) = 126 - \left(x + \dfrac{1}{x}\right) = 123$$
从而

$$x^{10}+\frac{1}{x^{10}}=\left(x^{5}+\frac{1}{x^{5}}\right)^{2}-2=15\ 127$$

故

$$x^{10}+x^{5}+\frac{1}{x^{5}}+\frac{1}{x^{10}}=123+15\ 127=15\ 250$$

例66 求证:平面上任意两个不同整点到点 $P(\sqrt{2},\sqrt{3})$ 的距离都不相等(整点是指横、纵坐标均为整数的点).

证明 假设结论不成立.

则平面上存在两个不同的整点 $A(a,b),B(c,d)$(a,b,c,d 为整数),使得 $AP=BP$.

故

$$AP^{2}=BP^{2}\Rightarrow(a-\sqrt{2})^{2}+(b-\sqrt{3})^{2}=(c-\sqrt{2})^{2}+(d-\sqrt{2})^{2}$$
$$\Rightarrow 2(a-c)\sqrt{2}+2(b-d)\sqrt{3}=a^{2}+b^{2}-c^{2}-d^{2} \qquad ①$$
$$\Rightarrow 8(a-c)^{2}+12(b-d)^{2}+8(a-c)(b-d)\sqrt{6}=(a^{2}+b^{2}-c^{2}-d^{2})^{2}$$
$$\Rightarrow 8(a-c)(b-d)\sqrt{6}=(a^{2}+b^{2}-c^{2}-d^{2})-8(a-c)^{2}-12(b-d)^{2} \qquad ②$$

由于式②的右边是整数,则必有

$$(a-c)(b-d)=0 \qquad ③$$

(i)若 $a-c=0$,由式①知 $b-d=0$,此时,$a=c,b=d$,故点 A 与 B 重合,矛盾.

(ii)若 $a-c\neq 0$,由式③知 $b-d=0$,从而,由式①知 $a-c=0$,矛盾.

综上,假设不成立.

所以,原结论成立.

例67 袋中有 a 只白球 b 只黑球,每次摸出一球后总是放入一只白球,这样进行了 n 次后,再从袋中摸出一只球,求它是白球的概率.

解析 考察第 i 次摸到白球的概率和第 $i+1$ 次摸到白球的概率之间的递推关系.

第 $i+1$ 次摸到白球分为两类:第 i 次摸到白球时第 $i+1$ 次摸到白球和第 i 次没摸到白球时第 $i+1$ 次摸到白球,记 $A_i=\{$第 i 次摸到白球$\}$,用条件概率的语言来描述即

$$P(A_{i+1})=P(A_i)P(A_{i+1}|A_i)+P(\overline{A_i})\cdot P(A_{i+1}|\overline{A_i})$$

而

$$P(A_{i+1}|A_i)=P(A_i)$$

$$P(A_{i+1}|\overline{A_i})=P(A_i)+\frac{1}{a+b}$$

$$P(\overline{A_i})=1-P(A_i)$$

故 $P(A_{i+1})=\dfrac{a+b-1}{a+b}P(A_i)+\dfrac{1}{a+b}$,变形得

$$P(A_{i+1})-1=\frac{a+b-1}{a+b}(P(A_i)-1)$$

$$P(A_{n+1})-1=\left(\frac{a+b-1}{a+b}\right)^n(P(A_1)-1)=\left(\frac{a+b-1}{a+b}\right)^n\left(\frac{-b}{a+b}\right)$$

故

$$P(A_{n+1})=1-\frac{b}{a+b}\left(\frac{a+b-1}{a+b}\right)^n$$

例 68 设一个试验有 m 个等可能的结局,求至少一个结局接连发生 k 次的独立试验的期望次数.

解析 独立试验的次数 X 的所有可能取值为 $k,k+1,\cdots$. 若计算 $X=k,X=k+1,\cdots$ 的概率然后再求数学期望,其过程相当烦琐,故考虑间接方法.

记 E_k 是 $A_k = \{$至少一个结局接连发生 k 次$\}$ 发生所需的试验次数的期望,则事件 A_k 和 A_{k-1} 间有这样的关系:在 A_{k-1} 发生的条件下,或者继续试验一次,同一结局又发生了,这样便导致 A_k 的发生,其概率为 $\frac{1}{m}$;或者继续试验一次这个结局没有发生,(其概率为 $1-\frac{1}{m}$),而另外的结局发生了,这样要使 A_k 发生等同于重新从头开始,它的期望次数是 E_k. 于是有 $E_k = E_{k-1} + 1 \cdot \frac{1}{m} + (1-\frac{1}{m}) \cdot E_k$ 即 $E_k = mE_{k-1} + 1$,显然 $E_1 = 1$,进一步化递推关系为 $E_k + \frac{1}{m-1} = m(E_{k-1} + \frac{1}{m-1})$,$E_k = \frac{m^k - 1}{m-1}$.

注 本题把要求的期望作为期望序列 $E_1, E_2, \cdots, E_k, \cdots$ 中的一般项并根据实际意义找出 E_k 的递推关系,最终求出期望,避免了求概率的困难,体现了递推的巧妙.

4.2.5 逆向推理

逆向推理是一种逆向思考进行的推理. 公式的逆用,不等式的逆向运用就是一种逆向推理. 对于柯西不等式:若 $x_i, y_i \geq 0, i = 1, 2, \cdots, n$,则

$$(x_1^2 + x_2^2 + \cdots + x_n^2)(y_1^2 + y_2^2 + \cdots + y_n^2) \geq (x_1y_1 + x_2y_2 + \cdots + x_ny_n)^2$$

上述柯西不等式常有如下变形式(也可称为权方和不等式):

若 $a_i, b_i \in \mathbf{R}^* (i = 1, 2, \cdots, n)$,则有

$$\sum_{i=1}^{n} \frac{a_i^2}{b_i} \geq \frac{\left(\sum_{i=1}^{n} a_i\right)^2}{\sum_{i=1}^{n} b_i} \quad ①$$

在应用变式①解决问题的过程中,受惯性思维的影响,我们常从左到右看待此不等式,即左边≥右边. 事实上,我们可以换一个看待问题的角度和方式,逆向思考,进行推理,即从右到左重新审视此不等式,则有:

若 $a_i, b_i \in \mathbf{R}^* (i = 1, 2, \cdots, n)$,则有

$$\frac{\left(\sum_{i=1}^{n} a_i\right)^2}{\sum_{i=1}^{n} b_i} \leq \sum_{i=1}^{n} \frac{a_i^2}{b_i} \quad ②$$

以上两个不等式除代数式在位置上的些许改变,没有本质上的变化,但变式②对一些不等式问题可以给予简捷、完美的解答.

例 69 若 $a, b, c > 0$,且 $a + b + c = 1$,求证:$\frac{1}{1-a} + \frac{1}{1-b} + \frac{1}{1-c} \geq \frac{2}{1+a} + \frac{2}{1+b} + \frac{2}{1+c}$.

证明 由于 $a + b + c = 1$,则不等式等价于

$$\frac{2}{(a+b)+(a+c)} + \frac{2}{(b+c)+(b+a)} + \frac{2}{(c+a)+(c+b)} \leq \frac{1}{a+b} + \frac{1}{b+c} + \frac{1}{c+a} \quad ③$$

由柯西不等式变式②,可得

$$\frac{2}{(a+b)+(a+c)} \leq \frac{1}{2}\left(\frac{1}{a+b}+\frac{1}{c+a}\right)$$

$$\frac{2}{(b+c)+(b+a)} \leq \frac{1}{2}\left(\frac{1}{b+c}+\frac{1}{a-b}\right)$$

$$\frac{2}{(c+a)+(c+b)} \leq \frac{1}{2}\left(\frac{1}{b+c}+\frac{1}{c+a}\right)$$

上述三式相加,即可获证.

例 70 若 $a,b,c>0$,且 $ab+bc+ca=3$,求证: $\frac{1}{a^2+1}+\frac{1}{b^2+1}+\frac{1}{c^2+1} \geq \frac{3}{2}$.

证明 由 $\frac{1}{1+a^2}=1-\frac{a^2}{1+a^2}$ 等三式,则不等式等价于

$$\frac{a^2}{a^2+1}+\frac{b^2}{b^2+1}+\frac{c^2}{c^2+1} \leq \frac{3}{2}$$

由于 $ab+bc+ca=3$,则

$$\frac{a^2}{a^2+1} = \frac{3a^2}{a(a+b+c)+(2a^2+bc)}$$

$$\leq \frac{3a^2}{4}\left(\frac{1}{a(a+b+c)}+\frac{1}{2a^2+bc}\right)$$

$$= \frac{3a}{4(a+b+c)}+\frac{3a^2}{4(2a^2+bc)}$$

同理

$$\frac{b^2}{b^2+1} \leq \frac{3b}{4(a+b+c)}+\frac{3b^2}{4(2b^2+ca)} \quad \frac{c^2}{c^2+1} \leq \frac{3c}{4(a+b+c)}+\frac{3c^2}{4(2c^2+ab)}$$

上述三式相加,则 $\frac{a^2}{a^2+1}+\frac{b^2}{b^2+1}+\frac{c^2}{c^2+1} \leq \frac{3}{4}+\frac{3}{4}\left(\frac{a^2}{2a^2+bc}+\frac{b^2}{2b^2+ca}+\frac{c^2}{2c^2+ab}\right)$.

又 $\frac{a^2}{2a^2+bc}+\frac{b^2}{2b^2+ca}+\frac{c^2}{2c^2+ab}=\frac{1}{2}\left[\left(1-\frac{bc}{2a^2+bc}\right)+\left(1-\frac{ca}{2b^2+ca}\right)+\left(1-\frac{ab}{2c^2+ab}\right)\right]=$

$\frac{3}{2}-\frac{1}{2}\left(\frac{bc}{2a^2+bc}+\frac{ca}{2b^2+ca}+\frac{ab}{2c^2+ab}\right) \leq \frac{3}{2}-\frac{1}{2}\frac{(ab+bc+ca)^2}{(ab)^2+(bc)^2+(ca)^2+2abc(a+b+c)}=1$,

从而 $\frac{3}{4}+\frac{3}{4}\left(\frac{a^2}{2a^2+bc}+\frac{b^2}{2b^2+ca}+\frac{c^2}{2c^2+ab}\right) \leq \frac{3}{2}$,不等式得证.

探讨一个命题的逆命题也是一种逆向推理思考,这种思考是非常有利于数学的学习的,不仅拓宽了数学视野,而且还可获得新的结论.

例 71 在梯形 $ABCD$ 中,点 E,F 分别是腰 AD,BC 的中点,则 $EF=\frac{1}{2}(AB+CD)$. 这是梯形的中位线定理,它的逆命题成立吗? 即是否有:

命题 若 E,F 分别是平面凸四边形 $ABCD$ 的边 AD,BC 的中点,且满足 $EF=\frac{1}{2}(AB+CD)$,则 $AB//DC$.

事实上,如图 4-25,联结 AC,取 AC 的中点 G,联结 EG,GF,由三角形中位线定理. 有

$EG \underline{\underline{/\!/}} \frac{1}{2}CD, GF \underline{\underline{/\!/}} \frac{1}{2}AB$. 于是

$$EG + GF = \frac{1}{2}(AB + CD)$$

而 $EF = \frac{1}{2}(AB + CD)$. 即有 $EG + GF = EF$.

故点 G 在 EF 上. 从而 $EF /\!/ DC, EF /\!/ AB$, 故 $AB /\!/ DC$.

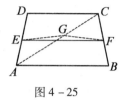

图 4-25

例72 在 $\triangle ABC$ 中,求证:$\sin A + \sin B + \sin C = 4\cos\frac{A}{2}\cos\frac{B}{2}\cos\frac{C}{2}$.

这个命题的逆命题成立吗? 即是否有:

命题 设 $A, B, C \in (0, \pi)$,若 $\sin A + \sin B + \sin C = 4\cos\frac{A}{2}\cos\frac{B}{2}\cos\frac{C}{2}$,则必有 $A + B + C = \pi$.

证明 首先证明三个不等式 $A + B < \pi, B + C < \pi, C + A < \pi$ 中至少有一个成立.

事实上假设这三个不等式都不成立,则有 $A + B \geq \pi$ 及 $A, B \in (0, \pi)$ 得 $\frac{A}{2} > \frac{\pi}{2} - \frac{B}{2}$ 且 $\frac{A}{2}, \frac{\pi}{2} - \frac{B}{2} \in \left(0, \frac{\pi}{2}\right)$,而函数 $\sin x$ 在区间 $\left(0, \frac{\pi}{2}\right)$ 上为增函数. 则 $1 > \sin\frac{A}{2} > \sin\left(\frac{\pi}{2} - \frac{B}{2}\right) = \cos\frac{B}{2} > 0$. 同理可得 $1 > \sin\frac{B}{2} > \cos\frac{C}{2} > 0, 1 > \sin\frac{C}{2} > \cos\frac{A}{2} > 0$.

于是 $\sin A + \sin B + \sin C = 2\left(\sin\frac{A}{2}\cos\frac{A}{2} + \sin\frac{B}{2}\cos\frac{B}{2} + \sin\frac{C}{2}\cos\frac{C}{2}\right) > 2\left(\cos\frac{B}{2}\cos\frac{A}{2} \cdot \cos\frac{C}{2} + \cos\frac{C}{2}\cos\frac{B}{2} \cdot \cos\frac{A}{2} + \cos\frac{A}{2}\cos\frac{C}{2} \cdot \cos\frac{B}{2}\right) = 6\cos\frac{A}{2}\cos\frac{B}{2}\cos\frac{C}{2} > 4\cos\frac{A}{2}\cos\frac{B}{2}\cos\frac{C}{2}$ 与条件 $\sin A + \sin B + \sin C = 4\cos\frac{A}{2}\cos\frac{B}{2}\cos\frac{C}{2}$ 相矛盾.

由此,不妨设 $A + B < \pi$.

$$\sin A + \sin B = 2\sin\frac{A+B}{2}\cos\frac{A-B}{2}$$

$$\sin C = 2\sin\frac{C}{2}\cos\frac{C}{2}$$

$$2\cos\frac{A}{2}\cos\frac{B}{2} = \cos\frac{A+B}{2} + \cos\frac{A-B}{2}$$

则

$$\sin A + \sin B + \sin C = 4\cos\frac{A}{2}\cos\frac{B}{2}\cos\frac{C}{2}$$

得

$$\sin\frac{A+B}{2}\cos\frac{A-B}{2} + \sin\frac{C}{2}\cos\frac{C}{2} = \left(\cos\frac{A+B}{2} + \cos\frac{A-B}{2}\right)\cos\frac{C}{2}$$

即

$$\left(\sin\frac{A+B}{2}-\cos\frac{C}{2}\right)\cos\frac{A-B}{2}+\left(\sin\frac{C}{2}-\cos\frac{A+B}{2}\right)\cos\frac{C}{2}=0$$

（对各括号内和差化积）即

$$\cos\frac{1}{2}\left(\frac{A+B}{2}+\frac{\pi}{2}-\frac{C}{2}\right)\cdot\sin\frac{1}{2}\left(\frac{A+B}{2}+\frac{C}{2}-\frac{\pi}{2}\right)\cos\frac{A+B}{2}+$$

$$2\cos\frac{1}{2}\left(\frac{C}{2}-\frac{A+B}{2}+\frac{\pi}{2}\right)\sin\frac{1}{2}\left(\frac{C}{2}+\frac{A+B}{2}-\frac{\pi}{2}\right)\cos\frac{C}{2}=0$$

即

$$\sin\frac{A+B-C+\pi}{4}\left[\cos\frac{A+B-C+\pi}{4}\cos\frac{A-B}{2}+\cos\frac{A+B-C-\pi}{4}\cos\frac{\pi}{2}\right]=0$$

又 $A+B, C \in (0,\pi)$，则 $\frac{1}{4}(A+B-C\pm\pi) \in \left(-\frac{\pi}{2},\frac{\pi}{2}\right)$，及 $\frac{A-B}{2}, \frac{C}{2} \in \left(-\frac{\pi}{2},\frac{\pi}{2}\right)$，则上式括号内值是正数，因而必有 $\sin\frac{A+B+C-\pi}{4}=0$ 但 $\frac{1}{4}(A+B+C-\pi) \in \left(-\frac{\pi}{4},\frac{\pi}{4}\right)$.

故 $\frac{1}{4}(A+B+C-\pi)=0$，从而 $A+B+C=\pi$. 证毕.

第五章　数学阅读和数学概括

5.1　数学阅读技能

阅读是人类社会生活的一项重要活动,是人类汲取知识的主要手段和认识世界的重要途径.数学学习离不开阅读,阅读是数学学习的一项基本技能.

数学是一种语言,"以前,人们认为数学只是自然科学的语言和工具,现在数学已成了所有科学——自然科学、社会科学、管理科学等的工具和语言"[1]. 不过,这种语言与日常语言不同,"日常语言是习俗的产物,也是社会和政治运动的产物,而数学语言则是慎重地、有意地而且经常是精心设计的"[2]. 因此,美国著名心理学家布龙菲尔德(L. Bloonfield)说:"数学不过是语言所能达到的最高境界"[3]. 更有苏联数学教育家斯托利亚尔言:"数学教学也就是数学语言的教学"[4]. 而语言的学习是离不开阅读的,所以,数学的学习不能离开阅读,这便是数学阅读之由来.

数学阅读过程同一般阅读过程一样,是一个完整的心理活动过程,包含语言符号(文字、数学符号、术语、公式、图表等)的感知和认读、新概念的同化和顺应、阅读材料的理解和记忆等各种心理活动因素.同时,它也是一个不断假设、证明、想象、推理的积极能动的认知过程.但由于数学语言的符号化、逻辑化及严谨性、抽象性等特点,数学阅读又有不同于一般阅读的特殊性,认识这些特殊性,对指导数学阅读有重要意义.[5]

首先,由于数学语言的高度抽象性,数学阅读需要较强的逻辑思维能力.在阅读过程中,读者必须认读感知阅读材料中有关的数学术语和符号,理解每个术语和符号,并能正确依据数学原理分析它们之间的逻辑关系,最后达到对材料的本真理解,形成知识结构,这中间用到的逻辑推理思维特别多.而一般阅读"理解和感知好像融合为一体.因为这种情况下的阅读,主要的是运用已有的知识,把它与新的印象联系起来,从而掌握阅读的对象"[6],较少运用逻辑推理思维.

其次,数学语言的特点也在于它的精确性,每个数学概念、符号、术语都有其精确的含义,没有含糊不清或易产生歧义的词汇,数学中的结论错对分明,不存在似是而非模棱两可的断言,当一个学习者试图阅读、理解一段数学材料或一个概念、定理或其证明时,他必须了解其中出现的每个数学术语和每个数学符号的精确含义,不能忽视或略去任何一个不理解的词汇.因此,浏览、快速阅读等阅读方式不太适合数学阅读学习.

---

① 丁石孙,张祖贵.数学与教育[M].长沙:湖南教育出版社.1989:76.
② [美]M.克莱因:数学与文化.载邓东皋编.数学与文化[M].北京:北京大学出版社.1990:43.
③ 丁石孙,张祖贵.数学与教育[M].长沙:湖南教育出版社.1989:92.
④ [苏]斯托利亚尔.数学教育学[M].丁尔升,等译.北京:人民教育出版社.1984:224.
⑤ 邵光华.数学阅读——现代数学教育不容忽视的课题[J].数学通报,1999(10):16-18.
⑥ 高瑞卿.阅读学概论[M].长春:吉林教育出版社,1987:65.

第三,数学阅读要求认真细致.阅读一本小说或故事书时,可以不注意细节,进行跳阅或浏览无趣味的段落,但数学阅读由于数学教科书编写的逻辑严谨性及数学"言必有据"的特点,要求对每个句子、每个名词术语、每个图表都应细致地阅读分析,领会其内容、含义.对新出现的数学定义、定理一般不能一遍过,要反复仔细阅读,并进行认真分析直至弄懂含义.数学阅读常出现这种情况,认识一段数学材料中每一个字、词或句子,却不能理解其中的推理和数学含义,更难体会到其中的数学思维方法.数学语言形式表述与数学内容之间的这一矛盾决定了数学阅读必须勤思多想[1].

第四,数学阅读过程往往是读写结合过程.一方面,数学阅读要求记忆重要概念、原理、公式,而书写可以加快、加强记忆,数学阅读时,对重要的内容常通过书写或做笔记来加强记忆;另一方面,教材编写为了简约,数学推理的理由常省略.运算证明过程也常简略.阅读时,如果从上一步到下一步跨度较大.常需纸笔演算推理来"架桥铺路".以便顺利阅读,还有,数学阅读时常要求从课文中概括归纳出一些东西,如解题格式、证明思想、知识结构框图,或举一些反例、变式来加深理解,这些往往要求读者以批注的形式写在页边上,以便以后复习巩固[2].

第五,数学阅读过程中语意转换频繁,要求思维灵活.数学教科书中的语言可以说是通常的文字语言、数学符号语言、图形语言的交融,数学阅读重在理解领会,而实现领会目的的行为之一就是"内部言语转化",即把阅读交流内容转化为易于接受的语言形式.因此,数学阅读常要灵活转化阅读内容.如把一个用抽象表述方式阐述的问题转化成用具体的或不那么抽象的表达方式表述的问题,即"用你自己的语言来阐述问题";把用符号形式或图表示的关系转化为言语的形式以及把言语形式表述的关系转化成符号或图表形式;把一些用言语形式表述的概念转化成用直观的图形表述形式;用自己更清楚的语言表述正规定义或定理等.总之,数学阅读常要求大脑建起灵活的语言转化机制,而这也正是数学阅读有别于其他阅读的最主要的方面[3].

综上,数学阅读所具有的特点是:数学阅读具有精确性、简洁性的特点;数学阅读要求要细致阅读,具有不可跳跃性;数学阅读过程中语义转化频繁,要求思维灵活;数学阅读过程往往是手脑并用、读写结合的过程;数学阅读就是要领会其中的数学思想,构建自己的数学观念.

在此强调的是:根据数学阅读的特点,对数学阅读内容进行批注是学习者顺利完成数学阅读的必要手段.

批注是中国传统的文学阅读方式,又名评点.如诗文评点、小说评点,它是一种个性化的学习方式,有助于学习者边学习边思考,形成自己独特的、富有个性的学习过程.认知论的哲学家波兰尼指出:"我们所能知道的远比我们所能言传的多",他将知识分为明言知识和默会知识,很多知识需要学生个性化的理解、表达和批注.所谓数学中(后)写下自己对阅读内容的理解和体会,是对阅读内容的归纳、挖掘和重新整理及其反思的过程,是形成数学思想、数学方法,提高应用数学知识解决实际问题的能力的过程.数学批注与传统批注相比,它一般更倾向于理性思考,显得简洁而有逻辑性.除了圈点勾画外,它往往以数学符号、图形或自然语言的形式出现,记录了学习者学习数学的整个思维过程与学习成长的过程.

---

[1][2][3] 邵光华.数学阅读——现代数学教育不容忽视的课题[J].数学通报,1999(10):16-18.

5.1.1 对数学概念、定义精细读与批注

概念是教学重点和难点的精华和浓缩,教材对概念的叙述严谨,用词准确,语言简练,学习者理解起来有一定的困难.对数学概念必须精细阅读,并在作批注时应注意以下几个方面:首先,在阅读概念时一定要认真领会其真正的含义,勾画出核心字、词,从多角度、多层面来对概念中的关键字、词、符号进行批注或等价转化(文字语言、符号语言、图像语言之间的转化).其次,用自己的语言来描述此概念,写出与该概念相似的概念,进行对比与区分,把握概念的内涵与外延.最后,注意是否可以找到相关的正反例子或实物,易于对概念进行表征.

例如,对于子集概念的阅读学习.

可以结合引例,指导学习者理解、划记"子集"概念中的关键词:"任意一个""都是".其文字语言是"集合 A 的任何一个元素都是集合 B 中的元素",符号语言是"任意 $x \in A \Rightarrow x \in B$",图形语言可以由"Venn 图"表述.可以要求学习者在课本相应的位置作好批注,并通过三种数学语言对比去理解子集的概念.

又例如,在阅读学习互斥事件和对立事件时,可以对互斥事件,对立事件理解用集合语言或图形语言来批注.把在任何一次实验中不可能同时发生和不能同时发生分别用 $A \cap B = \varnothing$ 和 $A \cap B = \varnothing$ 且 $A \cup B = \Omega$ 来描述,这样有利于把握概念的本质.再如,在学到概率这个概念时,学习者可以在旁边这样批注:频率是概率的近似值,具有相对的稳定性,随着试验次数的增加,当试验次数达到一定程度时,频率越来越接近概率,频率是概率的近似值,是随机的,在试验前不能确定,随着试验次数的变化而变化,而概率是一个确定的数,它不等于频率也不是频率的极限值,而是客观存在的,与每次试验无关.

总之,在对数学概念、定义等的阅读学习中的关注点是抓关键词及多种数学语言转换.

起始阶段,要为学习者作好示范.引导学习者紧扣关键词进行精读,从概念产生的背景中、从三种数学语言转换中理解数学概念,把课本"由薄读厚".并且指导学习者在课本相应位置作好笔记、写好批注,培养"动书必动笔"的读书意识,为"回眸"阅读提供参考.

5.1.2 对数学定理、公式、法则推敲读与批注

与数学概念、定义类似,数学定理、法则措辞严密、语言精练,不但要逐字逐句进行琢磨,认真理解定理、法则,而且要推敲定理、法则是怎样由概念定义得到的、怎样证明的、有什么用.

例如,对直线与平面平行的判定定理的阅读学习.

可以根据直线与平面平行的定义,结合引例、联想身边的直线与平面模型,指导学习者阅读课本相关内容、弄清定理产生的思维背景.理解定理时,划记关键词:"外""内""平行",关注其中涉及的两条直线和一个平面,以及相互位置关系.通过文字语言:"平面外一条直线与此平面内的一条直线平行,则该直线与此平面平行",符号语言:"$a \not\subset \alpha, b \subset \alpha, a // b \Rightarrow a // \alpha$",与图形语言:课本中图示的相互转换,结合课本"边框"提示语,理解此定理的"条件"与"结论".虽然课本没有要求证明,但是仍然可以引导学习者思考怎样证明此定理,从中获得意义上的建构.不但如此,还可以结合课本相关的例题、习题,采取正例同化、反例顺应的方法,引导学习者解读此定理的关键词,使之更加接近此定理的本质,知道此定理有什么用、如何用.

学习数学离不开对公式、定理的理解和运用,它们的推理、证明方法具有典型性,往往代表了一类典型的解题方法或思想,对它们的证明及推导方法加以批注,有利于学习者解题思想方法的形成. 因此在阅读公式时要注意对公式做如下批注:第一,标出公式中字母的取值范围,以及该公式成立的大前提. 第二,对公式要做到"三用",即该公式的顺用、逆用、变用. 最后,要明白公式的来龙去脉,会推导公式.

例如,三角函数二倍角公式 $\cos 2\theta = 1 - 2\sin^2\theta = 2\cos^2\theta - 1$,逆用 $\sin^2\theta = \dfrac{1-\cos 2\theta}{2}$,变形 $\sin^2\dfrac{\theta}{2} = \dfrac{1-\cos\theta}{2}$. 其推导过程就是利用三角函数的和差化积公式. 再如,等差数列求和公式可变为 $S_n = an^2 + bn(a, b \in \mathbf{R})$,或 $S_n = \dfrac{d}{2}n^2 + \left(a_1 - \dfrac{d}{2}\right)n$,同时批注上等差数列求和公式推导过程所使用的数学思想方法——倒叙相加法. 同样,在阅读定理时做到以下批注,以正、余弦定理为例:一要注解出定理的条件、适用范围. 正弦定理适用于:已知两角和任意一边,求其他的两边及一角;已知两边和其中一边的对角,求其他边角. 余弦定理适用于:已知三边求三角;已知两边和他们的夹角,求第三边和其他两角. 二要注出定理的证明步骤和方法,正弦定理用到特殊到一般的数学思想,余弦定理的证明方法还可以用向量法证明. 三要挖掘定理可否逆用、推广、延伸. 可利用正余弦定理实现边角转化,统一成边的形式或角的形式来判断三角形的形状.

总之,在对数学定理、公式、法则的阅读学习中的关注点是,抓定理、公式、法则的产生、理解和课本"探究""思考""边框"的导学功能及自己的阅读批注.

当然,在阅读定理、公式、法则之前,要做好铺垫. 重视引导学习者从数学概念、定义出发,提炼形成相关结论,并考究其中的措辞,培养学习者良好的数学语言意识. 在此之后,要有相应的强化与补充,让学习者在具体的情境中建构数学公式、定理、法则的阅读自学方法.

5.1.3 对课本例、习题的变式读与批注

作为例题、习题它的主要作用是为了巩固基础知识,促使学习者掌握基本技能和思想方法,从而提高学习者的解决问题的能力. 对例题、习题主要做以下批注:读数学例题时一要认真审题,标出解题过程关键所在;二要领悟其中的数学思维和方法;三要做好典型例题的归纳、整理,拓展思考和建构,做到举一反三,触类旁通.

例如,对课本计算古典概型的概率例题阅读学习后,可批注自己的学习体会,诸如:①概率为0的事件未必是不可能事件,概率等于1的事件未必是必然事件. ②判断古典概型的依据是:事件结果是为有限个;每个基本事件发生的可能性均等. ③计算此概率类型的题,解法有列举法、图形法、树形法. ④解题的关键是计算出事件的总数和所求事件所含的基本事件数.

在例、习题的阅读学习中,还要注意变式阅读. 许多例题看得懂,题目变一下就不会做,这在学习者中普遍存在的问题. 其中一个重要原因是学习者直接看例题的解题过程,缺少思维"碰撞",就题论题,没有思考解题思路是怎样被找到的,一个个问题是怎样提出来的,问题的解决方法还可以解决哪些问题等.

变式阅读,就是改变例题中的有关数据,有关条件,有关关系等后再阅读学习,看会产生

怎样的变化.

例如,在课本中的指数、对数函数图像 $y=2^x$,$y=\log_2 x$ 等的基础上,还可以画出 $y=3^x$, $y=(\frac{1}{3})^x$,$y=\log_3 x$,$y=\log_{\frac{1}{3}}x$ 等的图像. 还可以作出一些其他变化,并引导学习者在图形旁作批注,诸如:①对数函数的图像向上向下无限延伸,但不与纵轴相交,同时过定点(1,0). ②图像 $y=\log_a x$ 与 $y=\log_{\frac{1}{a}} x$ 关于 x 轴对称. ③$a>1$ 时图像逐渐上升,$0<a<1$ 时,图像逐渐下降. ④在第一象限,对于对数函数,从左向右看底数逐渐增大. 对于指数函数,从下向上看,底数逐渐增大. ⑤图像 $y=a^x$ 与 $y=\log_a x$ 关于直线 $y=x$ 对称,即他们互为反函数. ⑥两个函数若互为反函数,则它们的单调性相同.

5.1.4 对章节小结的联系读与批注

章节小结的目的是将知识系统化、条理化,理顺知识与方法的关系,方便知识"提取",思想方法的运用. 章节小结方式较多,但是方式的安排都是围绕章节小结的目标而展开的.

在对章节小结内容进行数学阅读时,首先可以让学习者对照目录,把一章的知识罗列出来,然后按照一定的线索把它们"串"起来,形成"知识框图",自己作小结与课本的"小结"对比,并学习课本章节小结的方法,"由厚到薄",了解主干知识和知识体系,再按照"知识框图"寻找知识点. 例如,对"集合""函数"这样的核心概念,进行反思性学习,逐渐接近概念的本质. 以此为突破口,结合一章的典型例、习题,研究"一题多解""一题多变""一法多用""多题一解",以形成相关问题的解题规律和解决相关问题的思想方法,开发学习资源.

对比,不仅可以在阅读章节小结中运用,在平常学习中也要运用. 对比也是一种重要的学习方法. 通过比较,建立知识之间的内在联系,寻找相同点,实现知识的同化;区分不同点,促进知识的顺应. 其实,章节小结的方式很多,在后续的学习中要给予关注,不但要形成做小结的习惯,而且要使学习者知道从哪些方面做小结,以不断校正、改进数学阅读自学方法.

上面,我们从四个方面探讨了对数学课本内容进行数学阅读的一些技能. 对数学课本的阅读,我们还须关注的是,中学数学课本编写一般分为四个层次:①由实际生活提出问题,把它抽象成数学问题、引出数学概念;②对概念、定义进行解释、说明;③运用正、反例子揭示概念的内涵与外延,反映概念的本质,推出结论(公式、定理、法则等);④举例说明这些结论的应用. 我们要研究教材,要引导学习者关注课本的编写线索和体例特点,指导学习者如何将书本中的"学术形态"转化为自己易于接受的"教育形态". 导学、导思、导行,为学习者的数学阅读自学提供方法论的指导和行为方式的引导.

还值得一提的是,在进行数学阅读自学时,不能操之过急,应该讲究"慢的艺术". 要遵循数学阅读自学的学习规律和学习者的认知规律,将阅读自学的学习任务分解到各个环节,根据学习内容和学习者的实际情况,进行合理选择. 可以让学习者阅读自学课本的某部分或某些部分,实施对相关内容的自学指导;可以与其他学习方式穿插进行,对某方面自学指导予以顺应或同化;可以在一节课的内容中,指导学习者了解数学知识产生的背景,微观入手理解数学概念,宏观把握知识的内在联系,练习诊断发现自学中的问题,反思小结提升数学思想方法,完成课本一节内容的阅读自学指导;可以在章节、单元复习中,指导学习者对课时阅读自学的笔记、批注、开发的典型题等,进行反思性学习,在进行知识建构的同时,进行阅读自学方法的总结,实行认知结构、认知方式的重组和重构.

注 上述内容参考了下述两篇文章:王连国,傅海伦.数学阅读的批注方法及其价值[J].数学通报,2011(2):13-16;阳志长.关注数学阅读自学[J],数学通报,2013(9):11-14.

5.1.5 对数学语言的阅读与转换

数学阅读中语言转换频繁,要求思维灵活.

1. 集合语言

集合语言是中学数学中重要的数学语言,它贯穿于整个中学数学学习的始终.例如:函数是数集之间的映射;数列是定义域为正整数集(或它的有限子集)的特殊函数;三角函数的本质是任意角的集合与一个比值的集合之间的对应;空间几何体的点、线、面的位置关系用集合符号来表示;解析几何图形是满足某种几何条件的点的集合;概率统计要涉及随机试验下可能出现结果的集合;用集合运算精确地描述随机事件的运算;还有不等式解集、目标函数的可行域、用集合关系理解命题的逻辑关系等,集合语言在数学各部分的内容中随处可见.将集合语言进行转换的主要手段是作出文氏图或根据题设作出示意图后再转化为其他的数学语言.

例 1 设集合 $A = \{(x,y) \mid \frac{m}{2} \leq (x-1)^2 + y^2 \leq m^2, x,y \in \mathbf{R}\}$,$B = \{(x,y) \mid 2m \leq x+y \leq 2m+1, x,y \in \mathbf{R}\}$,若 $A \cap B \neq \varnothing$,则实数 m 的取值范围是_____.

解析 根据题设,作出示意图,转换集合语言易得:A,B 分别表示圆环(或圆域)、平行带的点集,"$A \cap B \neq \varnothing$" 的含意就是两者存在公共点.故本题用动态的观点可表述为:求实数 m 的取值范围,使得动圆环(或圆域)A 与动平行带 B 始终保持"交叉".于是问题又转化为判定圆心到平行直线 $x+y=2m+1,x+y=2m$ 的距离与半径关系.显然 $A \neq \varnothing$,由 $\frac{m}{2} \leq m^2$ 得 $m \leq 0$ 或 $m \geq \frac{1}{2}$,故 $\begin{cases} m \leq 0 \\ \frac{|2+0-2m-1|}{\sqrt{2}} \leq |m| \end{cases}$,或 $\begin{cases} m \geq \frac{1}{2} \\ \frac{|2+0-2m|}{\sqrt{2}} \leq m \end{cases}$. 从而得到所求 $m \in [\frac{1}{2}, 2+\sqrt{2}]$.

例 2 设集合 $P_n = \{1,2,\cdots,n\}, n \in \mathbf{N}^*$. 记 $f(n)$ 为同时满足下列条件的集合 A 的个数:①$A \subseteq P_n$;②若 $x \in A$,则 $2x \notin A$;③若 $x \in \complement_{P_n} A$,则 $2x \notin \complement_{P_n} A$.

(1)求 $f(4)$;

(2)求 $f(n)$ 的解析式(用 n 表示).

解析 通过阅读根据题设作出文氏图,可以发现:A 与 $\complement_{P_n} A$ 满足相同条件,偶数 x 是否属于 A,由其奇数因子来确定.

(1)当 $n=4$ 时,符合条件的集合 A 为:$\{2\},\{1,4\},\{2,3\},\{1,3,4\}$.故 $f(4)=4$.

(2)任取偶数 $x \in P_n$,则 $x = m \cdot 2^k$(其中 m 为奇数,$k \in \mathbf{N}^*$).由条件知,若 $m \in A$,则 $x \in A \Leftrightarrow k$ 为偶数;若 $m \notin A$,则 $x \in A \Leftrightarrow k$ 为奇数.于是 x 是否属于 A,由 m 是否属于 A 确定.设 Q_n 是 P_n 中所有奇数的集合,因此 $f(n)$ 等于 Q_n 的子集个数.当 n 为偶数(或奇数)时,P_n 中奇数的个数是 $\frac{n}{2}$(或 $\frac{n+1}{2}$). 所以 $f(n) = \begin{cases} 2^{\frac{n}{2}} & (n \text{ 为偶数}) \\ 2^{\frac{n+1}{2}} & (n \text{ 为奇数}) \end{cases}$.

只有深刻理解集合概念,明确集合中元素的属性、集合与集合的关系,才能读懂用集合语言描述的数学命题.

2. 逻辑语言

常用逻辑用语是科学的通用语言,它更是数学表达交流的实用基础语言. 中学数学课程中的逻辑用语,是逻辑语言的最基础知识,也是学习者表述数学对象、学习中学数学其他内容的基石,应该说它又是学习者从数学感性认识到理性思考的一个转折点. 进行逻辑语言转化时,常需借助于逻辑符号推演,或根据题设明确逻辑语言的实质.

例 3 已知 $a>0$,则 x_0 满足关于 x 的方程 $ax=b$ 的充要条件是( ).

A. $\exists x \in \mathbf{R}, \frac{1}{2}ax^2 - bx \geq \frac{1}{2}ax_0^2 - bx_0$ B. $\exists x \in \mathbf{R}, \frac{1}{2}ax^2 - bx \leq \frac{1}{2}ax_0^2 - bx_0$

C. $\forall x \in \mathbf{R}, \frac{1}{2}ax^2 - bx \geq \frac{1}{2}ax_0^2 - bx_0$ D. $\forall x \in \mathbf{R}, \frac{1}{2}ax^2 - bx \leq \frac{1}{2}ax_0^2 - bx_0$

解析 本题借助于逻辑符号的推演,从四个选项的特称、全称命题中提炼二次函数模型,然后利用二次函数图像的性质即可选出答案 C. 该题最大的亮点在于用逻辑语言勾勒一道函数图像背景,让人感受到数学语言丰富多样,意境幽深!

例 4 设非空集合 $S=\{x \mid m \leq x \leq l\}$ 满足:当 $x \in S$ 时,有 $x^2 \in S$. 给出如下三个命题:①若 $m=1$,则 $S=\{1\}$;②若 $m=-\frac{1}{2}$,则 $\frac{1}{4} \leq l \leq 1$;③若 $l=\frac{1}{2}$,则 $-\frac{\sqrt{2}}{2} \leq m \leq 0$. 其中正确命题的个数是( ).

A. 0   B. 1   C. 2   D. 3

解析 本题根据题设条件,明确逻辑语言描述的问题实质是:确定函数 $f(x)=x^2$ 的定义域 S,使其值域恰是 S 的子集. 于是由 $\begin{cases} m \leq m^2 \leq l \\ m \leq l^2 \leq l \end{cases}$,逐一验证便可知选答案 D.

3. 向量语言

向量的概念和运算包含着丰富的数学语言,向量的数学意蕴十分丰富,它是承载很多数学信息的新语言,也是具有灵活转化问题的重要数学工具. 如 $\overrightarrow{PA}+\overrightarrow{PB}+\overrightarrow{PC}=\mathbf{0}$,$\overrightarrow{PA} \cdot \overrightarrow{PB} = \overrightarrow{PA} \cdot \overrightarrow{PC} = \overrightarrow{PC} \cdot \overrightarrow{PB}$ 分别表示点 P 分别为 $\triangle ABC$ 的重心、垂心;又如 $\overrightarrow{OP} = \lambda \overrightarrow{OA} + (1-\lambda) \cdot \overrightarrow{OB}(\lambda \in \mathbf{R})$ 表示点 P 在直线 AB 上,λ 的取值决定了点 P 的位置;$\overrightarrow{OP} = \lambda(\frac{\overrightarrow{OA}}{|\overrightarrow{OA}|} + \frac{\overrightarrow{OB}}{|\overrightarrow{OB}|})$ ($\lambda \in \mathbf{R}$ 表示点 P 在 $\angle AOB$ 的平分线上)等. 因此,在进行向量语言转化时,不仅要熟练掌握有关结论,还需按向量基本运算的法则作出示意图.

例 5 设 F_1,F_2 分别是双曲线 $x^2 - \frac{y^2}{9} = 1$ 的左、右焦点. 若点 P 在双曲线上,且 $\overrightarrow{PF_1} \cdot \overrightarrow{PF_2} = 0$,则 $|\overrightarrow{PF_1} + \overrightarrow{PF_2}| = ($).

A. $\sqrt{10}$ B. $2\sqrt{10}$ C. $\sqrt{5}$ D. $2\sqrt{5}$

解析 根据题设向量条件作出示意图,知本题用向量语言展现了以 PF_1,PF_2 为邻边,

F_1F_2 为对角线的矩形模型,由向量加法的意义得 $|\overrightarrow{PF_1}+\overrightarrow{PF_2}|=2c=2\sqrt{10}$.

例6 若 a,b,c 均为单位向量,且 $a\cdot b=0$,$(a-c)(b-c)\leq 0$,则 $|a+b-c|$ 的最大值为( ).

A. $\sqrt{2}-1$ B. 1 C. $\sqrt{2}$ D. 2

解析 根据题设向量条件作出示意图,可将已知条件中的向量语言转化为几何特征:在单位正方形 $OADB$ 中,设 $\overrightarrow{OA}=a$,$\overrightarrow{OB}=b$,$\overrightarrow{OC}=c$. 则 $\overrightarrow{OD}=a+b$,点 C 必在以 O 为圆心半径为1的弧 AB 上,且 $|a+b-c|=|\overrightarrow{OC}|$,如图5-1. 故本题答案选 B.

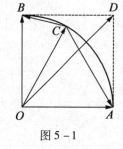

图5-1

另外,本题也可将向量语言坐标化:设 $a=(1,0)$,$b=(0,1)$,$c=(\cos\theta,\sin\theta)$,由条件 $(a-c)(b-c)\leq 0$ 得 $(1-\cos\theta)(-\cos\theta)+(1-\sin\theta)(-\sin\theta)\leq 0$,即 $\sin\theta+\cos\theta\geq 1$,故 $|a+b-c|=\sqrt{(1-\cos\theta)^2+(1-\sin\theta)^2}=\sqrt{3-2(\sin\theta+\cos\theta)}\leq 1$. 故选 B.

向量是一种特殊的语言,有很多学习者读不懂向量的语言,也就不能将向量语言转化为其他的数学语言,究其原因主要还是向量的概念表示、基本运算和几何意义不是很熟练.

4. 算法语言

"算法是数学及其应用的重要组成部分,是计算科学的重要组成基础,算法思想已经成为现代人应具备的一种数学素养."尤其是算法框图具有直观、明确的特点,用框图表达数学问题解决的过程或事物之间的关系,有助于提高抽象概括能力和逻辑思维能力,提高清晰表达和交流思想的能力. 在中学数学课程体系中,算法语言已逐渐蔓延成为数学知识网络交汇的枢纽.

例7 随机抽取某产品 n 件,测得其长度分别为 $a_1,a_2,\cdots,a_n$,则图5-2所示的程序框图输出的 $S=$ _____,S 表示的样本的数字特征是_____. (注:框图中的赋值符号"="也可以写成"←"":=")

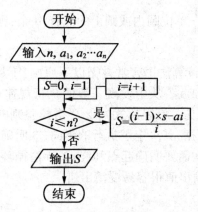

图5-2

解析 基于对平均数概念的固有印象,阅读算法框图便可知晓这是一个求 $a_1,a_2,a_3,\cdots$,

a_n 的算术平均数 $S = \dfrac{a_1 + a_2 + a_3 + \cdots + a_n}{n}$ 的流程.

例8 如图 5-3 是用模拟方法估计圆周率 π 的程序框图, P 表示估计结果, 则图中空白框内应填入( ).

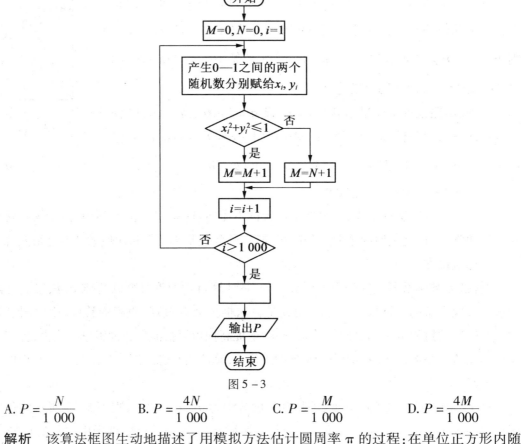

图 5-3

A. $P = \dfrac{N}{1\,000}$　　B. $P = \dfrac{4N}{1\,000}$　　C. $P = \dfrac{M}{1\,000}$　　D. $P = \dfrac{4M}{1\,000}$

解析 该算法框图生动地描述了用模拟方法估计圆周率 π 的过程: 在单位正方形内随机产生 1 000 个点, 其中落在 $\dfrac{1}{4}$ 单位圆内或圆上的点有 M 个, 则 $\dfrac{\frac{1}{4}\pi \cdot 1^2}{1^2} \approx \dfrac{M}{1\,000}$, $\pi \approx \dfrac{4M}{1\,000}$, 故答案选 D.

从上述过程可以看到, 阅读算法语言常遵循以下原则: ①从特殊到一般的原则, 即先根据流程图、算法语句逐一执行追踪, 从中发现一般的执行规律(对与数列、函数等有关的问题, 由此发现一般的递推关系或一般表达式); ②严格校验判断框的原则, 判断框内往往是分类的标准、进(出)循环的依据, 其决定了执行的走向; ③明确各组成部分的起、止值(或位置)的原则, 特别是对循环结构需要明确起点和终点, 弄清循环的次数. 提醒注意: 直到型循环与当型循环中循环变量的输出值很容易混淆出错.

5. 图式语言

图式语言(图形、图像、图表等)可以引发清晰直观的视觉形象, 变抽象为具体, 为数学思维活动提供载体模型. 再者, 用图式语言描述数学概念、表示数学关系, 并进一步运用观察、联想、类比、想象、猜想等形象方法进行推理、分析、证明或求解数学问题,其思维过程体现形象思维与逻辑思维、创造性思维的有机结合.

例9 如图 5-4. 一个正五角星薄片(其对称轴与水面垂直)匀速地升出水面,记 t 时刻五角星露出水面部分的图形面积为 $S(t)$($S(0)=0$),则导函数 $y=S'(t)$ 的图像大致为( ).

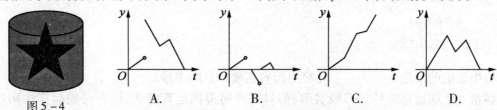

图 5-4

解析 本题图式语言形象地展示了一个与生活实际密切相关的日常现象. 有效地呈现函数、导函数图像、导数的实际意义等知识,渗透了数学的探究能力和应用能力. 由于最初零时刻和最后终点时刻面积没有变化,导数取零,故排除 C;又总面积一直保持增加,没有负的改变量,从而排除 B;区分 A,D 的差异在于五角星两肩位置的面积改变是否"平滑",围绕导数的意义,观察判断某一时刻面积增加出现突变,导数产生中断,故答案选择 A.

图式语言是数学思维的先导,充分发挥图形的直观特点,在感性认识的基础上建立概念,有助于理解概念的实质. 在解决数学问题的过程中,数形结合,由形思数,能使形象思维渗透于逻辑思维之中,使逻辑思维更好地展开与深入,将逻辑推理与合情推理有机地结合起来,有利于发现问题和探究规律. 然而,能否准确揭示数学图式语言的直观形象特征,将直接影响对数学概念的理解与问题的解决. 所以日常学习要重视训练学习者的基本作图能力,让学习者学会识别图形、图像、图表,为学习者营造一种自由发挥的天地,有助于学习者创造、探索能力的培养.

6. 符号语言

符号语言是用数学符号来表达数学对象、数学关系等特有的简洁的语言表达形式,通常是用数字、字母、运算符号和关系符号等来表示. 学习者对数学抽象符号的理解、数学设问技巧的分析都需要较强的数学阅读能力. 通常一个数学符号就代表一个数学概念,如果学习者对数学符号所代表的意义不明确,势必给阅读思考带来较大的障碍.

例10 记实数 $x_1,x_2,\cdots,x_n$ 中的最大数为 $\max\{x_1,x_2,\cdots,x_n\}$,最小数为 $\min\{x_1,x_2,\cdots,x_n\}$. 已知 $\triangle ABC$ 的三边边长为 $a,b,c(a\leq b\leq c)$,定义它的倾斜度为 $t=\max\{\dfrac{a}{b},\dfrac{b}{c},\dfrac{c}{a}\}\cdot\min\{\dfrac{a}{b},\dfrac{b}{c},\dfrac{c}{a}\}$,则"$t=1$"是"$\triangle ABC$ 为等边三角形"的( ).

A. 充分而不必要的条件
B. 必要而不充分的条件
C. 充要条件
D. 既不充分也不必要的条件

解析 本题阅读的关键是弄清 $\max\{\dfrac{a}{b},\dfrac{b}{c},\dfrac{c}{a}\}$,$\min\{\dfrac{a}{b},\dfrac{b}{c},\dfrac{c}{a}\}$ 的含义:若 $\triangle ABC$ 为等边三角形时,即 $a=b=c$,则 $\max\{\dfrac{a}{b},\dfrac{b}{c},\dfrac{c}{a}\}=1=\min\{\dfrac{a}{b},\dfrac{b}{c},\dfrac{c}{a}\}$,即 $t=1$;若 $\triangle ABC$ 为等腰三角形(如 $a=b=2,c=3$)时,则 $\max\{\dfrac{a}{b},\dfrac{b}{c},\dfrac{c}{a}\}=\dfrac{3}{2}$,$\min\{\dfrac{a}{b},\dfrac{b}{c},\dfrac{c}{a}\}=\dfrac{2}{3}$,此时 $t=1$ 仍成立,但 $\triangle ABC$ 并非等边三角形,所以正确答案选 B.

例 11 定义两个实数间的一种新运算"$*$":$x*y=\lg(10^x+10^y)$,$x,y\in\mathbf{R}$. 当 $x*x=y$ 时,记 $x=\sqrt[*]{y}$. 对于任意实数 a,b,c,给出如下结论:

① $(a*b)*c=a*(b*c)$;

② $(a*b)+c=(a+c)*(b+c)$;

③ $a*b=b*a$;

④ $\sqrt[*]{a*b}\geqslant\dfrac{a+b}{2}$.

其中正确的结论是_____.(写出所有正确结论的序号)

解析 该题运算符号"$*$"较费解,但只要严格遵循运算定义,结合对数运算法则逐一验证即得①②③正确;对于④最棘手的是符号 $\sqrt[*]{a*b}$ 的本质含义,还是遵照运算定义,设 x 满足 $x*x=a*b$,即 $\lg(10^x+10^x)=\lg(10^a+10^b)$,$2\cdot 10^x=10^a+10^b\geqslant 2\sqrt{10^a\cdot 10^b}$,从而 $x\geqslant\dfrac{a+b}{2}$. 故④也正确.

符号化是数学语言的一个显著特征,随着教学内容的不断扩充和抽象性的加强,中学数学中要使用更多的符号和术语. 而数学符号的正确运用取决于对相应数学对象本质有深刻理解. 因此,在教学中要重视培养学习者挖掘数学符号的内隐条件,这对准确把握、理解数学概念本质大有帮助.

7. 普通语言

普通语言(也称自然语言)是用文字来表达数学内容的一种语言表达形式,因其比较自然、生动、通俗,中学数学教材中的概念、定理等多以普通语言的形式叙述. 对于数学建模题型,一般也都是以普通语言的形式叙述的实际问题,学习者在解决这方面的问题时,在信息提炼的过程中,受数学语言转换能力的影响,无法将实际问题和数学模型相联系,直接影响着实际问题数学化,以至于无法下手解题. 所以解答数学应用题首先必须加强阅读、理解能力的训练;准确、恰当地实施普通语言向数学语言的转化,这是灵活运用数学知识建立数学模型和解答应用题的关键.

例 12 某数学老师身高 176 cm,他爷爷、父亲和儿子的身高分别是 173 cm,170 cm 和 182 cm,因儿子的身高与父亲的身高有关,该老师用线性回归分析的方法预测他孙子的身高为_____ cm.

解析 从普通语言叙述中整理出父亲身高 x cm 与儿子身高 y cm 的对应关系,求得回归直线方程 $\hat{y}=x+3$. 从而可估计孙子身高为 185 cm.

x	173	170	176
y	170	176	182

综上可知,数学问题通过阅读理解、抽象思维、推理演算,直到问题解决,实质上是数学语言各种形态之间的转化或互译过程,也是数学语言各种形态的表达过程. 在这个过程中,这就要求学习者具备从一种语言形式转换到另一种语言形式的技能,要求学习者掌握数学语言的形式与所表达内容的正确联系,能将自然语言数学化,数学语言符号化和图式化,以及进行各种数学语言之间相互沟通.

注 上述内容参见了江志杰老师的文章《例谈高中数学语言的阅读与转化》,数学通讯,2013(9):7-11.

5.1.6 对阅读有关数学问题进行自我检验

在数学测评中,经常有数学阅读理解检测试题,因而在平常的学习中,也要进行数学阅读自我检验. 例如,阅读下述问题进行自我检验.

例 13 设 $N=2^n(n\in \mathbf{N}^*,n\geq 2)$,将 N 个数 $x_1,x_2,\cdots,x_N$ 依次放入编号为 $1,2,\cdots,N$ 的 N 个位置,得到排列 $P_0=x_1x_2\cdots x_N$. 将该排列中分别位于奇数与偶数位置的数取出,并按原顺序依次放入对应的前 $\dfrac{N}{2}$ 和后 $\dfrac{N}{2}$ 个位置,得到排列 $P_1=x_1x_3\cdots x_{N-1}x_2x_4\cdots x_N$,将此操作称为 C 变换,将 P_1 分成两段,每段 $\dfrac{N}{2}$ 个数,并对每段作 C 变换,得到 P_2;当 $2\leq i\leq n-2$ 时,将 P_i 分成 2^i 段,每段 $\dfrac{N}{2^i}$ 个数,并对每段 C 变换,得到 P_{i+1},例如,当 $N=8$ 时,$P_2=x_1x_5x_3x_7x_2x_6x_4x_8$,此时 x_7 位于 P_2 中的第 4 个位置.

(Ⅰ)当 $N=16$ 时,x_7 位于 P_2 中的第_____个位置;

(Ⅱ)当 $N=2^n(n\geq 8)$ 时,x_{173} 位于 P_4 中的第_____个位置.

解析 阅读时,抓住了如下关键点吗?

①依次编号"站队"的一定是 2^n 个数,即 $P_0=x_1x_2\cdots x_N$ 的个数一定是偶数.

第(Ⅰ)问的 $N=16$,即 $P_0=x_1x_2x_3x_4x_5x_6\cdots x_{16}$,可设为 $(1,2,3,4,5,6,\cdots,16)$.

第(Ⅱ)问的 $N=2^n(n\geq 8)$ 时,即 $P_0=x_1x_2x_3x_4\cdots x_{2^n-1}x_{2^n}$,括号里的 $n\geq 8$ 主要是为了保证一定有 x_{173} 的存在,因为 $2^7=128,2^8=256$.

②最关键的"C 变换"(后面所有"游戏"的规则). 由 P_i 得到 P_{i+1} 段的陈述有点抽象晦涩难于理解,但先可以按照前面叙述的 C 变换"操作"下去,后面就自然理解.

第(Ⅰ)问的 $P_2=x_1x_3x_5x_7\cdots x_{15}x_2x_4x_6\cdots x_{16}$,即为 $(1,3,5,7,9,\cdots,2,4,6,8,\cdots,16)$. x_7 排在 P_1 中的第 4 位上.

第(Ⅱ)问的
$$P_1=\underline{x_1x_3x_5\cdots x_{2^n-1}}\uparrow \underline{x_2x_4\cdots x_{2^n}}$$

即为
$$P_1=(\underline{1357\cdots(2^n-1)}\uparrow \underline{2468\cdots 2^n})$$

由 $173=1+2(k-1)\Rightarrow k=87$ 知,x_{173} 排在 P_1 的第 87 位上.

③由"C 变换"求 P_2.

第(Ⅰ)问的 $P_2=x_1x_5x_9x_{13}x_3x_7x_{11}x_{15}x_2x_6\cdots x_{16}$,即 $(1,5,9,13,3,7,11,15,2,6,\cdots,16)$,$x_7$ 位于 P_2 中的第 6 个位置.

第(Ⅱ)问的
$$P_2=\underline{x_1x_5x_9\cdots}\uparrow \underline{x_3x_7\cdots}\uparrow \underline{x_2x_6\cdots}\uparrow \underline{x_4x_8\cdots x_{2^n}}$$

即为
$$P_2(\underline{159\cdots}\uparrow \underline{37\cdots}\uparrow \underline{26\cdots}\uparrow \underline{48\cdots 2^n})$$

由 $173=1+4(k-1)\Rightarrow k=44$ 知,x_{173} 排在 P_2 的第 44 位上(如上的第一段内).

④由"C 变换"得 P_3.

由"C 变换"规则知第(Ⅱ)问的

$$P_3 = \underline{x_1 x_9 x_{17} \cdots} \uparrow \underline{x_5 x_{13} \cdots} \uparrow \underline{x_3 x_{11} \cdots} \uparrow \underline{x_7 \cdots} \uparrow \underline{x_2 \cdots} \uparrow \underline{x_6 \cdots} \uparrow \underline{x_4 \cdots} \uparrow \underline{x_8 \cdots x_{2^n}}$$

由 $173 = 1 + 8(k-1) \Rightarrow$ 找不着正整数 k 使等式成立,所以 x_{173} 不在 P_3 的第一段上.

由 $173 = 5 + 8(k-1) \Rightarrow k = 22$ 知, x_{173} 排在 P_3 的第二段的第 22 位上.

由"C 变换"规则知 P_0 的 2^{n-1} 个奇数已经均分成了四段,每段有 $\frac{2^{n-1}}{4} = 2^{n-3}$ 个数,所以 x_{173} 排在 P_3 的第 $2^{n-3} + 22$ 个位置上.

⑤由"C 变换"得 P_4.

由"C 变换"规则知第(Ⅱ)问的

$$P_4 = \underline{x_1 x_{17} \cdots} \uparrow \underline{x_9 x_{25} \cdots} \uparrow \underline{x_5 \cdots} \uparrow \underline{x_{13} \cdots} \uparrow \cdots x_{2^n}$$

由第四步知 x_{173} 应排在 P_4 的第三段或第四段了. 由 $173 = 5 + 16(k-1) \Rightarrow$ 找不着正整数 k 使等式成立,所以 x_{173} 未在 P_4 的第三段上. 由 $173 = 13 + 16(k-1) \Rightarrow k = 11$ 知, x_{173} 排在 P_4 的第四段的第 11 位上. 由 P_3 知第二段奇数有 2^{n-3} 个,所以 P_4 的第三段有 $\frac{2^{n-3}}{2} = 2^{n-4}$ 个数,故 x_{173} 排在 P_4 的 2^{n-3}(P_3 的第一段即 P_4 的第一、二段)+ 2^{n-4}(P_4 的第三段)+ 11(x_{173} 排在 P_4 第四段的具体位置)= $3 \times 2^{n-4} + 11$ 个位置上.

通过以上五步对题意的阅读理解,对该问题有了一个透彻的剖析.确实是一道检查学习者综合阅读技能的好题.还可以拓展让学习者求 x_{248} 在 P_6 的第几个位置上?

例 14 近年来,某市为促进生活垃圾的分类处理,将生活垃圾分为厨余垃圾、可回收物和其他垃圾三类,并分别设置了相应的垃圾箱.为调查居民生活垃圾分类投放情况,现随机抽取了该市三类垃圾箱中总计 1 000 吨的生活垃圾,数据统计如下(单位:吨):

	"厨余垃圾"箱	"可回收物"箱	"其他垃圾"箱
厨余垃圾	400	100	100
可回收物	30	240	30
其他垃圾	20	20	60

(Ⅰ)试估计厨余垃圾投放正确的概率;

(Ⅱ)试估计生活垃圾投放错误的概率;

(Ⅲ)假设厨余垃圾在"厨余垃圾"箱、"可回收物"箱、"其他垃圾"箱的投放量分别为 a, b, c,其中 $a > 0$, $a + b + c = 600$. 当数据 a, b, c 的方差 S^2 最大时,写出 a, b, c 的值(结论不要求证明),并求此时 S^2 的值.

(注:$S^2 = \frac{1}{n}[(x_1 - \bar{x})^2 + (x_2 - \bar{x})^2 + \cdots + (x_n - \bar{x})^2]$,其中 $\bar{x}$ 为数据 $x_1, x_2, \cdots, x_n$ 的平均数)

解析 阅读时,抓住了如下关键点吗?

①关键词"类".清晰了对生活垃圾进行一个怎样的区别.

②表格中关键词"箱".只有抓住了这个关键,才算读懂了这张表. 从表的纵列来理解题意:在标注厨余垃圾这个"箱"里,居民投放进了厨余垃圾 400 吨、可回收物 30 吨、其他垃圾 20 吨;在标注可回收垃圾这个"箱"里,居民投放进了厨余垃圾 100 吨、可回收物 240 吨、其他垃圾 20 吨;在标注其他垃圾这个"箱"里,居民投放进了厨余垃圾 100 吨、可回收物 30 吨、其他垃圾 60 吨.当然只有这种垃圾又投入到了对应的"垃圾箱"里才算投放正确,否则就错

误. 有了这样的阅读理解,计算就是十分简单的事情了.

$$厨余垃圾投放正确的概率 = \frac{400}{400+100+100} = \frac{2}{3}.$$

$$生活垃圾投放错误的概率 = \frac{(30+20)+(100+20)+(100+30)}{1\,000} = \frac{3}{10}.$$

③仔细阅读题干"括号内的注释". 只要具有仔细认真阅读题干每一个语言的"良好习惯"的学过二次函数的初中学生也可以完整地解答第三问(题说什么就干什么). 由题后括号内注释知

$$S^2 = \frac{1}{3}[(a-200)^2 + (b-200)^2 + (c-200)^2]$$

$$= \frac{1}{3}[a^2 + b^2 + c^2 - 400(a+b+c) + 3 \times 200^2]$$

$$= \frac{1}{3}(a^2 + b^2 + c^2 - 120\,000)$$

显然只有当 $a=600, b=0, c=0$ 时,有 $S^2 = 80\,000$.

当然,真正理解了方差的含义——离开平衡位置的程度. 方差最大则 $a=600, b=0, c=0$,由括号内公式可得

$$S^2 = \frac{1}{3}[(600-200)^2 + (0-200)^2 + (0-200)^2]$$

这也是当前所倡导的"多想少算"的一个优秀典例.

5.2 数学概括技能

数学是研究客观世界数量关系和空间关系的科学. 数学的抽象概括材料是数量关系和空间形式. 数学概括是限制在数学和字母符号、在数量和空间关系、数学对象和运算的领域中的概括. 数学的特点决定了数学概括技能在数学技能中占有特殊的地位.

数学概括不同于自然科学的概括和社会科学中的概括. 数学研究对象就是在现实世界中概括出来的,概括程度之高,使数学产生了大量理想化的对象,如点、直线等. 数学研究对象是抽象概括的结果,而数学研究是这一基础上的抽象概括,所以数学概括是概括基础上的再概括. 不但数学概念是抽象概括的产物,而且数学逻辑推理规则、方法也一样是总结了许多世代长期积累起来的经验,在实际应用中固定下来,因而概括成为一定的方法和规则的.

抽象的数学概念和结论概括了大量实际经验,它代表了一类事物的本质属性,通过抽象概括舍去了非本质的东西,使抽象出来的属性推广到更广泛的总体上去,因此高度的概括才使数学成为抽象理论. 数学概括过程的稳定性保证了数学逻辑的严谨性,概括的广泛性决定了抽象数学应用的广泛性和理论应用的可能性. 由此我们可以说,数学所表现的特点:内容的高度抽象性,逻辑的严谨性,应用的广泛性,起因于数学的高度概括性.

从一定意义上说,数学的概括是在自然科学中的概括止步的地方开始的. 数学中的概括绝不是单纯地舍去非数学的性质而保留数学的性质这样的过程可得到,而是必须把物体的某些性质或关系完全排除在外. 数学概括的结果和自然科学、社会科学的概括结果在程度上也有明显的差异. 虽然数学和自然科学、社会科学一样,它不是各种概念、定理(公式)、法则

等的混合物,而是各种概念、定理(公式)、法则相互关联的科学认识的统一体系.但是自然科学和社会科学中却没有能像数学那样,概念、定理(公式)、法则等的联系和关系如此紧密和统一,以至概括成了形式的公理化体系.

任何概括的进行和最终结果的表达都必须用某种语言,但数学概括所应用的是数学语言.语言具有概括性,数学语言的特殊性就在于它是对人类自然语言的进一步概括,成为数学特有的形式化符号体系.由于有了数学特有的语言,能使数学思维(概括)在可见的形式下再现出来,并且数学概括的结果就能用数学语言简洁地表达出来.例如"$f: X \underset{x \to y}{\to} Y$"这一符号,非常简洁明了地表示了"定义于 X,取值于 Y,以 f 作为对应法则的函数".在数学中广泛使用数学语言,不仅使进一步的概括成为可能,而且使数学概括形式化地进行[①].

5.2.1 数学概括要关注的几点

1. 概括要及时

个人对解决问题的体验是有时效性的,如果不及时进行反思、概括,这种体验就会消退,从而失去从经验上升到规律、从感性上升到理性的机会.所以在学习过程中,指导者应及时组织和引导学习者归纳有关知识与技能方面的一般结论,概括出数学方法与数学思想.一般来说,在数学学习中,学习者每得到一个结论后,指导者应及时概括归纳,帮助学习者抽象出数学结论.尤其是在探究式学习中,更要及时进行完整的概括,否则探究将没有成效.

例如,"中点四边形"一节内容的学习,属于探究式数学活动内容,在每一个活动之后都应当组织学习者进行及时的概括.由"三角形中位线性质"的复习概括出:这个定理提供了证明线段平行以及线段成倍数关系的依据;由引例的复习,概括出"中点四边形的各边与原四边形的两对角线有密切联系",为后续问题的发展提供平台.在这些探究活动中,指导者应不止步于学习者得出问题的答案,而及时让学习者用精练的数学语言概括出"对角线互相垂直的四边形的中点四边形是矩形"等重要结论.这样才能让学习者将探究所获得的数学事实上升为理性认识.

2. 概括要注意层次

数学概括具有层次性.在形式上有从自然语言——数学语言——符号语言等由低到高几个层次.在概括的内容上,首先应该是基础内容的概括,包含数学知识、数学规律、数学方法的概括等.如:在"中点四边形"的探究活动中,概括出"对角线相等时,中点四边形是菱形"等数学结论.然后是在现有概括的基础上,对已概括的事实所揭示的规律进一步概括,也就是基础内容发展的概括."中点四边形"这节内容,在前面已经概括出中点四边形四个相关结论的基础上,进一步概括出:中点四边形的形状完全由原四边形两条对角线的关系决定,这就揭示出数学知识的本质特征,使学习者对中点四边形形成了新的认识.这样,在接下来判断平行四边形、矩形、菱形、正方形、等腰梯形等多种特殊四边形中点四边形形状时,学习者就可以抓住对角线的关系来作判断.最后,还应在原有概括的基础上,把数学知识系统化,概括出数学思想.如:"中点四边形"这节内容的最后,概括出"用类比的方法思考和解决问题".

---

① 蔡金法.试论数学概括能力是数学能力的核心[J].数学通报,1988(2):3-6.

3. 概括要分时段对待

在不同的学习时段,概括的要求也不同. 新知识学习阶段,主要是对知识和方法的概括,改进原有认知结构,使学习者的认知结构得到不断的发展、完善与深化. 在单元总结阶段,应引导学习者把在章节中学过的散乱的知识进行系统梳理、整合,沟通其内在联系,使本章节知识形成一个纵向知识链. 在总复习阶段,应重点沟通相关知识间的内在联系,将各知识板块进行横向贯通,形成系统的数学知识.

4. 概括要重视迁移

数学知识的学习和运用过程,实质上就是概括——迁移的过程. 学习者在数学学习中的迁移是通过分析和概括新旧知识之间的共同本质特征而实现的,也就是说学习的迁移必须通过概括这一思维过程来实现. 因此,实现学习的迁移,首先要开展好概括学习活动.

5.2.2 对数学阅读的内容进行要点提炼

在数学阅读之后,对阅读内容的要点进行提炼是操练概括技能的一个良好时机,这也是阅读有成效的措施之一.

例15 阅读课本内容之后的要点提炼

课本内容:

类比利用圆的对称性建立圆的方程的过程,我们根据椭圆的几何特征选择适当的坐标系,建立它的方程.

如图 5-5,以经过椭圆两焦点 F_1,F_2 的直线为 x 轴,线段 F_1F_2 的垂直平分线为 y 轴,建立直角坐标系 xOy.

设 $M(x,y)$ 是椭圆上任意一点,椭圆的焦距为 $2c(c>0)$,那么焦点 F_1,F_2 的坐标分别为 $(-c,0)$,$(c,0)$. 又设 M 与 F_1,F_2 的距离的和等于 $2a$.

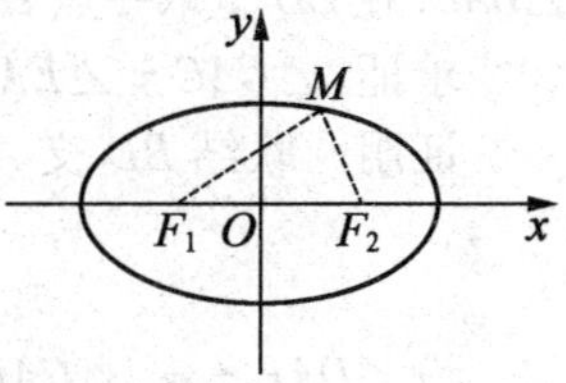

由椭圆的定义,椭圆就是集合
$$P = \{M \mid |MF_1| + |MF_2| = 2a\}$$

因为
$$|MF_1| = \sqrt{(x+c)^2 + y^2},\ |MF_2| = \sqrt{(x-c)^2 + y^2}$$

所以
$$\sqrt{(x+c)^2 + y^2} + \sqrt{(x-c)^2 + y^2} = 2a$$

图 5-5

为化简这个方程,将左边的一个根式移到右边,得
$$\sqrt{(x+c)^2 + y^2} = 2a - \sqrt{(x-c)^2 + y^2}$$

将这个方程两边平方,得
$$(x+c)^2 + y^2 = 4a^2 - 4a\sqrt{(x-c)^2 + y^2} + (x-c)^2 + y^2$$

整理得
$$a^2 - cx = a\sqrt{(x-c)^2 + y^2}$$

上式两边再平方,得
$$a^4 - 2a^2cx + c^2x^2 = a^2x^2 - 2a^2cx + a^2c^2 + a^2y^2$$

整理得
$$(a^2 - c^2)x^2 + a^2y^2 = a^2(a^2 - c^2)$$

两边同除以 $a^2(a^2 - c^2)$,得

$$\frac{x^2}{a^2}+\frac{y^2}{a^2-c^2}=1 \qquad ①$$

由椭圆的定义可知，$2a>2c$，即 $a>c$，所以 $a^2-c^2>0$.
由图 5-6 可知

$$|PF_1|=|PF_2|=a$$
$$|OF_1|=|OF_2|=c$$
$$|PO|=\sqrt{a^2-c^2}$$

令 $b=|PO|=\sqrt{a^2-c^2}$，那么式①就是

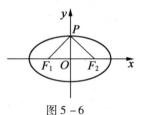

图 5-6

$$\frac{x^2}{a^2}+\frac{y^2}{b^2}=1 \quad (a>b>0) \qquad ②$$

从上述过程可以看到，椭圆上任意一点的坐标都满足方程②；以方程②的解 (x,y) 为坐标的点到椭圆两个焦点 $(-c,0),(c,0)$ 的距离之和为 $2a$，所以方程②的解为坐标的点都在椭圆上. 这样，我们把方程②叫作椭圆的标准方程. 它的焦点在 x 轴上，两个焦点分别是 $F_1(-c,0),F_2(c,0)$，这里 $c^2=a^2-b^2$.

阅读完这段内容后，我们进行要点提炼可以是这样：
(1)建系设点；(2)将几何关系式转化为代数关系式；(3)恰当地变换代数关系式进行化简；(4)得到椭圆标准方程；(5)说明方程为所求轨迹方程.

例 16 阅读数学材料后的概要点评.
阅读下述几个命题及证明，作出概要点评：
命题 1 如图 5-7，在凸四边形 $ABCD$ 中，对角线 AC 平分 $\angle BAD$. 在 CD 上取一点 E，BE 与 AC 相交于 F，延长 DF 交 BC 于 G.
求证：$\angle GAC=\angle EAC$.
证明 联结 BD 交 AC 于点 H，则由角平分线性质，有

$$\frac{BH}{HD}=\frac{AB}{AD} \qquad ①$$

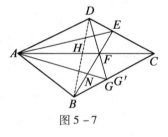

图 5-7

设 $\angle DAE=\alpha$，$\angle CAE=\beta$，作 $\angle CAG'=\beta$，交 BC 于 G'，联结 DG'，则 $\angle BAG'=\alpha$. 由共边比例定理，有

$$\frac{BG'}{G'C}=\frac{AB\cdot\sin\alpha}{AC\cdot\sin\beta},\frac{CE}{ED}=\frac{AC\cdot\sin\beta}{AD\cdot\sin\alpha}$$

从而

$$\frac{BG'\cdot AC}{G'C\cdot AB}=\frac{\sin\alpha}{\sin\beta}=\frac{ED\cdot AC}{CE\cdot AD}$$

注意到式①，有

$$\frac{BG'}{G'C}\cdot\frac{CE}{ED}\cdot\frac{DH}{HB}=1$$

对 $\triangle BCD$，运用塞瓦定理的逆定理知 BE,CH,DG' 共点.
又 BE,CH 交于点 F，故 D,F,G' 共线，即 G' 是 DF 与 BC 的交点，所以 G 与 G' 重合，从而 $\angle GAC=\angle EAC$.

命题 2 如图 5-7，在凸四边形 $ABCD$ 中，在 CD 上取一点 E，BE 与 AC 相交于 F，延长 DF 交 BC 于 G.
求证：$\cot\angle CAE-\cot\angle CAD=\cot\angle CAG-\cot\angle CAB$.
证明 联结 DB 交 AC 于 H. 在 $\triangle DBC$ 中运用塞瓦定理，得

$$\frac{DH}{HB} \cdot \frac{BG}{GC} \cdot \frac{CE}{ED} = 1$$

注意到

$$\frac{DH}{HB} = \frac{S_{\triangle DAH}}{S_{\triangle HAB}} = \frac{AD\sin\angle DAH}{AB\sin\angle BAH}$$

同理有

$$\frac{BG}{GC} = \frac{AB\sin\angle BAG}{AC\sin\angle CAG}, \frac{CE}{ED} = \frac{AC\sin\angle CAE}{AD\sin\angle EAD}$$

把三式代入并化简,得

$$\frac{\sin\angle EAD}{\sin\angle CAE \sin\angle CAD} = \frac{\sin\angle BAG}{\sin\angle CAG \sin\angle CAB}$$

再由

$$\sin\angle EAD = \sin(\angle CAD - \angle CAE)$$
$$= \sin\angle CAD\cos\angle CAE - \sin\angle CAE\cos\angle CAD$$
$$\sin\angle BAG = \sin(\angle CAB - \angle CAG)$$
$$= \sin\angle CAB\cos\angle CAG - \sin\angle CAG\cos\angle CAB$$

代入,得

$$\cot\angle CAE - \cot\angle CAD = \cot\angle CAG - \cot\angle CAB$$

命题3 如图 5-8. PA,PB 为圆 O 的两条切线,A,B 为切点,F 为割线 PD 上的一点,BF,AF 分别交圆 O 于 E,C,联结 PE,PC. 求证

$$\cot\angle EPD - \cot\angle APD = \cot\angle CPD - \cot\angle BPD$$

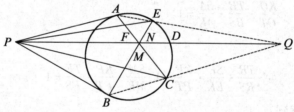

图 5-8

证明 设 AE,BC 的延长线交于 Q,再证明 P,Q,F 三点共线. 为此,设 BE,AC 分别交 PQ 于 M,N. 只要证明有 $\dfrac{MQ}{MP} = \dfrac{NQ}{NP}$ 就行了.

实际上,由共角比例定理和共边比例定理,有

$$\frac{MQ}{MP} \cdot \frac{NP}{NQ} = \frac{S_{\triangle QEB}}{S_{\triangle PEB}} \cdot \frac{S_{\triangle PAC}}{S_{\triangle QAC}}$$
$$= \frac{S_{\triangle QEB}}{S_{\triangle AEB}} \cdot \frac{S_{\triangle AEB}}{S_{\triangle PEB}} \cdot \frac{S_{\triangle PAC}}{S_{\triangle BAC}} \cdot \frac{S_{\triangle BAC}}{S_{\triangle QAC}}$$
$$= \frac{EQ}{AE} \cdot \frac{AE \cdot AB}{BE \cdot PB} \cdot \frac{PA \cdot AC}{AB \cdot BC} \cdot \frac{BC}{CQ}$$
$$= \frac{EQ}{BE} \cdot \frac{AC}{CQ} = \frac{CQ}{AC} \cdot \frac{AC}{CQ} = 1$$

于是,P,Q,F 三点共线,再由命题2就推出命题3.

命题4 $\triangle ABC$ 的两个顶点 B,C 在圆 O 上,AB,AC 分别交圆 O 于 E,D,CE 与 BD 交于 P,AP 交圆 O 于 Q,BQ 与 CE,CQ 与 BD 分别交于 N,M.

求证：$\cot\angle PAN - \cot\angle PAB = \cot\angle PAM - \cot\angle PAC$.

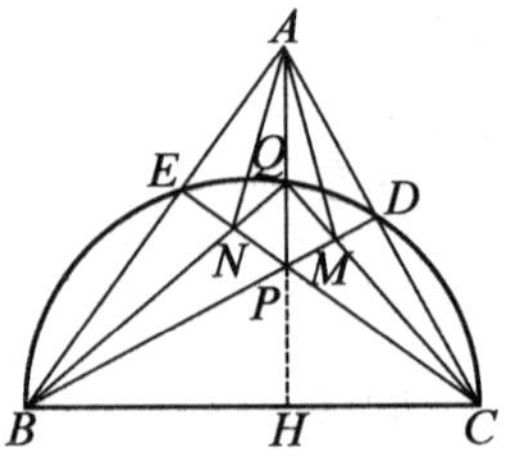

证明 延长 AP 交 BC 于 H. 注意到

$$\cot\angle PAN - \cot\angle PAB = \cot\angle PAM - \cot\angle PAC$$

$$\Leftrightarrow \frac{\sin\angle BAN}{\sin\angle NAP} \cdot \frac{\sin\angle PAM}{\sin\angle MAC} = \frac{\sin\angle PAB}{\sin\angle PAC}$$

而，$\sin\angle BAN = \dfrac{2S_{\triangle BAN}}{AB \cdot AN}$，等等，代入并化简，得

$$\frac{\sin\angle BAN}{\sin\angle NAP} \cdot \frac{\sin\angle PAM}{\sin\angle MAC} = \frac{\sin\angle PAB}{\sin\angle PAC}$$

$$\Leftrightarrow \frac{S_{\triangle BAN}}{S_{\triangle PAN}} \cdot \frac{S_{\triangle QAM}}{S_{\triangle CAM}} = \frac{S_{\triangle BAQ}}{S_{\triangle CAQ}} \Leftrightarrow \frac{BN}{NQ} \cdot \frac{QM}{MC} = \frac{BH}{HC}$$

图 5-9

而 CE,BD,AH 共点，在 $\triangle QBC$ 中用塞瓦定理，立即推出上述结论.

命题 5 设 P,E 为圆 O 上两点，PQ 为切线，P 为切点. 过点 Q 任作两条直线分别交圆于 A,B,C,D，直线 EA,EB,EP 分别交直线 QD 于 M,N,H，则总有 $\dfrac{DN}{NH} \cdot \dfrac{HM}{MC} = \dfrac{DH}{HC}$.

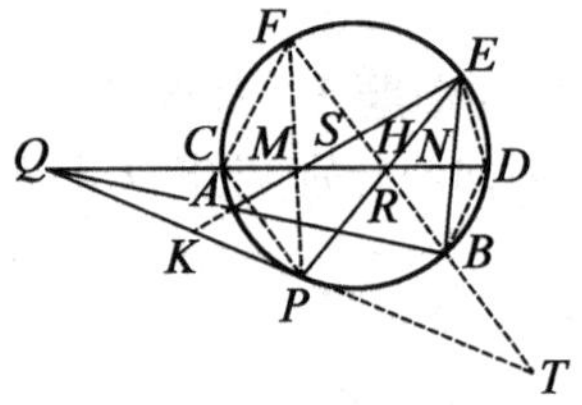

证明 设 EA 的延长线交 PQ 于 K，PM 交圆 O 于 F，FB 交 EA 于 S，交 QP 延长线于 T，交 EP 于 R. 对 $\triangle KTS$ 及截线 QAB 运用梅涅劳斯定理，有

$$\frac{KQ}{QT} \cdot \frac{TB}{BS} \cdot \frac{SA}{AK} = 1$$

同理

图 5-10

$$\frac{TR}{RS} \cdot \frac{SE}{EK} \cdot \frac{KP}{PT} = 1, \quad \frac{SM}{MK} \cdot \frac{KP}{PT} \cdot \frac{TF}{FS} = 1$$

三式相乘，并注意到

$$PT^2 = TB \cdot TF, \quad PK^2 = KA \cdot KE, \quad SB \cdot SF = SA \cdot SE$$

所以

$$\frac{KQ}{QT} \cdot \frac{TR}{RS} \cdot \frac{SM}{MK} = 1$$

对 $\triangle KTS$ 应用梅涅劳斯定理的逆定理，知 Q,M,R 三点共线.

所以 R 与 H 重合，即 Q,M,H 三点共线. 又

$$\frac{DN}{NH} \cdot \frac{HM}{MC} = \frac{S_{\triangle EDB}}{S_{\triangle EHB}} \cdot \frac{S_{\triangle HFP}}{S_{\triangle FCP}} = \frac{DE \cdot EB \cdot DB}{PC \cdot CF \cdot PF} \cdot \frac{HF \cdot HP}{HE \cdot HB}$$

而

$$\frac{DE}{PC} = \frac{DH}{HC}, \quad \frac{EB}{PF} = \frac{HB}{HF}, \quad \frac{DB}{CF} = \frac{HE}{HP}$$

代入并化简，得

$$\frac{DN}{NH} \cdot \frac{SM}{MC} = \frac{DH}{HC}$$

命题 6 已知 P 是 $\triangle ABC$ 的边 BC 上的一点,过 P 引两条直线交 AB 于 D,G,交 CA 的延长线于 E,F,BC 交 DF,EG 于 M,N,求证:$\dfrac{CM}{MP} \cdot \dfrac{PN}{NB} = \dfrac{CP}{PB}$.

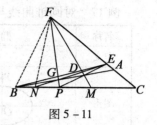

图 5-11

证明 联结 FN, FB. 在四边形 $FBPE$ 中运用命题 2,得
$$\cot\angle PFN - \cot\angle PFB = \cot\angle PFM - \cot\angle PFC$$

而

$$该式 \Leftrightarrow \frac{\sin\angle CFM}{\sin\angle MFP} \cdot \frac{\sin\angle PFN}{\sin\angle NFB} = \frac{\sin\angle CFP}{\sin\angle PFB}$$

$$\Leftrightarrow \frac{CM}{MP} \cdot \frac{PN}{NB} = \frac{CP}{PB}$$

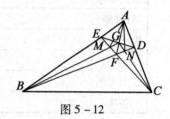

图 5-12

于是命题得证.

命题 7 $\triangle ABC$ 中,D,E 在 AC,AB 上,BD 交 CE 于 F,DE 交 AF 于 G,BG 交 CE 于 M,CG 交 BD 于 N.

求证:$\cot\angle FAM - \cot\angle FAE = \cot\angle FAN - \cot\angle FAC$.

仿命题 4 可证.

命题 8 如图 5-13,在四边形 $ABCD$ 中,对角线 AC 与 BD 相交于 P,过 P 作直线交对边 BC,AD 于 E,F,联结 AE,FC 交 BD 于 M,N.

求证:$\dfrac{BM}{MP} \cdot \dfrac{PN}{ND} = \dfrac{BP}{PD}$.

证明 联结 AN,在四边形 $AFCB$ 中运用命题 2,得
$$\cot\angle CAN - \cot\angle CAD = \cot\angle CAE - \cot\angle CAB$$
$$\Leftrightarrow \frac{\sin\angle BAE}{\sin\angle EAC} \cdot \frac{\sin\angle CAN}{\sin\angle NAD} = \frac{\sin\angle CAB}{\sin\angle CAD}$$
$$\Leftrightarrow \frac{BM}{MP} \cdot \frac{PN}{ND} = \frac{BP}{PD}$$

阅读完这 8 个命题及证明,可作点评:命题 2 是命题 1 的推广. 在命题 2 中,当 AC 平分 $\angle BAD$ 时,就是命题 1. 命题 3 到命题 7 都是命题 1,2 的演化. 其中命题 3 至命题 5 是将凸四边形演化为圆,命题 6,7 是将凸四边形演化为三角形. 命题 8 是命题 2 的一个等价形式. 这 8 个命题的证明都涉及了线段比例式的问题. 因而与比例式有关的几个基本定理:塞瓦定理及逆定理、梅涅劳斯定理及逆定理、共边比例定理、共角比例定理都派上了用场.

5.2.3 对数学学习的阶段内容进行小结

数学学习的阶段内容,可以是一节课的内容,可以是一个单元内容,也可以是某一个时段的内容等.

例17 对圆锥曲线与方程这一章学习内容的列表小结.

名称	椭圆	抛物线	双曲线
定义			
图形			
标准方程			
顶点坐标			
对称轴			
焦点坐标			
离心率			
应用实例			
备注			

例18 对抛物线及其标准方程这一节学习内容的列表小结.

图形	标准方程	焦点坐标	准线方程	对称轴
	$y^2 = 2px(p>0)$	$\left(\dfrac{p}{2}, 0\right)$	$x = -\dfrac{p}{2}$	x 轴

5.2.4 对一类数学对象的特点、规律、关系等进行归纳揭示

例19 两个不等式结论的统一证明:

结论1 设 $a, b, c, x, y, z \in \mathbf{R}^*$,则
$$\frac{a^2}{x} + \frac{b^2}{y} + \frac{c^2}{z} \geq \frac{(a+b+c)^2}{x+y+z}$$

结论2 设 $a, b, c, x, y, z \in \mathbf{R}^*$,则
$$\frac{a^3}{x} + \frac{b^3}{y} + \frac{c^3}{z} \geq \frac{(a+b+c)^3}{3(x+y+z)}$$

对两个结论变形,可得
$$\frac{a^2}{x}+\frac{b^2}{y}+\frac{c^2}{z}\geqslant\frac{(a+b+c)^2}{3^0\cdot(x+y+z)}$$
$$\frac{a^3}{x}+\frac{b^3}{y}+\frac{c^3}{z}\geqslant\frac{(a+b+c)^3}{3^1\cdot(x+y+z)}$$

由此,可得两个结论的一般形式结论:

设 $a,b,c,x,y,z\in\mathbf{R}^*$, $n\in\mathbf{N}^*$, 且 $n\geqslant 2$, 则
$$\frac{a^n}{x}+\frac{b^n}{y}+\frac{c^n}{z}\geqslant\frac{(a+b+c)^n}{3^{n-2}\cdot(x+y+z)}$$

证明 因
$$\frac{a^n}{x}+\frac{b^n}{y}+\frac{c^n}{z}=\frac{1}{x+y+z}\cdot[(\sqrt{x})^2+(\sqrt{y})^2+(\sqrt{z})^2]\cdot[(\frac{a^{\frac{n}{2}}}{\sqrt{x}})^2+(\frac{b^{\frac{n}{2}}}{\sqrt{y}})^2+(\frac{c^{\frac{n}{2}}}{\sqrt{z}})^2]$$
$$\geqslant\frac{1}{x+y+z}\cdot(a^{\frac{n}{2}}+b^{\frac{n}{2}}+c^{\frac{n}{2}})^2(柯西不等式)$$
$$=\frac{9}{x+y+z}\cdot[(\frac{a^{\frac{n}{2}}+b^{\frac{n}{2}}+c^{\frac{n}{2}}}{3})^{\frac{2}{n}}]^n$$
$$\geqslant\frac{9}{x+y+z}\cdot(\frac{a+b+c}{3})^n(幂平均不等式)$$
$$=\frac{(a+b+c)^n}{3^{n-2}\cdot(x+y+z)}$$

故
$$\frac{a^n}{x}+\frac{b^n}{y}+\frac{c^n}{z}\geqslant\frac{(a+b+c)^n}{3^{n-2}\cdot(x+y+z)}$$

例20 一类多元函数最大值的统一求法.

问题1 设 x,y,z 为正实数,且 $x+y+z=1$. 试求函数 $f(x,y,z)=xy+xz+yz-2xyz$ 的最大值.

问题2 设 a,b,c 为正数,且 $a+b+c=1$. 求证:$8(1-a)(1-b)(1-c)\leqslant(1+a)(1+b)(1+c)$.

此时,可将求证式等价变形为
$$ab+bc+ca-\frac{9}{7}abc\leqslant\frac{2}{7}$$

问题3 已知 $0<x,y<1$, 试求函数 $f(x,y)=\frac{xy(1-x-y)}{(x+y)(1-x)(1-y)}$ 的最大值.

此时,可令所求最大值为 M, 并令 $a=x+y, b=1-x, c=1-y$, 则
$$\frac{xy(1-x-y)}{(x+y)(1-x)(1-y)}=\frac{(1-a)(1-b)(1-c)}{abc}\leqslant M$$

这又等价于:已知 a,b,c 为正实数,且 $a+b+c=2$, 试求函数 $f(a,b,c)=ab+bc+ca-(1+M)abc$ 的最大值.

由上可知,上述问题可以归纳为如下问题:

已知 x,y,z 为正实数且 $x+y+z=1$,对于 $0 \leq k \leq 3$,求函数 $f(x,y,z)=xy+xz+yz-kxyz$ 的最大值.

解 不妨假设 $x \geq y \geq z > 0$,由 $x+y+z=1$ 可知 $\frac{1}{3} \geq z > 0$,设

$$f = xy + xz + yz - kxyz$$
$$= z(x+y) + xy(1-kz)$$
$$\leq z(x+y) + \frac{(x+y)^2}{4}(1-kz)$$
$$= z(1-z) + \frac{(1-z)^2}{4}(1-kz)$$
$$= -\frac{k}{4}z^3 + \frac{2k-3}{4}z^2 + \frac{2-k}{4}z + \frac{1}{4}$$
$$f' = -\frac{3k}{4}z^2 + \frac{2k-3}{2}z + \frac{2-k}{4}$$

令 $f'=0$,解得 $z=\frac{1}{3}$.

故 $xy+xz+yz-kxyz$ 的最大值为 $\frac{1}{3}-\frac{k}{27}$.

显然,当 $k=2$ 时,即得问题 1 的最大值为 $\frac{7}{27}$;当 $k=\frac{9}{7}$ 时,即为问题 2;对于问题 3,令 $a=2x, b=2y, c=2z$,则 $ab+bc+ca-(1+M)abc \leq 1 \Leftrightarrow xy+xz+yz-(1+M)xyz \leq \frac{1}{4}$.

当 $\frac{1}{3}-\frac{k}{27}=\frac{1}{4}$ 时,$M=\frac{1}{8}$. 故问题 3 的最大值为 $\frac{1}{8}$.

注 上述内容参见了王建荣老师的文章《一类奥赛题的统一解法》,中学数学研究,2014(7):49.

例 21 一类竞赛不等式的统一形式.

问题 1 (2005 年罗马尼亚奥林匹克)设 $a,b,c>0$,且 $abc \geq 1$,求证

$$\frac{1}{1+a+b} + \frac{1}{1+b+c} + \frac{1}{1+c+a} \leq 1$$

问题 2 (2004 年波罗的海奥林匹克)设 $p,q,r>0, pqr=1, n \in \mathbf{N}^*$,求证

$$\frac{1}{p^n+q^n+1} + \frac{1}{q^n+r^n+1} + \frac{1}{r^n+p^n+1} \leq 1$$

问题 3 (1996 年第 37 届 IMO 备选题)设 $a,b,c>0$,且 $abc=1$,求证

$$\frac{ab}{a^5+b^5+ab} + \frac{bc}{b^5+c^5+bc} + \frac{ca}{c^5+a^5+ca} \leq 1$$

并指出等号成立的条件.

问题 4 (1997 年美国数学奥林匹克题)设 $a,b,c>0$,求证

$$\frac{1}{b^3+c^3+abc} + \frac{1}{c^3+a^3+abc} + \frac{1}{a^3+b^3+abc} \leq \frac{1}{abc}$$

下面给出以上 4 题的统一形式:

命题 设 $a,b,c>0$,则当 $abc\geq 1$ 且 $-2<p<1$ 时,有

$$\frac{a^p}{a^p+b+c}+\frac{b^p}{a+b^p+c}+\frac{c^p}{a+b+c^p}\leq 1 \qquad (*)$$

证明 由 $a,b,c>0, abc\geq 1, p<1$,知 $0<(abc)^{\frac{p-1}{3}}<1$,所以

$$\frac{a^p}{a^p+b+c}\leq \frac{a^p}{a^p+(abc)^{\frac{p-1}{3}}(b+c)}=\frac{a^{\frac{2p+1}{3}}}{a^{\frac{2p+1}{3}}+(bc)^{\frac{p-1}{3}}(b+c)}$$

由 $-2<p<1$,有 $\frac{p+2}{3}\cdot\frac{p-1}{3}<0$,所以函数 $x^{\frac{p+2}{3}}$ 与 $x^{\frac{p-1}{3}}$ 在 $(0,+\infty)$ 的增减性相反,因而 $b^{\frac{p+2}{3}}-c^{\frac{p+2}{3}}$ 与 $b^{\frac{p-1}{3}}-c^{\frac{p-1}{3}}$ 异号. 所以

$$(b^{\frac{p+2}{3}}-c^{\frac{p+2}{3}})(b^{\frac{p-1}{3}}-c^{\frac{p-1}{3}})\leq 0$$

$$\Leftrightarrow (bc)^{\frac{p-1}{3}}(b+c)=b^{\frac{p+2}{3}}c^{\frac{p-1}{3}}+b^{\frac{p-1}{3}}c^{\frac{p+2}{3}}\geq b^{\frac{2p+1}{3}}+c^{\frac{2p+1}{3}}$$

于是

$$\frac{a^p}{a^p+b+c}\leq \frac{a^{\frac{2p+1}{3}}}{a^{\frac{2p+1}{3}}+b^{\frac{2p+1}{3}}+c^{\frac{2p+1}{3}}}$$

同理,有

$$\frac{b^p}{a+b^p+c}\leq \frac{b^{\frac{2p+1}{3}}}{a^{\frac{2p+1}{3}}+b^{\frac{2p+1}{3}}+c^{\frac{2p+1}{3}}}$$

$$\frac{c^p}{a+b+c^p}\leq \frac{c^{\frac{2p+1}{3}}}{a^{\frac{2p+1}{3}}+b^{\frac{2p+1}{3}}+c^{\frac{2p+1}{3}}}$$

三式相加即得式 $(*)$.

显然,在式 $(*)$ 中取 $p=0$,即得问题 1.

在问题 2 中,记 $p^n=a, q^n=b, r^n=c, abc=1$,则原不等式等价于

$$\frac{1}{a+b+1}+\frac{1}{b+c+1}+\frac{1}{c+a+1}\leq 1 \quad (a,b,c>0, abc=1)$$

这就是问题 1.

问题 3 中的不等式可化为

$$\frac{c^{-1}}{a^5+b^5+c^{-1}}+\frac{a^{-1}}{b^5+c^5+a^{-1}}+\frac{b^{-1}}{c^5+a^5+b^{-1}}\leq 1$$

在式 $(*)$ 中取 $p=-\frac{1}{5}, a\to a^5, b\to b^5, c\to c^5$ 即证得.

在问题 4 中令 $x=\frac{a^3}{abc}, y=\frac{b^3}{abc}, z=\frac{c^3}{abc}$,原不等式可化为

$$\frac{1}{1+x+y}+\frac{1}{1+y+z}+\frac{1}{1+z+x}\leq 1 \quad (xyz=1, x,y,z>0)$$

这显然是问题 1.

例22 运用三角形问题的一种统一代换获得一类代数不等式.

如图 5-14,设 $\triangle ABC$ 的三边长分别为 a,b,c,内切圆半径为 r,面积为 S,作切线长代换:$a=y+z, b=z+x, c=x+y$,其中 $x,y,z>0$.

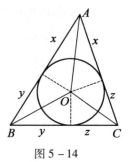

图 5-14

则半周长 $p = \dfrac{a+b+c}{2} = x+y+z$,由海伦公式知

$$S = \sqrt{p(p-a)(p-b)(p-c)} = \sqrt{xyz(x+y+z)}$$

又由 $S = \dfrac{(a+b+c)r}{2} = pr$ 知 $r = \dfrac{S}{p} = \sqrt{\dfrac{xyz}{x+y+z}}$. 于是

$$\tan\frac{A}{2} = \frac{r}{x} = \sqrt{\frac{yz}{x(x+y+z)}},\ \tan\frac{B}{2} = \frac{r}{y} = \sqrt{\frac{zx}{y(x+y+z)}},\ \tan\frac{C}{2} = \frac{r}{z} = \sqrt{\frac{xy}{z(x+y+z)}}$$

由同角三角函数间的基本关系知

$$\sin\frac{A}{2} = \sqrt{\frac{yz}{(x+y)(x+z)}},\ \sin\frac{B}{2} = \sqrt{\frac{zx}{(y+z)(y+x)}},\ \sin\frac{C}{2} = \sqrt{\frac{xy}{(z+x)(z+y)}}$$

$$\cos\frac{A}{2} = \sqrt{\frac{x(x+y+z)}{(x+y)(x+z)}},\ \cos\frac{B}{2} = \sqrt{\frac{y(x+y+z)}{(y+z)(y+x)}},\ \cos\frac{C}{2} = \sqrt{\frac{z(x+y+z)}{(z+x)(z+y)}}$$

由二倍角公式知

$$\sin A = \frac{2\sqrt{xyz(x+y+z)}}{(x+y)(x+z)},\ \sin B = \frac{2\sqrt{xyz(x+y+z)}}{(y+z)(y+x)},\ \sin C = \frac{2\sqrt{xyz(x+y+z)}}{(z+x)(z+y)}$$

$$\cos A = \frac{x(x+y+z)-yz}{(x+y)(x+z)},\ \cos B = \frac{y(x+y+z)-zx}{(y+z)(y+x)},\ \cos C = \frac{z(x+y+z)-xy}{(z+x)(z+y)}$$

对于 $\sin A,\sin B,\sin C$ 的表达式也可由面积公式 $S = \dfrac{1}{2}bc\sin A$ 等得到;$\cos A,\cos B,\cos C$ 的表达式也可用余弦定理求得.

有了如上一些结果,我们便可以处理一些三角形问题了,诸如下面的三角形中的三角不等式,均可以用上述代换后转证(当然,利用凹凸性更易证得)

$$\sin A + \sin B + \sin C \leqslant \frac{3\sqrt{3}}{2} \qquad ①$$

$$1 < \sin\frac{A}{2} + \sin\frac{B}{2} + \sin\frac{C}{2} \leqslant \frac{3}{2} \qquad ②$$

$$\cos A + \cos B + \cos C \leqslant \frac{3}{2} \qquad ③$$

$$2 < \cos\frac{A}{2} + \cos\frac{B}{2} + \cos\frac{C}{2} \leqslant \frac{3\sqrt{3}}{2} \qquad ④$$

$$\tan\frac{A}{2} + \tan\frac{B}{2} + \tan\frac{C}{2} \geqslant \sqrt{3} \qquad ⑤$$

$$2\sin\frac{C}{2} > \cos\frac{A}{2} + \cos\frac{B}{2} > \cos\frac{C}{2} \qquad ⑥$$

下面利用前述切线长代换结论实现由三角不等式到代数不等式的转化.

Ⅰ. 由式①引致的优美代数不等式

式①等价于 $\dfrac{2\sqrt{xyz(x+y+z)}}{(x+y)(x+z)} + \dfrac{2\sqrt{xyz(x+y+z)}}{(y+z)(y+x)} + \dfrac{2\sqrt{xyz(x+y+z)}}{(z+x)(z+y)} \leqslant \dfrac{3\sqrt{3}}{2}$.

若 $x+y+z=1$,则 $\dfrac{1}{x+yz} + \dfrac{1}{y+zx} + \dfrac{1}{z+xy} \leqslant \dfrac{3}{4}\sqrt{\dfrac{3}{xyz}}$.

若 $xyz=1$,由 $x+y+z \geqslant 3\sqrt[3]{xyz} = 3$,则

$$\dfrac{1}{(x+y)(x+z)} + \dfrac{1}{(y+z)(y+x)} + \dfrac{1}{(z+x)(z+y)} \leqslant \dfrac{3}{4}\sqrt{\dfrac{3}{x+y+z}} \leqslant \dfrac{3}{4}.$$

此不等式类似于2005年罗马尼亚数学奥林匹克试题:设正数 a,b,c 满足 $(a+b)(b+c)(c+a)=1$,证明: $ab+bc+ca \leqslant \dfrac{3}{4}$;

以及若 $xy+yz+zx=1$,则 $\dfrac{1}{1+x^2} + \dfrac{1}{1+y^2} + \dfrac{1}{1+z^2} \leqslant \dfrac{3}{4}\sqrt{\dfrac{3}{xyz(x+y+z)}}$.

Ⅱ. 由式②引致的优美代数不等式

式②等价于 $1 < \sqrt{\dfrac{yz}{(x+y)(x+z)}} + \sqrt{\dfrac{zx}{(y+z)(y+x)}} + \sqrt{\dfrac{xy}{(z+x)(z+y)}} \leqslant \dfrac{3}{2}$.

若 $x+y+z=1$,则 $1 < \sqrt{\dfrac{yz}{x+yz}} + \sqrt{\dfrac{zx}{y+zx}} + \sqrt{\dfrac{xy}{z+xy}} \leqslant \dfrac{3}{2}$,此即2005年法国国家队选拔赛试题;

若 $xyz=1$,则 $1 < \sqrt{\dfrac{1}{x^2(x+y+z)+1}} + \sqrt{\dfrac{1}{y^2(x+y+z)+1}} + \sqrt{\dfrac{1}{z^2(x+y+z)+1}} \leqslant \dfrac{3}{2}$,又 $x+y+z \geqslant 3\sqrt[3]{xyz} = 3$,故此不等式左端可减弱为:若 $xyz=1$,则 $\sqrt{\dfrac{1}{3x^2+1}} + \sqrt{\dfrac{1}{3y^2+1}} + \sqrt{\dfrac{1}{3z^2+1}} > 1$;

若 $xy+yz+zx=1$,则 $1 < \sqrt{\dfrac{yz}{x^2+1}} + \sqrt{\dfrac{zx}{y^2+1}} + \sqrt{\dfrac{xy}{z^2+1}} \leqslant \dfrac{3}{2}$.

Ⅲ. 由式③引致的优美代数不等式

式③等价于 $\dfrac{x(x+y+z)-yz}{(x+y)(x+z)} + \dfrac{y(x+y+z)-zx}{(y+z)(y+x)} + \dfrac{z(x+y+z)-xy}{(z+x)(z+y)} \leqslant \dfrac{3}{2}$.

若 $x+y+z=1$,则 $\dfrac{x-yz}{x+yz} + \dfrac{y-zx}{y+zx} + \dfrac{z-xy}{z+xy} \leqslant \dfrac{3}{2}$,此即2008年加拿大数学竞赛试题;

若 $xyz=1$,则 $\dfrac{1}{x^2(x+y+z)+1} + \dfrac{1}{y^2(x+y+z)+1} + \dfrac{1}{z^2(x+y+z)+1} \geqslant \dfrac{3}{4}$.

又 $x+y+z \geqslant 3\sqrt[3]{xyz} = 3$,此不等式可减弱为:

若 $xyz=1$,则 $\dfrac{1}{3x^2+1} + \dfrac{1}{3y^2+1} + \dfrac{1}{3z^2+1} \geqslant \dfrac{3}{4}$;

若 $xy + yz + zx = 1$,则 $\dfrac{yz}{x^2+1} + \dfrac{zx}{y^2+1} + \dfrac{xy}{z^2+1} \geq \dfrac{3}{4}$.

Ⅳ. 由式④引致的优美代数不等式

式④等价于 $2 < \sqrt{\dfrac{x(x+y+z)}{(x+y)(x+z)}} + \sqrt{\dfrac{y(x+y+z)}{(y+z)(y+x)}} + \sqrt{\dfrac{z(x+y+z)}{(z+x)(z+y)}} \leq \dfrac{3\sqrt{3}}{2}$.

若 $x+y+z=1$,则 $2 < \sqrt{\dfrac{x}{x+yz}} + \sqrt{\dfrac{y}{y+zx}} + \sqrt{\dfrac{z}{z+xy}} \leq \dfrac{3\sqrt{3}}{2}$.

若 $xyz=1$,则 $2\sqrt{\dfrac{1}{x+y+z}} < \dfrac{x}{\sqrt{x^2(x+y+z)+1}} + \dfrac{y}{\sqrt{y^2(x+y+z)+1}} + \dfrac{z}{\sqrt{z^2(x+y+z)+1}} \leq \dfrac{3}{2}\sqrt{\dfrac{3}{x+y+z}}$,又 $x+y+z \geq 3\sqrt[3]{xyz} = 3$,此式左端可减弱为:若 $xyz=1$,则

$\dfrac{x}{\sqrt{3x^2+1}} + \dfrac{y}{\sqrt{3y^2+1}} + \dfrac{z}{\sqrt{3z^2+1}} > 2\sqrt{\dfrac{1}{x+y+z}}$,此式右端可减弱为:若 $xyz=1$,则

$\dfrac{x}{\sqrt{x^2(x+y+z)+1}} + \dfrac{y}{\sqrt{y^2(x+y+z)+1}} + \dfrac{z}{\sqrt{z^2(x+y+z)+1}} \leq \dfrac{3}{2}$

若 $xy+yz+zx=1$,因 $(x+y+z)^2 \geq 3(xy+yz+zx) = 3$,$x+y+z \geq \sqrt{3}$,则

$2\sqrt{\dfrac{1}{x+y+z}} < \sqrt{\dfrac{x}{x^2+1}} + \sqrt{\dfrac{y}{y^2+1}} + \sqrt{\dfrac{z}{z^2+1}} \geq \dfrac{3}{2}\sqrt{\dfrac{3}{x+y+z}} \leq \dfrac{3\sqrt[4]{3}}{2}$

Ⅴ. 由式⑤引致的优美代数不等式

式⑤等价于 $\sqrt{\dfrac{yz}{x(x+y+z)}} + \sqrt{\dfrac{zx}{y(x+y+z)}} + \sqrt{\dfrac{xy}{z(x+y+z)}} \geq \sqrt{3}$.

若 $x+y+z=1$,则 $\sqrt{\dfrac{yz}{x}} + \sqrt{\dfrac{zx}{y}} + \sqrt{\dfrac{xy}{z}} \geq \sqrt{3}$,由此立得第 20 届全苏数学奥林匹克试题:

设 x,y,z 都是正数,且 $x^2+y^2+z^2=1$,求 $S = \dfrac{xy}{z} + \dfrac{yz}{x} + \dfrac{zx}{y}$ 的最小值;

若 $xyz=1$,则 $\dfrac{1}{x} + \dfrac{1}{y} + \dfrac{1}{z} \geq \sqrt{3(x+y+z)}$.

Ⅵ. 由式⑥引致的优美代数不等式

式⑥等价于 $2\sqrt{\dfrac{xy}{(z+x)(z+y)}} > \sqrt{\dfrac{x(x+y+z)}{(x+y)(x+z)}} + \sqrt{\dfrac{y(x+y+z)}{(y+z)(y+x)}} > \sqrt{\dfrac{z(x+y+z)}{(z+x)(z+y)}}$.

若 $x+y+z=1$,则 $2\sqrt{\dfrac{xy}{z+xy}} > \sqrt{\dfrac{x}{x+yz}} + \sqrt{\dfrac{y}{y+zx}} > \sqrt{\dfrac{z}{z+xy}}$;

若 $xy+yz+zx=1$,则 $2\sqrt{\dfrac{xy}{z^2+1}} > \sqrt{\dfrac{x(x+y+z)}{x^2+1}} + \sqrt{\dfrac{y(x+y+z)}{y^2+1}} > \sqrt{\dfrac{z(x+y+z)}{z^2+1}}$.

注 上述内容参见了程汉波、杨春波两位老师的文章《简单三角不等式引致的优美代数不等式》,数学通报,2013(3):41-43.

上述例 22,也说明了如何将一类数学对象之间的联系归纳揭示出来.

数学学习要求关注数学不同内容、不同分支之间的联系，数学与日常生活的联系，以及数学与其他学科的联系. 因为只有这样的学习，才能使学习者感受到学习数学的意义和价值，从而对数学的科学价值、应用价值、文化价值有较为全面的认识，进而对数学的教育价值有所感悟和认识. 这也培养了学习者对数学对象揭示其间的联系的技能.

中学数学课程是以模块和专题的形式呈现的. 因此，在学习中要处理好在模块和专题设计下统一性和差异性的关系.

首先，无论是模块的内容，还是专题的内容，对于各个层次学习者来说，都是基础性的数学内容，这一点是一样的，只是对于不同的选择来说，内容是有区别的.

其次，在模块和专题设计下处理好统一性和差异性这一关系时，应特别注意各部分内容之间的联系，并尽可能通过类比、联想、知识的迁移和应用等方式，使学习者揭示知识之间的有机联系，感受数学的整体性，进一步理解数学的本质，培养并提高数学概括技能.

例如，要把握好函数与其他内容之间的联系，通过内容之间的种种联系，通过与社会生活的联系，理解函数的概念及其应用，体会为什么说函数是中学数学的核心概念. 为此，不仅在学习函数时，要结合函数的图像了解函数的零点与方程根的联系，根据具体函数的图像，借助计算器或计算机求相应方程的近似解；还可在平面解析几何的学习中通过类比、联想，体会直线的斜截式与一次函数的联系；在数列的学习中体会等差数列与一次函数的联系，等比数列与指数函数的联系；在导数的学习中通过与前面函数性质学习的比较，体会导数在研究函数性质时的一般性和有效性；通过具体实例，使学习者感受并理解社会生活中所说的直线上升、指数爆炸、对数增长等不同的变化规律，说的就是一次函数、指数函数、对数函数等不同函数模型的增长含义，提高学习者的数学概括技能.

第六章 数学论证和数学实验

6.1 数学论证技能

数学精神的显著标志就是数学论证.数学论证技能的主要内容就是熟悉数学论证主要方法,善用数学论证重要技术.

6.1.1 熟悉数学论证主要方法

数学论证的主要方法有分析法、综合法、反证法、同一法、数学归纳法、算两次法、举反例法等.

1. 分析法和综合法

在逻辑学中,所谓分析,就是把思维对象分解为各个组成部分、方面和要素,分别加以研究的思维方法.它在思维方式上的特点,在于它从事物的整体上深入地认识事物的各个组成部分,从而认识事物的内在本质或整体规律;所谓综合,是在思维中把对象的各个组成部分、方面、要素联结和统一起来进行考察的方法.它在思维方式方面的特点是在分析的基础上,进行科学的概括,把对各个部分、各种要素的认识统一为对事物整体的认识,从而达到从总体上把握事物的本质和规律的目的.

在数学研究及学习中,把分析与综合的思维方法运用到数学题的逻辑证明或推导中,就形成了证明数学问题的分析法与综合法.

分析法是由命题的结论入手,承认它是正确的,执果索因,寻求在什么情况下结论才是正确的.这样一步一步逆而推之,直到与题设会合,于是就得出了由题设通往结论的思维过程.

综合法则是由命题的题设入手,通过一系列正确推理,逐步靠近目标,最终获得结论.

无论是分析法还是综合法,都要经历一段认真思考的过程.分析法先认定结论为真,倒推而上,容易启发思考,每一步推理都有较明确的目的,知道推理的依据,了解思维的过程;综合法由题设推演,支路较多,可以应用的定理也较多,往往不知应如何迈步,这是它的缺点,而优点在于叙述简明,容易使人理解证题的步骤.

首先,我们介绍分析法.

在由结论向已知条件的寻求追溯过程中,由于题设条件的不同,或已知条件之间关系的隐蔽程度的不同等,寻求追溯的形式、程度有差异,因而分析法常分为选择型分析法、可逆型分析法、构造型分析法、设想型分析法等几种类型.

①选择型分析法.

选择型分析法解题,就是从要求解的结论 B 出发,希望能一步步把问题转化,但又难以互逆转化,进而转化为分析要得到结论 B 需要什么样(充分)的条件,并为此在探求的"三岔口"作方向猜想和方向择优.假设有条件 C 就有结论 B,即 C 就为选择找到的使 B 成立的(充分)条件($C \Rightarrow B$);同样地,再分析在什么样的条件下能选择得到 C,即 $D \Rightarrow C, \cdots$,最终追溯到此结论成立或原命题的某一充分条件(或充分条件组)恰好是已知条件或已知结论 A 为止.

在运用选择型分析法解题时,常使用一系列短语:"只需……即可"来刻画. 具体来说,若可找到 $D \Rightarrow B$,欲证"$A \Rightarrow B$",只需证"$A \Rightarrow D$"即可.

例1 如图 6-1,设 P 为 $\triangle ABC$ 的内点,过 P 作 AB,BC,CA 的平行线分别为 FG,DE,HK,它们与 $\triangle ABC$ 三边构成的小三角形的面积为 $S_{\triangle PKD} = S_1$,$S_{\triangle PFH} = S_2$,$S_{\triangle PEG} = S_3$,令 $S_{\triangle ABC} = S$. 求证:$S = (\sqrt{S_1} + \sqrt{S_2} + \sqrt{S_3})^2$.

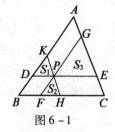

图 6-1

分析 由题设,有一系列相似三角形,应运用相似形面积比等于相似系数比的平方来求解.

证明 要证 $S = (\sqrt{S_1} + \sqrt{S_2} + \sqrt{S_3})^2$. 作方向猜测,只需证

$$\frac{\sqrt{S_1} + \sqrt{S_2} + \sqrt{S_3}}{\sqrt{S}} = 1$$

即可.

此时则需把 $\frac{\sqrt{S_1}}{\sqrt{S}}$,$\frac{\sqrt{S_2}}{\sqrt{S}}$,$\frac{\sqrt{S_3}}{\sqrt{S}}$ 用线段比表示出来

$$\frac{\sqrt{S_1}}{\sqrt{S}} = \frac{DK}{AB} = \frac{DP}{BC} = \frac{PK}{AC}$$

$$\frac{\sqrt{S_2}}{\sqrt{S}} = \frac{FH}{BC} = \frac{PF}{AB} = \frac{PH}{AC}$$

$$\frac{\sqrt{S_3}}{\sqrt{S}} = \frac{PE}{BC} = \frac{GE}{AC} = \frac{PG}{AB}$$

然而,若随便选取 $\frac{\sqrt{S_1}}{\sqrt{S}}$,$\frac{\sqrt{S_2}}{\sqrt{S}}$,$\frac{\sqrt{S_3}}{\sqrt{S}}$,则会陷入繁杂的推导而毫无结果. 于是需方向择优,并只需选取分母相同的三式,例如分母为 AB 的三式即可.

此时,又只需注意到 $AB = DK + DB + AK = DK + PF + PG$ 即可. 故原命题获证.

在寻找追溯中间环节的充分条件时,若某一环节的充分条件不止一个,常表明这道题的证法不止一种.

②可逆型分析法.

如果在从结论向已知条件追溯的过程中,每一步都是推求的等价(充分必要)条件,那么这种分析法又叫可逆型分析法. 因而,可逆型分析法是选择型分析法的特殊情形,用可逆型分析法证明的命题用选择型分析法一定能证明,反之用选择型分析法证明的命题,用可逆型分析法不一定能证明.

可逆型分析法的证明中,常用符号"⇔"来表示,或用一系列"则需证……"来表示,并最后指出"上述每步可逆,故命题成立",或用一系列"等价于",等等.

例2 Rt$\triangle ABC$ 中,a,b 为直角边长,c 为斜边长. 求证:$\frac{a+b}{\sqrt{2}} \leq c$.

证明 由于 $a>0, b>0, c>0$.

欲证不等式 $\Leftrightarrow a+b \leqslant \sqrt{2}c$

$$\Leftrightarrow (a+b)^2 \leqslant (\sqrt{2}c)^2$$
$$\Leftrightarrow a^2+2ab+b^2 \leqslant 2c^2$$
$$\underset{c^2=a^2+b^2}{\Longleftrightarrow} 2ab \leqslant a^2+b^2$$
$$\Leftrightarrow (a-b)^2 \geqslant 0.$$

而最后的不等式显然成立,故命题获证.

例 3 设 a,b,c 是正实数,求证

$$\frac{a^2b(b-c)}{a+b} + \frac{b^2c(c-a)}{b+c} + \frac{c^2a(a-b)}{c+a} \geqslant 0 \qquad ①$$

证法 1 对不等式①展开变形,知①等价于 $a^3b^3+b^3c^3+c^3a^3 \geqslant abc(a^2b+b^2c+c^2a)$.

又等价于

$$a^3b^3+b^3c^3+c^3a^3 \geqslant a^3b^2c+ab^3c^2+a^2bc^3 \qquad ②$$

应用三元均值不等式,得

$$a^3b^3+a^3b^3+c^3a^3 \geqslant 3\sqrt[3]{a^3b^3 \cdot a^3b^3 \cdot c^3a^3}$$

即

$$a^3b^3+a^3b^3+c^3a^3 \geqslant 3a^3b^2c$$

同理

$$a^3b^3+b^3c^3+b^3c^3 \geqslant 3ab^3c^2, b^3c^3+c^3a^3+c^3a^3 \geqslant 3a^2bc^3$$

将这三式叠加,立知不等式②成立,故①获证.

证法 2 对不等式①两边同乘以 $\frac{1}{abc}$,知①等价于

$$\frac{c^{-1}-b^{-1}}{a^{-1}+b^{-1}} + \frac{a^{-1}-c^{-1}}{b^{-1}+c^{-1}} + \frac{b^{-1}-a^{-1}}{c^{-1}+a^{-1}} \geqslant 0 \qquad ③$$

设 $x=\frac{1}{a}, y=\frac{1}{b}, z=\frac{1}{c}, x,y,z$ 正实数,则不等式③等价于 $\frac{y-z}{x+y} + \frac{z-x}{y+z} + \frac{x-y}{z+x} \leqslant 0$.

又等价于

$$\frac{x+y-z-x}{x+y} + \frac{y+z-x-y}{y+z} + \frac{z+x-y-z}{z+x} \leqslant 0$$

再等价于

$$\frac{z+x}{x+y} + \frac{x+y}{y+z} + \frac{y+z}{z+x} \geqslant 3$$

显然,应用三元不等式,便得

$$\frac{z+x}{x+y} + \frac{x+y}{y+z} + \frac{y+z}{z+x} \geqslant 3\sqrt[3]{\frac{z+x}{x+y} \cdot \frac{x+y}{y+z} \cdot \frac{y+z}{z+x}}$$
$$= 3$$

获证.

需要说明的是,在证法 1 和证法 2 中,获得了例 3 的两个等价的不等式:

问题 1 设 a,b,c 是正实数,求证

$$\frac{a^3b^3 + b^3c^3 + c^3a^3}{a^2b + b^2c + c^2a} \geq abc \qquad ④$$

问题 2 设 x, y, z 是正实数,求证

$$\frac{y-z}{x+y} + \frac{z-x}{y+z} + \frac{x-y}{z+x} \leq 0 \qquad ⑤$$

③构造型分析法.

如果在从结论向已知条件追溯的过程中,在寻找新的充分条件的转化"三岔口"处,需采取相应的构造型措施:如构造一些条件,作某些辅助图等,进行探讨、推导,才能追溯到原命题的已知条件(或稍作变形处理)的分析法又叫作构造型分析法.

例 4 如图 6-2,设凸四边形 $ABCD$ 的边长分别为 a, b, c, d,两条对角线长为 e, f. 求证

$$e^2 f^2 = a^2 c^2 + b^2 d^2 - 2abcd \cdot \cos(A+C)$$

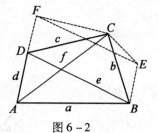

图 6-2

证明 欲证

$$e^2 f^2 = a^2 c^2 + b^2 d^2 - 2abcd \cdot \cos(A+C)$$

只需证

$$e^2 = \left(\frac{ac}{f}\right)^2 + \left(\frac{bd}{f}\right)^2 - 2\left(\frac{ac}{f}\right) \cdot \left(\frac{bd}{f}\right) \cdot \cos(A+C)$$

即可. 这种形式符合三角形中的余弦定理形式,则需对原图形分析比较,再构作出一顶角大小为 $A+C$ 的三角形,且这个角的两夹边应等于 $\frac{ac}{f}, \frac{bd}{f}$. 此时,则只需作相似三角形即可.

在图 6-2 中,在 BC, CD 边上向外作 $\triangle BEC \backsim \triangle CDA$,作 $\triangle CFD \backsim \triangle ABC$,则有 $\angle FCE = \angle A + \angle C$,且 $EC = \frac{bd}{f}, FC = \frac{ac}{f}$,于是

$$EF^2 = EC^2 + FC^2 - 2EC \cdot FC \cdot \cos \angle ECF$$
$$= \left(\frac{bd}{f}\right)^2 + \left(\frac{ac}{f}\right)^2 - 2\left(\frac{bd}{f}\right)\left(\frac{ac}{f}\right) \cdot \cos(A+C)$$

此时,只需证 $BD = EF$ 即可,又只需证 $BEFD$ 为平行四边形即可. 而由图知 $BE = DF = \frac{bc}{f}$,则只需证 $BE \parallel DF$ 即可. 又只需证 $\angle EBD + \angle BDF = 180°$ 即可.

由图可知

$$\angle EBD + \angle BDF = \angle EBC + \angle CBD + \angle BCD + \angle CDF$$
$$= \angle ACD + \angle CBD + \angle BDC + \angle ACB$$
$$= 180°$$

故原命题获证.

④设想型分析法.

在向已知条件的追溯过程中,借助于有根据的设想、假定,形成"言之成理"的新构思,再进行"持之有据"的验证逐步地找出正确途径的分析法又称为设想型分析法.

例 5 (柯西不等式)设 $a_i, b_i (i=1,2,\cdots,n)$ 为实数,求证

$$\left(\sum_{i=1}^{n} a_i b_i\right)^2 \leq \left(\sum_{i=1}^{n} a_i^2\right) \cdot \left(\sum_{i=1}^{n} b_i^2\right)$$

证明 欲证不等式可变形为 $\left[\dfrac{\sum\limits_{i=1}^{n}a_ib_i}{\sqrt{\sum\limits_{i=1}^{n}a_i^2}\cdot\sqrt{\sum\limits_{i=1}^{n}b_i^2}}\right]^2\leqslant 1.$

为了运用基本不等式 $|a'_ib'_i|\leqslant\dfrac{1}{2}({a'_i}^2+{b'_i}^2)$ 来证明如上变形式. 需先假定 $\sum\limits_{i=1}^{n}{a'_i}^2=1$, $\sum\limits_{i=1}^{n}{b'_i}^2=1$, 其中 $a'_i, b'_i (i=1,2,\cdots,n)$ 为实数. 令

$$\dfrac{a_i}{\sqrt{a_1^2+a_2^2+\cdots+a_n^2}}=a'_i,\quad \dfrac{b_i}{\sqrt{b_1^2+b_2^2+\cdots+b_n^2}}=b'_i$$

则

$$\sum_{i=1}^{n}{a'_i}^2=1,\quad \sum_{i=1}^{n}{b'_i}^2=1$$

此时

$$\left|\sum_{i=1}^{n}a'_ib'_i\right|\leqslant\sum_{i=1}^{n}|a_ib_i|\leqslant\dfrac{1}{2}\sum_{i=1}^{n}({a'_i}^2+{b'_i}^2)=1$$

从而

$$\left(\sum_{i=1}^{n}a'_ib'_i\right)^2\leqslant 1$$

即有

$$\left(\sum_{i=1}^{n}\dfrac{a_ib_i}{\sqrt{\sum\limits_{i=1}^{n}a_i^2}\cdot\sqrt{\sum\limits_{i=1}^{n}b_i^2}}\right)^2\leqslant 1$$

故 $\left(\sum\limits_{i=1}^{n}a_ib_i\right)^2\leqslant\left(\sum\limits_{i=1}^{n}a_i^2\right)\left(\sum\limits_{i=1}^{n}b_i^2\right).$

下面,我们介绍综合法.

在由已知条件着手,根据已知定义、公理、定理逐步推导出求解的结论的过程中,由于思考的角度不同,立足点不同,综合法常分为分析型综合法、莫基型、综合法、媒介型综合法、构造型综合法等几种类型.

深入发掘题设内涵,充分运用已知条件,是熟练地运用综合法解题的关键.

⑤分析型综合法.

我们把分析法证题的叙述顺序逆过来,稍加整理而得到的证法称为分析型综合法.

例 6 如图 6-3,设 O 为 $\triangle ABC$ 内一点, AO, BO, CO 的延长线分别交 BC, CA, AB 于 P, Q, R, 则

$$\dfrac{AO}{OP}=\dfrac{AR}{RB}+\dfrac{AQ}{QC}$$

$$\dfrac{BO}{OQ}=\dfrac{BP}{PC}+\dfrac{BR}{RA}$$

$$\dfrac{CO}{OR}=\dfrac{CP}{PB}+\dfrac{CQ}{QA}$$

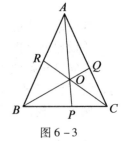

图 6-3

分析 $\dfrac{AR}{RB}$ 和 $\dfrac{AQ}{QC}$ 均为同一直线上的两线段之比,在什么时候有这样的线段比出现呢? 根据题设条件,自然可联想到塞瓦定理和梅涅劳斯定理. 于是,可得如下证法:

证明 在 $\triangle ABC$ 中,AP,BQ,CR 三线共点,由塞瓦定理得

$$\frac{BP}{PC} \cdot \frac{CQ}{QA} \cdot \frac{AR}{RB} = 1$$

即有

$$\frac{BP}{PC} \cdot \frac{CQ}{QA} = \frac{BR}{RA} \qquad ①$$

在 $\triangle BCQ$ 中,A,O,P 分别是三条边或延长线上的点,由梅涅劳斯定理得

$$\frac{BP}{PC} \cdot \frac{CA}{AQ} \cdot \frac{QO}{OB} = 1$$

即有

$$\frac{BO}{OQ} = \frac{BP}{PC} \cdot \frac{CA}{AQ} = \frac{BP}{PC} \cdot \frac{CQ + AQ}{AQ} = \frac{BP}{PC} \cdot \frac{CQ}{QA} + \frac{BP}{PC}$$

由①得

$$\frac{BO}{OQ} = \frac{BR}{RA} + \frac{BP}{PC}$$

用同样的方法可证得

$$\frac{AO}{OP} = \frac{AR}{RB} + \frac{AQ}{QC}, \frac{CO}{OR} = \frac{CP}{PB} + \frac{CQ}{QA}$$

上述例题的结论既有特色,又非常有用,由此例可得如下结论:

推论 如图 6-3,设 O 为 $\triangle ABC$ 内一点,AO,BO,CO 的延长线分别交 BC,CA,AB 于 P,Q,R 则:

(1) $\dfrac{AO}{OP} \cdot \dfrac{BO}{OQ} \cdot \dfrac{CO}{OR} = \dfrac{AO}{OP} + \dfrac{BO}{OQ} + \dfrac{CO}{OR} + 2$;

(2) $\dfrac{AO}{AP} + \dfrac{BO}{BQ} + \dfrac{CO}{CR} = 2$;

(3) $\dfrac{OP}{AP} + \dfrac{OQ}{BQ} + \dfrac{OR}{CR} = 1$.

证明 设 $\dfrac{AR}{RB} = a, \dfrac{BP}{PC} = b, \dfrac{CQ}{QA} = c.$ 则

$$\frac{AO}{OP} = a + \frac{1}{c}, \frac{BO}{OQ} = b + \frac{1}{a}, \frac{CO}{OR} = c + \frac{1}{b}$$

从而

$$abc = 1$$

(1)

$$\frac{AO}{OP} \cdot \frac{BO}{OQ} \cdot \frac{CO}{OR} = \left(a + \frac{1}{c}\right)\left(b + \frac{1}{a}\right)\left(c + \frac{1}{b}\right)$$

展开后并整理得

$$\frac{AO}{OP} \cdot \frac{BO}{OQ} \cdot \frac{CO}{OR} = 2 + \left(a + \frac{1}{c}\right) + \left(b + \frac{1}{a}\right) + \left(c + \frac{1}{b}\right)$$

故

$$\frac{AO}{OP} \cdot \frac{BO}{OQ} \cdot \frac{CO}{OR} = \frac{AO}{OP} + \frac{BO}{OQ} + \frac{CO}{OR} + 2$$

(2) $$\frac{AO}{AP} = \frac{AO}{AO+OP} = \frac{1}{1+\frac{OP}{AO}} = \frac{1}{1+\frac{1}{a+\frac{1}{c}}} = \frac{ac+1}{ac+c+1}$$

同样可求得

$$\frac{BO}{BQ} = \frac{ab+1}{ab+a+1}$$

$$\frac{CO}{CR} = \frac{bc+1}{bc+b+1}$$

因

$$abc = 1$$

则

$$\frac{BO}{BQ} = \frac{ab+abc}{ab+a+abc} = \frac{b+bc}{bc+b+1} = \frac{b+bc}{bc+b+abc}$$

从而

$$\frac{BO}{BQ} = \frac{1+c}{ac+c+1}$$

同理可得

$$\frac{CO}{CR} = \frac{ac+c}{ac+c+1}$$

故

$$\frac{AO}{AP} + \frac{BO}{BQ} + \frac{CO}{CR} = \frac{ac+1+1+c+ac+c}{ac+c+1} = 2$$

(3) $$\frac{OP}{AP} + \frac{OQ}{BQ} + \frac{OR}{CR} = 1 - \frac{AO}{AP} + 1 - \frac{BO}{BQ} + 1 - \frac{CO}{CR} = 3 - 2 = 1$$

⑥奠基型综合法.

在由已知条件着手较难时,或没有熟悉的模式可供化归推导时,我们可倾向于寻找简单的模式(特例),然后将一般情形化归到这个简单的模式上来. 这样的综合法称为奠基型综合法.

例 7 如图 6 - 4,由任一点 P 向等边 $\triangle ABC$ 的三条高 AD, BE, CF 作垂线段. 求证:这三条垂线段中最长的一条是其余两条的和.

分析 由于 $\triangle ABC$ 的特殊性与点 P 的任意性,我们应寻找其中的相关内部规律,于是有下述证法.

证明 首先考虑其特殊情形:点 P 在一边上,如图 6 - 4(a),作 $PG \perp BE$ 于 G,作 $PH \perp CF$ 于 H,则由正三角形性质,有 $PG = \frac{1}{2}BP, PH = \frac{1}{2}PC$,而

$$PG + PD = \frac{1}{2}BP + PD = \frac{1}{2}(BP + 2PD) = \frac{1}{2}(BD + PD)$$

$$= \frac{1}{2}(DC + PD) = \frac{1}{2}PC = PH$$

故此时结论获证.

再考虑一般情形,如图 6-4(b) 和(c),此时,只需作出 $PQ \perp AD$(或其延长线). 并延长 PQ 就可构成前述特殊情形(下略). 从而结论获证.

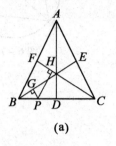
(a)

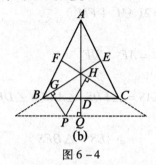
(b)

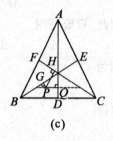
(c)

图 6-4

⑦媒介型结合法.

当问题给出的已知条件较少且看不出与所求结论的直接联系时,或条件关系松散难以利用时,去有意识地寻找、选择并应用媒介实现过渡,这样的综合法称之为媒介型综合法.

例 8 (斯特瓦尔特定理)设 D 是 $\triangle ABC$ 底边 BC 上任一点,则 $AD^2 \cdot BC = AB^2 \cdot CD + AC^2 \cdot BD - BC \cdot BD \cdot CD$.

证明 在 $\triangle ADB$ 和 $\triangle ABC$ 中

$$\cos \angle ADB = \frac{AD^2 + BD^2 - AB^2}{2AD \cdot BD}$$

$$\cos \angle ADC = \frac{AD^2 + CD^2 - AC^2}{2AD \cdot CD}$$

因为 $\cos \angle ADB = -\cos \angle ADC$,所以

$$\frac{AD^2 + BD^2 - AB^2}{2AD \cdot BD} = -\frac{AD^2 + CD^2 - AC^2}{2AD \cdot CD}$$

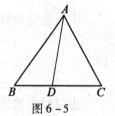

图 6-5

所以

$$AD^2(BD + CD) = AB^2 \cdot CD + AC^2 \cdot BD - BD \cdot CD(BD + CD)$$

将 $BD + CD = BC$ 代入即证得结论.

例 9 (第 32 届 IMO 试题)如图 6-6,设 I 为 $\triangle ABC$ 内心. 求证

$$\frac{AI}{AA'} \cdot \frac{BI}{BB'} \cdot \frac{CI}{CC'} \leq \frac{8}{27}$$

证明 由例 6 的推论(2),知

$$\frac{AI}{AA'} + \frac{BI}{BB'} + \frac{CI}{CC'} = 2$$

故

$$\frac{AI}{AA'} \cdot \frac{BI}{BB'} \cdot \frac{CI}{CC'} \leq \left(\frac{2}{3}\right)^3 = \frac{8}{27}$$

图 6-6

注 实际上此例条件过剩,I 为 $\triangle ABC$ 内任一点,不等式仍然成立. 由证明过程可知,不等式成立与 I 为三角形内心无关.

例 10 已知圆内接四边形 $ABCD$ 的两条对角线 AC,BD 的交点为 S,S 在边 AB,CD 上的投影分别为 E,F. 证明:EF 的中垂线平分线段 BC,AD.

证明 辅助线如图 6-7. 只要证明 $EM = FM$，其中，M 为 AD 的中点. 分别在 $\triangle AED$ 和 $\triangle AFD$ 中应用中线公式，有

$$AE^2 + DE^2 = 2(AM^2 + EM^2)$$
$$AF^2 + DF^2 = 2(AM^2 + FM^2)$$

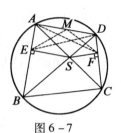

图 6-7

因此，只要证明

$$AE^2 + DE^2 = AF^2 + DF^2$$

因为

$$\angle EAS = \angle FDS, \angle AES = \angle DFS$$

所以

$$\triangle AES \backsim \triangle DFS$$

于是

$$AS \cdot FS = DS \cdot ES$$

因为 $\angle ASE = \angle DSF$，所以

$$\angle ASF = \angle DSE$$

故

$$AS \cdot FS\cos\angle ASF = DS \cdot ES\cos\angle DSE$$

由余弦定理得

$$AS^2 + FS^2 - AF^2 = DS^2 + ES^2 - DE^2$$

即

$$AS^2 - ES^2 + DE^2 = DS^2 - FS^2 + AF^2$$

由勾股定理得

$$AE^2 + DE^2 = AF^2 + DF^2$$

例 11 已知 $x, y, z \in \mathbf{R}^*, n \in \mathbf{N}^*$. 求证

$$\frac{x}{nx+y+z} + \frac{y}{x+ny+z} + \frac{z}{x+y+nz} \leq \frac{3}{n+2}$$

证明 当 $n = 1$ 时，不等式显然成立.

当 $n \geq 2$ 时，设

$$\begin{cases} nx+y+z = a \\ x+ny+z = b \\ x+y+nz = c \end{cases}$$

则

$$\begin{cases} x = \dfrac{(n+1)a - b - c}{n(n+1) - 2} \\ y = \dfrac{(n+1)b - c - a}{n(n+1) - 2} \\ z = \dfrac{(n+1)c - a - b}{n(n+1) - 2} \end{cases}$$

于是

$$\frac{x}{nx+y+z} + \frac{y}{x+ny+z} + \frac{z}{x+y+nz}$$

$$= \frac{1}{(n+2)(n-1)}\left[\frac{(n+1)a-b-c}{a} + \frac{(n+1)b-c-a}{b} + \frac{(n+1)c-a-b}{c}\right]$$

$$= \frac{1}{(n+2)(n-1)}\left[3(n+1) - \left(\frac{b}{a}+\frac{a}{b}\right) - \left(\frac{c}{a}+\frac{a}{c}\right) - \left(\frac{c}{b}+\frac{b}{c}\right)\right]$$

$$\leq \frac{1}{(n+2)(n-1)}(3n+3-6)$$

$$= \frac{3(n-1)}{(n+2)(n-1)} = \frac{3}{n+2}$$

⑧构造型综合法.

在数学证明中,有些不能运用逻辑推理一步一步地导出有关结论时,从新的角度、用新的观点别开生面地依据题设条件而构造某种数学结构,使原问题中隐晦不清的关系和性质在新构造的数学结构中清楚地展现出来的综合证明,称之为构造型综合法.

例 12 若 $p,q \in \mathbf{R}$,且 $p^3+q^3=2$. 求证:$0 < p+q \leq 2$.

证明 由条件 $p^3+q^3=2$,有

$$(p+q)^3 - 3pq(p+q) = 2$$

由上式知 $p+q \neq 0$,于是可令 $p+q=k$,则

$$pq = \frac{k^3-2}{3k}$$

构造方程

$$x^2 - kx + \frac{k^3-2}{3k} = 0$$

则知 p,q 是上述关于 x 的二次方程的两个实根,于是

$$\Delta = k^2 - 4 \cdot \frac{k^3-2}{3k} \geq 0$$

即 $\frac{8-k^3}{3k} \leq 0$.

解得 $0 < k \leq 2$. 故 $0 < p+q \leq 2$.

2. 数学归纳法、反证法和同一法

数学归纳法和反证法、同一法是数学证明中有鲜明特色的论证方法.

涉及自然数有关的命题常运用数学归纳法论证.

例 13 设 $a>0, b>0$,证明:对一切自然数 n,都有

$$\frac{1}{2}(a^n+b^n) \geq \left(\frac{a+b}{2}\right)^n$$

证明 当 $n=1$ 时,有 $\frac{1}{2}(a+b) = \frac{a+b}{2}$,这说明命题成立.

假设 $n=k$ 时,命题成立,即有

$$\frac{1}{2}(a^k+b^k) \geq \left(\frac{a+b}{2}\right)^k$$

那么当 $n=k+1$ 时,有

$$\left(\frac{a+b}{2}\right)^{k+1} = \left(\frac{a+b}{2}\right)^k \cdot \left(\frac{a+b}{2}\right) \leq \frac{a^k+b^k}{2} \cdot \frac{a+b}{2} = \frac{1}{4}(a^{k+1}+ab^k+a^kb+b^{k+1})$$

又注意到
$$a^{k+1}+b^{k+1}-(a^k b+ab^k)=(a^k-b^k)(a-b)$$
而 a^k-b^k 与 $a-b$ 保持相同的正或负值. 则
$$a^{k+1}+b^{k+1}\geqslant ab^k+a^k b$$
即有
$$a^{k+1}+ab^k+a^k b+b^{k+1}\leqslant a^{k+1}+b^{k+1}+a^{k+1}+b^{k+1}$$
从而
$$\frac{1}{4}(a^{k+1}+ab^k+a^k b+b^{k+1})\leqslant\frac{1}{2}(a^{k+1}+b^{k+1})$$
即
$$\left(\frac{a+b}{2}\right)^{k+1}\leqslant\frac{1}{2}(a^{k+1}+b^{k+1})$$

这说明 $n=k+1$ 时命题成立.

故由归纳原理,原不等式获证.

反证法是从要证明的结论的否定出发并以此为重要的"附加条件",根据有关的定义、公理和给出命题的条件进行推理,直到得出矛盾,从而判定命题结论的否定不成立,即肯定命题结论.

①通过反设结论,改变原来的限制条件,然后归谬、推理,找出矛盾.

例14 若 a,b,c 均为实数,且 $a=x^2-2y+\frac{\pi}{2}$, $b=y^2-2z+\frac{\pi}{3}$, $c=z^2-2x+\frac{\pi}{6}$. 求证:a,b,c 中至少有一个大于 0.

证明 假设 a,b,c 都不大于 0,即 $a\leqslant 0,b\leqslant 0,c\leqslant 0$,则有
$$a+b+c\leqslant 0$$
而
$$\begin{aligned}a+b+c&=\left(x^2-2y+\frac{\pi}{2}\right)+\left(y^2-2z+\frac{\pi}{3}\right)+\left(z^2-2x+\frac{\pi}{6}\right)\\&=(x-1)^2+(y-1)^2+(z-1)^2+\pi-3\end{aligned}$$
因为 $\pi-3>0$ 且无论 x,y,z 为何实数 $(x-1)^2+(y-1)^2+(z-1)^2\geqslant 0$,所以 $a+b+c>0$,这与 $a+b+c\leqslant 0$ 矛盾,因此假设不成立,a,b,c 中至少有一个大于 0.

②以否定唯一性为条件,得出反面结论,再用枚举法逐一否定各个反面结论,从而肯定结论.

例15 设 $a,b\in(0,1)$, $a^b=b^a$,求证:$a=b$.

证明 假设 $a\neq b$,则 $a>b$ 或 $a<b$. 若 $a>b$,则由已知 $b=a\log_a b$,所以 $\log_a b=\frac{b}{a}$. 因为 $a,b\in(0,1)$,函数 $y=\log_a x$ 为减函数,又 $a>b$,故 $\log_a b>\log_a a=1$,而 $\frac{b}{a}<1$ 与 $\log_a b=\frac{b}{a}$ 矛盾,同理可证 $a<b$ 也不成立,故必有 $a=b$.

③通过否定给出命题,将原来的否定性命题转化为肯定命题,再加以利用,找出矛盾.

例16 已知 p,q 是奇数. 求证:方程 $x^2+px+q=0$ 没有整数根.

证明 假设方程 $x^2+px+q=0$ 有整数根 x_1,x_2,则由根与系数的关系知

$$p = -(x_1 + x_2)$$
$$q = x_1 \cdot x_2 \qquad (*)$$

因为 q 为奇数,由(*)知 x_1, x_2 均为奇数,所以 $x_1 + x_2$ 为偶数,从而 p 为偶数,这与条件 p 为奇数矛盾,所以命题成立.

④根据不等命题的否定得到另一个不等命题,再利用已知条件找出矛盾,使命题获证.

例 17 已知 α, β 都是锐角,且 $\sin(\alpha + \beta) = 2\sin\alpha$. 求证 $\alpha < \beta$.

证明 假设 $\alpha \geq \beta$.

(i)若 $\alpha = \beta$,则由已知条件知 $\sin 2\alpha = 2\sin\alpha$,即 $2\sin\alpha\cos\alpha = 2\sin\alpha$,故有 $\sin\alpha = 0$ 或 $\cos\alpha = 1$,这与 α 为锐角矛盾.

(ii)若 $\alpha > \beta$,且 α, β 都为锐角,则 $1 > \sin\alpha > \sin\beta > 0, 1 > \cos\beta > \cos\alpha > 0$,于是 $\sin(\alpha + \beta) = \sin\alpha\cos\beta + \cos\alpha\sin\beta < 2\sin\alpha\cos\beta < 2\sin\alpha$,这与 $\sin(\alpha + \beta) = 2\sin\alpha$ 矛盾.

综合之有 $\alpha < \beta$ 成立.

⑤若命题的结论是关于"存在"或"不存在"的,由"不存在"产生矛盾,可证"存在",由"存在"推出矛盾可证"不存在".

例 8 已知双曲线 $\dfrac{x^2}{a^2} - \dfrac{y^2}{b^2} = 1$ 的离心率 $e > 1 + \sqrt{2}$,左、右焦点分别为 F_1, F_2,左准线为 l,能否在双曲线的左半支上找到一点 P,使 $|PF_1|$ 是 P 到 l 的距离 d 与 $|PF_2|$ 的比例中项? 请说明理由.

解 假设在双曲线左半支上存在一点 P,使得 $|PF_1|^2 = d \cdot |PF_2|$,则 $\dfrac{|PF_2|}{|PF_1|} = \dfrac{|PF_1|}{d} = e$,所以 $|PF_2| = e|PF_1|$,由双曲线定义知 $|PF_2| - |PF_1| = 2a$,所以 $|PF_1| + 2a = e|PF_1|$,即有 $|PF_1| = \dfrac{2a}{e-1}, |PF_2| = \dfrac{2ae}{e-1}$,而在 $\triangle PF_1F_2$ 中有 $|PF_1| + |PF_2| \geq |F_1F_2|$,即 $\dfrac{2a}{e-1} + \dfrac{2ae}{e-1} \geq 2c$,化简得 $e^2 - 2e - 1 \leq 0$,解之得 $1 - \sqrt{2} \leq e \leq \sqrt{2} + 1$ 又 $e > 1$,所以 $1 < e \leq \sqrt{2} + 1$,这与已知 $e > 1 + \sqrt{2}$ 矛盾,故满足题意的点 P 不存在.

当一个命题的条件和结论都唯一存在,它们所指的概念是同一概念时,这个命题与它的某一逆命题等效. 这个原理叫作同一原理. 对于符合同一原理的命题,当正面直接证明有困难时,可以改证其等效的逆命题. 或者有些命题符合同一原理,通过直接构造,再进行逻辑推理证明构造对象满足题设. 这种证明方法称为同一法.

例 19 如图 6-8,AB 是圆 O 的直径,C, D 是圆周上异于 A, B 且在 AB 同侧的两点,分别过 C, D 作圆的切线,它们相交于点 E,线段 AD 与 BC 交于点 F,直线 EF 与 AB 相交于点 M. 求证:E, C, M, D 四点共圆.

证法 1 由 EC, ED 是圆 O 的切线,知 $EC \perp OC, ED \perp OD$. 所以四点 E, C, O, D 共以 OE 为直径的圆. 联想到直径所对圆周角为直角,所以要证本题就只要证 $EM \perp AB$. 下面运用同一法来证明.

如图 6-8,作 $FM' \perp AB$ 于点 M',若能证明 E, F, M' 三点共线,即能证明点 M 与点 M' 重合,那就证得了 $EM \perp AB$ 了.

因为 $\angle DAC = \dfrac{1}{2}\angle COD = \angle COE$,注意到垂足 M',则 F, C, A, M'

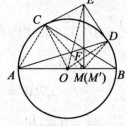

图 6-8

四点共圆,所以 $\angle FM'C = \angle FAC = \angle DAC = \frac{1}{2}\angle COD$.

同理 $\angle FM'D = \frac{1}{2}\angle COD$,所以 $\angle CM'D = \angle COD$,进而知 D,C,O,M' 四点共圆. 由 OE 是圆 COD 的直径知 $EM' \perp AB$.

对比 $FM' \perp AB$ 知 E,F,M' 三点共线,即 M,M' 重合,所以 $EM \perp AB$.

证法 2 由于 AB 是圆 O 的直径,所以 $AC \perp BC, AD \perp BD$. 若延长 AC,BD 并相交于点 G,联想到点 F 就是 $\triangle ABG$ 的垂心,后面就只需证明点 E 在 GF 上即可了.

如图 6-9,取 GF 的中点 E',下面只需证 $E'C$ 和 $E'D$ 均为圆 O 的切线,即证明点 E' 与 E 重合即可.

注意到 CE' 与 CO 是两个相似 Rt$\triangle GCF$ 与 Rt$\triangle BCA$ 的对应线段,则

$$\angle E'CF = \angle OCA$$

所以

$$\angle E'CO = \angle E'CF + \angle BCO = \angle OCA + \angle BCO = \angle BCA = 90°$$

即 $E'C \perp CO, E'C$ 是圆 O 的切线.

同理 $E'D$ 也是圆 O 的切线.

故点 E' 与点 E 重合,即点 E 是 GF 的中点.

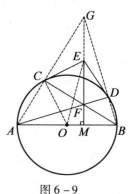

图 6-9

3. 算两次法和举反例法

将同一数学对象用两种方法计算或表示出来,所得结果必然是相同的. 这一原理直接来源于形式逻辑中的同一律. 运用这一原理论证命题称为算两次证法.

例 20 证明: $\sum_{k=0}^{r} C_m^k C_n^{r-k} = C_{m+n}^r (r \leq m)$.

证明 构造组合应用问题:"设有 $m+n$ 件产品,其中有 m 件废品,现从中任取 r 件($r \leq m$),共有多少种不同的取法."

一方面,由组合定义可知,有 C_{m+n}^r 种不同取法;另一方面,这 r 件产品中可能没有废品,也可能有 1 件,2 件,$\cdots$,r 件废品,它们的组合数分别为 $C_m^0 C_n^r, C_m^1 C_n^{r-1}, \cdots, C_m^r C_n^0$,故取 r 件的所有不同方法为 $\sum_{k=0}^{r} C_m^k C_n^{r-k}$. 综合两方面知等式成立.

例 21 证明:$\arctan \frac{1}{2} + \arctan \frac{1}{3} = \frac{\pi}{4}$.

证法 1 构造如图 6-10 所示的锐角 $\triangle ABC$,其中 $BD = \frac{1}{2}, CD = \frac{1}{3}, AD = 1, AD \perp BC$,则 $AB = \frac{\sqrt{5}}{2}, AC = \frac{\sqrt{10}}{3}$. 以下用两种方法求 $\angle BAC$.

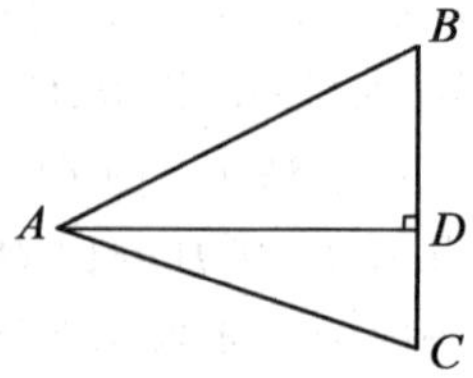

一方面

$$\angle BAC = \angle BAD + \angle CAD = \arctan \frac{1}{2} + \arctan \frac{1}{3}$$

图 6-10

另一方面,由

$$S_{\triangle ABC} = \frac{1}{2} \cdot \frac{\sqrt{5}}{2} \cdot \frac{\sqrt{10}}{3} \sin \angle BAC = \frac{1}{2}\left(\frac{1}{2} + \frac{1}{3}\right) \cdot 1$$

可得,$\sin \angle BAC = \frac{\sqrt{2}}{2}$. 因 $\angle BAC$ 为锐角,故 $\angle BAC = \frac{\pi}{4}$.

综合两方面知等式成立.

证法 2 设 $z_1 = 2 + \mathrm{i}, z_2 = 3 + \mathrm{i}$,则 $z_1 \cdot z_2 = 5(1 + \mathrm{i})$.

以下用两种算法求 $\arg(z_1 z_2)$.

一方面,由

$$5 + 5\mathrm{i} = 5\sqrt{2}\left(\cos \frac{\pi}{4} + \mathrm{i}\sin \frac{\pi}{4}\right)$$

可知

$$\arg(z_1 z_2) = \frac{\pi}{4}$$

另一方面,由复数乘法的几何意义知

$$\arg z_1 + \arg z_2 = \arctan \frac{1}{2} + \arctan \frac{1}{3}$$

是 $z_1 \cdot z_2$ 的一个辐角,而

$$0 < \arctan \frac{1}{2} + \arctan \frac{1}{3} < \pi$$

故

$$\arg(z_1 \cdot z_2) = \arctan \frac{1}{2} + \arctan \frac{1}{3}$$

综合两方面知等式成立.

在数学中,要证明一个命题成立,须严格地论证在所给的条件下能逻辑地推导出结论. 而要证明一个命题错误,十分简洁而又极具说服力的办法是举出反例. 反例通常是指用来说明某个命题不成立的例子. 有人也称为与命题相矛盾的特例.

反例的威力来源于形式逻辑,它与论证是相反相成的两种逻辑方法,论证是用已知为真的判断确定另一个判断的真实性,反例是用已知为真的事实去揭露另一判断的虚假性. 它们都是为了揭示事物的本质和内在联系.

1640 年,费马认为自己找到了能表示部分素数的公式 $2^{2^n} + 1$(称为费马数). 他验证了 $n = 1,2,3,4$ 几个值都是正确的,于是 $2^{2^n} + 1$ 为素数的猜想. 一个世纪之后,欧拉指出

$$2^{2^5} + 1 = 4\,294\,967\,279 = 6\,700\,417 \times 641$$

这就推翻了费马猜想.

例 22 三边的长和面积的数值都是整数的三角形叫海伦三角形. 命题"任何海伦三角形都有一条高的长为整数"是否成立?

解 命题不真. 取 $\triangle ABC$ 使 $BC = a = 5, AC = b = 29, AB = C = 30$,则半周长为 $p = \frac{1}{2}(a + b + c) = 32$,其面积为 $S = \sqrt{p(p-a)(p-b)(p-c)} = 72$.

全部满足条件,边长与面积均为整数. 但它的 3 条高线长 $h_a = \frac{144}{5}, h_b = \frac{144}{29}, h_c = \frac{24}{5}$ 均不

为整数.

从而结论获证.

6.1.2 善用数学论证重要技术

数学论证的重要技术有提炼技术、揭示技术、夹逼技术、主元技术、整合技术(这可参见本套书中的《数学精神巡礼》中 5.3 节).

1. 发掘出特征,灵巧由此生——提炼技术

例 23 已知正数 a,b,c 满足 $a+b+c=6$,求证:$\dfrac{1}{a(1+b)}+\dfrac{1}{b(1+c)}+\dfrac{1}{c(1+a)} \geq \dfrac{1}{2}$.

证明 依题设特征,可启示考虑运用均值不等式

$$\frac{1}{a(1+b)}+\frac{1}{b(1+c)}+\frac{1}{c(1+a)} \geq \frac{3}{\sqrt[3]{abc(1+a)(1+b)(1+c)}}$$

$$= \frac{3}{\sqrt[3]{abc} \cdot \sqrt[3]{(1+a)(1+b)(1+c)}}$$

$$\geq \frac{3}{\dfrac{a+b+c}{3} \cdot \dfrac{1+a+1+b+1+c}{3}}$$

$$= \frac{3}{2 \times 3} = \frac{1}{2}$$

从而欲证不等式成立.

例 24 如 x,y,z 为正数,证明

$$\frac{(x+1)(y+1)^2}{3\sqrt[3]{z^2x^2}+1}+\frac{(y+1)(z+1)^2}{3\sqrt[3]{x^2y^2}+1}+\frac{(z+1)(x+1)^2}{3\sqrt[3]{y^2z^2}+1} \geq x+y+z+3$$

证明 由题设特征,可启示需变形处理,记 $3\sqrt[3]{z^2x^2}+1=a$,$3\sqrt[3]{x^2y^2}+1=b$,$3\sqrt[3]{y^2z^2}+1=c$,由柯西不等式及均值不等式

$$\left[\frac{(x+1)(y+1)^2}{a}+\frac{(y+1)(z+1)^2}{b}+\frac{(z+1)(x+1)^2}{c}\right]\left(\frac{a}{x+1}+\frac{b}{y+1}+\frac{c}{z+1}\right)$$

$$\geq [(y+1)+(z+1)+(x+1)]^2$$

$$= (x+y+z+3)\left[\frac{(z+1)(x+1)}{x+1}+\frac{(x+1)(y+1)}{y+1}+\frac{(y+1)(z+1)}{z+1}\right]$$

$$= (x+y+z+3)\left(\frac{xz+x+z+1}{x+1}+\frac{xy+x+y+1}{y+1}+\frac{yz+y+z+1}{z+1}\right)$$

$$\geq (x+y+z+3)\left(\frac{a}{x+1}+\frac{b}{y+1}+\frac{c}{z+1}\right)$$

从而

$$\frac{(x+1)(y+1)^2}{a}+\frac{(y+1)(z+1)^2}{b}+\frac{(z+1)(x+1)^2}{c} \geq x+y+z+3$$

即欲证不等式成立.

2. 着眼于概念,入手于定义——揭示技术

例 25 (欧拉定理)设四边形 $ABCD$ 的两条对角线 AC,BD 的中点分别为 M,N. 则

$$AB^2 + BC^2 + CD^2 + DA^2 = AC^2 + BD^2 + 4MN^2$$

证明 如图 6-11,由题设有中点,需充分利用中点的条件. 联结 BM, DM,由中线公式有

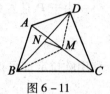

图 6-11

$$AB^2 + BC^2 = 2(BM^2 + AM^2)$$
$$DA^2 + CD^2 = 2(DM^2 + AM^2)$$

又

$$BM^2 + DM^2 = 2(BN^2 + MN^2)$$
$$4AM^2 = AC^2, 4BN^2 = BD^2$$

故

$$\begin{aligned} AB^2 + BC^2 + CD^2 + DA^2 &= 2(BM^2 + DM^2) + 4AM^2 \\ &= 4BN^2 + 4MN^2 + 4AM^2 \\ &= AC^2 + BD^2 + 4MN^2 \end{aligned}$$

注 当 A, B, C, D 为空间四点时,此结论仍然成立,且有(欧拉不等式)

$$AB^2 + BC^2 + CD^2 + DA^2 \geq AC^2 + BD^2$$

例 26 (卡诺定理)若 G 为 $\triangle ABC$ 的重心,P 为 $\triangle ABC$ 所在平面上任意一点. 则

$$PA^2 + PB^2 + PC^2 = GA^2 + GB^2 + GC^2 + 3PG^2$$
$$= \frac{1}{3}(a^2 + b^2 + c^2) + 3PG^2$$

其中,后一等式称为莱布尼兹公式.

证明 由题设有重心概念,于是可联系到中线、中点. 设 BC 的中点为 M,联结 AM, PM. 设 AM 的三等分点分别为 N, G. 则 G 为 $\triangle ABC$ 的重心. 由中线公式有

$$PB^2 + PC^2 = 2(PM^2 + BM^2) \quad ①$$
$$PA^2 + PG^2 = 2(PN^2 + NG^2) \quad ②$$
$$PM^2 + PN^2 = 2(PG^2 + NG^2) \quad ③$$

① + ② 并代入式 ③ 得

$$PA^2 + PB^2 + PC^2 = 3PG^2 + 2BM^2 + 2NG^2 + 4NG^2$$

又

$$GB^2 + GC^2 = 2(GM^2 + BM^2) = 2(NG^2 + BM^2)$$
$$4NG^2 = GA^2$$

故

$$PA^2 + PB^2 + PC^2 = 3PG^2 + GA^2 + GB^2 + GC^2$$

又

$$GA^2 = \frac{4}{9}AM^2 = \frac{4}{9} \times \frac{1}{4}(2b^2 + 2c^2 - a^2) = \frac{1}{9}(2b^2 + 2c^2 - a^2)$$

同理

$$GB^2 = \frac{1}{9}(2c^2 + 2a^2 - b^2), GC^2 = \frac{1}{9}(2a^2 + 2b^2 - c^2)$$

将以上三式代入即得莱布尼兹公式.

注 此定理也可以用斯特瓦尔特定理证明,且有

$$PA^2 + PB^2 + PC^2 \geqslant GA^2 + GB^2 + GC^2$$

由于 P 是 $\triangle ABC$ 所在平面上任意一点,当 P 为外心 O 时,可得

$$OG^2 = R^2 - \frac{1}{9}(a^2 + b^2 + c^2)$$

利用欧拉定理可得

$$OH^2 = 9R^2 - (a^2 + b^2 + c^2)$$

当 P 为内心 I 时,可得

$$IG^2 = r^2 - \frac{1}{36}[6(ab + bc + ca) - 5(a^2 + b^2 + c^2)]$$

其中,R,r 分别为 $\triangle ABC$ 的外接圆、内切圆的半径.

3. 两头夹逼推,妙式插其间——夹逼技术

例 27 设 $f(x)$ 是定义在 $\mathbf{R}$ 上的函数,对任意 $x \in \mathbf{R}$,满足 $f(x+4) - f(x) \leqslant 2x + 3$, $f(x+20) - f(x) \geqslant 10x + 95$. 求证: $f(x+4) - f(x) = 2x + 3$.

证明 由题设,考虑 $f(x+4) - f(x) \leqslant 2x + 3 \Leftrightarrow ?$

要使 $2x + 3 = [a(x+4)^2 + b(x+4)] - (ax^2 + bx)$,需 $a = \frac{1}{4}, b = -\frac{1}{4}$.

于是有

$$f(x+4) - f(x) \leqslant 2x + 3 \Leftrightarrow f(x+4) - [\frac{1}{4}(x+4)^2 - \frac{1}{4}(x+4)]$$
$$\leqslant f(x) - (\frac{1}{4}x^2 - \frac{1}{4}x)$$

同样

$$f(x+20) - f(x) \geqslant 10x + 95 \Leftrightarrow$$
$$f(x+20) - [\frac{1}{4}(x+20)^2 - \frac{1}{4}(x+20)] \geqslant f(x) - (\frac{1}{4}x^2 - \frac{1}{4}x)$$

令 $g(x) = f(x) - (\frac{1}{4}x^2 - \frac{1}{4}x)$,则知

$$g(x+4) \leqslant g(x)$$
$$g(x+20) \geqslant g(x)$$

因此

$$g(x) \leqslant g(x+20) \leqslant g(x+16) \leqslant \cdots \leqslant g(x+4) \leqslant g(x)$$

所以

$$g(x) = g(x+4) = g(x+8) = \cdots = g(x+20)$$

由 $g(x+4) = g(x)$,知

$$f(x+4) - [\frac{1}{4}(x+4)^2 - \frac{1}{4}(x+4)] = f(x) - (\frac{1}{4}x^2 - \frac{1}{4}x)$$

故

$$f(x+4) - f(x) = 2x + 3$$

例 28 设 a, b, c 为正数. 证明

$$\sqrt{a^2 + ab + b^2} + \sqrt{a^2 + ac + c^2} \geqslant 4\sqrt{\left(\frac{ab}{a+b}\right)^2 + \left(\frac{ab}{a+b}\right)\left(\frac{ac}{a+c}\right) + \left(\frac{ac}{a+c}\right)^2}$$

证明 注意到
$$(a+b)^2 \geqslant 4ab, (a+c)^2 \geqslant 4ac$$
则
$$\frac{ab}{a+b} \leqslant \frac{a+b}{4}, \frac{ac}{a+b} \leqslant \frac{a+c}{4}$$
于是,只需证
$$\sqrt{a^2+ab+b^2} + \sqrt{a^2+ac+c^2} \geqslant \sqrt{(a+b)^2+(a+b)(a+c)+(a+c)^2}$$
两边平方,即要证
$$\sqrt{(a^2+ab+b^2)(a^2+ab+b^2)} \geqslant a^2+2ab+2ac+bc$$
再平方得$(a-bc)^2 \geqslant 0$,此为显然.
故原不等式获证.

例29 设$\triangle ABC$的外心、内心分别为O, I, AI, BI, CI与$\triangle BIC, \triangle CIA, \triangle AIB$的外接圆的不同于$I$的交点分别为$D, E, F$,过$D, E, F$分别作$BC, CA, AB$的垂线$l_a, l_b, l_c$. 证明:(1)直线$l_a, l_b, l_c$交于一点$K$;(2)$K, O, I$三点共线.

证明 (1)设AI, BI, CI与$\triangle ABC$的外接圆的交点分别为L, M, N,则L, M, N分别为$\triangle ABC$的外接圆弧$\overparen{BC}, \overparen{CA}, \overparen{AB}$的中点,且$L, M, N$分别为$\triangle BIC, \triangle CIA, \triangle AIB$的外心.

因为$IL = LD$,所以,D为$\triangle ABC$中$\angle A$内的旁心.

类似地,E, F分别为$\triangle ABC$中$\angle B, \angle C$内的旁心.

设l_a, l_b, l_c与BC, CA, AB分别交于点X, Y, Z,且设
$$BC = a, CA = b, AB = c, p = \frac{1}{2}(a+b+c)$$
则
$$BZ = CY = p-a, CX = AZ = p-b, AY = BX = p-c$$
设l_b, l_c交于点K'.则
$$K'B^2 - K'C^2 = (K'B^2 - K'A^2) + (K'A^2 - K'C^2)$$
$$= (BZ^2 - AZ^2) + (AY^2 - CY^2) = BX^2 - CX^2$$
于是,$K'X \perp BC$.

因此,点K'与K重合,即l_a, l_b, l_c交于一点K.

(2)因为E, A, F三点共线,且
$$\angle YAE = \angle ZAF = \frac{180° - \angle BAC}{2}$$
所以
$$\angle AEY = \angle AFZ$$
于是
$$KE = KF$$
类似地
$$KD = KE$$
因此,K为$\triangle DEF$的外心.

又I为$\triangle DEF$和$\triangle LMN$的位似中心,从而,$\triangle DEF$的外心K,$\triangle LMN$的外心O与I三点

共线.

4. 媒介灵活用,主元思绪清——主元技术

例30 若 $a,b,c>0$, $a^2+b^2+c^2=1$,求证:$\dfrac{a}{1-a^2}+\dfrac{b}{1-b^2}+\dfrac{c}{1-c^2}\geqslant\dfrac{2\sqrt{3}}{2}$.

证明 由题设可考虑函数 $f(x)=\dfrac{1}{1-x^2},x\in(0,1)$,并看其变量取 $\dfrac{\sqrt{3}}{3}$(因 $a=b=c=\dfrac{\sqrt{3}}{3}$ 时,满足 $a^2+b^2+c^2=1$)时,切线函数是否为其界函数.

注意到 $f(\dfrac{\sqrt{3}}{3})=\dfrac{3}{2}$, $f'(x)=\dfrac{2x}{(1-x^2)^2}$, $f'(\dfrac{\sqrt{3}}{3})=\dfrac{3\sqrt{3}}{2}$.

$f(x)$ 在 $x=\dfrac{\sqrt{3}}{3}$ 处切线方程为 $y=\dfrac{3\sqrt{3}}{2}(x-\dfrac{\sqrt{3}}{3})-\dfrac{3}{2}$,即 $y=\dfrac{3\sqrt{3}}{2}x$.

故只要证 $\dfrac{x}{1-x^2}\geqslant\dfrac{3\sqrt{3}}{2}x^2$ 即可.

事实上,$\forall x\in(0,1)$,$\dfrac{x}{1-x^2}\geqslant\dfrac{3\sqrt{3}}{2}x^2\Leftrightarrow\dfrac{3\sqrt{3}}{2}x(1-x^2)\leqslant 1$.

令 $g(x)=\dfrac{3\sqrt{3}}{2}x(1-x^2)-1$.

由 $g'(x)=\dfrac{3\sqrt{3}}{2}(1-3x^2)=0$,得 $x=\dfrac{\sqrt{3}}{3}$,易知 $g(x)$ 在 $x\in(0,\dfrac{\sqrt{3}}{3})$ 上单调增减,在 $x\in(\dfrac{\sqrt{3}}{3},1)$ 上单调递增,从而 $g(x)\geqslant g(\dfrac{\sqrt{3}}{3})=0$,故 $\dfrac{x}{1-x^2}\geqslant\dfrac{3\sqrt{3}}{2}x^2$.

再取 $x=a,b,c$,有 $\dfrac{a}{1-a^2}+\dfrac{b}{1-b^2}+\dfrac{c}{1-c^2}\geqslant\dfrac{3\sqrt{3}}{2}(a^2+b^2+c^2)=\dfrac{3\sqrt{3}}{2}$,当且仅当 $x=a=b=c=\dfrac{\sqrt{3}}{3}$ 时,等号成立.

注 不等式证明中的找某点处的切线函数是一种重要的媒介.

例31 如图6-12,AB 是圆 Γ 的一条弦,P 为弧 $\overset{\frown}{AB}$ 内一点,E,F 为线段 AB 上两点.满足 $AE=EF=FB$.联结 PE,PF 并延长,与圆 Γ 分别交于点 C,D.证明:$EF\cdot CD=AC\cdot BD$.

证法1 如图6-12,联结 PB,CB.

在 $\triangle BCD$ 中,由正弦定理,有

$$\dfrac{BD}{CD}=\dfrac{\sin\angle BCD}{\sin\angle CBD}=\dfrac{\sin\angle BPF}{\sin\angle EPF}$$

在 $\triangle PBE$ 中,由 $S_{\triangle PEF}=S_{\triangle PFB}$,有

$$\dfrac{PE}{PB}=\dfrac{\sin\angle BPF}{\sin\angle EPF}$$

从而 $\dfrac{BD}{CD}=\dfrac{PE}{PB}=\dfrac{AE}{AC}=\dfrac{EF}{AC}$,故 $EF\cdot CD=AC\cdot BD$.

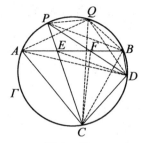

图6-12

证法2 联结 CB,CD,DA,DE,则

$$\angle BCE=\angle BDF, \angle ACE=\angle ADF$$

由
$$2 = \frac{BE}{AE} = \frac{S_{\triangle CBE}}{S_{\triangle CAE}} = \frac{BC \cdot \sin \angle BCE}{AC \cdot \sin \angle ACE} = \frac{BC \cdot \sin \angle BDF}{AC \cdot \sin \angle ADF}, 2 = \frac{AF}{BF} = \frac{AD \cdot \sin \angle ADF}{BD \cdot \sin \angle BDF}$$

上述两式相乘,有 $BC \cdot AD = 4AC \cdot BD$.

又在四边形 $ACDB$ 中,由托勒密定理,有
$$AD \cdot BC = AC \cdot BD + AB \cdot CD$$

从而
$$3AC \cdot BD = AB \cdot CD = 3EF \cdot CD$$

故 $EF \cdot CD = AC \cdot BD$.

证法 3 如图 6-12,过点 P 作 $PQ \parallel AB$ 与圆 Γ 交于点 Q. 联结 AQ, BQ, CQ, DQ, AD, BC.

注意到直线 PQ 和 AB 交于无穷远点(记为 ∞). 由题意得:∞, E, A, F 以及 ∞, F, E, B 成两组调和点列.

因此,直线束 PQ, PE, PA, PF 和直线束 PQ, PF, PE, PB 均为调和线束.

因 P, Q, A, C, D, B 六点共圆,则知四边形 $QACD$ 和四边形 $QCDB$ 均为调和四边形,由调和四边形的性质和托勒密定理知
$$AQ \cdot CD = AC \cdot DQ = \frac{1}{2}CQ \cdot AD, CD \cdot BQ = DB \cdot CQ = \frac{1}{2}DQ \cdot BC$$

两式相乘得
$$AC \cdot BD = \frac{1}{4}AD \cdot BC$$

由托勒密定理得
$$AB \cdot CD + AC \cdot BD = BC \cdot AD$$

注意
$$AB = 3EF$$

故 $EF \cdot CD = AC \cdot BD$.

5. 凑配上平台,切换加替换——整合技术

例 32 (斯特瓦尔特定理,参见例 8)如图 6-13,在 $\triangle ABC$ 中,$BC = a, AC = b, AB = c, D$ 为 $\triangle ABC$ 的边 BC 所在直线上任一点,则
$$AD^2 = \frac{b^2 \cdot BD + c^2 \cdot DC}{a} - BD \cdot DC$$

证明 如图 6-13,过点 A 作 $AE \perp BC$,E 为垂足. 设 $DE = x, BD = u$, $DC = v, AD = t$. 则
$$AE^2 = b^2 - (v - x)^2 = c^2 - (u + x)^2$$
$$= t^2 - x^2$$

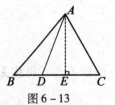

图 6-13

故
$$t^2 = b^2 - v^2 + 2vx, t^2 = c^2 - u^2 - 2ux$$

消去 x 得
$$t^2 = \frac{b^2 u + c^2 v}{u + v} - uv$$

其中,BD 和 DC 也可以看成是有向线段.

例 33 在 $\triangle ABC$ 中,求证
$$\frac{1}{\sin^2\frac{A}{2}}+\frac{1}{\sin^2\frac{B}{2}}+\frac{1}{\sin^2\frac{C}{2}} \geq 2\left(\frac{1}{\sin\frac{A}{2}}+\frac{1}{\sin\frac{B}{2}}+\frac{1}{\sin\frac{C}{2}}\right).$$

证明 令
$$\sin\frac{A}{2}=x,\sin\frac{B}{2}=y,\sin\frac{C}{2}=z \quad (x,y,z>0)$$
$$\cot\frac{A}{2}=a,\cot\frac{B}{2}=b,\cot\frac{C}{2}=c \quad (a,b,c>0)$$

则
$$\frac{yz}{x}=\frac{\sin\frac{B}{2}\sin\frac{C}{2}}{\sin\frac{A}{2}}=\frac{\cot\frac{A}{2}}{\cot\frac{B}{2}+\cot\frac{C}{2}}=\frac{a}{b+c}$$

同理可得
$$\frac{zx}{y}=\frac{b}{c+a},\frac{xy}{z}=\frac{c}{a+b}$$

以上三式相乘得
$$xyz=\frac{abc}{(b+c)(c+a)(a+b)}$$

所以
$$x=\frac{xyz}{yz}=\frac{abc}{(b+c)(c+a)(a+b)}\cdot\frac{b+c}{ax}$$

从而
$$x^2=\frac{bc}{(c+a)(a+b)}$$

故
$$\sin\frac{A}{2}=x=\sqrt{\frac{bc}{(c+a)(a+b)}}$$

同理可得
$$\sin\frac{B}{2}=\sqrt{\frac{ca}{(a+b)(b+c)}}$$
$$\sin\frac{C}{2}=\sqrt{\frac{ab}{(b+c)(c+a)}}$$

所证不等式可化为
$$u=\frac{(b+c)(c+a)}{ab}+\frac{(c+a)(a+b)}{bc}+\frac{(a+b)(b+c)}{ca}$$
$$\geq 2\left[\sqrt{\frac{(b+c)(c+a)}{ab}}+\sqrt{\frac{(c+a)(a+b)}{bc}}+\sqrt{\frac{(a+b)(b+c)}{ca}}\right]$$
$$=v \tag{$*$}$$

由二元均值不等式得

$$u = \frac{c(b+c)}{ab} + \frac{b+c}{b} + \frac{a(c+a)}{bc} + \frac{c+a}{c} + \frac{b(a+b)}{ca} + \frac{a+b}{a}$$

$$= \left[\frac{c(b+c)}{ab} + \frac{c+a}{c}\right] + \left[\frac{a(c+a)}{bc} + \frac{a+b}{2}\right] + \left[\frac{b(a+b)}{ca} + \frac{b+c}{b}\right]$$

$$\geqslant v$$

即不等式(*)成立,从而原不等式得证.

注 此题采用切换加替换给出了如上的证法.

例 34 如图 6-14,在圆内接△ABC 中,∠A 为最大角,不含点 A 的弧 $\overset{\frown}{BC}$ 上两点 D,E 分别为弧 $\overset{\frown}{ABC}$,$\overset{\frown}{ACB}$ 的中点. 记过点 A,B 且与 AC 相切的圆为圆 O_1,过点 A,E 且与 AD 相切的圆为圆 O_2,圆 O_1 与圆 O_2 交于点 A,P. 证明:AP 平分∠BAC.

证法 1 如图,因点 D,E 分别为弧 $\overset{\frown}{ABC}$,$\overset{\frown}{ACB}$ 的中点,由圆弧中点的性质,知直线 BD,CE 分别是△ABC 的∠B,∠C 的外角平分线,因而这两直线的交点 I_A 为△ABC 的∠A 内的旁心. 因而只需证 A,P,I_A 三点共线即可.

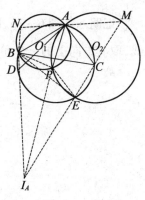

设直线 BD,CE 分别交圆 O_1,圆 O_2 于 N,M,联结 NA,AM,BP,PE,BE. 注意到 AC,AD 分别是圆 O_1,圆 O_2 的切线,有

$$\angle PBD = \angle ABD - \angle ABP = (\angle ABC + \angle CBD) - \angle ABP$$
$$= \angle ABC + \angle CAD - \angle CAP = \angle ABC + \angle PAD$$
$$= \angle AEC + \angle PEA = \angle CEP$$

图 6-14

于是
$$\angle NAP = \angle PBD = \angle CEP = 180° - \angle MAP$$

即知 N,A,M 三点共线.

由∠DBE = ∠DAE = ∠AME,知 N,B,E,M 四点共圆.

从而,三条根轴 NB,AP,ME 共点于 I_A.

故 A,P,I_A 三点共线.

证法 2 联结 BP,由∠ABP = ∠PAD,知只需证 PA = PB 即可.

联结 AE,DE,延长 DA 至 Y,延长 AC 交圆 O_2 于点 F,联结 EF,延长 BA 交圆 O_2 于 G. 因 D 为 $\overset{\frown}{ABC}$ 中点则

$$\angle DAC = \angle ACD = \angle AED$$

又 AY 为圆 O_2 切线,有∠AED + ∠AEF = ∠DAC + ∠FAY = 180°,知 D,E,F 三点共线.

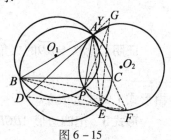

图 6-15

由△ADF∽△EDA 及△EBG∽△ADF,有

$$\frac{AF}{DF} = \frac{EA}{DA} = \frac{BE}{AD} = \frac{BG}{DF}$$

即有 AF = BG.

又由△PAF≌△PBG,有 PA = DB.

注 此题的如上两种证法充分体现了整合技术的运用.

例35 给出平面四边形(凸或凹)$ABCD$的面积公式并证明.

在此,我们运用各种论证技术给出四边形 8 种形式的面积公式的证明.

形式1 记四边形$ABCD$的面积为S,$AC=m$,$BD=n$,AC,BD的夹角为α.则

$$S = \frac{1}{2}mn\sin\alpha \qquad ①$$

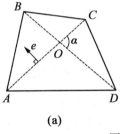
(a)
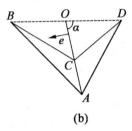
(b)

图 6-16

证明 如图 6-16,四边形$ABCD$的对角线交于O,线段AC是四边形内部的一条对角线,取其方向上的一个单位法向量$\boldsymbol{e}$,则点B,D到AC的距离分别为$|\overrightarrow{OB}\cdot\boldsymbol{e}|$,$|\overrightarrow{OD}\cdot\boldsymbol{e}|$.

故

$$\begin{aligned} S &= \frac{1}{2}|\overrightarrow{AC}|(|\overrightarrow{OB}\cdot\boldsymbol{e}|+|\overrightarrow{OD}\cdot\boldsymbol{e}|) \\ &= \frac{1}{2}|\overrightarrow{AC}|(|\overrightarrow{OB}\cdot\boldsymbol{e}-\overrightarrow{OD}\cdot\boldsymbol{e}|) \\ &= \frac{1}{2}|\overrightarrow{AC}||(\overrightarrow{OB}-\overrightarrow{OD})\cdot\boldsymbol{e}| \\ &= \frac{1}{2}|\overrightarrow{AC}||\overrightarrow{DB}\cdot\boldsymbol{e}| \\ &= \frac{1}{2}|\overrightarrow{AC}||\overrightarrow{DB}|\cos(\frac{\pi}{2}-\alpha) \\ &= \frac{1}{2}mn\sin\alpha \end{aligned}$$

形式2 记四边形$ABCD$的面积为S,则

$$S = \frac{1}{2}|\overrightarrow{AC}\times\overrightarrow{BD}| \qquad ②$$

证明 设$\overrightarrow{AC}$与$\overrightarrow{BD}$的夹角为α,根据向量外积的定义知

$$|\overrightarrow{AC}\times\overrightarrow{BD}| = |\overrightarrow{AC}||\overrightarrow{BD}|\sin\alpha$$

由形式1知式②成立.

形式3 记四边形$ABCD$的面积为S,则

$$S = \frac{1}{2}\sqrt{(|\overrightarrow{AC}||\overrightarrow{BD}|)^2-(\overrightarrow{AC}\cdot\overrightarrow{BD})^2} \qquad ③$$

证明 设$\overrightarrow{AC}$与$\overrightarrow{BD}$的夹角为α,由向量的夹角公式知

$$|\cos\alpha| = \frac{|\overrightarrow{AC}\cdot\overrightarrow{BD}|}{|\overrightarrow{AC}||\overrightarrow{BD}|}$$

则
$$\sin\alpha = \sqrt{1-\cos^2\alpha} = \sqrt{1-\frac{(\overrightarrow{AC}\cdot\overrightarrow{BD})^2}{(|\overrightarrow{AC}||\overrightarrow{BD}|)^2}}$$
故
$$S = \frac{1}{2}|\overrightarrow{AC}||\overrightarrow{BD}|\sin\alpha = \frac{1}{2}\sqrt{(|\overrightarrow{AC}||\overrightarrow{BD}|)^2 - (\overrightarrow{AC}\cdot\overrightarrow{BD})^2}$$

形式 4 记四边形 $ABCD$ 的面积为 S,四个顶点坐标分别为 $A(x_1,y_1),B(x_2,y_2),C(x_3,y_3),D(x_4,y_4)$,则

$$S = \frac{1}{2}|(x_3-x_1)(y_4-y_2)-(x_4-x_2)(y_3-y_1)| \qquad ④$$

证明 由已知得
$$\overrightarrow{AC} = (x_3-x_1, y_3-y_1), \overrightarrow{BD} = (x_4-x_2, y_4-y_2)$$
$$|\overrightarrow{AC}| = \sqrt{(x_3-x_1)^2+(y_3-y_1)^2}, |\overrightarrow{BD}| = \sqrt{(x_4-x_2)^2+(y_4-y_2)^2}$$
$$\overrightarrow{AC}\cdot\overrightarrow{BD} = (x_3-x_1)(x_4-x_2)+(y_3-y_1)(y_4-y_2)$$

代入式③整理即得式④.

式②③是面积公式的向量形式,式④是面积公式的坐标形式.

形式 5 记四边形 $ABCD$ 的面积为 $S,AB=a,BC=b,CD=c,\angle ABC=\theta,\angle BCD=\varphi$,则

$$S = \frac{1}{2}ab\sin\theta + \frac{1}{2}bc\sin\varphi - \frac{1}{2}ac\sin(\theta+\varphi) \qquad ⑤$$

证明 根据形式2知
$$S = \frac{1}{2}|\overrightarrow{AC}\times\overrightarrow{BD}|$$

而

$$|\overrightarrow{AC}\times\overrightarrow{BD}| = |(\overrightarrow{AB}+\overrightarrow{BC})\times(\overrightarrow{BC}+\overrightarrow{CD})|$$
$$= |\overrightarrow{AB}\times\overrightarrow{BC} + \overrightarrow{BC}\times\overrightarrow{BC} + \overrightarrow{BC}\times\overrightarrow{CD} + \overrightarrow{AB}\times\overrightarrow{CD}|$$
$$= |\overrightarrow{AB}\times\overrightarrow{BC} + \overrightarrow{BC}\times\overrightarrow{CD} + \overrightarrow{AB}\times\overrightarrow{CD}|$$

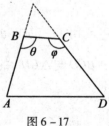

图 6-17

若四边形是凸四边形,如图 6-17,$\overrightarrow{AB}\times\overrightarrow{BC},\overrightarrow{BC}\times\overrightarrow{CD},\overrightarrow{AB}\times\overrightarrow{CD}$ 同向,

故
$$|\overrightarrow{AB}\times\overrightarrow{BC} + \overrightarrow{BC}\times\overrightarrow{CD} + \overrightarrow{AB}\times\overrightarrow{CD}|$$
$$= |\overrightarrow{AB}\times\overrightarrow{BC}| + |\overrightarrow{BC}\times\overrightarrow{CD}| + |\overrightarrow{AB}\times\overrightarrow{CD}|$$
$$= ab\sin\theta + bc\sin\varphi + ac\sin(\theta+\varphi-\pi)$$
$$= ab\sin\theta + bc\sin\varphi - ac\sin(\theta+\varphi)$$

若四边形凹四边形,分图 6-18 和图 6-19 两种情况:

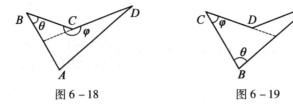

图 6-18   图 6-19

图 6-18 中,$\vec{AB} \times \vec{BC}$ 与 $\vec{AB} \times \vec{CD}$ 同向,$\vec{AB} \times \vec{BC}$ 与 $\vec{BC} \times \vec{CD}$ 反向. 则

$$|\vec{AB} \times \vec{BC} + \vec{BC} \times \vec{CD} + \vec{AB} \times \vec{CD}|$$
$$= ||\vec{AB} \times \vec{BC}| - |\vec{BC} \times \vec{CD}| + |\vec{AB} \times \vec{CD}||$$
$$= |ab\sin\theta - bc\sin(2\pi - \varphi) + ac\sin(2\pi - \theta - \varphi)|$$
$$= |ab\sin\theta + bc\sin\varphi - ac\sin(\theta + \varphi)|$$

显然 $\sin(\theta + \varphi) < 0$,所以

$$ab\sin\theta + bc\sin\varphi - ac\sin(\theta + \varphi) > 0$$

故

$$|\vec{AB} \times \vec{BC} + \vec{BC} \times \vec{CD} + \vec{AB} \times \vec{CD}| = ab\sin\theta + bc\sin\varphi - ac\sin(\theta + \varphi)$$

图 6-19 中,$\vec{AB} \times \vec{BC}$ 与 $\vec{BC} \times \vec{CD}$ 同向,$\vec{AB} \times \vec{BC}$ 与 $\vec{AB} \times \vec{CD}$ 反向. 则

$$|\vec{AB} \times \vec{BC} + \vec{BC} \times \vec{CD} + \vec{AB} \times \vec{CD}|$$
$$= ||\vec{AB} \times \vec{BC}| + |\vec{BC} \times \vec{CD}| - |\vec{AB} \times \vec{CD}||$$
$$= |ab\sin\theta + bc\sin\varphi - ac\sin(\pi - \theta - \varphi)|$$
$$= |ab\sin\theta + bc\sin\varphi - ac\sin(\theta + \varphi)|$$

由于 $\frac{1}{2}ab\sin\theta$ 表示 $\triangle ABC$ 的面积,$\frac{1}{2}bc\sin\varphi$ 表示 $\triangle BCD$ 的面积,$\frac{1}{2}ac\sin(\theta + \varphi)$ 表示 $\triangle BCD$ 与 $\triangle CDA$ 的面积和,结合图形可得

$$\frac{1}{2}ab\sin\theta + \frac{1}{2}bc\sin\varphi - \frac{1}{2}ac\sin(\theta + \varphi) > 0$$

故

$$|\vec{AB} \times \vec{BC} + \vec{BC} \times \vec{CD} + \vec{AB} \times \vec{CD}|$$
$$= ab\sin\theta + bc\sin\varphi - ac\sin(\theta + \varphi)$$

综上知 $|\vec{AC} \times \vec{BD}| = ab\sin\theta + bc\sin\varphi - ac\sin(\theta + \varphi)$. 代入式②即得式⑤.

形式 6 记四边形 $ABCD$ 的面积为 S,$AB = a$,$BC = b$,$CD = c$,$DA = d$,$AC = m$,$BD = n$,则

$$S = \frac{1}{4}\sqrt{4m^2n^2 - (a^2 - b^2 + c^2 - d^2)^2} \qquad ⑥$$

这个结论称为布瑞须赖德尔(Bretschneider)公式.

证明 设 AC 与 BD 的夹角为 α,相交于点 O,则

$$mn\cos\alpha = |\vec{AC} \cdot \vec{BD}|$$
$$= |(\vec{OC} - \vec{OA}) \cdot (\vec{OD} - \vec{OB})|$$

$$= |\overrightarrow{OC} \cdot \overrightarrow{OD} - \overrightarrow{OA} \cdot \overrightarrow{OD} - \overrightarrow{OC} \cdot \overrightarrow{OB} + \overrightarrow{OA} \cdot \overrightarrow{OB}|$$

$$= [|(\overrightarrow{OA} - \overrightarrow{OD})^2 - (\overrightarrow{OC} - \overrightarrow{OD})^2 + (\overrightarrow{OC} - \overrightarrow{OB})^2 - (\overrightarrow{OA} - \overrightarrow{OB})^2|]/2$$

$$= \frac{|d^2 - c^2 + b^2 - a^2|}{2}$$

$$= \frac{|a^2 - b^2 + c^2 - d^2|}{2}$$

则

$$\cos \alpha = \frac{|a^2 - b^2 + c^2 - d^2|}{2mn}$$

即

$$\sin \alpha = \sqrt{1 - \cos^2 \alpha} = \sqrt{\frac{4m^2n^2 - (a^2 - b^2 + c^2 - d^2)^2}{4m^2n^2}}$$

故

$$S = \frac{1}{2} mn \sin \alpha = \frac{1}{4} \sqrt{4m^2n^2 - (a^2 - b^2 + c^2 - d^2)^2}$$

形式 7 记四边形 $ABCD$ 的面积为 S, $AB = a, BC = b, CD = c, DA = d, AC, BD$ 的夹角为 α, 则

$$S = \frac{1}{4} |a^2 - b^2 + c^2 - d^2| \tan \alpha \qquad ⑦$$

证明 由形式 6 的证明过程得

$$mn = \frac{|a^2 - b^2 + c^2 - d^2|}{2\cos \alpha}$$

代入式①即得.

形式 8 记四边形 $ABCD$ 的面积为 S, $AB = a, BC = b, CD = c, DA = d, p = \frac{1}{2}(a + b + c + d)$, 则

$$S = \sqrt{(p-a)(p-b)(p-c)(p-d) - abcd\cos^2 \frac{A+C}{2}} \qquad ⑧$$

证明 由 $S = \frac{1}{2}(ab\sin A + bc\sin C)$, 有

$$4S^2 = a^2d^2\sin^2 A + b^2c^2\sin^2 C + 2abcd\sin A \sin C$$

$$= a^2d^2 + b^2c^2 - a^2d^2\cos^2 A - b^2c^2\cos^2 C + 2abcd\cos A\cos C - 2abcd\cos(A + C)$$

$$= a^2d^2 + b^2c^2 - (ad\cos A - bc\cos C)^2 - 2abcd\cos(A + C)$$

$$= a^2d^2 + b^2c^2 - (ad \cdot \frac{a^2 + d^2 - BD^2}{2ad} - bc \cdot \frac{b^2 + c^2 - BD^2}{2bc})^2 - 2abcd\cos(A + C)$$

$$= (ad + bc)^2 - \frac{1}{4}(a^2 + d^2 - b^2 - c^2)^2 - 4abcd\cos^2 \frac{A+C}{2}$$

$$= \frac{1}{4}[(b+c)^2 - (a-d)^2][(a+d)^2 - (b-c)^2] - 4abcd\cos^2 \frac{A+C}{2}$$

$$=4(p-a)(p-b)(p-c)(p-d)-4abcd\cos^2\frac{A+C}{2}$$

故

$$S=\sqrt{(p-a)(p-b)(p-c)(p-d)-abcd\cos^2\frac{A+C}{2}}$$

式⑧称为"类海伦公式",它还有如下推论:

推论 1 若凸四边形 ABCD 有外接圆,则

$$S=\sqrt{(p-a)(p-b)(p-c)(p-d)}$$

推论 2 若凸四边形 ABCD 有内切圆,则

$$S=\sqrt{abcd\sin\frac{B+D}{2}} \text{ 或 } \sqrt{abcd\sin\frac{A+C}{2}}$$

推论 3 若凸四边形 ABCD 既有内切圆,又有外接圆,则

$$S=\sqrt{abcd}$$

推理 4 若凸四边形 ABCD 有内切圆,则

$$(p-a)(p-b)(p-c)(p-d)=abcd$$

注 上述推论的证明可参见笔者的著作《几何瑰宝》(下册). 上述内容参见了张晓阳老师的文章《四边形的面积公式》,数学通报,2012(10).

6.2 数学实验技能

我们对物理实验、化学实验、生物实验等是不陌生的,物理实验、化学实验和生物实验是利用一定的仪器设备产生物理现象、化学现象和生物现象,通过观察这些现象发现或验证规律,获得物理或化学或生物知识.

数学,除了推理和计算以外,同样可以做实验,可以通过观察现象发现和验证规律,获得数学知识. 这些现象,可以是自然界中本来就有的,也可以是我们利用一定的仪器设备产生出来的. 要从现象中发现规律,当然还要与推理与计算结合起来.

数学实验可作为一种数学学习方式和一种数学研究方法,这是时代向前发展的产物. 实验是一种在自然科学中最为基础的研究方式,它是一种有目的的可控制便于观察的可重复试验. 实验中通过控制自变量与无关变量,观察自变量(实验变量)与因变量(实验结果)之间的因果关系,探讨其中客观事物发展的本质规律.

因而,数学实验的含义可理解为:数学实验是一种以数学知识素材形成、发展和应用为任务,利用算具(或空间模型实物)作为实验工具来推演(或模拟)的,并且以一定的数学思想方法作为实验原理的一种实验形式;它必须以某一层面的数学知识素材作为实验对象,在一般意义下的某种运算程序里,以数值计算、符号演算或图形演示等作为实验内容的操作(或心智活动);达到验证数学命题,广泛开展猜想创新的目的.

数学实验作为数学活动的一种形式,可以创设学习者自主学习的问题情境,通过实践、思考、探索、交流,获取知识形成技能,发展思维,学会学习. 科学里最形式化的数学证明的真

谛不仅在于能证明命题的真假,而在于它能启发人们对命题有更深刻的理解,并能导致发现,因此这就突破了传统学习中对数学证明的观念. 借助于算具或明显数学化的实物来推理演算,特别是由于计算机介入证明之中,用机器证明产生定理(如四色问题证明、吴文俊的初等几何机器证明方法等),所以人们不再以逻辑推理作为证明数学命题的唯一手段,于是提出"实验证明"的想法,即实验也应该成为研究数学命题真假的一种手段. 人们不仅不断地追求证明所得出的结论,还在于通过证明的过程去追求对数学知识的真正理解.

数学实验可以按数学知识素材来进行,诸如代数实验、几何实验、解释几何实验、立体几何实验、概率统计实验等;也可以按实验的任务来进行,诸如计算实验、体验实验、应用实验等;还可以按实验使用的工具来进行,诸如计算机实验、折线实验、骰子实验等. 当然也可以按需要来进行.

6.2.1 数学实验要善于就地取材

折纸作为数学操作活动的材料,因其具有携带方便、易于操作和直观等特点,深受许多学习者的喜爱,折纸活动过程还是一个充满着想象力、创造力和手脑并用的过程.

例 36 面积比例分解实验.

比例分解是指通过折叠将某个基本图形按照一定的面积比例分解为若干个基本图形或按一定的比例折出某个基本图形. 例如,在 $\triangle ABC$ 中,$AB = BC$,$\angle B = 90°$. 将 BC 与 AC 重合对折,折痕为 CD,则 CD 将 $\triangle ABC$ 分解为面积之比为 $1:\sqrt{2}$ 的两个三角形,即 $\triangle BCD$ 与 $\triangle ACD$ 的面积之比等于 $1:\sqrt{2}$. 事实上,从折叠过程可以看到 $\triangle BCD$ 与 $\triangle ACD$ 的高相等,而 $BC:AC = 1:\sqrt{2}$,因此,$\triangle BCD$ 与 $\triangle ACD$ 的面积之比等于 $1:\sqrt{2}$ 如图 6-20 和图 6-21.

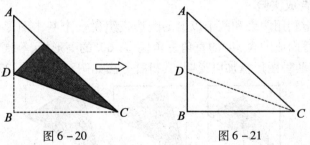

图 6-20   图 6-21

比例分解的折纸方法主要有:点点对折、线线对折、点线对折、点折到线. 如图 6-20 的折叠方法是用线线对折,即将 BC 与 AC 重合对折. 点线对折的意思是:已知直线上或外一点,可以过这个点将已知直线自身重合对折且折痕是已知直线的垂线. 点折到线的意思是:已知两点和一条直线,可以过其中一个点将另一个点折到已知直线上.

例如,过 $\triangle BCE$ 的顶点 E 将 BC 边自身重合对折,折痕为 EF,然后将点 B,C,E 分别与点 F 重合对折,可以得到与三角形面积之比等于 $1:2$ 的长方形 $GHSR$,如图 6-22. 将梯形 $BCHG$ 的边 GH 与 BC 重合对折,G,H 的对应点分别为 R,S,然后分别将 B 与 R,C 与 S 重合对折,所得长方形 $EMNF$ 与原梯形的面积之比也等于 $1:2$,如图 6-23.

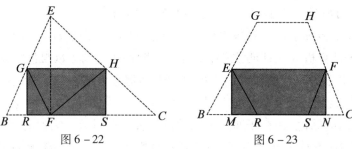

图 6-22　　　　　　　图 6-23

事实上,平行四边形、风筝可以用类似的方法将其折叠成一个面积为原图形面积一半的长方形,我们可以用这种分解方法求多边形的面积公式.

例 37　不同形状的等积分解实验.

不同形状的等积分解是指通过折叠将某个基本图形分解为形状不同但面积相等的几个部分或者用两张形状大小相同的基本图形分别折出两个面积相同但形状不同的基本图形. 例如,将正方形的两条对边分别与同一条对角线重合对折可以得到平行四边形,用另一张形状和大小相同的正方形纸将两邻边与同一条对角线重合对折,则得到风筝,可以证明所得的平行四边形与风筝的面积相等,如图 6-24 和图 6-25 所示.

图 6-24　　　　　　　图 6-25

不同形状的等积分解的折纸方法主要有:点点对折、线线对折、点线对折、点折到线. 图 6-24 和图 6-25 的折叠方法是用线线对折.

例 38　图形的合成实验.

图形的合成是指利用两个和两个以上的图形板组拼一个基本图形或立体图形,图形板是指用正方形纸折叠而成的含 30°的直角三角形、含 60°的菱形板、等腰直角三角形板、等边三角板等. 下面用前两种图形板加以说明,其折叠方法如图 6-26,6-27.

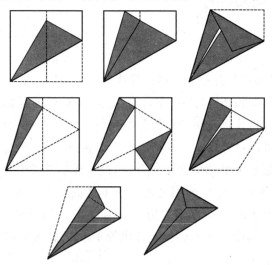

图 6-26　含 30°直角三角形图形板折叠方法

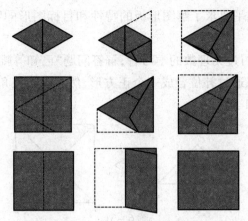

图 6-27　含 60°的菱形板的折叠方法

可将图形的合成分为三个水平:基本图形合成、补位合成与立体图形合成.

(1)基本图形合成.

基本图形合成是指用图形板进行组拼合成某个基本图形的操作. 例如,用四个含 30°的直角三角形图形版可以合成平行四边形、梯形和直角三角形等基本图形,且有多种合成方式,如图 6-28 所示是其中的三种合成方式.

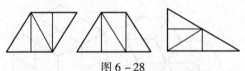

图 6-28

基本图形的合成主要根据图形板的边与角的特征及其与所要合成图形的关系来进行. 例如,关于问题"用两个含 30°的直角三角板可以组拼多少种不同形状的基本图形". 根据直角三角板三边的特征和我们发现共有六种不同的组拼方式,如图 6-29 所示.

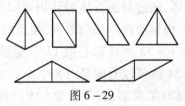

图 6-29

(2)补位合成.

补位合成是指在已有组拼图形的基础上根据要求补拼成另一个平面图形. 例如,图 6-30(a)是由两个含 60°的菱形板合成的一个轴对称图形,如何在图 6-30(a)的基础上增加一个菱形板分别将其补拼成一个旋转对称图形、轴对称图形和中心对称图形. 如图 6-30(b)至图 6-30(d)分别是补拼合成的旋转对称、轴对称和中心对称图形.

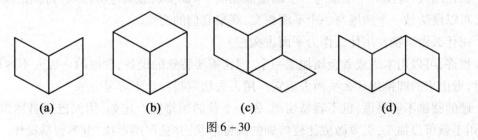

(a)　　　　(b)　　　　(c)　　　　(d)

图 6-30

图形合成的第二个水平要求了解图形板的特性和目标图形的特征,才能够根据要求进行操作.

例如,对于还没有学习过无理数的学习者,解答问题"已知等腰直角三角形的斜边为1,求该三角形的面积",可以通过补位合成一个正方形,然后求出三角形的面积等于正方形面积的四分之一,如图6-31所示.

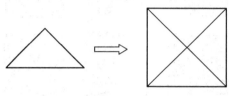

图 6-31

(3)立体图形合成.

立体图形合成是指用菱形板组拼合成正方体及其由若干个正方体组成的立体图形.实验中,我们可使用下列一组问题来引导学习者发现组拼方式的:"请用12个菱形板合成正六边形",如图6-32所示是其中的一种合成方式,在图6-32的组拼图形中去掉边上不相邻的三个菱形板,观察图形,如图6-33所示是去掉后的图形.

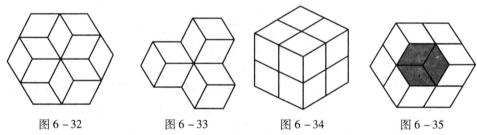

图 6-32　　　　图 6-33　　　　图 6-34　　　　图 6-35

正方体是最基本的立体图形,通过对正方体的认识可以加深学习者对周围空间物体的认识.正方体的组拼方法主要是根据透视画法的原理,类比斜二侧画法,用三个菱形板合成.例如,图6-34和图6-35与图6-33一样都是由12个菱形板组拼的正六边形,但根据透视画法的原理进行组拼,图6-34就可以看成是由8个小立方体组成的大立方体,在图6-35中,如果以白色菱形板为主体对象观察,有7个立方体,如果将白色菱形板作为背景则只有1个立方体.

注 上述内容选自黄燕苹、李秉彝、林指夷老师的文章《数学折线活动的类型及水平划分》,数学通报,2012(10):8-12.

例39 生活中的圆锥曲线实验.

圆锥曲线,是用一个平面与一个圆锥面相交(平面不经过圆锥的顶点)得到的曲线.

可以设法做一个圆锥与一个平面相交,观察它们的交线.

用什么做圆锥?用什么作为平面去截它?

也许,可以用木头或者金属加工一个.但这需要特殊的设备,普遍的一般人不容易做到.而且,做出来的圆锥用什么平面去截它?用刀去切割吗?也不容易办到.

硬的圆锥不容易做,也不容易切割.做一个软的圆锥呢?比如,用泥巴或者冰淇淋做一个.用手就可以加工,但要做成比较精确的圆锥形状,并且保持形状,也不容易操作.

但是,当你用一个圆台形的饮料杯喝饮料的时候,你是否注意观察杯中的饮料上表面与杯壁相交所得的曲线的形状?杯的内壁就是圆锥面的一部分.而在地球引力作用下的饮料上表面可以看作平面的一部分.饮料上表面与杯壁的交线就是平面截圆锥所得到的交线.当杯的底面处于水平方向的时候,曲线是一个圆.假如将杯底倾斜,曲线就变成椭圆.怎样得到抛物线和双曲线?可以在盆里或桶里装水,将杯泡在水中,观察杯的外壁与水面的交线.

以上是用饮料杯壁作为圆锥面,水面作为平面,观察它们的交线.还可以想出别的实验方案.比如,用光束作圆锥,墙壁作平面.

观察手电筒射出的光束,是否可以看作圆锥?将手电筒光束照到墙壁上,观察照亮部分的边缘曲线,是什么形状?调整手电筒光束的中轴线与墙面所成的角,是否可以观察到圆、椭圆、抛物线、双曲线的一支?

台灯或壁灯,常用一个圆台形的灯罩将灯泡罩起来.灯罩的侧面将光遮住,灯泡发出的光线从灯罩侧面的上下边缘透出来,各形成一个圆锥形的光束.每个光束在墙壁上照亮的区域的边缘形状都是双曲线的一支.假如将灯罩做成圆柱形,灯泡置于圆柱的中心,两个光束在墙壁上照亮区域的边缘就是同一条双曲线的两支.

此例和例40选自李尚志老师的文章《中学生数学实验》,数学通报,2005(7):1-5.

6.2.2 数学实验可作为一种学习方式

例40 计算 π 的实验.

π 就是圆周率,也就是任何一个圆的周长和直径之比.我们都知道我国古代数学家祖冲之计算得到 π 的准确值在 3.141 592 6 与 3.141 592 7 之间.

你能自己想个办法来计算 π 吗?办法有很多,以下就是一个.

半径为 1 的圆的面积等于 π.以这个圆的圆心为原点建立直角坐标系,这个圆的方程就是 $x^2+y^2=1$.两条坐标轴将这个圆的面积平均分为四等份,每一份是一个扇形,面积是 $\frac{\pi}{4}$.比如,它在第一象限内的部分的面积就是 $\frac{\pi}{4}$.如图6-36.算出这个扇形面积

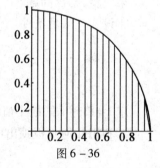

图 6-36

的近似值,再乘以4就得到 π 的近似值.

怎样计算第一象限内这个扇形的面积?注意这个扇形是由 x 轴、y 轴以及圆弧 $x^2+y^2=1(0\leqslant x\leqslant 1,0\leqslant y\leqslant 1)$ 围成的,这段圆弧就是定义域 $[0,1]$ 上的函数 $y=\sqrt{1-x^2}$ 的图像.选一个正整数 n,将这个圆在 x 的正方向上的半径分成 n 等份,分点依次为 $X_1\left(\frac{1}{n},0\right)$, $X_2\left(\frac{2}{n},0\right)$, $X_3\left(\frac{3}{n},0\right)$, $\cdots$, $X_i\left(\frac{i}{n},0\right)$, $\cdots$, $X_{n-1}\left(\frac{n-1}{n},0\right)$.过每个分点作平行于 y 轴的直线,这些直线将扇形分成 n 个部分.当 n 很大时,其中的前 $n-1$ 个部分近似地可以看作梯形,最后一个部分看作三角形.计算出这些梯形和三角形的面积,加起来就得到扇形面积 $\frac{\pi}{4}$ 的近似值,再乘以4

就得到 π 的近似值. 为叙述方便起见, 我们将 x 轴正方向上的这条半径的两个端点 (0,0), (1,0) 分别记为 X_0, X_n, 也看作两个分点. 则处于分点 X_{i-1} 与 X_i 之间的第 i 个部分(梯形或三角形)的两条底边之长分别是

$$\sqrt{1-\left(\frac{i-1}{n}\right)^2} \text{ 和 } \sqrt{1-\left(\frac{i}{n}\right)^2}$$

(注意这两条"底边"都是竖着放的, 平行于 y 轴), 梯形或三角形的高是 $\frac{1}{n}$, (这个"高"是横着放的, 平行于 x 轴). 因此, 这个梯形或三角形的面积

$$S_i = \frac{1}{2}\left(\sqrt{1-\left(\frac{i-1}{n}\right)^2} + \sqrt{1-\left(\frac{i}{n}\right)^2}\right)\frac{1}{n}$$

将这样算出来的各部分的面积 $S_1, S_2, \cdots, S_n$ 加起来, 就得到了整个扇形面积的近似值 S. n 取得越大, S 就越接近于 $\frac{\pi}{4}$, $4S$ 就越接近于 π.

图 6-36 是 $n=20$ 的情形. 实际计算时应当取更大的 n, 比如 $n=10\ 000$ 或 $100\ 000$, 利用计算机编程序算出 $4S$ 的值, 就得到了 π 的近似值.

如上的一个数学实验, 也为我们今后学习积分打下了基础.

6.2.3 数学实验要充分运用信息技术

数学实验常与信息技术分不开, 许多数学实验一定要借助信息技术, 借助现代电脑技术.

例 41 利用几何画板探索线性规划问题.

第一步: 给出问题.

① 设 x, y 满足条件

$$\begin{cases} 5x+6y \leq 30 \\ x \leq 3x \\ y \geq 1 \end{cases}$$

求 $z=2x+y$ 的最小值和最大值.

② 利用几何画板画出可行域

$$\begin{cases} 5x+6y \leq 30 \\ y \leq 3x \\ y \geq 1 \end{cases}$$

和

$$l_0 : 2x+y=0$$

用鼠标可平行拖动 l_0, 并同步显示 $z=2x+y$ 中 z 的值.

如图 6-37, 求解程序:

(i) 作出可行域;

(ii) 作出直线 $l_0 : 2x+y=0$;

(iii) 确定 l_0 的平移方向, 依可行域判断取得最优解的点;

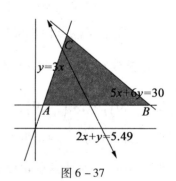

图 6-37

(iv)解相关方程组,求出最优解,代入目标函数得出目标函数的最小值和最大值.

第二步:进行思考.

①$z=2x+y$ 表示什么图形?让 z 分别取 $-1,0,2$,利用几何画板作图,图像的位置和 z 的大小有何关系?为什么会有这种关系?观察图像,你能解释 z 的几何意义吗?

②当鼠标拖动 l_0 平移时,观察相应的 z 值的变化.l_0 能否无限平移?分别平移到何处能使 z 有最大值和最小值?l_0 的平移方向和 z 的最大(小)值之间有何关系?

③思考:通过上面的观察,能找到求 z 的最大(小)值的方法吗?把思考的想法说出来并进行讨论,看看与电脑显示的结果是否一致.

第三步:进行实验.

学习者进行操作实验,验证与原来思考想法是否一致.作图,拖动 l_0,观察 z 值的变化情况,寻找最优解.

第四步:归纳总结.

通过几何画板作图,以及操作演示,结合学习者自己的观察思考,结合实验验证并进行知识重构,把求解线性规划问题的解题步骤和原理进行归纳总结.还可引出新的问题情境:如果目标函数为 $z=2x-y$,那么 l_0 的平移方向与 z 的最大(小)值又有什么关系?最优解是什么?试着操作几何画板来验证你的猜想,将思考和实践的结果进一步完善,并总结.

例42 利用几何画板展示有心二次曲线包络的形成.

首先展示如下问题:

问题1 已知点 A 是定点,点 B 是半径为 R 的定圆圆 O 上的动点,则线段 AB 的垂线平分线 L 的轨迹的包络线是:

(1)圆(当点 A 重合于圆心 O 时),参见图 6-38;

(2)椭圆(当点 A 在圆 O 内且不重合于圆心 O 时),参见图 6-39;

(3)双曲线(当点 A 在圆 O 外时),参见图 6-40.

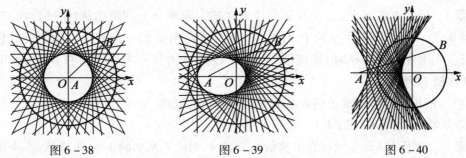

图 6-38　　　　　图 6-39　　　　　图 6-40

事实上,不妨设圆 O 的方程为 $x^2+y^2=R^2$,且设点 A 在 x 轴上.

(1)当点 A 重合于圆心 O 时,因线段 AB(即 OB)的垂直平分线恒与以 O 为圆心以 $\frac{1}{2}R$ 为半径的圆相切,故此时的轨迹的包络线是圆(图 6-38);

(2)当点 A 在圆 O 内且不重合于圆心 O 时,设 $A(-2C,0)$,则以 A,O 为焦点,以 R 为长轴长的椭圆方程是

$$\frac{(x+c)^2}{\left(\frac{R}{2}\right)^2}+\frac{y^2}{\left(\frac{R}{2}\right)^2-c^2}=1 \qquad ①$$

另外,设 $B(R\cos\theta, R\sin\theta)$,则易得到线段 AB 的垂直平分线 L 的方程是

$$y = -\frac{R\cos\theta + 2c}{R\sin\theta}\left(x - \frac{R\cos\theta - 2c}{2}\right) + \frac{R\sin\theta}{2} \qquad ②$$

将②代入①并整理得

$$[2(R + 2c\cos\theta)x - \cos\theta(R^2 - 4c^2)]^2 = 0 \qquad ③$$

因为此时 $R > |OA| = 2c$(参见图 6-39),于是 $R + 2c\cos\theta \neq 0$,所以方程③有两个相同的解,从而知任意线段 AB 的垂直平分线 L 均是椭圆①的切线,即线段 AB 的垂直平分线 L 的轨迹的包络线是椭圆①.

(3) 当点 A 在圆 O 外时,设 $A(-2c, 0)$,则以 A, O 为焦点,以 R 为实轴长的双曲线方程是

$$\frac{(x+c)^2}{\left(\frac{R}{2}\right)^2} + \frac{y^2}{c^2 - \left(\frac{R}{2}\right)^2} = 1$$

以下证法同(2),此略. 证毕.

其次,借助几何画板,可以发现一个有趣的现象:将问题 1 中的条件"线段 AB 的垂直平分线 L"改为"直线 AB 的一条到 A 距离为定值的垂线 $L(L$ 不过点 $A)$"后,结论仍然成立,即有以下的结论:

问题 2 已知点 A 是定点,点 B 是半径为 R 的定圆圆 O 上的动点,则直线 AB 的一条到 A 距离为定值的垂线 $L(L$ 不过点 $A)$ 的轨迹的包络线是:

(1) 圆(当点 A 重合于圆心 O 时);

(2) 椭圆(当点 A 在圆 O 内且不重合于圆心 O 时);

(3) 双曲线(当点 A 在圆 O 外时). (证明留给读者)

更有趣的是,将问题 2 中的条件改为"经过直线 AB 上到 A 距离固定的一个点 $P(P$ 不重合于 $A)$ 且与 AB 交成定角 φ 的一条直线 L"后,结论仍然成立,即有以下的结论:

问题 3 已知点 A 是定点,点 B 是半径为 R 的定圆圆 O 上的动点,则经过直线 AB 上到 A 距离固定的一个点 $P(P$ 不重合于 $A)$ 且与 AB 交成定角 φ 的一条直线 L 的轨迹的包络线是圆(当点 A 重合于圆心 O 时)或椭圆(当点 A 在圆 O 内且不重合于圆心 O 时)或双曲线(当点 A 在圆 O 外时).

例43 使用计算器探索正整数幂的末位数变化的规律.

计算器型号:南雁 CZ1206F.

探索1 利用计算器分别计算出整数 1,2,3,4,5,6,7,8,9 的 1 次幂、2 次幂、3 次幂、4 次幂、5 次幂、6 次幂、7 次幂、8 次幂……. 记录如下:

$1^1 = 1, 1^2 = 1, 1^3 = 1, 1^4 = 1, 1^5 = 1, 1^6 = 1, 1^7 = 1, 1^8 = 1, \cdots$

$2^1 = 2, 2^2 = 4, 2^3 = 8, 2^4 = 16, 2^5 = 32, 2^6 = 64, 2^7 = 128, 2^8 = 256, \cdots$

$3^1 = 3, 3^2 = 9, 3^3 = 27, 3^4 = 81, 3^5 = 243, 3^6 = 729, 3^7 = 2\,187, 3^8 = 6\,561, \cdots$

$4^1 = 4, 4^2 = 16, 4^3 = 64, 4^4 = 256, 4^5 = 1\,024, 4^6 = 4\,096, 4^7 = 16\,384, 4^8 = 65\,536, \cdots$

$5^1 = 5, 5^2 = 25, 5^3 = 125, 5^4 = 625, 5^5 = 3\,125, 5^6 = 15\,625, 5^7 = 78\,125, 5^8 = 390\,625, \cdots$

$6^1 = 6, 6^2 = 36, 6^3 = 216, 6^4 = 1\,296, 6^5 = 7\,776, 6^6 = 46\,656, 6^7 = 279\,936,$

$6^8 = 1\,679\,616, \cdots$

$7^1 = 7, 7^2 = 49, 7^3 = 343, 7^4 = 2\,401, 7^5 = 16\,807, 7^6 = 117\,649, 7^7 = 823\,543,$
$7^8 = 5\,764\,801, \cdots$

$8^1 = 8, 8^2 = 64, 8^3 = 512, 8^4 = 4\,096, 8^5 = 32\,768, 8^6 = 262\,144, 8^7 = 2\,097\,152,$
$8^8 = 16\,777\,216, \cdots$

$9^1 = 9, 9^2 = 81, 9^3 = 729, 9^4 = 6\,561, 9^5 = 59\,049, 9^6 = 531\,441, 9^7 = 4\,782\,969,$
$9^8 = 43\,046\,721, \cdots$

用 $f_i(a^n)$ 表示十进制整数 a 的末 i 位数，$i = 1, 2, 3, \cdots$.

观察上述数据，可以归纳出如下结论：

定理1

(1) $f_1(1^n) = 1, f_1(5^n) = 5, f_1(6^n) = 6$ (n 为正整数)，末位出现数字 1, 5, 6 的周期是 1.

(2) $f_1(2^{4k+r}) = f_1(2^r), 0 \leqslant r \leqslant 3, k$ 为正整数.

$f_1(2^n)$ 循环地取 2, 4, 8, 6 这四个数，末位出现数字 2 的周期是 4 (n 为正整数).

(3) $f_1(3^{4k+r}) = f_1(3^r), 0 \leqslant r \leqslant 3, k$ 为正整数. $f_1(3^n)$ 循环地取 3, 9, 7, 1 这四个数，末位出现数字 3 的周期是 4 (n 为正整数).

(4) $f_1(4^{4k+r}) = f_1(4^r), 0 \leqslant r \leqslant 3, k$ 为正整数. $f_1(4^n)$ 循环地取 4, 6 这两个数，末位出现数字 4 的周期是 2 (n 为正整数).

(5) $f_1(7^{4k+r}) = f_1(7^r), 0 \leqslant r \leqslant 3, k$ 为正整数. $f_1(7^n)$ 循环地取 7, 9, 3, 1 这四个数，末位出现数字 7 的周期是 4 (n 为正整数).

(6) $f_1(8^{4k+r}) = f_1(8^r), 0 \leqslant r \leqslant 3, k$ 为正整数. $f_1(8^n)$ 循环地取 8, 4, 2, 6 这四个数，末位出现数字 8 的周期是 4 (n 为正整数).

(3) $f_1(9^{4k+r}) = f_1(9^r), 0 \leqslant r \leqslant 3, k$ 为正整数. $f_1(9^n)$ 循环地取 9, 1 这两个数 (n 为正整数)，末位出现数字 9 的周期是 2 (n 为正整数).

一般地，对于十进制正整数 a 有：$f_1(a^{4k+r}) = f_1(a^r), 0 \leqslant r \leqslant 3, k$ 为正整数.

定理2 a^{4k+r} 与 a^r 的末位数相同，$a = 1$ 显然，只要证明 $a \neq 1, a^{4k+r} - a^r$ 能被 10 整除即可

$$a^{4k+r} - a^r = a^r(a^{4k} - 1) = a^r[(a^4)^k - 1]$$

$(a^4)^k - 1$ 能被 $a^4 - 1$ 整除. 即

$$(a^4)^k - 1 = M(a^4 - 1) \quad (M \text{ 为整数})$$

于是有

$$\begin{aligned}
a^{4k+r} - a^r &= a^r(a^{4k} - 1) \\
&= a^r[(a^4)^k - 1] \\
&= a^r M(a^4 - 1) \\
&= a^r M(a-1)(a+1)(a^2+1) \\
&= a^r M(a-1)(a+1)[(a^2-4)+5] \\
&= M[a^r(a-2)(a-1)(a+1)(a+2) + 5a^r(a-1)(a+1)]
\end{aligned}$$

因为 $(a-2)(a-1)a(a+1)(a+2)$ 是五个连续的自然数的积，它必能被 10 整除；

而 $5a(a-1)(a+1)$ 必是 10 的倍数.

所以 $a^{4k+r} - a^r$ 能被 10 整除.

根据上述定理,判断 a^n 的末位数时,先把 n 除以 4,使 $n = 4k + r(0 \leq r \leq 3, k, r$ 都是自然数)从而把 a^n 的末位数的问题转化为求低次幂 a^r 的末位数的问题. 特别地当 $n = 4k$ 时, a^n 的末位数与 a^4 的末位数相同.

以上做法,能让学习者经历收集、整理、描述和分析数据的过程,经历观察、实验、猜测、验证、证明等数学活动过程,发展合情推理能力和初步的演绎推理能力,能有条理地、清晰地阐述自己的观点. 充分体现新课程标准教学的理念.

探索 2 利用计算器分别计算出整数 1,2,3,4,5,6,7,8,9 的 1 次幂、2 次幂、3 次幂、4 次幂、5 次幂、6 次幂、7 次幂、8 次幂……的末位数字. 记录下它们的末位数字,并填在下表中,观察下表的数据,发现蕴涵在数据中的规律.

a	$f_1(a)$	$f_1(a^2)$	$f_1(a^3)$	$f_1(a^4)$	$f_1(a^5)$	$f_1(a^6)$
1	1	1	1	1	1	1
2	2	4	8	6	2	4
3	3	9	7	1	3	9
4	4	6	4	6	4	6
5	5	5	5	5	5	5
6	6	6	6	6	6	6
7	7	9	3	1	7	9
8	8	4	2	6	8	4
9	9	1	9	1	9	1

观察发现:

(1) a^n 的末位数字循环地出现,出现的周期最小公倍数是 4;

(2) $f_1(1^n)$, $f_1(5^n)$ 和 $f_1(6^n)$ 末位数字循环节的长度都是 1;

(3) $f_1(2^n)$, $f_1(3^n)$, $f_1(7^n)$ 和 $f_1(8^n)$ 末位数字循环节的长度都是 4;

(4) $f_1(4^n)$ 和 $f_1(9^n)$ 末位数字循环节的长度都是 2;

(5) 在一个周期内(周期为 4),当末位数 a 为 2,3,4,5,7,8,9 这 7 个数之一时,有
$$f_1(a^1) + f_1(a^2) + f_1(a^3) + f_1(a^4) = 20 = 常数$$
$$f_1(a^{4k}) + f_1(a^{4k+1}) + f_1(a^{4k+2}) + f_1(a^{4k+3}) = 20 = 常数 \quad (k \text{ 为正整数})$$

注 上述例 43 选自王远征老师的文章《利用计算器探索正整数的末位数变化的规律》,数学通报,2004(9):13-16.

第七章 数学作图和数学建模

7.1 数学作图技能

7.1.1 了解几何作图的含义及基本知识

1. 作图工具与作图公法

在传统的初等几何中,几何作图是指用直尺(没有刻度)和圆规两件工具,并在有限次步骤中作出合乎预先给定的条件的图形,因而又称为尺规作图,有时也叫作欧几里得作图.

我们约定,所谓完成了一个平面几何作图,就是说能把问题归结为有限次的如下几个认可的简单作图:

(1)通过两个已知点可作一条直线;

(2)已知圆心和半径可作一个圆;

(3)若两已知直线,或一已知直线和一已知圆(或圆弧),或两已知圆相交,则可作出其交点.

并且约定:在已知直线上或直线外,均可取不附加任何特殊性质的点.

上面三条叫作作图公法,是尺规作图的理论依据. 根据作图公法,可见直尺与圆规只能被认为具有三种功能:画直线,作圆,求交点. 此外,解尺规作图题,只能有限次地使用直尺与圆规,否则,虽然作出图形,但不是尺规作图. 若一个作图题经过有限次使用直尺与圆规,根据公法仍不能作出图形,那么这个作图题叫作几何作图(或尺规作图)不能问题,否则就是作图可能问题.

2. 作图成法

我们把根据作图公法或一些已经解决的作图题而完成的作图,叫作作图成法. 它可以在以后的作图中直接应用. 下面列举一些:

(1)任意延长已知线段.

(2)在已知射线上自端点起截一线段等于已知线段.

(3)以已知射线为一边,在指定一侧作角等于已知角.

(4)已知三边,或两边及夹角,或两角及夹边作三角形.

(5)已知一直角边和斜边,作直角三角形.

(6)作已知线段的中点.

(7)作已知线段的垂直平分线.

(8)作已知角的平分线.

(9)过已知直线上或直线外一已知点,作此直线的垂线.

(10)过已知直线外一已知点,作此直线的平行线.

(11)已知边长作正方形.

(12) 以定线段为弦,已知角为圆周角,作弓形弧.

(13) 作已知三角形的外接圆、内切圆、旁切圆.

(14) 过圆上或圆外一点作圆的切线.

(15) 作两已知圆的内、外公切线.

(16) 作已知圆的内接(外切)正三角形、正方形,或正六边形.

(17) 作一线段,使之等于两已知线段的和或差.

(18) 作一线段,使之等于已知线段的 n 倍或 n 等分.

(19) 内分或外分一已知线段,它们的比等于已知比.

(20) 作已知三线段 a,b,c 的第四比例项.

(21) 作已知两线段 a,b 的比例中项.

(22) 已知线段 a,b,作一线段 $x=\sqrt{a^2+b^2}$,或作一线段 $x=\sqrt{a^2-b^2}\,(a>b)$.

还可以举出一些.

3. 作图题的分类与作图步骤

根据题设条件(满足相容性、独立性、存在性)不同,即所作图形的形状、位置、大小的要求不同可对作图题分类. 一般作图题可分为定位作图(在指定位置上作图)与活位作图.

解作图题的步骤一般分为:写出已知(详细写出题设条件,并用相应符号或图形表示)与求作(说明要作的图形是什么,以及该图形应具备的题设条件),进行分析(寻求作图线索),写出作法,证明,并进行讨论.

7.1.2 熟悉常用的平面几何作图方法

常用的作图方法有交轨法、三角形奠基法、变换法、代数法等,变换法中又包含变位法、位似法、反演法等.

1. 交轨法:一些作图题,常归结为确定某一点的位置,而点的位置确定,一般需要两个条件,于是可以分别作出只符合一个条件的轨迹,则这两个轨迹的交点即为所求的点,这种利用轨迹的交点来解作图题的方法叫作交轨法.

2. 三角形奠基法:对于某些作图题,若先作出所求图形中的某一个三角形,便奠定了整个图形的基础. 这种用某个三角形为基础的作图方法叫作三角形奠基法.

3. 变位法:把图形中某些元素施行适当的合同变换,然后借助于各元素的新旧位置关系发现作图的方法,叫作变位法.

4. 位似法:作图时,常先舍弃图形的大小、位置条件(或部分位置条件),作出满足形状要求的图形 F',然后选择适当的位似中心和位似比,作出符合大小要求(或位置要求),并与 F' 位似的图形,这种利用位似变换性质解作图题的方法,叫作位似法.

5. 反演法:对于与圆有关的一类作图题,利用反演变换的性质来解作图题的方法,叫作反演法.

6. 代数法:有些作图题的解决常归结为求作一条线段,而未知线段的量可以用一些已知线段的代数式来表示,于是根据这个代数式先作出所求线段,然后再完成整个图形,这种借助于代数运算来解作图题的方法叫作代数分析法简称代数法.

用代数法作图的关键在于寻找能用已知量的代数式来表示所求作的线段. 根据作图公法和作图成法我们有下列结论:

结论 1 含已知线段 $a_1,a_2,\cdots,a_n$ 的一次齐次式 $F(a_1,a_2,\cdots,a_n)$,若其中仅含有限次加、减、乘、除、开平方五种运算,并且 F 在定义域中能取实值,则此值所对应的线段可用尺规作图.

结论 2 设 A,B,C 分别是仅含有限次加、减、乘、除、开平方运算的零次齐次式、一次齐次式、二次齐次式,即可以用尺规作出方程 $Ax^2+Bx+C=0$ 的实根.

例 1 求作一圆,使通过两定点 A,B 并切于已知直线 l.

分析 设问题已解,求作的圆切直线 l 于 T. 若能确定点 T 的位置,那么通过 A,B,T 的圆就是所求的了.

假设直线 AB 和 l 相交于一点 O,那么 $x=OT$ 满足关系 $x^2=OA\cdot OB$,即 x 是线段 OA 和 OB 的比例中项. 若直线 AB 与 l 不相交,则 AB 的中垂线与 l 相交.

作法 若连 AB 交 l 于 O,则作 OA 和 OB 的比例中项,在 l 上取点 T 使 OT 等于这比例中项,过 A,B,T 所作的圆为所求. 若 AB 所在直线与 l 不相交,则作 AB 的中垂线与 l 相交于 T,过 A,B,T 所作的圆为所求.(图略)

证明 若连 AB 与 l 交于 O,由作法 $OA:OT=OT:OB$,于是 $\triangle OAT$ 和 $\triangle OTB$ 有一角相等且夹边成比例,这两三角形相似,从而 $\angle ABT=\angle OBT=\angle OTA$,故推出 OT 切于圆. 若连 AB 与 l 不相交时作的圆显然与 l 相切.

讨论 当直线 AB 与 l 相交于一点且 A,B 在 l 同侧时,有二解;A,B 在 l 异侧时无解. 当 $AB\parallel l$ 或 A,B 之一在 l 上时,有一解. 当 A,B 都在 l 上时无解.

例 2 过已知圆 O 外两点 P,Q,作一圆与已知圆 O 相切.

分析 首先设想所求圆已经作出. 圆 O_1 和圆 O 相切,且过 P,Q. 外切见图 7-1(a),内切见图 7-1(b).

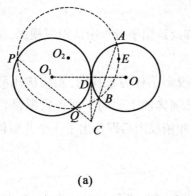
(a)

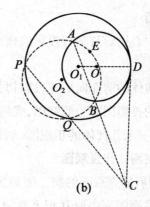
(b)

图 7-1

显然,不可能用轨迹法确定所求圆心 O_1,转而考虑先确定切点 D.

过 P,Q 且与圆 O 相交的圆 O_2 无限多. 我们所求的圆 O_1 可以看作圆 O_2 这类圆的极端情形,从而把过 D 的公切线看作圆 O_2 这类圆与圆 O 的公共割线的极端情形,或者说,把 D 看作这类割点 A,B 趋于重合的极端位置.

在作图中,我们发现 PQ,AB 及过 D 的切线似乎交于一点. 下面,我们来判定这猜疑的

真假. 设 PQ 与该切线交于 C，CB 延长交圆 O，圆 O_2 分别于 A，A_2，则
$$CB \cdot CA = CD^2 = CQ \cdot CP = CB \cdot CA_2$$
故
$$CA = CA_2$$
即 A 与 A_2 重合.

这个猜想的证实，使得确定 D 的问题转化成确定 C 的问题：圆 O_2 好作，因而直线 AB 易作，C 易定（同时，我们获得新结论：过定圆外两定点作与定圆相交或相切的圆，则这些圆与定圆的公切线、公割线及过两定点的直线交于一点）.

作法 在圆 O 内任取一点 E（只要求不与 P，Q 共线）. 过 P，Q，E 作圆 O_2，与圆 O 相交于 A，B. 设直线 AB 与 PQ 的延长线交于 C，过 C 作圆 O 的切线 CD，D 为切点. 过 P，Q，D 作圆 O_1，此即为所求.

证明 因 CD 与圆 O 相切于 D，则
$$CD^2 = CA \cdot CB$$
又直线 CBA，CQP 都是圆 O_2 的割线，从而
$$CA \cdot CB = CP \cdot CQ$$
故
$$CD^2 = CP \cdot CQ$$
因而 CD 与圆 O_1 也相切于 D.
则 O 与圆 O_1 相切于 D.

7.1.3 作立体几何图形

1. 作三视图

首先理解中心投影与平行投影的概念，其次运用平行投影认识三视图，次后运用平行投影作三视图；

光线从几何体的前面向后正投影得到的投影图称为正视图，光线从几何体的左面向右面正投影得到的投影图称为侧视图，光线从几何体的上面向下面正投影得到的投影图称为俯视图. 作出了一个几何体的正视图、侧视图和俯视图后即作出了一个几何体的三视图.

2. 用斜二测画法作直观图

（1）平面图形的直观图的斜二测画法.

①在已知平面图形中取互相垂直的 x 轴和 y 轴，两轴相交于点 O. 画直观图时，把它们画成对应的 x' 轴于 y' 轴，两轴相交于点 O'，且使 $\angle x'O'y' = 45°$（或 $135°$），它们确定的平面表示水平面.

②已知平面图形中平行于 x 轴或 y 轴的线段，在直观图中分别画成平行于 x' 轴或 y' 轴的线段.

③已知平面图形中平行于 x 轴的线段，在直观图中保持原长度不变，平行于 y 轴的线

段,长度为原来的一半.

(2)立体图形的直观图的斜二测画法.

立体图形的底平面图的画法按上述平面图形直观图的斜二测画法,垂直于底面的图的画法只是多画一条与 x 轴(或 x' 轴)垂直的 z 轴(或 z' 轴). 与 z 轴平行的线段及长度画成与 z' 轴平行的线段及长度. 最后成图.

3. 用正等测画法画直观图

正等测画法与斜二测画法的区别在于 x' 轴与 y' 轴夹角画成 $60°$ 或 $120°$ 即可,其余均同. 正等测画法画球体的直观图时效果较佳.

7.1.4 作简单统计图

1. 认识三种简单统计图

(1)下述条形统计图(bar graph)是两个班的学员一次锻炼活动的统计图:

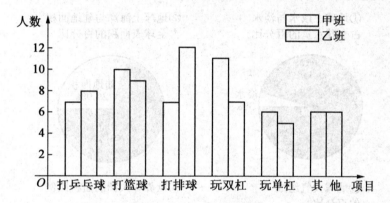

(2)甲、乙两家商店一年中各月销售电视机的销售量如下述两表(单位:台):

月份	1	2	3	4	5	6	7	8	9	10	11	12
甲商店	20	15	8	10	11	13	16	15	10	12	8	18
乙商店	20	16	12	10	9	8	14	13	10	8	8	14

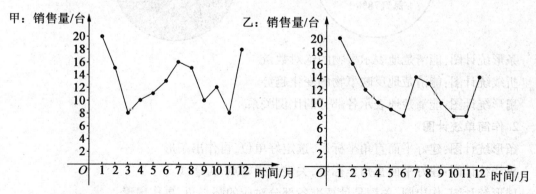

分别用折线统计图(broken-line graph)表示如上:

也可以把两张折线图叠放在一起,如下图,此即为复式折线图.

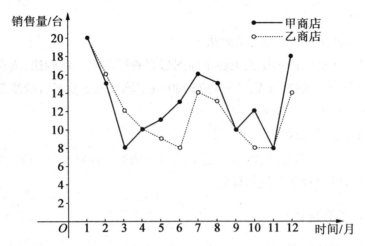

(3)从下述统计图,我们可以很清楚地看到:用整个圆面表示总数,用圆内各个扇形表示各部分,这样的统计图叫作扇形统计图(fan diagram).

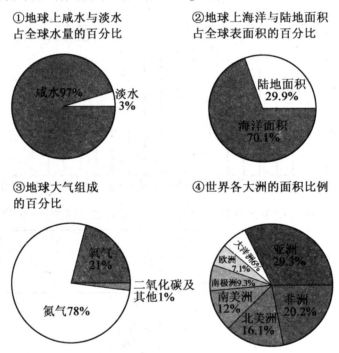

条形统计图:能清楚地表示事物的绝对数量.

折线统计图:能清楚地反映事物的变化趋势.

扇形统计图:能清楚地表示各部分的比例关系.

2. 作简单统计图

条形统计图:建好平面直角坐标系,选定好单位,再作出条形.

折线统计图:建好平面直角坐标系,关键是描好点,再连线.

扇形统计图:作出圆,关键是计算准各部分对应的圆心角,再作扇形.

7.2 数学建模技能

数学建模是近些年来随着计算机的普及而谈论得比较多的话题. 在这一套书中,我们有一本专谈数学建模的《数学建模尝试》. 在这里,主要是从技能方面做一点讨论.

7.2.1 认识数学模型方法

数学模型是实际问题的简化和抽象. 数学的概念、公式、定理、问题、方法等数学对象都是由具体问题抽象出其物质性而得到的纯粹形式化或量化的数学模型. 因而整个数学知识可分为概念型数学模型、方法型数学模型、结构型数学模型.

数学模型方法就是借用数学模型处理各类问题(包括数学学习和实际应用等方面)的方法. 数学模型方法的学习与掌握、运用与深化,一般是按模型模仿——模型转换——模型构建的主线进行和发展的.

1. 数学模型模仿

模仿是人们在生活中最基本的活动之一. 有人认为,婴儿生下来,除了自动吸奶、哭闹、睡觉等本能外,简直一无所能. 实则不然,这种看法忽略了他那虽微弱但最可贵的本领——模仿. 吃饭、说话、走路、玩耍……无一不是靠模仿这一招学会的.

在人生的道路上,模仿并不是低能的举动. 青胜于蓝,必先出于蓝;要发展,必先继承;图创新,必先模仿. 模仿是创新的阶梯. 因此,模仿是不可避免的,只有随创新能力的增强而逐渐减少. 我们在学习和运用数学模型方法时,就少不了数学模型的模仿能力的训练和培养.

例 3 在实数范围内解方程
$$2(\sqrt{x} + \sqrt{y-1} + \sqrt{z-2}) = x + y + z$$

解 原方程可化为
$$x - 2\sqrt{x} + 1 + y - 1 - 2\sqrt{y-1} + 1 + z - 2 + 2\sqrt{z-2} + 1 = 0$$
即
$$(\sqrt{x} - 1)^2 + (\sqrt{y-1} - 1)^2 + (\sqrt{z-2} - 1)^2 = 0$$

由非负数模型特性,有$\sqrt{x} - 1 = 0, \sqrt{y-1} - 1 = 0, \sqrt{z-2} - 1 = 0$,求得$x = 1, y = 2, z = 3$,经检验知此为其所求的根.

例 4 已知抛物线$y^2 = x + 1$,定点$A(3,1)$,B为抛物线上任意一点,点P在线段AB上,且有$|BP|:|AP| = 1:2$,当点B在抛物线上移动时,求点P的轨迹方程,并指出这个轨迹应为哪种曲线?

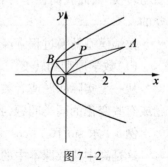

图 7-2

分析 如图 7-2,模仿复平面模型. 由$\overrightarrow{OP} = \overrightarrow{OA} + \overrightarrow{AP}$,点$A$的坐标已知,所以$\overrightarrow{OA}$对应的复数已知,而$|\overrightarrow{AP}| = \dfrac{2}{3}|AB|$,所以

$\overrightarrow{AD} = \frac{2}{3}\overrightarrow{AB}$. 如果向量$\overrightarrow{AB}$能求出,那么$\overrightarrow{AD}$就能求出,从而$\overrightarrow{OP}$能求出,点 P 的轨迹方程可求出.

而点 B 是抛物线 $y^2 = x+1$ 上的动点,则可设点 B 坐标为(m^2-1,m),从而可求得$\overrightarrow{OB}$对应的复数,这样向量$\overrightarrow{AB}$就可得到.

解 建立复平面,设$\overrightarrow{OP} = x + yi(x,y \in \mathbf{R})$,$\overrightarrow{OB} = (m^2-1) + mi(m \in \mathbf{R})$,那么
$$\overrightarrow{AB} = \overrightarrow{OB} - \overrightarrow{OA} = (m^2-1) + mi - (3+i) = (m-4) + (m-1)i$$

因 $$|BP|:|AP| = 1:2$$

则 $$\overrightarrow{AP} = \frac{2}{3}\overrightarrow{AB} = \frac{2}{3}(m^2-4) + \frac{2}{3}(m-1)i$$

即 $$\overrightarrow{OP} = \overrightarrow{OA} + \overrightarrow{AP} = (3+i) + [\frac{2}{3}(m^2-4) + \frac{2}{3}(m-1)i]$$
$$= (\frac{2}{3}m^2 + \frac{1}{3}) + (\frac{2}{3}m + \frac{1}{3})i$$

即 $$x + yi = (\frac{2}{3}m^2 + \frac{1}{3}) + (\frac{2}{3}m + \frac{1}{3})i$$

从而
$$\begin{cases} x = \frac{2}{3}m^2 + \frac{1}{3} \\ y = \frac{2}{3}m + \frac{1}{3} \end{cases}$$

消去参数 m,得
$$(y - \frac{1}{3})^2 = \frac{2}{3}(x - \frac{1}{3})$$

这就是所求的点 P 的轨迹方程,它是以点$(\frac{1}{3}, \frac{1}{3})$为顶点,开口向右的一条抛物线.

2. 数学模型转换

转换是指将一个原型迅速恰当地提炼转变到某一模型上,或是将一个领域内模型快捷、灵活地转移到另一个领域,或是将一个具体、形象的模型创造性地转换成综合、抽象的模型.

形态各异的数学问题实质上是实际问题转变为数学模型或数学模型的组合与转移,更新与转换.因而我们在学习和运用数学模型方法时,训练和培养数学模型转换能力是极为重要的.

数学模型转换过程常经历:数学原型的转变到数学模型的转移,再到数学模型的转换.

(1)数学原型的转变.

从一个实际问题或者数学应用问题恰当地提炼出一个模型,再运用此模型求解同类问题或有些变化的同类问题,我们称之为数学原型的转变.

例5 求 $\sin^2 10° + \cos^2 40° + \sin 10° \cdot \cos 40°$的值.

这是高中代数课本中的一道例题,课本中是用降次与和差化积、积化和差而求解的.如果我们注意到所给式的形式与三角形余弦定理的形式相同,即

$$\sin^2 10° + \cos^2 40° + \sin 10° \cdot \cos 40°$$
$$= \sin^2 10° + \sin^2 50° - 2\sin 10° \cdot \sin 50° \cdot \cos 120°$$
$$= a^2 + b^2 - 2ab \cdot \cos 120°$$

或
$$\sin^2 10° + \cos^2 40° + \sin 10° \cdot \cos 40°$$
$$= \cos^2 80° + \cos^2 40° - 2\cos 80° \cdot \cos 40° \cdot \cos 120°$$

且当 $a = \sin 10°, b = \sin 50°$，又 $10°, 50°, 120°$ 恰构成一三角形三内角时，按三角形余弦定理，有
$$a^2 + b^2 - 2ab \cdot \cos 120° = c = \sin^2 120° = \frac{3}{4}$$

由此一道三角求值题可提炼出如下模型：

当锐角 α, β 满足 $\alpha + \beta = \frac{\pi}{3}$ 时，有
$$\sin^2 \alpha + \sin^2 \beta + \sin \alpha \cdot \sin \beta = \sin^2(\alpha + \beta) = \frac{3}{4} \qquad (\text{I})$$

或当锐角 α, β 满足 $\alpha + \beta = \frac{2}{3}\pi$ 时，有
$$\cos^2 \alpha + \cos^2 \beta + \cos \alpha \cdot \cos \beta = \sin^2(\alpha + \beta) = \frac{3}{4} \qquad (\text{I}')$$

更一般，有如下模型：

当正角 α, β 满足 $\alpha + \beta = \theta \in (0, \pi)$ 时，有
$$\sin^2 \alpha + \sin^2 \beta - 2\sin \alpha \cdot \sin \beta \cdot \cos(\pi - \theta)$$
$$= \sin^2 \alpha + \sin^2 \beta + 2\sin \alpha \cdot \sin \beta \cdot \cos(\alpha + \beta)$$
$$= \sin^2(\alpha + \beta) \qquad (\text{II})$$

或
$$\cos^2 \alpha + \cos^2 \beta - 2\cos \alpha \cdot \cos \beta \cdot \cos(\alpha + \beta) = \sin^2(\alpha + \beta) \qquad (\text{II}')$$

有了如上模型（Ⅰ）和（Ⅱ）或（Ⅰ′）和（Ⅱ′），我们可以迅速、轻易地求解下列问题：

问题 1　求 $\sin^2 20° + \cos^2 50° + \sin 20° \cdot \cos 50°$ 的值. ($\frac{3}{4}$)

问题 2　求 $\sin^2 20° + \cos^2 80° + \sqrt{3}\sin 20° \cdot \cos 80°$ 的值. ($\frac{1}{4}$)

问题 3　求 $\triangle ABC$ 中，求证：$\cos^2 A + \cos^2 B + \cos^2 C + 2\cos A \cdot \cos B \cdot \cos C = 1$.

（2）数学模型的转移.

善于转移是能力强的一种表现. 将一个领域内的模型转移到另一个领域中去，首先应善于发现不同领域、不同问题之间类似的地方，因为模型能够得到转移，正是由于依赖了这种类似. 因此，寻找类似是转移模型的必要条件，而要具备转移模型的能力就先得具备发现类似的能力."泛函分析"这个重要的数学分支的创始人之一、波兰数学家斯·巴拿赫曾经这样说过："一个人是数学家，那是因为他善于发现判断之间的类似；如果他能判明论证之间

的类似,他就是个优秀的数学家;要是他竟识破理论之间的类似,那么,他就成了杰出的数学家.可是,我认为还应当有这样的数学家,他能够洞察类似之间的类似."这番独有见地的话可以说是鞭辟人里.

善于运用转移模型而获得巨大成功的各类事例是数不胜数的.例如,古埃及人用不断地转动链条来运送水桶的方法去灌溉田地.1783 年,英国人埃文斯把这个方法运用到磨坊里去传送谷粒.他根据"类似"而完成了从液体(水)到固体(谷粒)的模型转移.这个"类似"虽然简单,但是在长长时间里一直没有被人发现.又例如,美国发明家威斯汀豪斯为了创造一种能够同时作用于整列火车的制动装置,搜肠刮肚地苦苦思考了很久,却一直想不出什么办法.后来他在专业杂志上读到:在挖掘隧道的时候,驱动风钻的压缩空气是用橡胶软管从九百米以外的空气压缩机送来的."心有灵犀一点通".这位发明家从这里得到启发,发明了气动刹车装置.再例如,英国物理学家麦克斯韦在他的同胞、物理学家法拉第工作的基础上进一步进行理论概括,在 1864 年提出了电磁理论,继牛顿力学和能量守恒原理之后,实现了物理学的第三次大综合.麦克斯韦在这里也是从寻找类似着手的.他把法拉第的磁力线看成是一连串漩涡,电流是像滚珠轴承般围绕漩涡旋转的一群带电微粒,当漩涡速度发生变化的时候,依附它的那群微粒就向下一个漩涡转移,使后者改变旋转速度,这样就形成了延续的连续粒子流.根据"类似",麦克斯韦弄清楚了变着化的磁场产生电流的情形.他根据这一系列"类似",为电磁现象建立起了精致的力学模型.最后他舍弃了力学模型,凭借他卓越的数学才能,对电磁场规律进行了定量描述,这就是著名的麦克斯韦电磁场基本方程.

在数学解题中,各学科知识的交互运用是数学模型转移的一个重要方面.

例 6 如图 7-3,设 AD 为 $\triangle ABC$ 的边 BC 上的中线,过 C 引任一直线交 AD 于 E,交 AB 于 F. 证明:$\dfrac{AE}{ED} = \dfrac{2AF}{FB}$.

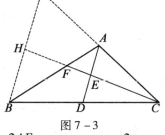

图 7-3

证明 设关于 AE 的多项式为

$$f(AE) = \frac{AE}{ED} - \frac{2AF}{FB} \qquad (*)$$

显然这是一个关于 AE 的一次多项式.

当 $AE = \dfrac{2}{3}AD$ 时,E 为 $\triangle ABC$ 的重心,故 $AF = FB$,从而 $\dfrac{AE}{ED} - \dfrac{2AF}{FB} = 2 - 2 = 0$,即 $\dfrac{2}{3}AD$ 为多项式(*)的根.

当 $AE = \dfrac{1}{2}AD$ 时,过 B 作 $BG \parallel AD$ 交 CA 的延长线于 G,交 CF 的延长线于 H,此时,CH 为 $\triangle BGC$ 边 BG 上的中线,而 AD 为 $\triangle ABC$ 中 BC 边的中线,故 BA 为 $\triangle BGC$ 的 GC 边上的中线,即 F 为 $\triangle BGC$ 的重心,从而 $AF = \dfrac{1}{2}FB$,于是 $\dfrac{AE}{ED} - \dfrac{2AF}{FB} = 1 - 1 = 0$,故 $\dfrac{1}{2}AD$ 也为多项式(*)的根.

又 $\dfrac{2}{3}AD \neq \dfrac{1}{2}AD$,一次多项式,有两个不同的根,由多项式恒等定理,知多项式(*)恒为零多项式,即 $\dfrac{AE}{ED} - \dfrac{2AF}{FB} = 0$,故 $\dfrac{AE}{ED} = \dfrac{2AF}{FB}$.

此例的求解,就是将代数中的多项式恒等模型转移到平面几何中,证明几何等式问题.

例7 从6对老搭档运动员中选派5名出国参赛,要求被选的运动员中任意两名都不是老搭档,求有多少种不同的选派方法?

此例运用分步讨论虽可求解,但将立体几何模型转移到这里来,可使问题讨论更直观,更清晰.

解 作出六棱柱 $ABCDEF-A_1B_1C_1D_1E_1F_1$ 如图7-4. 并用6种不同颜色给六棱柱的12个顶点染色,使得同一侧棱的两端点同色,用来表示一对老搭档运动员,于是这6对着色点就代表6对运动员. 据题意,只需求出12个着色点中任取5个不同色的不同取法即可. 这可分两个步骤完成:第一步,先求从6种颜色中任取5种的取法,共有 $C_6^5=6$ 种;第二步,因为图7-4中的6种染色点中同色点各有2个,所以第一步中的每一种取法均有 $(C_2^1)^5=32$ 种搭配方式. 故根据乘法原理,完成这件事共有 $6\times 32=192$ 种方法,即选派5名运动员共有192种不同的选法.

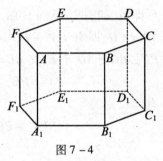

图7-4

(3)数学模型的转换.

如果借用生物学中的术语描述,模型的转移常侧重于"移植",而模型的转换常侧重于"杂交".

数学模型的转换形态是多方面的,可以是动静转换、结构转换、领域转换等.

例8 一个平面几何恒等式模型的转换及应用.

在平面几何中,有如下一道几何命题:

设 P 为矩形 $ABCD$ 的对角线 AC 上任一点,则 $PA^2+PB^2=PB^2+PD^2$.

证明 如图7-5(a),过 P 作 $EF\perp AD$ 交 AD 于 E,交 BC 于 F,由 $AD /\!/ BC$ 知 $EF\perp BC$,又由勾股定理,得

$$PA^2=PE^2+AE^2$$
$$PC^2=PF^2+CF^2$$

故

$$\begin{aligned}PA^2+PC^2&=PE^2+PF^2+AE^2+CF^2\\&=PE^2+BF^2+PF^2+DE^2\\&=PD^2+PB^2\end{aligned}$$

由上述证明可知,P 在 AC 上的条件可以改为 P 为矩形内任意一点,结论仍然成立. 如图7.5(b).

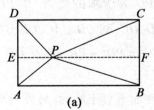
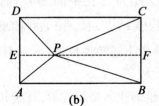

图7-5

由此,我们便有模型:矩形内任一点到矩形两双相对顶点的距离的平方和相等.

如果我们开拓思路,并从有关几何元素的运动中考察几何图形的内在联系,可将如上模型转换成如下模型:

矩形所在平面内任一点到矩形两双相对顶点的距离的平方和相等.

事实上,我们只需看点 P 运动到矩形的边上或矩形外部的情形即可. 如图 7-6(a),由 $PB^2 - PA^2 = AB^2, PC^2 - PD^2 = CD^2$,而 $AB = CD$,即有 $PA^2 + PC^2 = PB^2 + PD^2$. 如图 7-6(b),过 P 作 $PF \perp BC$ 交 AD 于 E,交 BC 于 F,则 $PF \perp AD$. 由
$$PA^2 = PE^2 + AE^2, PC^2 = PF^2 + FC^2$$
有
$$\begin{aligned} PA^2 + PC^2 &= PE^2 + AE^2 + PF^2 + FC^2 \\ &= PE^2 + BF^2 + PF^2 + DE^2 \\ &= PB^2 + PD^2 \end{aligned}$$

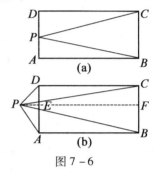

图 7-6

这样,我们便得到了一个动态转换模型. 不仅如此,我们还可进一步得到如下动态转换模型:

空间任一点到矩形两双相对顶点的距离的平方和相等. (*)

事实上,如图 7-7,设 P 为空间任一点,$ABCD$ 为矩形,当 P 在矩形 $ABCD$ 所在平面内时,命题已证. 下面证 P 为矩形 $ABCD$ 所在平面外一点.

又设 P 在矩形所在平面内的射影为 O,则
$$AO^2 + OC^2 = BO^2 + OD^2$$
从而
$$(AO^2 + PO^2) + (OC^2 + PO^2) = (BO^2 + PO^2) + (OD^2 + OP^2)$$
故
$$AP^2 + PC^2 = BP^2 + PD^2$$

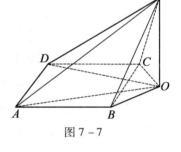

图 7-7

有了这个模型(*),我们可以运用它简捷地求解如下一系列问题:

问题 1 位于边长为 b 的一正方形四角上的四个雷达站同时发现一枚飞弹,这时飞弹至四个雷达站的距离,按照环绕正方形次序,各为 R_1, R_2, R_3, R_4. 证明:$R_1^2 + R_3^2 = R_2^2 + R_4^2$.

问题 2 设 Rt$\triangle ABC$ 所在平面外一点 P 到直角顶点 C 的距离为 24 cm,到两直角边的距离为 $6\sqrt{10}$ cm,求点 P 到平面 ABC 的距离.

事实上,若设 O 为 P 在平面 ABC 内的射影,PO 为所求的距离. 作 $PD \perp AC$ 于 D,作 $PE \perp CB$ 于 E,则 $PD = PE = 6\sqrt{10}$ cm(图略). 连 OD, OE,则 $OD \perp AC, OE \perp BC$. 于是四边形 $ODCE$ 为正方形. 由上述转换模型(*),有 $OP^2 + PC^2 = PD^2 + PE^2$,即有 $OP^2 = 144$,故 $PO = 12$ cm 即为所求.

问题 3 棱锥的底面是正方形,有相邻的两个侧面垂直于底面,另外两个侧面与底面成 $45°$角,最长的侧棱长为 15 cm. 求这个棱锥的高.

事实上,类似于问题 2 可求得棱锥的高为 $5\sqrt{3}$ cm.

问题 4 把长、宽各为 4,3 的长方形 ABCD 沿对角线 AC 折成直二面角. 求顶点 B 和 D 的距离.

事实上,作 $BE \perp AC$ 于 E,作 $DF \perp AC$ 于 F,则可求得 $BE = DF = \frac{12}{5}, EF = \frac{7}{5}, BF = \frac{1}{5}\sqrt{193}$. 过 E 作 $EG // FD$,过 D 作 $DG // FE$ 交 EG 于 G(图略),则四边形 $EGDF$ 为矩形. 折叠图形后连 BG,则求得 $BG = \frac{12}{5}\sqrt{2}$. 由前述转换模型(*),有 $BD^2 = BG^2 + BF^2 - BE^2 = \frac{337}{25}$,故 $BD = \frac{\sqrt{337}}{5}$ 即为所求.

问题 5 在直二面角的棱上有两点 A,B,AC 和 BD 各在这个二面角的一个面内,并且都垂直于棱 AB. 设 $AB = 8$ cm, $AC = 6$ cm, $BD = 24$ cm. 求 CD 的长.

事实上,类似于问题可求得 $CD = 26$ cm.

问题 6 有一个长方体,它的三个面的对角线长分别是 a,b,c,求它的对角线长.

事实上,若设长方体 $ABCD - A_1B_1CD_1$ 的面对角线 $AB_1 = a, B_1C = b, BD = c$,则由前述转换模型(*),有 $B_1D^2 + B_1B^2 = AB_1^2 + B_1C^2$,即 $2B_1D^2 - C^2 = a^2 + b^2$,故 $B_1D = \frac{\sqrt{2(a+b+c)}}{2}$ 为所求.

3. 数学模型构建

在处理数学问题和实际生活、生产、科研等现实问题时,由于某种需要,要么把问题条件中的关系用数学形式构建出来,要么将关系设想在某个数学模型上得到实现,要么将已知条件经过适当的取舍、逻辑组合而构建出一种新的数学形式等,再运用数学知识、方法最终解决问题. 我们称此为数学模型构建.

在前面,我们讨论的数学作图实质上也是一种数学模型构建.

构建数学模型不仅是一种高级的思维活动,一种极为复杂且应变能力很强的心理过程,而且是一种通过"做数学"来学习数学的实践活动,一种广泛运用数学方法且数理应用能力极活的理事手段. 因此,没有统一的模式,没有固定的方法. 其中既有逻辑思维,又有非逻辑思维,既有机理分析,又有测试分析(系统辨识)等重要方法.

综上,数学模型方法,主要包括数学模型模仿、数学模型转换、数学模型构建等方面的内容.

为了说明问题的方便,我们看一个具体例子:这里以一个基本平面几何图形为模型,借助它说明如何运用数学模型方法来处理平面几何学习中的一类问题.

(Ⅰ)一个基本图形模型.

如图 7-8,AD 与 BC 相交于 E,EF // CA // DB,且 EF 交 AB 于 F,则

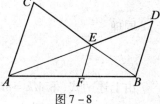

图 7-8

$$\frac{1}{EF} = \frac{1}{AC} + \frac{1}{BD} \qquad (*)$$

简证 由 $EF // CA$，有

$$\frac{EF}{AC} = \frac{FB}{AB}$$

同理

$$\frac{EF}{BD} = \frac{AF}{AB}$$

又因 $EF \neq 0$，将上述两式相加，即得 $\frac{1}{EF} = \frac{1}{AC} + \frac{1}{BD}$.

显然，模型图 7-8 就是客体命题(*)的替代物.

(II_1)模型模仿——直接用模.

命题 1 如图 7-9，CB 交 AD 于 E，且有 $CA \perp AB$ 于 A，$EF \perp AB$ 于 F，$DB \perp AB$ 于 B，求证

$$\frac{1}{EF} = \frac{1}{AC} + \frac{1}{BD}$$

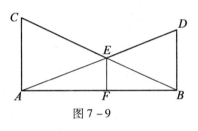

图 7-9

分析 根据题意，显然有 $CA // EF // DB$，图 7-9 是模型图 7-8 的特例，相应的命题 1 是命题(*)的特例，故可直接用模.

简证 由 $CA \perp AB$，$EF \perp AB$，$DB \perp AB$，知 $EF // CA // DB$. 于是命题(*)得

$$\frac{1}{EF} = \frac{1}{AC} + \frac{1}{BD}$$

(II_2)模型模仿——拆图留模.

命题 2 如图 7-10，梯形 $ABCD$ 的对角线 AC 与 BD 相交于 M，过 M 作 EF 平行于 AB 且交两腰于 E, F，则(i) $ME = MF$；(ii) $S_{\triangle BEC} = 2 S_{\triangle AMD}$.

分析 图 7-10 显然比模型图 7-8 复杂，但仔细观察不难发现图 7-10 的子图 $ABMCDEA$（粗线图）与模型图 7-8 一致，即模型图 7-8 反映客体命题 2 的部分特征，故拆去图 7-10 一部分而留下成模的子图（即粗线图）即可用模.

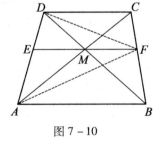

图 7-10

证明 (i) 将图 7-10 拆图留粗线图恰与模型图 7-8 一致，即成模.

因 $CD // EM // AB$，则由命题(*)得

$$\frac{1}{ME} = \frac{1}{AB} + \frac{1}{CD}$$

同理

$$\frac{1}{MF} = \frac{1}{AB} + \frac{1}{CD}$$

由上述两式，得 $ME = MF$.

(ii) 由 $CD // EF$，有

$$S_{\triangle CEF} = S_{\triangle DEF}$$

同理

$$S_{\triangle BEF} = S_{\triangle AEF}$$

则

$$S_{\triangle BEC} = S_{\triangle ADF} = \frac{1}{2}AD \cdot EF \cdot \sin\angle AEF$$

而

$$S_{\triangle AMD} = \frac{1}{2}AD \cdot ME \cdot \sin\angle AEF$$

注意到由(i)知

$$EF = 2ME$$

故 $S_{\triangle BEC} = 2S_{\triangle AMD}$.

命题3 如图 7-11, 在 AB 两侧有正方形 $ACDE$ 与正方形 $EFGB$, BC 交 DE 于 P, DG 交 EB 于 Q, 则 $EP = EQ$.

分析 显然有 C, E, G 共线, 不难发觉图 7-11 子图 $CDQG\text{-}FEC$ 与子图 $ACPBGEA$ 都和模型图 7-8 一致而成模.

证明 由 $EP \parallel AC \parallel GB$, 由命题(*)有

$$\frac{1}{EP} = \frac{1}{AC} + \frac{1}{GB}$$

由 $EQ \parallel CD \parallel FG$, 由命题(*)有

$$\frac{1}{EQ} = \frac{1}{CD} + \frac{1}{FG}.$$

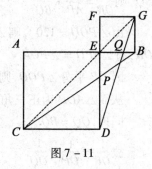

图 7-11

而 $AC = CD, GB = FG$, 由上述两式有 $EP = EQ$.

(Ⅲ$_1$) 模型转换——添图补模.

命题4 如图 7-12, OA 是 $\triangle OPQ$ 的角平分线, $AR \parallel QO$, 且 AR 交 OP 于 R, 则

$$\frac{1}{OR} = \frac{1}{OP} + \frac{1}{OQ}$$

分析 易证 $AR = OR$, 又将所给图 7-12 与模型图 7-8 比较, 可以发觉只要给所给图 7-12 添些图即与模型图 7-8 一致而成模.

证明 延长 OA 至 M, 联结 PM, 使 $PM \parallel RA$.

又由 $AR \parallel QO$, 则由命题(*)即得

$$\frac{1}{AR} = \frac{1}{PM} + \frac{1}{OQ}$$

因 $AR \parallel QO$, 则

$$\angle 2 = \angle 3$$

又 OA 是 $\triangle OPQ$ 的角平分线, 有

$$\angle 3 = \angle 1$$

即 $\angle 1 = \angle 2$, 故 $OR = AR$.

又由 $PM \parallel RA$, 则

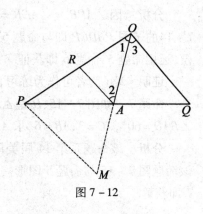

图 7-12

有 $\angle M = \angle 1$, 即 $OP = PM$. 则
$$\frac{1}{OR} = \frac{1}{OP} + \frac{1}{OQ}.$$

命题 5 如图 7-13, $\angle POQ = 120°$, OR 平分 $\angle POQ$, 直线 PRQ 交 OP, OR, OQ 于 P, R, Q, 则
$$\frac{1}{OR} = \frac{1}{OP} + \frac{1}{OQ}.$$

分析 由于图 7-13 是模型图 7-8 的一部分,可添图补模试试.

证明 延长 PO, QO 至 B, A, 联结 AP, BQ, 使 $AP \parallel OR \parallel BQ$, 则 $\frac{1}{OR} = \frac{1}{AP} + \frac{1}{BQ}$.

由 $\angle POQ = 120°$, 则 $\angle AOP = 180° - \angle POQ = 60°$, 又 $AP \parallel OR$, 有 $\angle APO = \angle POR$.

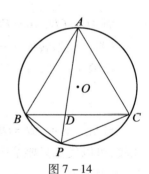

图 7-13

因 OP 平分 $\angle POQ$, 则 $\angle APO = 60° = \angle AOP$.

从而 $\triangle AOP$ 为正三角形, 从而有 $OP = AP$.

同理, $OQ = BQ$.

故 $\frac{1}{OR} = \frac{1}{OP} + \frac{1}{OQ}$.

(III_2) 模型转换——再生新模.

命题 6 如图 7-14, 正 $\triangle ABC$ 内接圆 O, P 在劣弧 $\overset{\frown}{BC}$ 上, PA 交 BC 于 D, 则 $\frac{1}{PD} = \frac{1}{PB} + \frac{1}{PC}$.

分析 因 $\angle APB = \angle ACB = 60°$, 同理, $\angle APC = 60°$, 于是, 图 7-14 的子图 $PBDCP$ 即与命题 5 与图形一致, 将命题 5 图形作为新模, 运用命题 5, 命题 6 即获证.

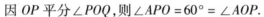

图 7-14

证明 略(读者可作为练习自己完成).

命题 7 如图 7-15, D 是 $\triangle ABC$ 的边 CB 上一点, 若 $\angle CAD = \angle BAD = 60°$, $AC = 3$, $AB = 6$, 求 AD 的长度.

分析 该命题系第 34 届美国中学生数学竞赛试题第 19 题. 该命题图 7-15 与命题 5 图形一致, 将命题 5 图形作为新模, 命题 7 即获解.

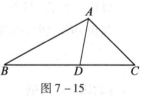

图 7-15

解 该命题题设与命题 5 一致, 由命题 5 得 $\frac{1}{AD} = \frac{1}{AB} + \frac{1}{AC}$, 又 $AB = 6$, $AC = 3$, 故 $AD = 2$.

(IV_1) 模型构建——系统辨识.

命题 8 如图 7-16, 在直线 ABC 同侧有正 $\triangle DAB$ 与正 $\triangle EBC$, AE, CD 分别交 BD, BE 于 F, G, 则 $BF = BG$.

分析 此题若利用相似三角形的性质,也可直接计算证得 $BF=BG$,但若运用模型方法考虑,则可能更简捷,此时只需利用模型图 7-8 或图 7-13 对照图 7-16 进行系统辨识即得证明.

我们对图 7-16 进行系统辨识,可有如下几种证法:

证法 1 构模方式 1——拆图留模.

在图 7-16 中,子图 ABEFA 与模型图 7-13 中的图 PQRP 一致而成模,故有

$$\frac{1}{BF} = \frac{1}{AB} + \frac{1}{BE}$$

同理,在子图 BCGDB 中,亦有

$$\frac{1}{BG} = \frac{1}{BD} + \frac{1}{BC}$$

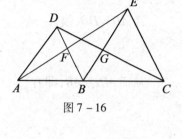

图 7-16

而 $AB=BD, BE=BC$,故 $BF=BG$.

证法 2 构模方式 2——直接添图补模.

如图 7-17,过 F 作 $FM \parallel DA$ 交 AB 于 M,在推知 $FM=BF$,过 G 作 $GN \parallel EC$ 交 BC 于 N,则推知 $GN=BG$. 子图 AMBEFDA 与模型图 7-8 中的图 AFBDECA 一致而成模,故有

$$\frac{1}{FM} = \frac{1}{AD} + \frac{1}{BE}$$

同理,在子图 BNCEGDB 中,亦有

$$\frac{1}{GN} = \frac{1}{BD} + \frac{1}{EC}$$

而 $AD=BD, BE=EC$,则 $FM=GN$,故 $BF=BG$.

证法 3 构模方式 3——对称添图补模

如图 7-18,作出两个正三角形关于 AC 的对称图,则子图 AFECBPA 与模型图 7-8 中的图 BFACEDB 一致而成模,故有

$$\frac{1}{BF} = \frac{1}{AP} + \frac{1}{EC}$$

同理,在子图 QCGDABQ 中,亦有

$$\frac{1}{BG} = \frac{1}{AD} + \frac{1}{QC}$$

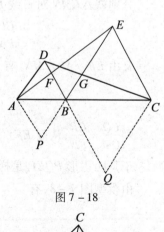

图 7-18

而 $AP=AD, EC=QC$,故 $BF=BG$.

(IV_2) 模型构建——机理分析.

命题 9 如图 7-19,设 D, E, F 分别为 $\triangle ABC$ 的边 AB, BC, CA 的中点,$\angle BDC$ 及 $\angle ADC$ 的角平分线分别交 BC 及 AC 于点 M, N,直线 MN 交 CD 于点 O. 设 EO, FO 分别交 AB 及 BC 于点 P 及 Q. 求证:$CD=PQ$.

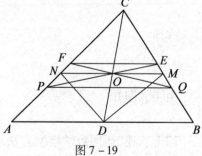

图 7-19

分析 根据题目所给的条件和要求证的结论,分析探讨其因果关系,寻找反映图形中的机理关系或规

律,对照前面的一系列模型图,我们有如下证法:

证明 由角平分线性质,有

$$\frac{BM}{MC}=\frac{DB}{DC}, \frac{AN}{NC}=\frac{AD}{DC}$$

而 $AD=DB$,故

$$\frac{BM}{MC}=\frac{AN}{NC}$$

从而 $MN/\!/AB$,即有

$$\frac{AB}{MN}=\frac{AC}{CN}=\frac{BC}{CM}$$

由 $\frac{BM}{MC}=\frac{DB}{DC}$,得

$$\frac{DB+DC}{DC}=\frac{BM+MC}{MC}=\frac{BC}{MC}=\frac{AB}{MN}$$

又 $EF=\frac{1}{2}AB=DB$,所以

$$\frac{DB+DC}{DC}=\frac{2EF}{MN}$$

即

$$\frac{2}{MN}=\frac{1}{EF}+\frac{1}{DC} \qquad ①$$

分别就 $\triangle CMN$ 对直线 EP 和 FQ 应用梅涅劳斯定理

$$\frac{CP}{PN}=\frac{OM}{ON}\cdot\frac{CE}{ME}=\frac{CE}{ME}, \frac{CQ}{QM}=\frac{ON}{OM}\cdot\frac{FC}{FN}=\frac{FC}{FN}$$

又由 $EF/\!/AB/\!/MN$,有

$$\frac{CE}{ME}=\frac{FC}{FN}$$

则 $\frac{CQ}{QM}=\frac{CP}{PN}$,从而 $EF/\!/PQ$.

于是四边形 $PQEF$ 是梯形,且 O 为其对角线交点.

由模型图 7-8,有

$$\frac{1}{OM}=\frac{1}{ON}=\frac{1}{EF}+\frac{1}{PQ}$$

亦即

$$\frac{2}{MN}=\frac{1}{EF}+\frac{1}{PQ} \qquad ②$$

由①②即知

$$CD=PQ$$

综上所述,运用数学模型方法求解现实问题,首先要靠自己在解题实践中选取并掌握一些基本模型(除掌握常用的公式、定理等外,还要选取一些基本结论、基本图形等),其次要

善于识模(析模、补模),还要善于制取新模(模型转换、组合新模),最后要在处理现实具体问题中,善于进行系统辨识、机理分析,灵活运用模型解决问题.著名数学家和数学教育家波利亚也是这样认为的:在解决一个自己感兴趣的问题之后,要善于去总结一个模型(式),并井然有序地储备起来,以后才可以随时支取它去解决类似的问题,进而提高自己解决问题的能力.

在数学学习中,数学建模技能的操握也是这样沿着数学模型模仿——数学模型转换——数学模型构建的主线进行的.这种方式运用到同一道数学题的求解中,便有模仿解法——改进解法——创造解法.

例9 在 $\triangle ABC$ 中,已知 $a+2b-2c+3=0, a^2-a-2b-2c=0$,求 $\triangle ABC$ 最大角的度数.

这是一道解三角形的问题,模仿这类问题的程式化思路,先从两个已知等式中解出 b 和 c(均用 a 表示),再通过比较 a,b,c 的大小确定 $\triangle ABC$ 的最大内角,最后由余弦定理求出该最大内角,分布求解(解法1).

模仿(解法1) 由已知有
$$2b+2c=a^2-a \qquad ①$$
$$2c-2b=a+3 \qquad ②$$

解得
$$b=\frac{(a+1)(a-3)}{4} \qquad ③$$
$$c=\frac{a^2+3}{4}, b>0$$

因为 $b>0$,所以
$$a>3, c-a=\frac{a^2+3}{4}-a=\frac{(a-1)(a-3)}{4}>0$$

从而 $c>a$,故又由②可知,$c>b$,所以 $\angle C$ 最大.
由余弦定理得
$$\cos C=\frac{a^2+b^2-c^2}{2ab}=\frac{16a^2+[(a+1)(a-3)]^2-(a^2+3)^2}{8a(a+1)(a-3)}$$
$$=\frac{(a+1)^2(a-3)^2-(a^2-1)(a^2-9)}{8a(a+1)(a-3)}=-\frac{1}{2}$$

因为 $\angle C$ 是三角形的内角,所以最大角 $C=\frac{2\pi}{3}$.

综上,由解法1知道 $\angle C=\frac{2\pi}{3}$ 是最大角,若将 $\angle C$ 是最大角作为已知的信息,能否删去一些多余的步骤将解法1作改进呢?

既然在 $\triangle ABC$ 中,$\angle C=\frac{2\pi}{3}$ 已暗示 $\angle C$ 是最大角.因而解法1中的那些判断"$\angle C$ 最大"的步骤是多余的,故可删去,于是有改进解法:

改造(解法2) 由已知得

$$b = \frac{(a+1)(a-3)}{4}, c = \frac{a^2+3}{4}$$

由余弦定理得

$$\cos C = \frac{a^2+b^2-c^2}{2ab} = \frac{16a^2+[(a+1)(a-3)]^2-(a^2+3)^2}{8a(a+1)(a-3)}$$

$$= \frac{(a+1)^2(a-3)^2-(a^2-1)(a^2-9)}{8a(a+1)(a-3)} = -\frac{1}{2}$$

因为∠C是三角形的内角,所以最大角$C = \frac{2\pi}{3}$.

此时,解法2删去了判断"∠C最大"的一些步骤,经计算得$\cos C = -\frac{1}{2}$(与a,b,c无关的常数),这个结果表明先解出b,c后又消去了,这似乎暗示解出b,c也是多余的步骤. 能否不解出b,c求出$\cos C$呢?

由$\cos C = \frac{a^2+b^2-c^2}{2ab} = \frac{a^2+(b+c)(b-c)}{2ab}$这个表达式可知,$b$还是要求的,但可以不求$c$,因为运用整体思想由①②得出$b+c$和$b-c$,进而求出$\cos C$.

再改造(解法3) 由

$$\cos C = \frac{a^2+b^2-c^2}{2ab} = \frac{a^2+(b+c)(b-c)}{2ab} \quad ④$$

由①②③代入即可算得$\cos C = -\frac{1}{2}$.

因为∠C是三角形的内角,所以最大角$C = \frac{2\pi}{3}$.

由上,若将∠$C = \frac{2\pi}{3}$作为已知的信息,则既暗示∠C是最大角,又暗示$\cos C = -\frac{1}{2}$,而在△ABC中,$\cos C = -\frac{1}{2}$等价于

$$c^2 = a^2+b^2+ab \quad ⑤$$

能否从已知的两式直接推出⑤呢? …… 注意观察已知的两式$a+2b-2c+3=0, a^2-a-2b-2c=0$与目标式$c^2=a^2+b^2+ab$的结构特点和次数差异,能否从中受到启发,实现已知已知式向目标式⑤的转化?

已知的两式中有$a+2b-2c$和$a+2b+2c$,运用平方差公式就能实现次数的转化,从已知的两式直接推出⑤,于是有:

创造(解法4) 由已知的两式得

$$(a+2b)-2c = -3, (a+2b)+2c = a^2$$

两式相乘有$a^2+b^2-c^2 = -ab$,即$c^2 = a^2+b^2+ab$,根据余弦定理∠$C = \frac{2\pi}{3}$,∠C就是△ABC的最大角.

7.2.2 理解数学建模的含义与步骤

上述的数学模型构建就是一种情形比较简单的数学建模. 将现实生活中一些实际问题,

进行一些假设简化,转化为数学问题来求解就是所说的数学建模了,这可从如下框图来更清楚地说明数学建模这一过程:

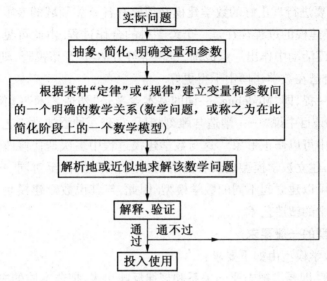

1. 数学建模的含义

一般地,数学建模就是上述框图(流程图)的多次循环执行的过程.

对于上述框图还作如下几点说明:

(1)实际问题往往是极为复杂的,因而只能抓住主要的方面来进行定量研究,这正是抽象和简化的过程. 正确的抽象和简化也往往不是一次能够完成的. 例如哥白尼(Kepler)和牛顿发现的万有引力定律正是把星球、物体简化成没有大小而只有质量的质点再应用物理规律和数学推导而得到的. 而万有引力定律正是发射卫星、宇宙飞船(登月飞船)等空间飞行器的重要依据(当然在真正设计、研究宇宙飞船及其飞行轨道时必须考虑其质量、形状结构等因素,从而必须研究修正的数学模型). 变量和参数的确定不仅重要,往往也是复杂和困难的.

(2)应用某种"规律"建立变量、参数间的明确数学关系. 这里的"规律"可以是人们熟知的物理学或其他学科学的定律,例如牛顿第二定律、能量守恒定律等,也可以是实验规律等. 这里说的明确的数学关系可以是等式、不等式及其组合的形式,甚至可以是一个明确的算法. 在这一、二两个分过程中能用数学语言把实际问题的诸多方面(关系)"翻译"成数学问题是极为重要的.

(3)框3中形成的许多数学模型往往是很复杂、很难的,许多模型的求解对数学提出了很多挑战性强、能推动数学发展的问题. 所以,当不能解析地(完全地)解决时,就先考虑近似求解,它常常包含两方面的含义:数值近似求解或从工程、物理上进一步对模型作简化(例如忽略高阶量等手段),使得解析或数值求解成为可能. 这样做本质上是改变了问题,有可能得到的不是原问题的解. 因而怎样才能做到正确的近似需要很强的洞察力. 从这里也可以看出整个数学建模过程往往是多次循环执行的过程.

(4)数学建模主要是通过建模对各种实际问题获得深刻的认识,并在此基础上解决问题.建模是否正确还必须验证(常常是用实验、现场测试或历史记录来进行验证),通过验证的才能付之使用,因而解释和验证是必不可少的.

(5)综上可见,要进行真正好的数学建模必须要有各有关领域的专家、工作人员的通力合作,也就是说数学建模的过程往往是一个跨学科的合作过程.由此可见,作为青少年学生若有志于在数学建模活动中作出一点成绩,也须得努力学习,开拓视野,刻苦钻研专业知识,只有这样,才能使自己在数学建模中干得更好.

还有一点值得一提,即"Modeling"一词的基本含义是"塑造艺术"(《简明不列颠百科全书》7卷 P.547),该条目中说"……塑造与雕刻相反,它是一种添加性工艺,它不同于雕刻之处在于在塑造过程中可以修正形象."这与数学建模过程中多次迭代修改是一致的.由于数学模型因问题而异,建立数学模型也没有固定的格式和标准,甚至对同一个问题,从不同角度、不同要求出发,可以建立起不同的数学模型.因此,与其说数学建模是一门技术,不如说是一门艺术——数学的塑造艺术.

2. 建立数学模型的一般要求

一般地,建立数学模型由如下要求:

(1)足够的精度,即要求把本质的关系和规律反映出来,把非本质的去掉.

(2)简单,便于处理,过于复杂则无法求解或求解困难.

(3)依据要充分,即要依据科学定律、客观规律来建立公式和图表或算法等.

(4)尽量借鉴标准形式.

(5)模型所表示的系统要能操纵和控制.便于检验和修改.

3. 建立数学模型的一般步骤

一个实际问题往往是很复杂的,而影响它的因素总是很多的.如果想把它的全部影响因素(或特性),都反映到模型中来,这样的模型很难甚至无法建立,即使建立也是不可取的,因为这样的模型太复杂,很难进行数学处理和计算.但仅考虑易于数学处理(当然模型越简单越好),这样做又难于反映系统的有关主要特性.通常所建立的模型往往是这两种互相矛盾要求的折衷处理.

建模是一种十分复杂的创造性劳动,现实世界中的事物形形色色,五花八门,不可能用一些条条框框规定出各种模型如何建立.这里所说的步骤仅是一种大体上的规范,读者应具体问题具体分析,灵活运用,边干边创造.现结合前面的实例及流程图,大致归纳一下建模的一般步骤.

第一步:模型准备.

了解问题(事件或系统)的实际背景,明确建模的目的.分析、研究问题的各种信息如数据资料等,弄清问题的特征.为了做好准备,有时要求建模者作一番深入细致的调查研究,碰到疑问要虚心向有关方面的专家能人请教,掌握第一手资料,并将面临建模问题的周围种种事物区分为不重要的、局外的、局内的等部分,想象问题的运动变化情况,用非形式语言(自然语言)进行描述,初步确定描述问题的变量及相互关系.

第二步:模型假设.

根据实际对象的特性和建模目的,在掌握诸如确定问题的所属系统(例如力学系统、生态系统、管理系统等)、模型的大概类型(如离散模型、连续模型、随机模型等)以及描述这类系统所用的数学工具(即数学形式或数学方法)等必要资料的基础上,提出假说,对问题进行必要的简化,并且用精确的数学语言来描述,这是建模的关键一步. 没有科学的假设,人们对现实世界的感性认识就不可能上升到理性的阶段. 不同的简化和假设会得到不同的模型. 假设做得不合理或过分简单,会导致模型的失败或部分失败. 于是应该修改和补充假设;假设做得过于详细,考虑的因素过多,会使模型太复杂而无法进行下一步工作. 所以,重要的是,要善于辨别问题的主次,果断地抓住主要因素,抛弃次要因素,尽量将问题均匀化、线性化.

第三步:模型建立.

根据所做的假设,利用适当的数学工具刻画各变量之间的关系,建立相应的数学结构(公式、表格、图形等). 在建模时究竟采用什么数学工具要根据问题的特征、建模的目的要求及建模者的数学特长来定. 数学的任一分支在建立各种模型时都可能用到,而同一实际问题也可以采用不同的数学方法建立起不同的模型. 但应遵循这样一个原则:尽量采用简单的数学工具,以便得到的模型被更多的人了解和使用.

建模过程大体都要经过分析与综合、抽象与概括、比较与类比、系统化与具体化,甚至还要经过想象与猜测、直感与顿悟的阶段. 从逻辑思维来说,抽象、归纳、演绎、类比、模拟、移植等形式逻辑的思维方法要大量采用. 从非逻辑思维来说,想象、直觉、顿悟等非逻辑的思维方法也大量采用. 为了培养建构数学模型的能力,除了加强逻辑思维能力与非逻辑思维能力的训练与培养外,还要学得"杂"一些,知识面要广一些,要尽量多掌握有关自然科学、工程技术等方面的一些基本原理、方法和定律等. 对于数学知识、方法更要加强学习与掌握,以求能灵活运用这些知识与方法. 因此,构建数学模型既要从思维角度着手,又要善于从方法论角度着手. 要善于运用根据对现实特性的认识,分析其因果关系,找出反映内部机理规律的机理分析(例如理论分析、类比分析、分层(步或类)分析等)建模方法;善于运用将研究对象视为一个"黑箱"系统,测量系统的输入输出数据,运用统计分析,按照事先确定的准则在某一类模型中选出一个与数据拟合得最好的模型的测试分析(例如直(曲)线拟合、数据比较、图解分析等)建模方法;善于运用机理分析建立模型的结构,用系统辨识确定模型的参数的综合建模(例如量纲分析、人工假设分析、向量分析、图像分析等)方法.

第四步:模型求解.

根据采用的数学工具,对模型求解,包括解方程、图解、逻辑推理、定理证明、稳定性讨论等,要求建模者掌握相应的数学知识,尤其是计算机技术、计算技巧.

第五步:模型分析.

对模型求解的结果进行数学上的分析,有时是根据问题的性质,分析各变量之间的依赖关系或稳定状态;有时是根据所得结果给出数学上的预测;有时是给出数学上的最优决策或控制.

第六步:模型检验.

将模型分析的结果"翻译"回到实际对象中,用实际现象、数据等检验模型的合理性和适用性,即验证模型的正确性. 通常,一个较为成功的模型不仅应当能解释已知现象,还应当能预言一些未知的现象,并能被实践证明.如牛顿创立的万有引力定律模型在用于对哈雷彗星的研究、海王星的发现后才被证明是完全正确的.应该说,模型检验对于模型的成败至关重要,必不可少.当然,如核战争模型就不可能要求接受实际的检验了.

如果检验结果与实际不符或部分不符,或者不如你预期的那样精确,最好试着去弄清原因,揭露出隐蔽的错误或求解失误.如果确定建模和求解过程无误的话,一般讲,问题出在模型假设上,这时就应该修改或补充假设,重新建模.在检验时完全依赖常识是不妥的,因为常识可能恰好是错误的.如果检验结果正确,满足问题所要求的精度,认为模型可用,便可进行最后一步——"模型应用"了.

模型的应用是对模型的进一步检验,不能盲目地把这模型用于同检验时所用的迥然不同的问题上.在模型的应用检验分析中,更要特别注意第二步的假设化简,模型的精度往往与明确什么因素是可以忽略的,与弄清某些局外变量精确的程度密切相关.有时把一些性质相同或相似的变量合并,有时把非主要的或暂时的变量看作常量,把连续变量看作离散变量或反过来,有时实现视角的转换,或改变变量之间的函数关系,等等,以达到建立的数学模型切实是对原型的某个(或一些方面)不失真的近似反映.

综上,数学建模是运用数学思想、方法和知识解决实际问题的过程,这个解决实际问题的过程与学习者原有的解题过程体验是不同的,这个过程突出了以下三个方面.

(1)面对的实际问题往往还是"原坯"形的问题,要对问题进行分析,假设,抽象,形成具体的明确的问题;用数学的眼光看待它,用数学恰当地表达实际问题.

(2)自主、合理地选择数学工具、方法解决问题.

(3)将做出的数学解答还原成实际结论,并分析和检验结论的可靠性.能够经过调整假设,修改模型,改进结果.

除此之外,数学建模还强调与社会、自然和生活实际的联系,推动学习者关心现实,了解社会,解读自然,体验人生.整个数学建模的过程充满了思考、调研、试探、操作、实验,对学习者有着非常大的综合性挑战和强烈的鞭策.

经过数学建模,学习者对数学知识的理解能有显著的提高,这种作用是不容忽视的.

关于建模的案例可参见本套丛书中的《数学建模尝试》.

第八章　数学审美和数学写作

8.1　数学审美技能

　　人类的审美活动包含美的创造和美的欣赏两个方面.美的欣赏是人类所独有的一种特殊的精神活动,它是欣赏者(审美主体)对客观存在的美(审美对象)的具体把握.在美的欣赏过程中,欣赏者不仅对美的事物作出情感性的评价和判断,而且在自己审美经验的基础上,通过想象、联想同时参与了对该事物美的"创造",并从中获得一种情感上的愉悦和满足,一种美的享受.美感,是美的欣赏活动的产物,它是人类审美活动的主要形态之一.美的欣赏和美的创造一样,有自己所固有的性质、特点和规律.研究、把握美的欣赏的性质、特点和规律,将有助于指导人们的审美实践,提高人们的审美水平和对美的鉴赏能力,推动美的创造活动的健康发展,促进社会主义物质文明和精神文明建设.

　　美的欣赏,是人们日常生活中普遍存在的一种社会精神活动.爱美是人的天性.只要是一个正常、健康的人,就都有渴望美、追求美、欣赏美的强烈愿望.美的欣赏是比美的创造远为广泛的一种社会现象.在历史上和现实生活中,能够从事审美创造(如艺术创造)的人总是少数,而美的欣赏,几乎是每个智力健全的人都有这方面的需求和经验.美的欣赏和美的创造紧密相连、相互制约,但又有所区别.美的创造的目的是为了美的欣赏,离开了美的欣赏,美的创造也就失去了它存在的意义.客观存在的美,如果没有欣赏者去欣赏它,那它的审美社会功能就只是潜在的,还没有由可能性转化为现实性,其审美价值也就没有实现.

　　数学是美的.数学美是在人类社会实践活动中形成的人与客观世界之间,以数量关系和空间形式反映出来的一种特殊的表现形式.这种形式是以客观世界的数、形与意向的融合为本质,以审美心理结构和信息作用为基础的.正如著名哲学家和数学家罗素所说:"数学,如果正确地看它,不但拥有真理,而且也有至高的美.正像雕刻的美,是一种冷而严肃的美,这种美不是投合我们天性的微弱的方面,这种美没有绘画或音乐的那些华丽的装饰,它可以纯净到崇高的地步,能够达到严格的只有最伟大的艺术才能显示的那种完满的境地.一种真实的喜悦的精神,一种精神上的发扬,一种觉得高于人的意识(这些是至善的标准)能够在诗里得到,也确能在数学里得到."

　　"哪里有数,哪里就有美"(Proclus).一个符号、一个公式、一个概念、一个曲线、一个图形、一种思想、一个方法,无不蕴涵着美.在别人看来枯燥无味的东西,数学家却能理解其中的奥秘,领略到美的神韵,这是高层次的美感,与素养、数学研究经历和对数学理论的评价水平有关,是处在审美意识深层的表现形式.由于学习者受知识水平和生理、心理等限制,在学习中很容易忽视数学美的存在,更不要说数学审美.所以,培养学习者正确、健康的审美观点、审美情趣,提高欣赏和创造美的能力刻不容缓.正如苏霍姆林斯基所说:"没有审美教育,就没有任何教育".

8.1.1 认识数学美的呈现形式

要谈数学审美,必然要先认识什么是数学美.一般认为,数学美分生活中的美和思维领域的美两个方面,包括数学的表现形式、应用形式、文化价值,以及思维领域的统一、和谐、简洁、奇异、逻辑、严谨等诸多方面.可以讲,数学美在形成人类的理性思维和促进个人智力发展的过程中发挥着独特的、别的学科不可代替的作用,这也正是数学的魅力所在.学习者能够感悟到的常见的数学美有:统一美;奇异美;简洁美;和谐美;理性美;抽象美;逻辑美;对称美;曲线的光滑美;动态美;数学语言美;解题方法美,等等.

"凡是美的东西都具有一个共同特征,这就是部分与部分之间,以及整体之间固有的协调一致(Pythagoras)",说的就是统一美,通常表现为概念、规律、方法的统一,数学理论的统一,数学与其他科学的统一;奇异美是指数学中存在着许多"奇异"的现象,它们往往出乎我们的意料,在令人"惊异"之余,也给我们带来了无限的遐想,正如培根所说:"没有一个极美的东西不是在匀称中有着某种奇特,美在于奇特而令人惊异";数学的严谨性,决定它必须精练、准确,因而简洁美是数学美的一大特色,表现在数学语言、公式、推理过程乃至思想、方法等各个方面,达到"一字千金"的程度;和谐美是数学美的特征之一,和谐产生雅致、严谨,数学家们一直在努力去创造和发现数学中的和谐;数学的理性美主要体现在思维的严谨和理性,等等.这些美都需要我们引领学习者去发现、去欣赏、去创造.

例1 欧拉(Euler)公式的应用——认识数学的统一美、简单美.

凸多面体的欧拉公式是 $V+F-E=2$,其中 V 为顶点数,F 为面数,E 为棱的条数(参见本书第四章例53).如果用拓扑学的观点看,凸多面体的顶点与棱就构成了一个网络,因而这个公式也可以应用于网络中.

平面上由点和线组成的图形称为网络,在网络中线称为弧,弧的端点称为顶点,由弧所围成的平面部分称为区域.其中每条弧两端各有一个顶点且不相同,中间没有别的顶点,区域不能由两个或两个以上的区域合起来,如图8-1中各图形,则顶点数 V,区域数 F 与弧数 E 也满足欧拉公式:$V+F-E=2$,其中2称为空间中的欧拉示性数.

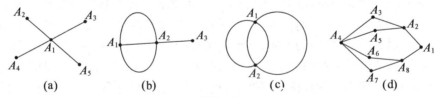

图 8-1

平面上一个几何图形,其中有顶点,有边(可以是线段、射线或直线,并且每条边最多只能有两个顶点),有区域(不能由两个或两个以上的区域合成来),并且不是上面所讲的网络图形,即图形中至少有一条边不是线段而是射线或直线,如图8-2中各图形,则顶点数 V,区域数 F 和边数 E 满足平面中的欧拉公式:$V+F-E=1$,其中1称为平面中的欧拉示性数.

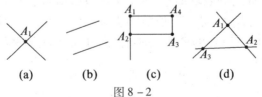

图 8-2

下面,我们运用这两个欧拉公式处理问题.

问题 1 如果一个简单多面体有 n 个顶点,从每个顶点出发都有 3 条棱,各面的形状只有五边形或六边形两种,那么不论 n 为何值,这个多面体中五边形的面数为 12 个是定值.

解 设这个简单多面体中形状为五边形和六边形的面各有 x 个和 y 个,则多面体的顶点数 $V = n$,面数 $F = x + y$,棱数 $E = \dfrac{3n}{2}$. 根据欧拉公式,可得

$$n + (x+y) - \frac{3n}{2} = 2 \qquad ①$$

另一方面,棱数也可由多边形的边数来表示,即

$$\frac{1}{2}(5x + 6y) = \frac{3n}{2} \qquad ②$$

从式①中解出 y,代入式②即得 $x = 12$.

问题 2 平面上有 n 条直线,最多可把平面分成几部分?

解 这个问题我们曾在本套丛书中的《数学精神巡礼》4.3 节例 15 运用归纳推理给出结果以及在《数学方法溯源》2.1.2 节中用递推数列和数学归纳法证明. 现在我们用欧拉公式来解决这个问题,并且很简单. 首先这个问题属于上面所讲的平面图形,由于题目问最多可把平面分成几部分,所以这 n 条直线应该是其中任意两条均相交,且任意三条直线不共点,于是交点个数即顶点数 $V = C_n^2 = \dfrac{1}{2}n(n-1)\,(n \geq 2)$. 又每条直线上都有 $n-1$ 个顶点,即每条直线都被分为了 n 段,故边数 $E = n \times n = n^2$. 代入公式得

$$\frac{1}{2}n(n-1) + F - n^2 = 1$$

解得区域数 $F = \dfrac{1}{2}(n^2 + n + 2)$,而 $n = 1$ 时,整个平面被分成两部分,也满足这个式子,所以 n 条直线最多可把平面分成 $\dfrac{1}{2}(n^2 + n + 2)$ 部分.

问题 3 平面上有 n 个圆,其中任何两个圆都有两个不同的交点,任何三个圆不共点,求这 n 个圆把平面分成了多少个部分?

这个问题属于网络图形,网络图形是现在的热门话题.

解 由题意,得顶点数

$$V = 2C_n^2 = n(n-1) \quad (n \geq 2)$$

弧数 $E = n \times 2(n-1)$(因为每个圆上都有 $2(n-1)$ 个交点).

代入欧拉公式得

$$n(n-1) + F - 2n(n-1) = 2$$

所以区域数

$$F = n^2 - n + 2$$

而当 $n = 1$ 时,上式也成立,所以,这 n 个圆把平面分成了 $n^2 - n + 2$ 个部分.

在球面上也有类似的性质,即:

在球面网络中,弧线划分球面成若干块区域,则顶点数 V,区域数 F 与弧数 E 满足关系:$V + F - E = 2$.

事实上,由于简单多面体使用欧拉公式,简单多面体是指表面经过拓扑变形后能变为一个球面的多面体,而欧拉示性数是一个拓扑不变数,当简单多面体表面拓扑变形为球面后,多面体的顶点、棱和面成为球面上网络的顶点、弧线和区域.所以在球面上的网络图形中,顶点数 V,弧数 E 和区域数 F 也满足欧拉公式:$V + F - E = 2$.

与平面上类似的有:

问题 4 球面上有 n 个大圆,其中任何三个大圆不共点,则这 n 个大圆将球面分成多少个区域?

解法与问题 3 完全类似(略).

我们可以进一步地讨论.现列表如下:

分割元素个数	最多可分成的部分数		
	直线被点分割	平面被直线分割	空间被平面分割
0	1	1	1
1	2	2	2
2	3	4	4
3	4	7	8
4	5	11	15
…	…	…	…
n	$A_n = n + 1$	$B_n = \dfrac{n^2 + n + 2}{2}$	$C_n = \dfrac{n^3 + 5n + 6}{6}$
$n+1$	$A_{n+1} = A_n + 1$	$B_{n+1} = B_n + A_n$	$C_{n+1} = C_n + B_n$

分割元素个数	最多可分成的部分数		
	圆被点分割	球面(平面)被圆分割	空间被球面分割
1	1	2	2
2	2	4	4
3	3	8	8
4	4	14	16
5	5	22	30
…	…	…	…
n	$D_n = n$	$E_n = n^2 - n + 2$	$F_n = \dfrac{n(n^2 - 3n + 8)}{3}$
$n+1$	$D_{n+1} = D_n + 1$	$E_{n+1} = E_n + D_{2n}$	$F_{n+1} = F_n + E_n$

例 2 不同推理辨对称——认识数学的和谐美.

首先我们来看两个问题:

问题 1 函数 $f(x)(x \in \mathbf{R})$ 满足 $f(1+x) = f(1-x)$,则它的图像有什么样的对称性?

问题 2 函数 $f(1-x)(x \in \mathbf{R})$ 的图像与函数 $f(1+x)(x \in \mathbf{R})$ 的图像又具有什么样的对称性?

关于这两个问题,下面,我们从归纳、类比、演绎这三种推理方式来分析辨明其对称性,以便深刻理解这两种对称性的本质,体会到数学的和谐美.

(1)归纳分析法.

对于问题1,我们对 x 举例:

$x = \frac{1}{2}$ 得 $f(1+\frac{1}{2}) = f(1-\frac{1}{2})$;

$x = 1$ 得 $f(1+1) = f(1-1)$;

$x = 2$ 得 $f(1+2) = f(1-2)$……不难看出 $f(x)$ 的图像关于直线 $x = 1$ 对称.

对于问题2,我们也对 x 举例:

在 $f(1+x)$ 中令 $x = \frac{1}{2}$ 得 $f(\frac{3}{2})$,在 $f(1-x)$ 中令 $x = -\frac{1}{2}$ 才能得到 $f(\frac{3}{2})$;

在 $f(1+x)$ 中令 $x = 1$ 得 $f(2)$,在 $f(1-x)$ 中令 $x = -1$ 才能得到 $f(2)$;

在 $f(1+x)$ 中令 $x = 2$ 得 $f(3)$,在 $f(1-x)$ 中令 $x = -2$ 才能得到 $f(3)$;

继续举例,不难发现它们的图像关于直线 $x = 0$(y 轴)对称.

虽然这种找对称轴的方法较直观,但是不严格,有时容易出错,因此我们还有下面的方法.

(2)类比分析法.

我们知道当函数 $f(x)$ 满足 $f(-x) = f(x)$ 时,x 任取实数都有 $x, -x$ 关于原点对称且对应函数值相等,则 $f(x)$ 的图像关于直线 $x = 0$(y 轴)对称;对于问题1,而 $f(x)$ 满足 $f(1+x) = f(1-x)$ 时,x 任取实数都有 $1+x, 1-x$ 关于 $(1,0)$ 对称且对应函数值相等,则 $f(x)$ 的图像关于直线 $x = 1$ 对称.

我们知道 $f(x)$ 与 $f(-x)$ 的图像关于 y 轴对称,又 $f(1+x)$ 的图像是 $f(x)$ 的图像向左平移1个单位,$f(1-x) = f[-(x-1)]$ 的图像是 $f(-x)$ 的图像向右平移1个单位,对于问题2,故 $f(1+x)$ 与 $f(1-x)$ 的图像亦关于 y 轴对称.

(3)演绎分析法.

为了研究问题1,首先我们来证明一个结论:函数 $f(x)$ $(x \in \mathbf{R})$ 满足 $f(a+x) = f(b-x)$,则其图像关于直线 $x = \frac{a+b}{2}$ 对称.

证明如下:在 $f(x)$ 图像上任取一点 $(m, f(m))$,其关于直线 $x = \frac{a+b}{2}$ 对称点为 $(a+b-m, f(m))$,又 $f(a+b-m) = f[a+(b-m)] = f[b-(b-m)] = f(m)$,即点 $(a+b-m, f(m))$ 也在函数 $f(x)$ 图像上,故结论获证.

这样问题1中的 $a = 1, b = 1$,则它的图像关于直线 $x = \frac{1+1}{2} = 1$ 对称.

为了研究问题2,我们也来证明如下结论:函数 $y = f(a+x)$ $(x \in \mathbf{R})$ 的图像与函数 $y = f(b-x)$ $(x \in \mathbf{R})$ 的图像关于直线 $x = \frac{b-a}{2}$ 对称.

证明如下:在函数 $y = f(a+x)$ $(x \in \mathbf{R})$ 图像上任取一点 $(m, f(a+m))$,其关于直线 $x = \frac{b-a}{2}$ 对称点为 $(b-a-m, f(a+m))$,又 $f[b-(b-a-m)] = f(a+m)$,即 $(b-a-m, f(a+m))$ 在函数 $y = f(b-x)$ 的图像上;

又在函数 $y = f(b-x)$ $(x \in \mathbf{R})$ 图像上任取一点 $(n, f(b-n))$,其关于直线 $x = \frac{b-a}{2}$ 对称

点为$(b-a-n, f(b-n))$,又$f[a+(b-a-n)]=f(b-n)$,即$(b-a-n, f(b-n))$在函数$y=f(a+x)$图像上,故结论获证.

这样问题2中的$a=1,b=1$,则它们的图像关于直线$x=\dfrac{1-1}{2}=0$对称.

从上面的分析解答过程可以看出,两个看似极易混淆的对称问题,通过三种不同的推理方式,我们最终分别获得一致的结论.

注 此例内容参见了李树斌老师的文章《不同推理辨对称》,数学通讯,2013(3):21-22.

例3 生物进化中的数学现象——认识数学的奇异美.

生物在亿万年进化过程中,通过变异、遗传和自然选择从低级向高级、从简单向复杂、从种类稀少到繁多,不断择优演化达到今天的和谐美丽状况.

如果运用数学知识进行探讨,就会发现许多生物的进化现象与数学存在着密切的关系,也体现出数学的奇异美.

许多动物体现了美丽的数学曲线.我们能够在贝壳的外形中看到众多类型的螺线.如图8-3,有小室的鹦鹉螺和鹦鹉螺化石给出的是等角螺线.海狮螺和其他锥形贝壳,则为我们提供了三维螺线的例子.

图8-3

动物体现的几何形状也丰富多彩.如图8-4,8-5,在美国东部的海胆中可以见到五边形,海盘车的尖端外形可见到各种边数的正多边形,鸟蛤形成的曲线则相似于圆的渐开线,放射虫类呈现与八面体类似的中心对称.蜘蛛结的"八卦"形网,是既复杂又美丽的八角形几何图案,人们即使用直尺和圆规,也很难画出那么匀称的图案.

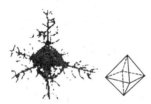
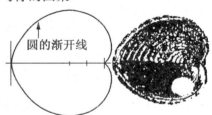

图8-4　　　　　　　　　　　图8-5

更令人惊奇的是动物所体现的数字特征:

丹顶鹤总是成群结队迁飞,并且排成"人"字形,"人"字形的角度是110°.更精确的计算还表明"人"字形夹角的一半——即每边与鹤群前进方向的夹角为54°44′8″!更巧的是,金刚石结晶体的角度也正好是54°44′8″!

蜜蜂蜂房是严格的六角柱形体,它的一端是平整的六角形开口,另一段是封闭的六角菱锥形的底,由三个相同的菱形组成.

这样既坚固又省料.蜂房的壁厚为0.073mm,误差极小.

人们很久以前就注意到了蜂房的构造:乍看上去是一些正六边形的筒,然而,每个筒底是由三块同样大小的菱形所拼成,如图 8 – 6.

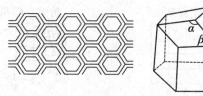

图 8 – 6

18 世纪初,法国的学者马拉尔迪(G. F. Maraldi)测量蜂房底面三块菱形的角度时发现,每块菱形的钝角 $\alpha = 109°28'$,锐角 $\beta = 70°32'$.

法国一位物理学家由此猜测:蜂房的如此结构是建造同样大的容积所用材料最省的形状.巴黎科学院院士、数学家柯尼希(J. S. Koenig)经计算证明了这个猜想(由于对数表的错误,使他算得的结果差了 $2'$,后来,由一次海难而引起数学家麦克劳林(C. Maclaurin)的警觉,经再次核验,结果与观察值丝毫不差).

蜂房结构和造型令世界上最优秀的建筑师称赞不已.已故数学家华罗庚教授曾为此撰写了著名的数学读物《谈谈与蜂房结构有关的数学问题》(时在 1964 年),书中对此作了详尽、严谨且十分生动的阐述.这种结构如今已用在航空、航天、建筑材料等领域.

珊瑚虫在自己的身上记下"日历",它们每年在自己的体壁上"刻画"出 365 条斑纹,显然是一天"画"一条!

猫在冬天睡觉时把身体抱成一个球形,因为球形使身体的表面积最小,从而散发的热量也最少.

图 8 – 7 是植物在茎上的排布顺序(又称叶序)与黄金数 $0.618\cdots$(它在最优化方法中是一个重要数据)有关,这对植物通风、采光和生长来讲都是最佳的.

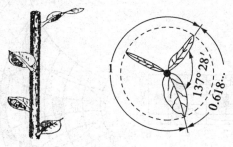

图 8 – 7

牵牛花在沿攀援物向上爬时,它选择了最短的路径——螺线.蓟花、向日葵果盘中也可以找到螺线.

人和动物的血液循环系统中,血管不断地分岔成两个同样粗细的支管,生物学家发现,它们的直径(半径)之比为 $\sqrt[3]{2} : 1$.依据流体力学理论计算可知,这种比在分支导管系统中,液流(液体的流动)的能量消耗最少.

又如,人的血液中的红细胞、白细胞、血小板等平均占血液的 44%.同样由计算可知,液体中固体物质的含量为 43.3% 是液体流动时能够携带固体的最大量.

生命现象的这些最优化的结构,是生物亿万年来不断进化、"去劣存优"的结果,而数学则为它们找到了可靠的理论依据,并证明了这一点.达尔文的"进化论"从数学角度找到依据的一种诠释:动物的头颅形状系动物在亿万年进化中的最优选择,从本质上讲它们似无大的差异,不过是在不同仿射坐标系下的同一图像,如图 8-8 罢了.

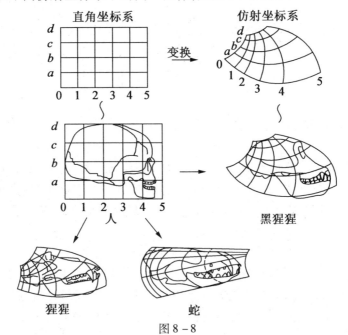

图 8-8

鱼的外形可谓千姿百态,但说来道去也均系同一造型(模式)在不同(仿射)坐标系下的演绎或写真——每种个体的外形是在不同自然环境下的演化结果.

我们通过坐标变换,总可以将它们彼此转化,如图 8-9.

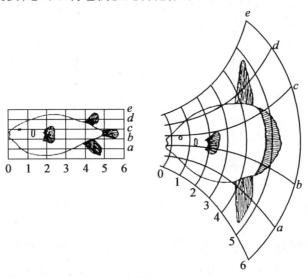

图 8-9

综上可知,数学论证了自然界的和谐,反之,自然界本身的和谐也为验证数学的严谨与奇异提供了最有力的范例.

8.1.2 关注数学美的熏陶方式

数学美教育作为教育的一个重要方面和一种特殊手段,它有着自身独特的规律.这就是:它以形象思维为主,以情感交流为纽带,用数学美的事物或形象来激发人们的情感,引起共鸣,达到潜移默化的教育效果.在数学审美教育的全过程中,始终突出一个"美"字:以美诱人,以美感人,以美动人,以美育人.这种特殊的教育手段,是感情与认识、感性与理性的高度统一,完全出自人们内心的意愿,不需要外力的强制和规范,因而容易收到良好的教育效果,并能产生广泛、深刻和持久的影响.具体地说,数学美的熏陶有以下的一些方式:

1. 通过具体、鲜明的美的形象来感染人、打动人、熏陶人

"数学在很大程度上是一门艺术,它的发展总是起源于美学准则,受其指导、据以评价的"(Borel),"一般人可以感受艺术美,而具有艺术素养的人不一定能够感受数学美."所以,数学审美教育要适当兼顾艺术欣赏.

从艺术角度讲,美的作品大多符合"黄金分割原理". 神学家阿奎那曾说"愉快的感觉来自恰当的比例". 比如,在线段上放一点,这一点放在什么地方看上去最舒服?第一感觉是中点,"但是当我们静心的观察这一点一线,渐渐的一种压抑挤向自己的心口,仿佛自己的周围堆起了一道道墙,再也透不过气来,……在靠近黄金分割点停了下来,那里是春天,自己的心无比平静". 在二维平面,如图8-10的矩形 $ABCD$ 中,截取矩形 $AEFD$,若矩形 $EBCF$ 与矩形 $ABCD$ 相似,此时 $\dfrac{AD}{AB}=\dfrac{\sqrt{5}-1}{2}$,宽和长符合这种比例的矩形称为"黄金分割矩形". 剩下的矩形 $EBCF$ 是更小的黄金矩形,继续下去,得到"黄金矩形套",我们用光滑的曲线把所有正方形的顶点联结起来,得到的就是对数螺线或等角螺线. 因为有了这么多"和谐",黄金分割矩形被美学界公认为"是地球上最具有调和性而美丽的矩形""无处不在对人的心理起支配作用". 能够造出符合这种比例的矩形,这一"构造的过程"本身就是数学美,也只有先感悟到这种数学美,才能体会到它的艺术魅力.

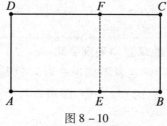

图 8-10

再看我们的学习内容,如:椭圆,她就像是具有伟大的母性气息,它把诸如圆、抛物线、双曲线等圆锥曲线囊括于胸,形成统一的归宿. 比如,星体轨道多为椭圆,在运动速度超过第一宇宙速度时,轨道会变成抛物线、双曲线等,既体现了椭圆是宇宙的韵律,又形成椭圆的统一美.

我们自然要问,二者结合起来会创造出何样的美?(这可参见本套丛书中的《数学眼光透视》中 8.3 节)

设椭圆方程为 $\dfrac{x^2}{a^2}+\dfrac{y^2}{b^2}=1(a>b>0)$,半焦距为 c,若椭圆短、长轴之比为黄金分割数 $\varphi=\dfrac{\sqrt{5}-1}{2}$ 时,则椭圆方程为 $\dfrac{x^2}{a^2}+\dfrac{y^2}{\varphi^2 a^2}=1$,就形成如图 8-11 的视觉效果;椭圆的"特征矩

形"恰好是黄金分割矩形,此时的椭圆在视觉上绝对的完美,不妨称为优美的黄金椭圆(我们也将离心率为 φ 的椭圆称为黄金椭圆). 这只是形象美,不妨探索一下更深层次的思维领域的美.

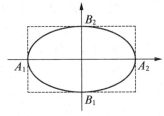

图 8-11

性质分类	优美的黄金椭圆
视觉感受	符合"黄金分割矩形"的美学原理,外表美
a,b,c 关系	a,c,b 成等比数列,公比为 $\sqrt{\varphi}$
通径长	通径长与短轴长之比为 φ,黄金分割的几何规律,看上去更协调
焦准距	焦准距与半长轴 a 之比为 φ,符合一维黄金分割的几何规律看上去更和谐
两准线间距离	长轴长与两准线间距离之比为 $\sqrt{\varphi}$
顶点三角形	(短轴端点)顶角余弦为 $(\varphi^2-1)/(\varphi^2+1)$,其形状更接近于"黄金三角形"
内接矩形	内接矩形的最大面积 $2\varphi a^2$,此时是黄金分割矩形,更具有美的冲击
焦点弦中点轨迹	焦点弦中点轨迹是以椭圆的焦点和中心为长轴的显性黄金椭圆
焦距为直径的圆	以焦点为直径为圆的面积与椭圆面积相等,美得令人赏心悦目
蝴蝶定理	若 P 为焦点,两弦 AB 和 CD 分别过短轴端点,此时的"蝴蝶"非常美
共轭直径	斜率为 φ 和 $-\varphi$ 的共轭直径(特征矩形的对角线)与椭圆最为协调,整体最和谐

2. 寓学于美、寓学于乐,于美的享受中受到熏陶

俗话说:"知之者不如好之者,好之者不如乐之者."这是前人总结出来的教书育人的经验之谈. 寓德育于美育之中,寓教育于娱乐之中,即寓教育于美的享受之中,往往会收到意想不到的效果.

数学审美的形式不仅是物质的而且必须是宜人的,是学习者喜闻乐见,感到舒适、愉快的,与人的生理、心理条件相适宜,并通过数学语言与人建立良好的条件反射. 那么,数学审美教育很自然是蕴含在学习过程中,让学习者在数学学习的过程中潜移默化地感受到数学美,形成对数学"美"的赞叹,追求数学"完美"的渴望,主要体现在两个方面;其一,是感悟数学之美(发现美、感受美、创造美);其二,是以数学美育人. 在使学习者获得相应数学知识、数学能力的同时,更注重培养学习者美的情操.

折叠问题是立体几何的重要知识点,它能反映学习者的理解能力、空间想象能力和实际应用能力. 对于这一看似容易的古老问题,学习者做起来却感到十分棘手. 若用图形的不变元素可使折叠问题中求距离和求角的问题思路简单,计算快捷. 在数学中,寻找不变元素是数学学习的一个重要知识点.

例4 如图8-12,已知 E,F 分别是边长为1的正方形 $ABCD$ 的 AB 和 CD 边的中点,沿对角线 AC 把正方形折成 $60°$ 的二面角,求折后 EF 的距离.

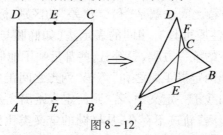

图 8-12

分析 本题看似简单,但却难倒了不少学习者,不能够解出,一些能解出的,也花了不少时间. 首先碰到的问题是作出直观图不准确,再就是 EF 的位置缺乏特殊性,因此找不到求解方法,由折叠我们知道此题的关键是作出垂直于折痕的辅助线且必需与 EF 相关. 因此可使用如下寻找不变元素的方法进行.

解 如图8-13,取 BC 的中点 M 和 AD 的中点 N,联结四个中点成正方形 $EMFN$ 交对角线 AC 于 S,T. 于是只取缩小了的正方形 $EMFN$ 沿中位线 ST 折成 $60°$ 二面角即可. 折后的 $\angle NSE$ 和 $\angle FTM$ 都是二面角的平面角,则 $\angle NSE = \angle FTM = 60°$,且原有的线段长度不变,可在图8-13的平面图中进行计算. 易得

$$SN = SE = \frac{\sqrt{2}}{4}, NF = EM = \frac{\sqrt{2}}{2}$$

又由余弦定理可得折后的

$$EN^2 = SN^2 + SE^2 - 2SN \cdot SE \cdot \cos 60°$$

$$= \frac{1}{8} + \frac{1}{8} - 2 \cdot \frac{\sqrt{2}}{4} \cdot \frac{\sqrt{2}}{4} \cdot \frac{1}{2} = \frac{1}{8}$$

这时 EF 恰是矩形 $EMFN$ 的对角线,故

$$EF = \sqrt{EN^2 + NF^2} = \sqrt{\frac{1}{8} + \frac{1}{2}} = \frac{\sqrt{10}}{4}$$

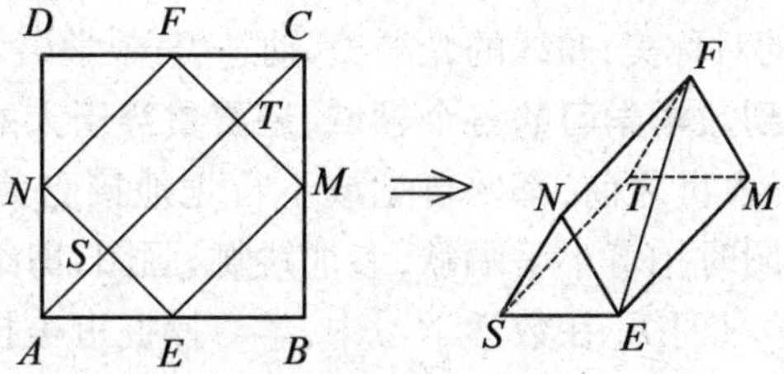

图 8-13

3. 倾心赏美,潜移默化,受熏陶于不知不觉之中

美育是一种情感教育,通过人的情感的作用实现教育的目的. 它通过审美主体的情感体验,产生对客观事物肯定或否定的评价,从而得出道德上的判断. 凡是美的事物,都能使人产生愉悦的情感,令人喜爱,令人陶醉,具有强烈的吸引力.

美育能净化人的心灵,陶冶人的情操,提高人的精神境界,但不是通过强制性的灌输,而是通过美的事物的感染和熏陶,潜移默化.

在掌握"知识和技能"中感悟数学美,在感悟数学美的同时又促进对数学的理解,可以说,数学审美教育与数学知识学习、能力、思维的发展相得益彰.如:圆锥曲线第二定义都是"到定点和定直线的距离之比",仅仅是"离心率"的取值差异就决定了曲线的不同种类;椭圆与双曲线的第一定义和方程之间也就是"和"与"差"的区别,标准方程的推导过程也有着"惊人的相似";不同曲线的性质可具有相同的表示法(如椭圆与双曲线焦点坐标表示法的同一);圆锥曲线在极坐标下的统一方程,等等,这些都反映了他们之间具有统一美.

椭圆第一定义中,若"到两定点距离之和"等于"两点之间距离"轨迹为线段,小于"两点之间距离"轨迹不存在;双曲线第一定义中,若"到两定点距离之差"等于"两点之间距离"轨迹为射线,大于"两点之间距离"轨迹不存在;从椭圆的定义类比到双曲线的定义,不是简单的"和"类比到"差"(双曲线一只),而是要加"绝对值",等等,这些都体现了圆锥曲线的奇异美.

椭圆、双曲线定义的简练、准确;方程在推导过程中引进了"b"以后,使方程更加简洁而且能够明确体现它们的几何性质;抛物线的方程在引进"p"后,其方程、性质更加让人"赏心悦目",等等,这些都反映了圆锥曲线的定义、方程和性质表示上的简洁美.

古希腊人早在两千多年前就发现:椭圆、抛物线、双曲线都统一在圆锥里——即它们都可以通过用不同平面去截圆锥面而得到;圆锥曲线与物理或航天学中的三个宇宙速度问题的和谐关系,当物体运动分别达到该速度时,它们的轨迹便是相应的圆锥曲线,这些都反映圆锥曲线具有和谐美.

在推导双曲线的方程时,首先得到 $\sqrt{(x+c)^2+y^2}-\sqrt{(x-c)^2+y^2}=\pm 2a$,但因为它不符合数学美的特性,因此,必须进一步简化,得到

$$a^2-cx=\pm a\sqrt{(x-c)^2+y^2} \qquad ①$$

两边平方整理得:$(c^2-a^2)x^2-a^2y^2=a^2(c^2-a^2)$,该式虽比上式简单,但还没达到完美的最高境界,所以,令 $c^2-a^2=b^2$,这充分体现了数学思维的理性美;另外,由①可变形为 $\dfrac{\sqrt{(x-c)^2+y^2}}{\left|\dfrac{a^2}{c}-x\right|}=\dfrac{c}{a}$,这样就把双曲线的两种定义联系起来,又体现了数学的统一美和逻辑美.

圆锥曲线当然还具有图形的对称美;曲线的光滑美、动态美;数学语言美;解题方法美,等等.

4. 数学美的熏陶渗透到数学学习的各个领域,还要贯穿于人的终身学习

人从呱呱坠地,到离开人世之前,都要自觉或不自觉地接受美育.如孩提时听母亲哼儿歌,听长辈讲故事;到幼儿园时拍着小手唱歌,参加跳舞、画图、剪纸等活动.进入少年时代以后,开始接受系统地数学学习训练.在数学学习中,学习操握审美技能,可使数学美的熏陶渗透到各个领域,这对于人的成长都是极为重要的,不仅如此还要贯穿于人的终身学习.为了更好地操握审美技能,还需关注把握数学美审视的要素.

8.1.3 把握数学美的审视要素

1. 善于发现数学美

数学是精确刻画世界万事万物的空间存在及关系的一门学科.存在皆有美,刻画这种存在及关系的数学当然存在许多奇妙的美.从某种意义上讲,美是数学的本质,只不过数学同

时又是一门高度抽象、高度概括的学科,它往往开始给人一种冷峻的面孔,单调的过程,枯燥无味的感觉. 殊不知许多奇妙的、令人惊奇的,被当代数学教育家比喻为"冰冷的美丽"的东西,即深藏在冷峻、单调、枯燥无味的背后,有待我们去发现的美丽. 当你发现一处美,就发现了数学的一个奥妙. 发现的美越多,发现数学的奥妙就越多,对数学本质的认识就会越深刻.

例如:就 k 不同取值,讨论方程 $(2-k)x^2 + ky^2 = 1$ 表示的曲线. 通过师生共同探讨,可得到如下结论:

①当 $k<0$ 时,表示焦点在 x 轴上的双曲线;
②当 $k=0$ 时,表示平行于 y 轴的两条直线;
③当 $0<k<1$ 时,表示焦点在 y 轴上的椭圆;
④当 $k=1$ 时,表示圆;
⑤当 $1<k<2$ 时,表示焦点在 x 轴上的椭圆;
⑥当 $k=2$,表示平行于 x 轴的两条直线;
⑦当 $k>2$ 时,表示焦点在 y 轴上的双曲线.

然后可以作出简图,通过图像,我们可直观地感受哲学中的量变和质变的美的形成,数形转化的美的和谐统一. 数学这种和谐美在数学知识的提炼、概括、发现过程中无处不在. 学习者对这种美发现得越多,数学知识的掌握就越丰富,理解就会越深刻. 如果学习者在数学学习中没有发现美,就等于进入了宝山却空手而归.

只有发现了数学的美,才会感知到数学的美,也才可能体验数学的美.

感知美就是对数学信息中美的因素的直观把握. 数学信息审美感知是从感官开始的,但它的作用一直贯穿到数学信息的高级阶段——数学信息创造. 数学学习中,发展和训练学习者的感觉器官是完善数学信息审美的必要条件,只有掌握好感知美的要素,才能发现和鉴赏数学概念、公式、定理、法则中所蕴含的数学美的信息.

体验美是指数学信息审美过程中所产生的一种认知体验和情感体验. 数学中的美是激发求知欲、形成内驱力的源泉,让学习者体验到数学的形式之美,方法之妙,产生一种理智的好奇心,激发学习的热情. 数学信息审美活动的直接效应是引发学习者审美情感,使学习者处在一种积极的情绪体验的氛围中. 学习中,通过具体数学知识的学习和问题的解决,点拨蕴含于其中美的因素和美的方法,引起学习者的最佳动机,增强学习数学的情趣,并在数学信息美的感受和启发下,去探索和发现数学的真,使学习者在美感中求取数学的真,这样就能起到以美引真,由真化美,从而丰富对数学信息美的内涵的真正理解.

2. 学会鉴赏数学美

鉴赏数学美首先会评判数学美.

评判数学美就是对数学信息中美的分辨和评价. 数学学习应使学习者获得对数学信息美的分辨能力. 在数学活动中,要经常注意数学信息动态,善于了解和掌握各种数学信息源,促使自己能快速敏捷地找出数学信息的不同之处,辨出真伪,然后筛选出有效数学信息,并进行整合,使之有序化、系统化. 在学习中,充分发掘教材中的审美因素,展示数学美的内容和本质特征,把抽象的数学美展现在我们面前,渗透在我们的心灵中,从而诱发我们的审美情趣,使自己逐步地感受美、欣赏美,并学会评判美,认识数学是一个五彩缤纷的美的世界,以美的规律和方法去获取文化科学知识.

例如,已知:$x>0, y>0$,且 $x+y=1$,求函数 $f(x,y)=(x+\frac{1}{x})(y+\frac{1}{y})$ 的最小值.

初看有 $x+\frac{1}{x} \geq 2, y+\frac{1}{y} \geq 2$.

所以 $f(x,y)=(x+\frac{1}{x})(y+\frac{1}{y}) \geq 2 \times 2=4$. 所以所求最小值为 4.

上述解题过程是否正确,引导学生用美的规律和方法来进行评判:从解题过程来看,已知条件 $x+y=1$ 竟未利用,作为严密的数学命题本身就是和谐的,决不允许有多余的条件,因而上述答案必是错误的结果.

从外部来看,形式美的特征是外部的和谐美,x 和 y 从已知到结论完全相同,即 x,y 是和谐的轮换对称关系,这样的和谐美使我们认识到在求函数的最小值时,x 和 y 所起的作用是相同的,最小值可能在 $x=y$ 时实现,又由 $x+y=1$ 得到 $x=y=\frac{1}{2}$,不妨求出此时的函数值:$f(\frac{1}{2},\frac{1}{2})=(\frac{1}{2}+\frac{1}{\frac{1}{2}})(\frac{1}{2}+\frac{1}{\frac{1}{2}})=\frac{25}{4}$,这仅仅是一种猜测,后面只要证明 $f(x,y) \geq \frac{25}{4}$,即获解决.

其次,要有鉴赏数学美的需求.

学习者对数学美的鉴赏过程就是自己通过观察感觉到美,并引起一些联想,在心理上产生一种赏心悦目的感觉,或依据自己逐步形成的审美标准去发现审美对象中不尽完美的地方的过程. 对学习者这种鉴赏过程不断进行强化,能激发学习者学习数学的兴趣. 数学学习中有大量的例子说明这一问题. 例如对几何图形美的鉴赏,可以提高学习者学习几何的兴趣;对数形结合思想美的鉴赏,可以提高学习者学习解析几何、用数形结合的思想解决实际问题的兴趣;对某种解题方法美的鉴赏,可以提高学习者解题的兴趣;对某种数学结论美的鉴赏,可以提高学习者探索数学问题的兴趣…… 反之,如果对数学的美熟视无睹,没有鉴赏的需求,就决不会对数学产生兴趣. 事实上,对数学学习没有兴趣的人,肯定是对数学美没有感觉的人.

3. 关注追求数学美

数学的美体现在数学的思想中、数学的结论中、数学的应用中. 学习者在数学学习中,逐步产生追求数学美的要求,通过强化会形成一种强烈的追求美的愿望,这种愿望会变成学习者学习数学的动力. 如果学习者追求数学的结果美,就会促使自己去探索数学结果表述的精确、简练,探索数学结果表达形式的对称性、规律性,探索数学结果的适用范围是否完美. 例如:在椭圆标准方程的推导过程中,得到 $\sqrt{(x-c)^2+y^2}+\sqrt{(x+c)^2+y^2}=2a$,但为什么不将它作为椭圆的标准方程,还要将它变形整理成 $\frac{x^2}{a^2}+\frac{y^2}{b^2}=1(a>b>0)$ 呢?后一个形式的方程与前一个形式的方程比较,无疑具有形式、结构上的简洁美,而且 a,b 还具有丰富的几何意义,所以椭圆的标准方程:$\frac{x^2}{a^2}+\frac{y^2}{b^2}=1(a>b>0)$ 就是人们追求数学简洁美的结果. 现实生活中存在许多简洁美的内容,人们尽量用数学的简洁美去反映它. 数学学习者如果能够如此,这种追求数学的简洁美就会成为他们学习数学的动力. 如果学习者追求数学方法的美,就会促使自己去探索方法的精巧、简捷及多样性;如果学习者追求数学的应用美,就会促使自己探索实际问题与数学问题的转化,探索多途径解决数学实际问题的方法.当今时代,数学学科之间,数学与其他学科之间互相渗透日益加强.数学的应用不仅形成了一大批新的应用数学学科,而且与计算机的应用形成了数学技术.数学大众化,社会数学化展示了数学在社会中的巨大作用,体现出数学信息的应用美.现代社会中的人口问题、资源问题、环境问题、生产效率问题、企业管理问题、无不与数学紧密相连,生活中的观察、想象、推理、计算等都在应用数学的思维和思想.

综上,只要学习者有追求数学美的要求,就会依据自己的审美标准,探索数学问题,使之达到完美的境界,这种追求就变成学习者自己学习数学的动力.

4. 尽力创造数学美

数学信息创造是在原有的数学信息、数学知识的基础上让有关数学信息、数学知识发生碰撞得到新的数学信息.数学知识发生的过程,数学信息创造也是一种数学信息增值,并且是在大量数学信息增值的基础上发生的一种信息的质变.数学信息的创造和数学知识的创造皆源于创造性思维的产物.创造性思维离不开想象,想象属于一种科学思维活动,它是人们把大脑里贮存的事物表象进行改造后独立构思,把过去未能结合的新旧信息联系贯通,以某种新方式来建立新的形象,从而形成数学信息的创造美.

例如,求曲边梯形的面积.

一时不知如何下手,而我们的先辈们不断探究,通过分割,把区间$[a,b]$分成几个小区间,即把曲边梯形分割成几个小曲边梯形,取近似,即每一个小曲边梯形近似地看作一个小矩形,把这几个小矩形的面积加起来,其和近似地表示该曲边梯形的面积,当每个小区间的长度都趋于零时,所有小矩形面积之和的极限便为曲边梯形的面积,从而创造出定积分的理论.像这样的创造性思维在中学数学中同样起着重要作用,例如求四面体的重心.

四面体可看成是由无限个平行于某一侧面的三角形薄片所组成,当三角形的重心和四面体的重心进行类比联想时,就会很自然地对三角形的三条中线交于一点,这点是三角形的重心进行仿造,四面体的四条中心线即每个顶点到对面重心的线段交于一点,这点便为四面体的重心,然后加以证明.(四面体是匀质的)

这样的思维过程,不但使学习者看到图形的结构美,解题的方法美,更可贵的是创造性思维美.

数学的美是前人在对数学的不懈追求中创造出来的,这种由前人创造出来的数学美显然有首创的含义.但学习者创造的数学美不同,学习者创造的数学美只相对自己原有认识领域而言是首创的,这种首创的数学美就是学习者学习数学的成果.学习者通过数学学习有了追求数学美的愿望,就有了创造的机会,也就有了取得数学学习成果的可能.具体地讲体现在更深刻地理解数学的各种概念、定理、法则;体现在全方位、较灵活地运用所学的数学知识、寻求到解决数学习题的方法;体现在充分利用所学数学知识,更灵活地解决实践中提出的实际数学问题;体现在更好地在自己头脑中不断构建数学知识结构……由此可见,学习者不断创造数学美,对学习者自己不断取得数学学习成果是多么重要.例如:a,b,c,d是互不相等的实数,作出函数$f(x) = \frac{(x-b)(x-c)(x-d)}{(a-b)(a-c)(a-d)} + \frac{(x-c)(x-d)(x-a)}{(b-c)(b-d)(b-a)} + \frac{(x-d)(x-a)(x-b)}{(c-d)(c-a)(c-b)} + \frac{(x-a)(x-b)(x-c)}{(d-a)(d-b)(d-c)}$的图像.$f(x)$是一个关于$x$的三次式,十分复杂,要作出其图像,谈何容易?不少学习者面对这一问题都会望而却步.但是,我们若能仔细观察,不难发现,当 $x=a, x=b, x=c, x=d$ 时, $f(a)=f(b)=f(c)=f(d)=1$, 说明三次方程 $f(x)-1=0$ 有 4 个互不相等的实根,这是不可能的,故对一切 $x \in \mathbf{R}$ 恒有 $f(x)=1$,其图像是平行于 x 轴的一条直线.这个优美的解法来源于思维的奇异,充分显示了奇异美的魅力.

8.1.4 了解数学美的审视层次

我们在本套丛书中的《数学精神巡礼》的 8.2.8 节中谈到数学美的欣赏有美观、美好、美妙、完美四个层次.同样地,数学美的审视也是这四个层次:美观、美好、美妙、完美.

1. 美观

这主要是数学对象,给人的感官带来美丽、漂亮的感受.

从古希腊的毕达哥拉斯、柏拉图到 20 世纪的庞加莱、阿达玛,历史上数不清的数学家无数次地宣称数学是最美的科学,集和谐美、简洁美、对称美、奇异美于一身.而且,几乎所有的自然科学家和哲学家都认为数学是自然科学的皇后.似乎从来没有人怀疑过数学的美丽.这是因为,几何图形中的圆是全方位对称图形,美观、匀称.无可非议.正三角形、五角星等常用的几何图形都因对称和谐而受到人们喜爱.数学学习中的美观认识,不仅在几何里随处可见,在算术、代数等各个学科中也显然易见.例如

$$(a+b) \cdot c = a \cdot c + b \cdot c$$
$$\frac{b}{a} \cdot \frac{d}{c} = \frac{b \cdot d}{a \cdot c}$$
$$a+b = b+a$$
$$(a \cdot b)^n = a^n \cdot b^n$$
......

这些公式和法则是多么对称与和谐,给人以美观感受.

当然,光靠美观,不足以学好数学.

2. 美好

从美观到美好,这需要深刻理解.实质领悟.例如 $\frac{1}{2}+\frac{1}{3}=\frac{2}{5}$ 是一个美观的"算式",结果却是错误的.我们必须经过通分,才能获得正确的结果.这就是从"美观"的层次,进到"美好"的层次.又例如圆,从结构上看是极其美观的,如果我们的认识只停留在"美观"的层次,还不足以理解它,事实上,它还有一些与众不同的"美好"的性质:无论任何圆,它的周长与直径之比总是一个常数 π. π 既非有理数,也非代数数,是超越数;在周长相同的所有平面封闭图形中,圆的面积最大,这又是一条在工农业生产实践中极具实用性的"美好"的特质.

用最简单的形式刻画事物的本质是数学的最高追求之一.因此,数学美往往是简单形式与深刻实质的和谐统一.它是一种深刻的理性美、抽象美,这种美往往不像优美的图画、精彩的比赛、迷人的舞蹈、动听的音乐、美味的食品那样直接给人以视觉、听觉、味觉等感官上的享受,它不一定美观,不一定人人都能感受到.换句话说,数学美取决于你的数学审美能力,主要是数学理解能力.它往往需要人们深入思考、深刻理解,直至彻底贯通之后才会感受到.

能理解,能领悟,方能感受到美好——这是数学审美的一个重要环节!

3. 美妙

有人说,数学美是一种"冰冷的美丽",意指数学包含深层的逻辑思考与复杂的推理运算过程. 张奠宙教授指出,这种"冰冷的美丽"要靠"火热的思考"来熔化. 即让学习者经历必要的数学过程,让学习者获得丰富的情感体验,在深刻理解数学本质的基础上,获得美的感受与体验. 体验主要属于感性认识,而数学美或数学审美主要是一种理性认识. 若没有必要的感性认识作基础,很难获得深刻的理性认识,而感情是需要培养的.

美妙的感觉往往来自"意料之外"但"情理之中"的事物. 例如,两个圆柱体垂直相截,再展开截面. 其截线所对应的曲线竟然是一条正弦曲线. 原来猜想也许是一段圆弧,于是结果大出"意料之外",经过分析推演,却又在"情理之中". 美妙的感觉也就油然而生.

每个喜欢数学的人,都曾感受到那样的时刻:一条辅助线使无从着手的几何题豁然开朗;一个变形技巧使百思不得其解的不等式证明得以通过;一个代数替换使一个代数问题变得熟悉起来;……这样的事情使得我们的快乐与兴奋真是难以形容,也许只有用一个"妙"字加以概括. 这种美妙的意境,会使人感到天地造化数学之巧妙,数学家创造数学之深邃,数学学习领悟之欢快. 这就是"美妙"的审美层次.

4. 完美

数学总是尽力做到至善至美,完美无缺. 这也许是数学的最高"品质"和最高的精神"境界".

追求完美,这是数学审美的最后层次,为了追求完美,这需要我们运用自己的智慧和勤劳去探索、去发现、去发掘. 作为"数学人"这是最高的追求.

注 上述内容参见了张奠宙先生的文章《论数学教学中的美学价位》. 载于张奠宙自选集:数学教育经纬. 江苏教育出版社. 2003:148-152.

8.2 数学写作技能

数学写作就是用文字、符号来表达自己对数学的学习体会或探究.

8.2.1 认识数学写作的价值

数学写作有着多方面的价值.

1. 数学写作是一种有要求的数学表达

数学表达是数学学习者的重要技能之一. 规范的书面表达应是每一位数学学习者的一种习惯.

华罗庚教授指出学习者在数学表达上要做到"想得清楚,说得明白,写得干净".

规范的书写应该包括以下几方面的要求:(1)正确,逻辑上没有问题;(2)表述简明;(3)符合文本格式. 其中,最重要的是一定要正确,这就要求学习者在书写的时候一定要认真,尽量避免一些"笔误";要符合逻辑,这也是推理论证的精髓.

书写并非一件"简单的事儿",规范的书写既是技能、能力,也是一种习惯. 良好的书写习惯是每一位优秀学习者的必备品质,"花点时间"让学习者练习规范书写也是值得的,对于一道题,可以尝试让学习者多写几遍,最终再与比较规范的书写对照,找出问题所在,反复练习,最终使学习者潜移默化地养成规范书写的习惯.

数学写作不仅要求规范的书写,还要求写作中符合逻辑. 例如,几何证明中,口述表达时,经常会有学习者会把由图看出的结论直接拿来当条件使用,或者用结论推条件再证明结论而出现循环论证,等等. 而写出来后,可以一遍又一遍地看,这些问题的毛病马上就会看出来.

在数学写作中,对于命题"若 A 则 B"的证明,通常应从已知条件 A 出发,依据定理、定义推出间接结论 $A_1,A_2,\cdots$ 再由这些间接结论依据定理、定义推出进一步的间接结论 $B_1,B_2,\cdots$ 如此继续,直至推出最终结论 B. 缺了其中某些环节,推理过程便不完整,不严密. 把条件及能够就近推出的东西罗列堆砌,乱写一气,这显然是不行的,因为这已不属于推理论证了.

2. 数学写作是一种重要的学习方式

由于数学是思维的学科,在学习数学时,是离不开独立思考,深入探究的. 而数学写作就是独立思考,深入探究的心得体会表述. 下面看两位学习者的习作,通过这些习作可以看出他们在数学学习中所得到的收获.

例1 山东东营市河口一中初二学生王程的《三角形内角和定理的证明》(中学生数学, 2003(11):29).

同学们都已经知道三角形的内角和为180°,但你是否想过除了课本的证明方法外,还有没有其他的证明方法呢? 下面我们就来探讨三角形内角和定理的多种证明方法.

已知 $\triangle ABC$,求证:$\angle A + \angle B + \angle C = 180°$.

证法1 常见的证法,如图8-14,过点 C 作 $CE /\!/ AB$,延长 BC 至 D,则

$$\angle A + \angle B + \angle C = \angle 1 + \angle 2 + \angle ACB = 180°$$

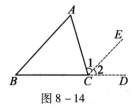

图8-14

证法2 如图8-15,过点 C 作 $DE /\!/ AB$,易知

$$\angle A = \angle 1$$
$$\angle B = \angle 2$$

因

$$\angle 1 + \angle 2 + \angle ACB = 180°$$

则

$$\angle A + \angle B + \angle C = 180°$$

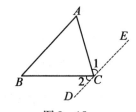

图8-15

证法3 如图8-16,过点 C 作 $CD /\!/ AB$,易知

$$\angle A = \angle 1$$

因

$$\angle 1 + \angle ACB + \angle B = 180° \quad (两直线平行,同旁内角互补)$$

故

$$\angle A + \angle B + \angle C = 180°$$

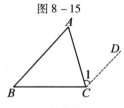

图8-16

证法4 如图8-17,设点 P 是 BC 边上(B,C 除外)的任意一点过点 P 作 $PD /\!/ AB$,$PE /\!/ AC$. 易知

$$\angle A = \angle CDP = \angle 1, \angle B = \angle 2, \angle C = \angle 3$$

因

图8-17

则
$$\angle 1 + \angle 2 + \angle 3 = 180°$$
$$\angle A + \angle B + \angle C = 180°$$

证法 5 如图 8-18,设点 P 是 $\triangle ABC$ 内的任意一点.过点 P 作 $PD \parallel AB, PE \parallel AC, FG \parallel BC$.易知
$$\angle A = \angle GDP = \angle 1, \angle B = \angle EFP = \angle 2, \angle C = \angle DGP = \angle 3$$

由
$$\angle 1 + \angle 2 + \angle 3 = 180°$$

故
$$\angle A + \angle B + \angle C = 180°$$

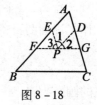

图 8-18

证法 6 如图 8-19,设点 P 为 BC 延长线上的任意一点,过点 P 作 $DE \parallel AB$ 并与 AC 的延长线交于点 D.作 $PF \parallel AC$.易知
$$\angle A = \angle CDP = \angle 1$$
$$\angle B = \angle 2, \angle C = \angle 3$$

由
$$\angle 1 + \angle 2 + \angle 3 = 180°$$

故
$$\angle A + \angle B + \angle C = 180°$$

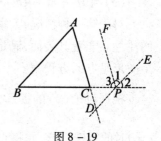

图 8-19

证法 7 如图 8-20,设点 P 为 $\triangle ABC$ 外的一点(不在其中一边的延长线上).过点 P 作 $PD \parallel AB$ 交 AC 于 D,作 $PE \parallel BC$ 交 AB 于 E,交 AC 于 F.易知
$$\angle A = \angle ADP = \angle 1, \angle B = \angle AEF = \angle 2, \angle C = \angle AFE = \angle 3$$

由
$$\angle 1 + \angle 2 + \angle 3 = 180°$$

故
$$\angle A + \angle B + \angle C = 180°$$

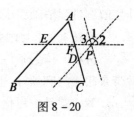

图 8-20

由上述证明方法我们不难发现:

(1)当在三角形的顶点处作辅助线时,只要画一条平行线就可以了;当在边上取一点作辅助线时,要画两条平行线(在边的延长线也可);当在三角形的内部或外部一点处画辅助线时,要画三条平行线.

(2)无论哪种证明方法,关键是把三角形的三个内角转化成一个平角,从而问题得以证明.

我想,随着我们几何知识学习内容的不断丰富,证明此定理的方法一定还有许多,相信学习者一定会找到.

评注 这篇习作不仅使我们看到了数学写作是一种重要的数学学习方式,更是一种提

高能力的途径.

例2 湖北黄石八中高二学生张柳新的习作《"点形"的妙用》(中学生数学,2000(6):28).

在高二《平面解析几何》必修本(人教版)中,对二元二次方程 $x^2+y^2+Dx+Ey+F=0$ 作了详细的讨论:

(1)当 $D^2+E^2-4F>0$ 时,方程表示以 $(-\frac{D}{2},-\frac{E}{2})$ 为圆心,$r=\frac{1}{2}\sqrt{D^2+E^2-4F}$ 为半径的圆.

(2)当 $D^2+E^2-4F=0$ 时,方程表示点 $(-\frac{D}{2},-\frac{E}{2})$.

(3)当 $D^2+E^2-4F<0$ 时,方程不表示任何图形.

对于第一种情况,大家非常熟悉,应用也较多;而对于第二种情况,由于它比较特殊,我们往往只能看其表面,满足该类方程的图形是点. 那么,我们能否深入研究,根据需要制造一个图形是点的方程呢?

根据讨论(2)的提示,我们不妨将点 $(-\frac{D}{2},-\frac{E}{2})$ 看作圆 $(x+\frac{D}{2})^2+(y+\frac{E}{2})^2=r^2$ 当 $r=0$ 时的特殊情形,并将它称为"点圆". 这样,我们就可将点 $(-\frac{D}{2},-\frac{E}{2})$ 用类似于圆的方程 $(x+\frac{D}{2})^2+(y+\frac{E}{2})^2$ 来表示,我们称为"点圆方程". 有时,表示点的方程看似复杂,却可使解题过程清晰明了.

问题1 求与圆系 $x^2+y^2-2ax+2(a-2)y+2=0$ 都相切的直线方程.

分析 该题条件甚少,所求直线的斜率、截距均未知,若利用多项式理论求解,将给计算带来很大的麻烦. 这里我们不妨找出圆系中的一个特殊点,利用点圆方程试一试.

解 圆系方程化为 $(x-a)^2+(y+a-2)^2=2(a-1)^2$. 当 $a=1$ 时,圆系中有一个特殊的圆 $M:(x-1)^2+(y-1)^2=0$.

因 M 在圆系中,则所求切线就是经过点圆 M 与圆系 $(x-a)^2+(y+a-2)^2=2(a-1)^2$ $(a\neq 1)$ 的公共点的直线,由方程组

$$\begin{cases}(x-1)^2+(y-1)^2=0 \\ (x-a)^2+(y+a-2)^2=2(a-1)^2 \quad (a\neq 1)\end{cases}$$

消去 x^2,y^2 得

$$(a-1)(x-y)=0 \quad (a\neq 1)$$

因 $a\neq 1$,故所求切线方程为 $x-y=0$.

问题2 求与圆 $x^2+y^2-4x-8y+15=0$ 相切于点 $P(3,6)$ 且经过点 $Q(5,6)$ 的圆的方程.

分析 按常规思维,先设出圆的方程,再同已知圆的方程联立求解,思路简单,但过程烦琐. 这里,我们同样可利用点圆方程,简化解题过程.

解 将 $P(3,6)$ 用点圆方程 $(x-3)^2+(y-6)^2=0$ 表示,因 P 在已知圆上,故可建立与

已知圆相切于 P 的圆系方程
$$x^2+y^2-4x-8y+15+\lambda[(x-3)^2+(y-6)^2]=0$$
将 $Q(5,6)$ 代入解得 $\lambda=-2$.

故所求圆的方程为
$$x^2+y^2-8x-16y+75=0$$

小结 上述两题都将点巧妙地用方程来表示,降低了解题难度,简化了解题过程. 进一步的探讨,我们是否只能用点圆方程来表示点呢?

事实上,我们如果讨论(2)推广,将点 $(-\dfrac{D}{2},-\dfrac{E}{2})$ 看作是离心率 $e=\dfrac{\sqrt{a^2-b^2}}{a}$ 的椭圆 $\dfrac{(x+\frac{D}{2})^2}{a^2}+\dfrac{(y+\frac{E}{2})^2}{b^2}=\lambda$ 当 $\lambda=0$ 时的情形,并将它称为"点椭圆",那么我们就又可将点 $(-\dfrac{D}{2},-\dfrac{E}{2})$ 用类似于椭圆的方程 $\dfrac{(x+\frac{D}{2})^2}{a^2}+\dfrac{(y+\frac{E}{2})^2}{b^2}=0$ 来表示,我们称为"点椭圆方程".同点圆一样,点椭圆也能给解题带来极大的方便.

问题 3 求离心率 $e=\dfrac{2}{\sqrt{5}}$,过点 $(1,0)$ 且与直线 $l:2x-y+3=0$ 相切于点 $P(-\dfrac{2}{3},\dfrac{5}{3})$ 且长轴平行于 y 轴的椭圆方程.

解 将点 $P(-\dfrac{2}{3},\dfrac{5}{3})$ 看作是离心率 $e=\dfrac{2}{\sqrt{5}}$,长轴平行于 y 轴的点椭圆,用点椭圆方程 $(x+\dfrac{2}{3})^2+\dfrac{1}{5}(y-\dfrac{5}{3})^2=0$ 表示.

此时与直线 $l:2x-y+3=0$ 相切于 P 的椭圆系方程可表示为
$$(x+\frac{2}{3})^2+\frac{1}{5}(y-\frac{5}{3})^2+\lambda(2x-y+3)=0 \quad (\lambda\neq 0)$$

将点 $(1,0)$ 代入解得 $\lambda=-\dfrac{2}{3}$.

故所求椭圆的方程为
$$x^2+\frac{1}{5}y^2=1$$

由此可见,将点适当地看作某图形的特殊情况,用类似于该图形方程的式子来表示点,不仅可使解题的过程变得清晰明了,而且还可避开抽象及复杂的运算,减少错误,降低解题难度,优化解题方法.只要我们在平时学习过程中多总结,多思考,一定还可将点看作是更多的图形,用更多的点形方程来表示点,从而锻炼我们的思维,提高我们的能力,点形的妙用无疑是一个典型.

评注 这篇习作不仅使我们看到了数学写作不仅是一种积极的数学学习方式,更是一种锤炼思维的有效途径.

3. 数学写作是一种数学创造活动

在数学学习中,让学习者参与数学创造活动是培养学习者创新意识的重要措施. 而数学写作是一种易于学习者接受且受欢迎的数学创造活动. 通过数学写作激发他们的创造激情,通过数学写作展示他们的创造成果.

例3 安徽岳西中学高三学生程耀文的习作《一个不等式问题的引申及思考》(中学生数学,1999(10):24).

题目 若 $a_1, a_2 \in \mathbf{R}^*$ 且 $a_1 + a_2 = 1$,求证:

(1) $a_1^2 + a_2^2 \geq \dfrac{1}{2}$;

(2) $a_1^3 + a_2^3 \geq \dfrac{1}{4}$.

证明 (1)因
$$a_1^2 + a_2^2 \geq 2a_1 a_2$$
则
$$2(a_1^2 + a_2^2) \geq a_1^2 + 2a_1 a_2 + a_2^2 = (a_1 + a_2)^2$$
从而
$$a_1^2 + a_2^2 \geq \frac{(a_1 + a_2)^2}{2} = \frac{1}{2}$$
等号成立当且仅当 $a_1 = a_2 = \dfrac{1}{2}$.

(2)因 $a_1, a_2 \in \mathbf{R}^*$,则据柯西不等式有
$$\begin{aligned}(a_1 + a_2)(a_1^3 + a_2^3) &\geq (\sqrt{a_1 a_1^3} + \sqrt{a_2 a_2^3})^2 \\ &= (a_1^2 + a_2^2)^2 \\ &\geq \left(\frac{1}{2}\right)^2 = \frac{1}{4}\end{aligned}$$
又 $a_1 + a_2 = 1$,故
$$a_1^3 + a_2^3 \geq \frac{1}{4}$$
等号成立,当且仅当 $\dfrac{a_1^3}{a_1} = \dfrac{a_2^3}{a_2}$ 即 $a_1 = a_2 = \dfrac{1}{2}$.

思考1 若 $a_1 a_2 \in \mathbf{R}^*$ 且 $a_1 + a_2 = 1$,是否有 $a_1^n + a_2^n \geq \left(\dfrac{1}{2}\right)^{n-1}$?

证明 设 $a_1 = \dfrac{1}{2} - t, a_2 = \dfrac{1}{2} + t \left(-\dfrac{1}{2} < t < \dfrac{1}{2}\right)$,则
$$\begin{aligned}a_1^n + a_2^n &= \left(\frac{1}{2} + t\right)^n + \left(\frac{1}{2} - t\right)^n \\ &= C_n^0 \left(\frac{1}{2}\right)^n t^0 + C_n^1 \left(\frac{1}{2}\right)^{n-1} t + C_n^2 \left(\frac{1}{2}\right)^{n-1} t^2 + \cdots + \\ &\quad C_n^n \left(\frac{1}{2}\right)^0 t^n + C_n^0 \left(\frac{1}{2}\right)^n t^0 + C_n^1 \left(\frac{1}{2}\right)^{n-1} (-t)^1 +\end{aligned}$$

$$C_n^2(\frac{1}{2})^{n-2}(-t)^2 + \cdots + C_n^n(\frac{1}{2})^n(-t)^n$$

$$= (\frac{1}{2})^{n-1} + 2[C_n^2(\frac{1}{2})^{n-2}t^2 + C_n^4(\frac{1}{2})^{n-4}t^4 + \cdots]$$

因

$$C_n^2(\frac{1}{2})^{n-2}t^2 + C_n^4(\frac{1}{2})^{n-4}t^4 + \cdots \geq 0 \qquad (*)$$

故 $a_1^n + a_2^n \geq (\frac{1}{2})^{n-1}$（当且仅当 $t=0$ 时式($*$)等于0,原不等式取等号,即 $a_1 = a_2 = \frac{1}{2}$ 时,不等式取等号）.

思考 2 若 $a_1, a_2, a_3 \in \mathbf{R}^*$ 且 $a_1 + a_2 + a_3 = 1$, 是否有 (1) $a_1^2 + a_2^2 + a_3^2 \geq \frac{1}{3}$? (2) $a_1^3 + a_2^3 + a_3^3 \geq (\frac{1}{3})^2$?

证明 (1) 因

$$(a_1 - a_2)^2 + (a_1 - a_3)^2 + (a_2 - a_3)^2 \geq 0 \qquad (**)$$

则 $2(a_1^2 + a_2^2 + a_3^2) \geq 2(a_1 a_2 + a_2 a_3 + a_1 a_3)$, 两边加上 $a_1^2 + a_2^2 + a_3^2$ 则有 $3(a_1^2 + a_2^2 + a_3^2) \geq a_1^2 + a_2^2 + a_3^2 + 2a_1 a_2 + 2a_2 a_3 + 2a_1 a_3 = (a_1 + a_2 + a_3)^2 = 1$, 所以 $a_1^2 + a_2^2 + a_3^2 \geq \frac{1}{3}$（当且仅当 $a_1 = a_2 = a_3$ 时, ($**$) 取 "="）. 故当 $a_1 = a_2 = a_3 = \frac{1}{3}$ 时, 原不等式取 "=".

(2) 利用柯西不等式和结论(1)即可证明.

思考 3 若 $a_1, a_2, a_3 \in \mathbf{R}^*$ 且 $a_1 + a_2 + a_3 = 1$ 是否有 $a_1^n + a_2^n + a_3^n \geq (\frac{1}{3})^{n-1}$?

思考 4 $a_i \in \mathbf{R}^*$ $(i=1,2,\cdots,m)$ 且 $a_1 + a_2 + \cdots + a_m = 1$ 是否有 $a_1^n + a_2^n + \cdots + a_m^n \geq (\frac{1}{m})^{n-1}$? $(m, n \in \mathbf{N})$

证明 (1) $n=1$ 时, $a_1 + a_2 + \cdots + a_m = (\frac{1}{m})^{1-1} = 1$ 不等式取等号.

$n=2$ 时, 因 $a_i \in \mathbf{R}^*$ $(i=1,2,\cdots,m)$, 则

$$(a_1^2 + a_2^2 + \cdots + a_m^2)(\underbrace{1 + 1 + \cdots + 1}_{m\uparrow})$$

$$\geq (\sqrt{a_1^2 \cdot 1} + \sqrt{a_2^2 \cdot 1} + \cdots + \sqrt{a_m^2 \cdot 1})^2$$

$$= (a_1 + a_2 + \cdots + a_m)^2 = 1$$

故

$$a_1^2 + a_2^2 + \cdots + a_m^2 \geq \frac{1}{m}$$

等号成立, 当且仅当 $\frac{a_1^2}{1} = \frac{a_2^2}{1} = \cdots = \frac{a_m^2}{1}$, 即 $a_1 = a_2 = \cdots = a_m = \frac{1}{m}$.

(2) 假设 $n < 2k$ 时不等式成立, 则 $n = k$ 时有 $a_1^k + a_2^k + \cdots + k_m^k \geq \left(\frac{1}{m}\right)^{k-1}$ 等号成立, 当且

仅当 $a_1 = a_2 = \cdots = a_m = \dfrac{1}{m}$.

当 $n = 2k$ 时有

$$(1 + 1 + \cdots + 1)(a_1^{2k} + a_2^{2k} + \cdots + a_m^{2k})$$
$$\geqslant (\sqrt{a_1^{2k} \cdot 1} + \sqrt{a_2^{2k} \cdot 1} + \cdots + \sqrt{a_m^{2k} \cdot 1})^2$$
$$= (a_1^k + a_2^k + \cdots + a_m^k)^2 \geqslant \left(\dfrac{1}{m}\right)^{2k-2}$$

故

$$m(a_1^{2k} + \cdots + a_m^{2k}) \geqslant \left(\dfrac{1}{m}\right)^{2k-2}$$

即 $a_1^{2k} + a_2^{2k} + \cdots + a_m^{2k} \geqslant \left(\dfrac{1}{m}\right)^{2k-2}$（等号成立当且仅当 $a_1 = a_2 = \cdots = a_m = \dfrac{1}{m}$）. 综上 (1)(2) $n \in$ **N** 时不等式成立.

评注 这篇习作使我们看到了数学写作是学习者参与数学创造活动的实际行动,更是激发学习者的创造激情的平台.

例4 江苏苏州市迅达培训学校学生汪杰的习作《数学深深地吸引着我》(中学生数学,2003(11):32).

我邻居的小孩问我一个平几问题:圆 O 的内接四边形 $ABCD$ 中,对角线 $AC \perp BD, AC \cap BD = E$,过 E 作 AD 的垂线,垂足为 F,且与 BC 交于点 M,则 M 必是 BC 之中点. 如图 8-21.

我看了题后,好像在初中时做过此题,经回忆,我告诉了他如下的证明方法.

证明 在 Rt△ADE 中,∠1 = ∠3,又 ∠1 = ∠2.

则 ∠2 = ∠3 = ∠4,从而 $EM = MC$.

同理 $EM = MB$,故 $BM = CM$.

即 M 是 BC 的中点.

这题本来不算难题,事情也过去了. 不久我们开始圆锥线的总复习,老师提到了椭圆可由圆经过伸缩变换而得,所以圆的很多性质都可以移植到椭圆中来,这使我联想到前面做过的平几题,试着把它移植到椭圆中来,于是我列出了下列命题:椭圆内接四边形 $ABCD$,对角线 $AC \perp BD, AC \cap BD = E$,过 E 作 AD 的垂线,垂足为 F,且于 BC 交于 M,则 M 必为 BC 中点. 接着我着手进行论证. 但我从图中发现 M 不是 BC 的中点,如图 8-22. 难道这是个假命题? 这使我非常纳闷! 于是向老师请教,老师没有直接回答我的问题,而是介绍我阅读一篇文章《伸缩变换的一个应用——圆到椭圆》(原刊《初等数学论丛九》上海教育 1986 年版). 虽然迎高考复习很紧张,但还是抽出时间认真细致地阅读,并做了笔记. 终于明白,在伸缩变换下,垂直两直线变成了不垂直的两直线. 即 $k_1 k_2 = -1$ 变成 $k_1 k_2 = -\dfrac{b^2}{a^2}$,我编制的命题确是假命题,修正后得到下列命题.

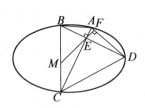

图 8-22

椭圆$\dfrac{x^2}{a^2}+\dfrac{y^2}{b^2}=1(a>b>0)$的内接四边形$ABCD$,$AC\cap BD=E$,且$k_{AC}\cdot k_{BD}=-\dfrac{b^2}{a^2}$,过$E$的直线与$AD,BC$分别交于$M,H$,且$k_{BC}\cdot k_{HM}=-\dfrac{b^2}{a^2}$,则点$M$必是$AD$的中点,如图8-23.

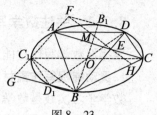

图8-23

我对原平几题的证法作了审视,发现不能套用,因经变换后$\angle 1,\angle 2,\angle 3,\angle 4$均不相等,只能另起炉灶. 下面证明椭圆中的相应问题.

不过要用到如下结论:椭圆$\dfrac{x^2}{a^2}+\dfrac{y^2}{b^2}=1(a>b>0)$的直径$AB$,椭圆上任意一点$C$,则$k_{AC}\cdot k_{BC}=-\dfrac{b^2}{a^2}$. (证明略)

如图8-23,作直径CC_1,BB_1,DD_1,设$BD_1\cap AC_1=G,B_1D\cap AC_1=F$,则$k_{AC}\cdot k_{AC_1}=k_{AC}\cdot k_{BD}=-\dfrac{b^2}{a^2}$,所以$k_{AC_1}=k_{BD}$. 于是$AC_1\parallel BD$. 同理可知$BD_1,B_1D$都平行于$AC$. 由此知四边形$BDFG$和$AEDF$均为平行四边形. 所以$|AF|=|DE|,|FG|=|BD|$.

联结$EF\cap AD=M_1$,则M_1是AD的中点.

联结C_1D_1,则$|C_1D_1|\underline{\underline{\parallel}}|CD|$,且$\angle CDE=\angle D_1C_1G,\angle DCE=\angle C_1D_1G$(两角两边分别平行且方向相同)所以$\triangle CDE\cong\triangle C_1D_1G$,则$|C_1G|=|DE|=|AF|$,由此推出$|C_1F|\underline{\underline{\parallel}}|BE|$,那么四边形$BEFC_1$为平行四边形. 所以$EF\parallel BC_1$,因为$k_{BC_1}\cdot k_{BC}=k_{ME}\cdot k_{BC}=-\dfrac{b^2}{a^2}$,由此知$ME\parallel BC_1$,于是$EF\parallel BC_1\parallel ME$,这说明$EF$与$ME$重合,则$M$与$M_1$也重合,即$M$是$AD$的中点.

至此,证明搞定.

由椭圆又联想到双曲线和抛物线,又可得到下列命题.

四边形$ABCD$四点都在双曲线$\dfrac{x^2}{a^2}-\dfrac{y^2}{b^2}=1(a,b>0)$上. $k_{AC}\cdot k_{BD}=\dfrac{b^2}{a^2},AC\cap BD=E$,过$E$的直线与$AD$交于$M$,且$k_{ME}\cdot k_{BC}=\dfrac{b^2}{a^2}$,则点$M$必是$AD$的中点.

证明过程与椭圆命题的证明过程完全相同,不再重复,但证明时要应用下面结论.

双曲线$\dfrac{x^2}{a^2}-\dfrac{y^2}{b^2}=1(a,b>0)$的直径(过中心的弦)$AB$,双曲线上任意一点$C$,则$k_{AC}\cdot k_{BC}=\dfrac{b^2}{a^2}$.

抛物线$y^2=2px(p>0)$的内接四边形不再具有类似的性质.

对一个习题的思考使我学到了不少东西. 数学,深深地吸引着我.

评注 这篇习作使我们看到了数学写作不仅是学习者创造成果的展示,而且是学习观的呈现,被数学深深地吸引了.

8.2.2 关注数学写作的要点

要操握数学写作技能,就要关注数学写作的一些要点:

1. 灵动捕捉写作素材

数学学习实践是数学写作的源头活水,是数学写作取之不尽,用之不竭的主要源泉.

①从数学教材学习中挖掘写作素材.

数学教材是学习数学知识的载体,是数学学习活动的主要依据,是学习者学习和掌握数学知识的基本工具书. 数学教材中有大量地可供挖掘的写作素材,例如前面的例1、例2,就是从教材中挖掘出来的素材.

②从数学学习活动中捕捉写作素材.

在数学学习活动中,有学习体会,也有学习困惑. 而这些学习困惑,正是我们有待下工夫去解决的问题,解决了就有收获,解决不了也促使我们进一步去学习,也可获得经验教训. 这些正是数学写作的好素材. 例如前面的例3,例4就是这样捕捉写作素材的. 下面再看几例:

例5 云南师大附中高二学生林黎的习作《直线关于直线的对称》(中学生数学,1999(10):24).

对称是高中数学中一个较常见的问题. 有的题目,如果我们以对称的眼光看,往往变得格外优美,而以对称的观点入手解题,更是不但能活跃思维,还可达巧解题目的目的.

我发现了一个关于直线对直线对称的公式,给五花八门的对称家庭献上一份礼品.

若已知直线 $l_1:A_1x+B_1y+C_1=0$ 及 $l:Ax+By+C=0$,求: l_1 关于 l 对称的直线 $l_2:A_2x+B_2y+l_2=0$ 的公式.

假使 $l_1 /\!/ l$ 则问题变得相当简单,只要要求 $C_2-C\equiv C-C_1$ 且 $A_1=A_2$,$B_1=B_2$ 就行.

若 l_1 与 l 有交点,则设 l_2 为 $A_1x+B_1y+C_1+\lambda(Ax+By+C)=0$. 因 l_2 不可能和 l 重合,所以这样的假设是合理的.

在初中我们学过,角的两边关于它的角平分线对称,所以我们也必有 l_2 到 l 的角等于 l 到 l_1 的角,于是

$$\frac{-\frac{A_1}{B_1}-(-\frac{A}{B})}{1+(-\frac{A_1}{B_1})(-\frac{A}{B})}=\frac{-\frac{A}{B}-(-\frac{A_2}{B_2})}{1+(-\frac{A}{B})(-\frac{A_2}{B_2})}$$

即

$$\frac{\frac{A}{B}-\frac{A_1}{B_1}}{1+\frac{A_1A}{B_1B}}=\frac{\frac{A_1+\lambda A}{B_1+\lambda B}-\frac{A}{B}}{1+\frac{(A+\lambda A)A}{(B_1+\lambda B)B}}$$

通过化简,得 $\lambda=-2\dfrac{A_1A+B_1B}{A^2+B^2}$,求出 λ 代入 l_2 的方程就得出了.

我们知道 $f(x)=ax+b$ 与其反函数关于 $y=x$ 对称,可验证如下:

$l_1:ax-y+b=0$,$l:x-y+0=0$.

$$\lambda = -2 \cdot \frac{a+(-1)^2}{1^2+(-1)^2} = -a-1, l_2 \text{ 为 } ax - y + b + (-a-1)(x-y) = 0 \text{ 化简得}$$

$$-x + ay + b = 0 \Rightarrow y = \frac{x-b}{a}$$

此实为 $y = ax + b$ 的反函数.

例如,求 $x - y - 2 = 0$ 关于 $x + 2y + 1 = 0$ 的对称方程.

解 $\lambda = -2 \times \frac{1 \times 1 + (-1) \times 2}{1^2 + 2^2} = \frac{2}{5}$.

对称方程为

$$x - y - 2 + \frac{2}{5}(x + 2y + 1) = 0$$

化简得

$$7x - y - 8 = 0$$

可见应用此公式解直线对称问题是如此的得心应手.

评注 这篇习作素材是在数学学习活动中捕捉到的,这不仅写出了自己的学习体会,还写出了自己探究性学习经历,给别人以启示.

例 6 湖南武冈一中学生李仕云、戴甲红的习作《项数计算有法可依》(中学生数学,1999(1):27).

在高三复习阶段,常遇到诸如 $(a+b+c)^9$ 及 $(a+b+c)^{20}$ 等展开式的项数计算题,而高中教材仅就二项式 $(a+b)^n$ 展开后的项数进行了说明,对三项式、四项式等展开后的项数没有指点,从而使我们碰到这类题就望而生畏,其实以上各类问题的解决都是有法可依的.

(1) $(a+b+c)^n$ 展开后的项数是 C_{n+2}^2.

因 $(a+b+c)^n = [a+(b+c)]^n = C_n^0 a^n + C_n^1 a^{n-1}(b+c)^1 + C_n^2 a^{n-2}(b+c)^2 + \cdots + C_n^n (b+c)^n$.

而 $C_n^0 a^n$ 展开后共有 1 项;

$C_n^1 a^{n-1}(b+c)$ 展开后共有 2 项;

⋮

$C_n^n (b+c)^n$ 展开后共有 $n+1$ 项.

又以上各类项互不相同,故 $(a+b+c)^n$ 展开后共有项数为 $1 + 2 + \cdots + (n+1) = \frac{(n+2)(n+1)}{2} = C_{n+2}^2$.

(2) $(a+b+c+d)^n$ 展开后的项数是 C_{n+3}^3.

因 $(a+b+c+d)^n = [d+(a+b+c)]^n = C_n^0 d^n + C_n^1 d^{n-1}(a+b+c) + \cdots + C_n^n (a+b+c)^n$,由(1)的结论得 $(a+b+c+d)^n$ 展开后的项数是 $C_2^2 + C_3^2 + C_4^2 + \cdots + C_{n+2}^2 = C_{n+3}^3$(连续利用组合数性质 $C_n^{m-1} + C_n^m = C_{n+1}^m$ 可证).

(3) 观察(1)与(2)的结论,猜想 $(a_1 + a_2 + \cdots + a_m)^n$ 展开后共有 C_{n+m-1}^{m-1} 项.

证明 当 $m = 1$ 时,命题明显成立.

假设 $m = k$ 时,命题成立,即 $(a_1 + a_2 + \cdots + a_k)^n$ 展开后共有 C_{n+k-1}^{k-1} 项,则当 $x = k+1$ 时,

$(a_1 + a_2 + \cdots + a_k + a_{k+1})^n = [a_{k+1} + (a_1 + a_2 + \cdots + a_k)]^n = C_n^0 a_{k+1}^n + C_n^1 a_{k+1}^{n-1}(a_1 + a_2 + \cdots + a_k) + \cdots + C_n^n(a_1 + a_2 + \cdots + a_k)^n$ 展开后项数是 $C_{k-1}^{k-1} + C_k^{k-1} + \cdots + C_{n+k-1}^{k-1} = C_{n+(k+1)-1}^{(k+1)-1}$,即当 $m = k + 1$ 时,命题也成立.

综上可知,对 $m \in \mathbf{N}$. 上述猜想成立.

由此得以下定理:

定理 多项式 $(a_1 + a_2 + \cdots + a_m)^n$ 展开后的项数是 C_{n+m-1}^{m-1}.

利用以上定理,可以迅速求出 $(a + b + c)^9$ 的项数是 $C_{9+3-1}^{3-1} = 55$,$(a + b + c + d)^{20}$ 的展开式的项数是 $C_{20+4-1}^{4-1} = 1\ 771$.

评注 这篇习作使我们看到了,写作素材是在数学学习活动中捕捉到的. 这篇习作写出了自己的研究性学习经历与结果.

③ 从"错误资源"中寻找写作素材.

学习者学习中由于主观认识的偏差或失误而形成的错误,称为学习中的"错误资源". 学习者的错误是学习者认识的误区,也是学习的疑点、难点,指导者要善于利用这些错误,引领学习者在解决问题的过程中不断总结经验,提高对错误的"免疫力",以达到知错、改错、防错之功效.

例如,8 个人排成一队,A,B,C 三人中任两人互不相邻,D,E 两人也不相邻的排法共有多少种?

有人给出解法:把没有特殊要求的三人记为 F,G,H. 分三步完成:第一步,将 F,G,H 全排列,有 A_3^3 种排法;第二步,在 F,G,H 站位的间隔和两端处,插入 A,B,C 三人,有 A_4^3 种方法;第三步,在 F,G,H,A,B,C 站位的间隔和两端处,插入 D,E 两人,有 A_7^2 种方法. 根据分步计数原理,所求的排法种数为 $A_3^3 A_4^3 A_7^2 = 6\ 048$. 解法很自然,似乎无懈可击,但答案却是错误的. 如果对此给出错因分析和正确解法,并对其进行延伸与拓展,就很有文章可做.

④ 从数学学习反思中提取写作素材.

数学学习反思是以学习者自身的学习活动为思考对象,对自己的决策、行为以及由此所产生的结果进行审视和分析的过程. 若将这些思考、认识分门别类及时记录下来,过一段时间再整理一番,去伪存真、厚积薄发,时间久了,就能积累很多有价值的写作素材.

例7 浙江江山中学高三学生许晓波的习作《将题目做透》(中学生数学,2000(4):30).

数学参考书,几乎每个同学都有. 里面的一大堆题目,可能也都被大家"啃"下来了. 然而,许多同学做完这一大通题目之后,数学成绩无多大提高. 为什么呢? 我认为,它们并没有将题目做"透".

将题目做"透",就是要将题目"看透""想透""揣摩透". 总的来说,可以分以下三点阐述.

第一,看透题目,即深刻理解题意,理清已知条件,挖掘出隐含条件. 这一步可以称为"知道是什么",即知道这道题考察的是什么内容,它给了我们哪些条件,还有哪些条件需要我们求算,等等. 这些都是解题的前奏和基础,不可忽视.

第二,想透题目,即想出一系列相关的公式、定理、定律来解题. 做题前,大家先别忙着动笔,可先思考一下,该用哪种数学方法,可能会用上哪些数学定理等.只有在心里有大概的"谱"之后,解题才会迅速、准确.许多同学常常是边做题边想解题方法,往往到了最后,解题过程写了大半页,可答案却还没有"眉目".这实际上是为了做题而做题.它的负面效应,是可想而知的.大家要知道,解题时,多思考,多问自己几个为什么,对活跃思维,提高解题能力有十分重要的作用.

第三,把题目揣摩透.题目做完之后,便丢在一边,"不闻不问",这可是许多同学的通病.其实,我们做题就是为了掌握某种知识,提高运用所学知识解决问题的能力.因此,解题所用的独特的角度,独特的方法,就需要我们细细揣摩、体味.孰不知,这是项十分快乐的工作,因为自己从这道题中又学到了某种新方法,获得了某种新思维.许多同学之所以能够融会贯通,有举一反三的惊人之处,就是由于他们常对题目进行总结并认真揣摩,细细品味的缘故.

以上做题三步骤,对提高解题能力是十分有用的.同学们(尤其是高三同学)不妨试一试.

评注 这篇习作就是作者在数学解题反思中提取的写作素材,写出了自己的体验,并说明了道理,也启发了其他人.

例8 浙江江山中学高二学生姜炜阳的习作《关于数学学习的几点感触》(中学生数学,2004(3):29).

数学是普通高中的一门主要课程,学好数学是非常重要的.在这里,我将自己关于数学学习的几点体会介绍给大家.

第一,提高听课效率.这里暂不讨论预习和复习是否重要,我认为提高听课的效率是最关键的.应努力做到当堂理解和掌握所学的内容.听讲时应该顺着老师的讲解,积极思考,必要时可适当做些笔记.保证课堂45分钟的效率,保证课堂45分钟的全力投入,可以省去课外的许多麻烦.在课堂上经过老师的讲解几分钟就能弄懂的问题,课后几个小时可能都弄不懂.这一方面我深有感触.

第二,要理解所学的内容.不少同学在学习数学时有一个通病——重结论,轻过程.他们以为最后的结论就是基础知识.掌握基础知识就是背定义,记公式.结果在学习中经常会出现知识遗忘,概念模糊、混淆的问题.学习时,我们应宁可多想几遍,也不要死记硬背.因为死记硬背既不能领悟概念的本质,也不能长久地记住基础知识.我们只有在理解过程中记忆,才能有效地掌握知识.

例如三角中和差化积与积化和差公式,许多同学背了就忘,忘了再背.但是如果理解了知识推导过程,记忆就容易了.首先,在脑海中呈现出四个最基本的公式

$$\begin{cases} \sin(\alpha+\beta) = \sin\alpha\cos\beta + \cos\alpha\sin\beta \\ \sin(\alpha-\beta) = \sin\alpha\cos\beta - \cos\alpha\sin\beta \end{cases}$$

$$\begin{cases} \cos(\alpha+\beta) = \cos\alpha\cos\beta - \sin\alpha\sin\beta \\ \cos(\alpha-\beta) = \cos\alpha\cos\beta + \sin\alpha\sin\beta \end{cases}$$

接着将每组的两个式子相加或相减,两边同除以2,就可以很方便地写出积化和差的公式

$$\begin{cases} \sin\alpha\cos\beta = \dfrac{1}{2}[\sin(\alpha+\beta)+\sin(\alpha-\beta)] \\ \cos\alpha\cos\beta = \dfrac{1}{2}[\sin(\alpha+\beta)-\sin(\alpha-\beta)] \end{cases}$$

$$\begin{cases} \cos\alpha\cos\beta = \dfrac{1}{2}[\cos(\alpha+\beta)+\cos(\alpha-\beta)] \\ -\sin\alpha\sin\beta = \dfrac{1}{2}[\cos(\alpha+\beta)-\cos(\alpha-\beta)] \end{cases}$$

同样,对积化和差问题也可同样理解和记忆.这样记忆似乎很烦,但因为以理解作为基础,就可以永久地记住这两套公式.

第三,防止"只做难题"的倾向.一些同学把"能力"片面地理解为"复杂",于是把培养能力等同于解难题.他们轻视基本概念,埋头于题海之中,不善消化,见多而识不广.因此考试时遇到"老面孔"似曾相见而不相识,遇到"新面孔"则束手无策.在这方面,我也曾有过深刻的教训.因此,离开了基本概念片面地去解难题,会得不偿失.因此,在概念建立的时候做适量简单的练习,对于打好基础是必要的,不过不需太多.

我想,做练习只是手段,最终目的是为了更好地掌握知识.因此,在做完每一道练习后有必要作适当的回顾,想一想用过哪些知识,有何困难,这短短的时期正是解题的收获时期.

第四,准备一本错题集,将平时做错的题目都记录下来,分析错误原因,这样以后再犯同样错误的机会会大大减少.这一步工作很费力,但付出总有回报.许多考试中出错的题目,往往就是平时经常做错却没注意的题目.这些出错的地方正是我们学习中最薄弱的地方,把这些地方弄懂,避免在同一地方第二次摔倒,比起把十道习题演算正确,收效也许会更大一些.此外,对于一些典型题目和解题思路,也可如法炮制.

以上只不过是本人的几点体会,同学们若有兴趣,不妨试一试.

评注 这篇习作是数学学习活动中的经验结总结体会,对他人有好的启发作用.

⑤从数学解题探究中获取写作素材.

数学学习离不开解题,探究数学解题是数学学习者的一个重要方面,在这其中也可获取大量的写作素材.例如,探究数学题的一题多解,不仅展示了解题者的火热思考及智慧的显露,而且可对各种解法进行差异比较,追根溯源引发解题者不断深入思考.梳理知识.完善数学认识结构.例如,前面的例1,就给了7种证法.下面在看一例:

例9 湖南武冈一中高三学生张建年、陈刚的习作《多解加多变,思维更敏捷》(中学生数学,1999(7):25).

问题 已知 A,B,C 是 $\triangle ABC$ 的三个内角弧度数,求证: $\dfrac{1}{A^2}+\dfrac{1}{B^2}+\dfrac{1}{C^2} \geq \dfrac{27}{\pi^2}$.

分析1 (等价转化)由于 $A+B+C=\pi$,要证命题成立,只需证 $\dfrac{1}{A^2}+\dfrac{1}{B^2}+\dfrac{1}{C^2} \geq \dfrac{27}{(A+B+C)^2}$,或证 $\left(\dfrac{1}{A^2}+\dfrac{1}{B^2}+\dfrac{1}{C^2}\right)(A+B+C)^2 \geq 27$,或证 $\dfrac{\dfrac{1}{A^2}+\dfrac{1}{B^2}+\dfrac{1}{C^2}}{3} \cdot \left(\dfrac{A+B+C}{3}\right)^2 \geq 1$ $(A,B,C \in \mathbf{R}^*$ 且 $A+B+C=\pi)$.

证法1 因 $(\frac{1}{A^2}+\frac{1}{B^2}+\frac{1}{C^2})(A+B+C)^2 = \cdots = 3+(\frac{B^2}{A^2}+\frac{A^2}{B^2})+(\frac{C^2}{A^2}+\frac{A^2}{C^2})+(\frac{C^2}{B^2}+\frac{B^2}{C^2})+2(\frac{B}{A}+\frac{A}{B})+2(\frac{A}{C}+\frac{C}{A})+2(\frac{C}{B}+\frac{B}{C})+2(\frac{BC}{A^2}+\frac{CA}{B^2}+\frac{AB}{C^2}) \geqslant 3+2+2+2+2\times 2+2\times 2+2\times 2+2\times 3 = 27$(当且仅当 $A=B=C=\frac{\pi}{3}$ 时取等号). 故所证成立.

证法2 $(\frac{1}{A^2}+\frac{1}{B^2}+\frac{1}{C^2}) \geqslant 3\sqrt[3]{\frac{1}{A^2B^2C^2}} > 0, \pi = A+B+C \geqslant 3\sqrt[3]{ABC}$.

故 $(\frac{1}{A^2}+\frac{1}{B^2}+\frac{1}{C^2})(A+B+C)^2 \geqslant 3\sqrt[3]{\frac{1}{A^2B^2C^2}} \cdot (3\sqrt[3]{ABC}) = 3 \cdot 3^2 = 27$.(后略)

证法3 $\dfrac{\frac{1}{A^2}+\frac{1}{B^2}+\frac{1}{C^2}}{3} \geqslant \sqrt[3]{\frac{1}{A^2B^2C^2}} > 0, \dfrac{A+B+C}{3} \geqslant \sqrt[3]{ABC} > 0$, 故

$$\frac{\frac{1}{A^2}+\frac{1}{B^2}+\frac{1}{C^2}}{3}(\frac{A+B+C}{3})^2 \geqslant \sqrt[3]{\frac{1}{A^2B^2C^2}}(\sqrt[3]{ABC})^2 = 1$$

分析2 (适度放缩) 因 $A+B+C = \pi, ABC \leqslant (\frac{A+B+C}{3})^3 = \frac{\pi^2}{27}$, 故有 $\frac{A+B+C}{ABC} \geqslant \frac{27}{\pi^2}$, 故欲证命题成立, 只需证 $\frac{1}{A^2}+\frac{1}{B^2}+\frac{1}{C^2} \geqslant \frac{A+B+C}{ABC}$, 或证 $(\frac{1}{A^2}+\frac{1}{B^2}+\frac{1}{C^2})ABC \geqslant A+B+C$.

证法4 $\frac{1}{A^2}+\frac{1}{B^2}+\frac{1}{C^2} - \frac{A+B+C}{ABC}$

$= (\frac{1}{A})^2 + (\frac{1}{B})^2 + (\frac{1}{C})^2 - \frac{1}{A} \cdot \frac{1}{B} - \frac{1}{B} \cdot \frac{1}{C} - \frac{1}{C} \cdot \frac{1}{A}$

$= \frac{1}{2}[(\frac{1}{A}-\frac{1}{B})^2 + (\frac{1}{B}-\frac{1}{C})^2 + (\frac{1}{C}-\frac{1}{A})^2]$

$\geqslant 0.$ (后略)

证法5 $(\frac{1}{A^2}+\frac{1}{B^2}+\frac{1}{C^2})ABC$

$= \frac{BC}{A} + \frac{CA}{B} + \frac{AB}{C} \geqslant \frac{1}{2}[2C+2A+2B]$

$= A+B+C$ (后略)

把问题拓广延伸可得以下变式题及其推广.

变式1 条件不变, 比较下列各组数的大小:

(1) $\frac{1}{A}+\frac{1}{B}+\frac{1}{C}$ 与 $\frac{9}{\pi}$;

(2) $\frac{1}{A^2}+\frac{1}{B^2}+\frac{1}{C^2}$ 与 $\frac{27}{\pi^2}$;

(3) $\frac{1}{A^3}+\frac{1}{B^3}+\frac{1}{C^3}$ 与 $\frac{81}{\pi^3}$.

通过观察与归纳又得:

变式2 条件不变,证明 $\dfrac{1}{A^n}+\dfrac{1}{B^n}+\dfrac{1}{C^n}\geqslant\dfrac{3^{n+1}}{\pi^n}$,进而可得以下推广:

推广1 设 $A_1,A_2,\cdots,A_n$ 是凸 n 边形内角的弧度数,求证:$\dfrac{1}{A_1^2}+\dfrac{1}{A_2^2}+\cdots+\dfrac{1}{A_n^2}\geqslant\dfrac{n^3}{(n-2)^2\pi^2}(3\leqslant n\in\mathbf{N}).$

推广2 设 $A_1,A_2,\cdots,A_n$ 是凸 n 边形内角的弧度数,求证:$\dfrac{1}{A_1^m}+\dfrac{1}{A_2^m}+\cdots+\dfrac{1}{A_n^m}\geqslant\dfrac{n^{m+1}}{(n-2)^m\pi^m}.$

推广3 若 $a_i\in\mathbf{R}^*,m,n\in\mathbf{N}$. 求证:$\dfrac{1}{a_1^m}+\dfrac{1}{a_2^m}+\cdots+\dfrac{1}{a_n^m}\geqslant\dfrac{n^{m+1}}{(a_1+a_2+\cdots+a_n)^m}.$

推广3 证明如下: $\dfrac{1}{a_1^m}+\dfrac{1}{a_2^m}+\cdots+\dfrac{1}{a_n^m}$

$$\geqslant n\sqrt[n]{\left(\dfrac{1}{a_1a_2\cdots a_n}\right)^m}(a_1+a_2+\cdots+a_n)^m$$

$$\geqslant(n\sqrt[n]{a_1+a_2+\cdots+a_n})$$

两式叠乘即可获证. 容易发现余者皆为推广3的特例.

评注 这篇习作是作者的解题研究体会. 对一道题目给出多种解法,这也是学习者展示自己才能的数学写作平台.

写作素材还可以从阅读数学书刊以及从数学测量等方面去捕捉.

2. 梳理文字写出新意

数学写作写出来的小文应该是有新意的,对别人也是有启发性的,这在前面所举出的例子都说明了这一点,只有这样,才是真正的数学写作作品. 在进行数学写作时,对文题、各段小标题、关键性话语、例证都要细细琢磨、反复推敲,对文稿要多次修改,搁置一段时间后再修改.

3. 勤动笔多参与数学写作小论文征集活动

有心得,有体会及时记下来,有思考有想法也记下来,这都是数学写作的素材. 积极参与数学手抄报、数学板报、各类数学杂志的数学小论文征集活动. 这是提高自己数学写作技能的极好时机与平台.

参 考 文 献

[1] 曹才翰,章建跃. 数学教育心理学[M]. 北京:北京师范大学出版社,2006.
[2] 田万海. 数学教育学[M]. 杭州:浙江教育出版社,1999.
[3] 张奠宙. 中国数学双基数学[M]. 上海:上海教育出版社,2006.
[4] 何小亚. 数学学与教的心理学[M]. 广州:华南理工大学出版社,2003.
[5] 李少保,除飞莉. 对数学理解的初步研究[J]. 数学教学,2009(3):7-9.
[6] 赵利忠. 一个最值问题的多种解法[J]. 中学数学,1999(5):27-28.
[7] 李建潮. 一个数学问题的实质性探微[J]. 中学数学月刊,2008(3):30-31.
[8] 金明烈. 应注意重视数学直感的作用[J]. 中学数学,1999(11):7-9.
[9] 杨宪立,杨之. 折弦定理[J]. 数学通报,2011(4):19-20.
[10] 崔志荣. 剖析一个数学问题的几个视角[J]. 数学教学,2015(3):19-20.
[11] 谈祥柏. 数学不了情[M]. 北京:科学出版社,2009.
[12] 郑日锋. "算两次"的思想方法[J]. 中学教研(数学),2012(2):23-26.
[13] 徐章韬. 口诀式概括:一种信息加工的重要方式[J]. 数学通讯,2011(1):13-14.
[14] 童其林. 会算,会少算,也要会不算[J]. 中学生数学,2011(6):2-4.
[15] 翟梦颖,郭要红. 一个三角不等式的类比[J]. 数学通报,2015(2):58-59.
[16] 邵光华. 数学阅读——现代数学教育不容忽视的课题[J]. 数学通报,1999(10):16-18.
[17] 王连国,傅海伦. 数学阅读的批注方法及其价值[J]. 数学通报,2011(2):13-16.
[18] 阳志长. 关注数学阅读自学[J]. 数学通报,2013(9):11-14.
[19] 江志杰. 例谈高中数学语言的阅读与转化[J]. 数学通讯,2013(9):7-11.
[20] 蔡金法. 试论数学概括能力是数学能力的核心[J]. 数学通报,1988(2):3-6.
[21] 王建荣. 一类奥赛题的统一解法[J]. 中学数学研究,2014(7):49.
[22] 程汉波,杨春波. 简单三角不等式引致的优美代数不等式[J]. 数学通讯,2013(3):41-43.
[23] 张晓阳. 四边形的面积公式[J]. 数学通讯,2012(10):35-37.
[24] 李尚志. 中学生数学实验[J]. 数学通报,2005(7):1-5.
[25] 王远征. 利用计算器探索正整数幂的末位数变化的规律[J]. 数学通报,2004(9):13-15.
[26] 沈文选. 初等数学研究教程[M]. 长沙:湖南教育出版社,1996.
[27] 沈文选. 中学教学解题典型方法例说[M]. 长沙:湖南师范大学出版社,1996.
[28] 沈文选. 中学数学模型方法与建模[M]. 长沙:湖南师范大学出版社,2000.
[29] 张奠宙. 数学教育经纬[M]. 南京:江苏教育出版社,2003.

作者出版的相关书籍与发表的相关文章目录

书籍类

[1] 走进教育数学.北京:科学出版社,2015.

[2] 单形论导引.哈尔滨:哈尔滨工业大学出版社,2015.

[3] 奥林匹克数学中的几何问题.长沙:湖南师范大学出版社,2015.

[4] 奥林匹克数学中的代数问题.长沙:湖南师范大学出版社,2015.

[5] 奥林匹克数学中的真题分析.长沙:湖南师范大学出版社,2015.

[6] 走向 IMO 的平面几何试题诠释.哈尔滨:哈尔滨工业大学出版社,2007.

[7] 三角形——从全等到相似.上海:华东师范大学出版社,2005.

[8] 三角形——从分解到组合.上海:华东师范大学出版社,2005.

[9] 三角形——从全等到相似.台北:九章出版社,2006.

[10] 四角形——从分解到组合.台北:九章出版社,2006.

[11] 中学几何研究.北京:高等教育出版社,2006.

[12] 几何课程研究.北京:科学出版社,2006.

[13] 初等数学解题研究.长沙:湖南科学技术出版社,1996.

[14] 初等数学研究教程.长沙:湖南教育出版社,1996.

文章类

[1] 关于"切已知球的单形宽度"一文的注记.数学研究与评论,1998(2):291-295.

[2] 关于单形宽度的不等式链.湖南数学年刊,1996(1):45-48.

[3] 关于单形的几个含参不等式(英).数学理论与学习,2000(1):85-90.

[4] 非负实数矩阵的一条运算性质与几个积分不等式的证明.湖南数学年刊,1993(1):140-143.

[5] 数学教育与教育数学.数学通报,2005(9):27-31.

[6] 数学问题 1151 号.数学通报,2004(10):46-47.

[7] 再谈一个不等式命题.数学通报,1994(12):26-27.

[8] 数学问题 821 号.数学通报,1993(4):48-49.

[9] 数学问题 782 号.数学通报,1992(8):48-49.

[10] 双圆四边形的一些有趣结论.数学通报,1991(5):28-29.

[11] 数学问题 682 号.数学通报,1990(12):48.

[12] 数学解题与解题研究的重新认识.数学教育学报,1997(3):89-92.

[13] 高师数学教育专业《初等数学研究》教学内容的改革尝试.数学教育学报,1998(2):95-99.

[14] 奥林匹克数学研究与数学奥林匹克教育.数学教育学报,2002(3):21-25.

[15] 数学奥林匹克中的几何问题研究与几何教育探讨.数学教育学报,2004(4):78-81.

[16] 涉及单形重心的几个几何不等式.湖南师大学报,2001(1):17-19.

[17] 平面几何定理的证明教学浅谈. 中学数学,1987(9):5-7.
[18] 两圆相交的两条性质及应用. 中学数学,1990(2):12-14.
[19] 三圆两两相交的一条性质. 中学数学,1992(6):25.
[20] 卡尔松不等式是一批著名不等式的综合. 中学数学,1994(7):28-30.
[21] 直角三角形中的一些数量关系. 中学数学,1997(7):14-16.
[22] 关联三个正方形的几个有趣结论. 中学数学,1999(4):45-46.
[23] 广义凸函数的简单性质. 中学数学,2000(12):36-38.
[24] 中学数学研究与中学数学教育. 中学数学,2003(1):1-3.
[25] 含 $60°$ 内角的三角形的性质及应用. 中学数学,2003(1):47-49.
[26] 角格点一些猜想的统一证明. 中学数学,2002(6):40-41.
[27] 完全四边形的一条性质及应用. 中学数学,2006(1):44-45.
[28] 完全四边形的 Miquel 点及其应用. 中学数学,2006(4):36-39.
[29] 关于两个著名定理联系的探讨. 中学数学,2006(10):44-46.
[30] 一类旋转面截线的一条性质. 数学通讯,1985(7):31-33.
[31] 一道平面几何问题的再推广及应用. 数学通讯,1989(1):8-9.
[32] 一类和(或积)式不等式函数最值的统一求解方法. 数学通讯,1993(6):18-19.
[33] 正三角形的连续. 中等数学,1995(6):8-11.
[34] 关联正方形的一些有趣结论与数学竞赛命题. 中等数学,1998(1):10-15.
[35] 关于2003年中国数学奥林匹克第一题. 中等数学,2003(6):9-14.
[36] 完全四边形的优美性质. 中等数学,2006(8):17-22.
[37] 椭圆焦半径的性质. 中等数学,1984(11):45-46.
[38] 从一道竞赛题谈起. 湖南数学通讯,1993(1):30-32.
[39] 概念复习课之我见. 湖南数学通讯,1986(3):2-4.
[40] 单位根的性质及应用举例. 中学数学研究,1987(4):17-20.
[41] 题海战术何时了. 中学数学研究,1997(3):5-7.
[42] 一道高中联赛平面几何题的新证法. 中学教研(数学),2005(4):37-40.
[43] 平行六面体的一些数量关系. 数学教学研究,1987(3):23-26.
[44] 浅谈平面几何定理应用的数学. 数学教学研究,1987(5):14-16.
[45] 对"欧拉不等式的推广"的简证. 数学教学研究,1991(3):11-12.
[46] 正四面体的判定与性质. 数学教学研究,1994(3):29-31.
[47] 矩阵中元素的几条运算性质与不等式的证明. 数学教学研究,1994(3):39-43.
[48] 逐步培养和提高学生解题能力的五个层次. 中学数学(苏州),1997(4):29-31.
[49] 数学教师专业化与教育数学研究. 中学数学,2004(2):1-4.
[50] 中学数学教师岗位成才与教育数学研究. 中学数学研究,2006(7):封二-4.
[51] 2005年全国高中联赛加试题另解. 中学数学研究,2005(12):10-12.
[52] 2002年高中联赛平面几何题的新证法. 中学数学杂志,2003(1):40-43.
[53] 2001年高中联赛平面几何题的新证法. 中学数学杂志,2002(1):33-34.
[54] 构造长方体数的两个法则. 数学教学通讯,1998(2):36.
[55] 抛物线弓形的几条有趣性质. 中学数学杂志,1991(4):9-12.

[56] 空间四边形的一些有趣结论.中学数学杂志,1990(3):37-39.

[57] 关于求"异面直线的夹角"公式的简证.中学数学教学(上海),1987(2):25.

[58] 发掘例题的智能因素.教学研究,1989(4):26-30.

[59] 数学创新教育与数学教育创新.现代中学数学,2003(1):2-7.

[60] 剖析现实.抓好新一轮课程改革中的高中数学教学.现代中学数学,2004(4):2-7.

[61] 基础+创新=优秀的教育.现代中学数学,2005(2):1-3.

[62] 平面几何内容的教学与培训再议.现代中学数学,2005(4):封二.

[63] 运用"说课"这一教学研究和教学交流形式的几点注意.现代中学数学,2006(1):封二-1.

[64] 二议数学教育与教育.现代中学数学,2006(3):封二-3.

[65] 直角四面体的旁切球半径.中学数学报,1986(8).

[66] 析命题立意,谈迎考复习.招生与考试,2002(2).

⊙ 编后语

沈文选先生是我多年的挚友,我又是这套丛书的策划编辑,所以有必要在这套丛书即将出版之际,说上两句.

有人说:"现在,书籍越来越多,过于垃圾,过于商业,过于功利,过于弱智,无书可读."

还有人说:"从前,出书难,总量少,好书就像沙滩上的鹅卵石一样显而易见,而现在书籍的总量在无限扩张,而佳作却无法迅速膨化,好书便如埋在沙砾里的金粉一样细屑不可寻,一读便上当,看书的机会成本越来越大."(无书可读——中国图书业的另类观察,侯虹斌《新周刊》,2003,总 166 期)

但凡事总有例外,摆在我面前的沈文选先生的大作便是一个小概率事件的结果. 文如其人,作品即是人品,现在认认真真做学问,老老实实写著作的学者已不多见,沈先生算是其中一位,用书法大师、教育家启功给北京师范大学所题的校训"学为人师,行为世艺"来写照,恰如其分. 沈先生"从一而终",从教近四十年,除偶有涉及 n 维空间上的单形研究外,将全部精力投入到初等数学的研究中,不可不谓执着,成果也是显著的,称其著作等身并不为过.

目前,国内高校也开始流传美国学界历来的说法"不发表则自毙(*Publish or Perish*)". 于是大量应景之作迭出,但沈先生已退休,并无此压力,只是想将多年的研究做个总结,可算封山之作. 所以说这套丛书是无书可读时代的可读之书, 选读此套丛书可将读书的机会成本降至无穷小.

这套书非考试之用, 所以切不可抱功利之心去读. 中国最可怕的事不是大众不读书, 而是教师不读书, 沈先生的书既是给学生读的, 也是给教师读的. 2001 年陈丹青在上海《艺术世界》杂志开办专栏时, 他采取读者提问他回答的互动方式. 有一位读者直截了当地问:"你认为在艺术中能够得到什么?"陈丹青答道:"得到所谓'艺术':有时自以为得到了, 有时发现并没得到."(陈丹青. 与陈丹青交谈. 上海文艺出版社, 2007, 第 12 页). 读艺术如此, 读数学也如此, 如果非要给自己一个读的理由, 可以用一首诗来说服自己, 曾有人将古代五言《神童诗》扩展成七言:

古今天子重英豪, 学内文章教尔曹.
世上万般皆下品, 人间唯有读书高.

沈先生的书涉猎极广, 可以说只要对数学感兴趣的人都会开卷有益, 可自学, 可竞赛, 可教学, 可欣赏, 可把玩, 只是不宜远离. 米兰·昆德拉在《小说的艺术》中说:"缺乏艺术细胞并不可怕, 一个人完全可以不读普鲁斯特, 不听舒伯特, 而生活得很平和, 但一个蔑视艺术的人不可能平和地生活."(米兰·昆德拉. 小说的艺术. 董强, 译. 上海译文出版社, 2004, 第 169 页)将艺术换以数学结论也成立.

本套丛书其旨在提高公众数学素养, 打个比方说它不是药, 但它是营养素与维生素, 缺少它短期似无大碍, 长期缺乏必有大害. 2007 年 9 月初, 法国中小学开学之际, 法国总统尼古拉·萨科奇发表了长达 32 页的《致教育者的一封信》, 其中他严肃指出: 当前法国教育中的普通文化日渐衰退, 而专业化学习经常过细、过早. 他认为:"学者、工程师、技术员不能没有文学、艺术、哲学素养; 作家、艺术家、哲学家不能没有科学、技术数学素养."

最后我们祝沈老师退休生活愉快, 为数学工作了一辈子, 教了那么多学生, 写了那么多书和论文, 您太累了, 也该歇歇了.

刘培杰
2017 年 5 月 1 日

刘培杰数学工作室
已出版(即将出版)图书目录——初等数学

书　名	出版时间	定　价	编号
新编中学数学解题方法全书(高中版)上卷	2007—09	38.00	7
新编中学数学解题方法全书(高中版)中卷	2007—09	48.00	8
新编中学数学解题方法全书(高中版)下卷(一)	2007—09	42.00	17
新编中学数学解题方法全书(高中版)下卷(二)	2007—09	38.00	18
新编中学数学解题方法全书(高中版)下卷(三)	2010—06	58.00	73
新编中学数学解题方法全书(初中版)上卷	2008—01	28.00	29
新编中学数学解题方法全书(初中版)中卷	2010—07	38.00	75
新编中学数学解题方法全书(高考复习卷)	2010—01	48.00	67
新编中学数学解题方法全书(高考真题卷)	2010—01	38.00	62
新编中学数学解题方法全书(高考精华卷)	2011—03	68.00	118
新编平面解析几何解题方法全书(专题讲座卷)	2010—01	18.00	61
新编中学数学解题方法全书(自主招生卷)	2013—08	88.00	261
数学奥林匹克与数学文化(第一辑)	2006—05	48.00	4
数学奥林匹克与数学文化(第二辑)(竞赛卷)	2008—01	48.00	19
数学奥林匹克与数学文化(第二辑)(文化卷)	2008—07	58.00	36′
数学奥林匹克与数学文化(第三辑)(竞赛卷)	2010—01	48.00	59
数学奥林匹克与数学文化(第四辑)(竞赛卷)	2011—08	58.00	87
数学奥林匹克与数学文化(第五辑)	2015—06	98.00	370
世界著名平面几何经典著作钩沉——几何作图专题卷(上)	2009—06	48.00	49
世界著名平面几何经典著作钩沉——几何作图专题卷(下)	2011—01	88.00	80
世界著名平面几何经典著作钩沉(民国平面几何老课本)	2011—03	38.00	113
世界著名平面几何经典著作钩沉(建国初期平面三角老课本)	2015—08	38.00	507
世界著名解析几何经典著作钩沉——平面解析几何卷	2014—01	38.00	264
世界著名数论经典著作钩沉(算术卷)	2012—01	28.00	125
世界著名数学经典著作钩沉——立体几何卷	2011—02	28.00	88
世界著名三角学经典著作钩沉(平面三角卷Ⅰ)	2010—06	28.00	69
世界著名三角学经典著作钩沉(平面三角卷Ⅱ)	2011—01	38.00	78
世界著名初等数论经典著作钩沉(理论和实用算术卷)	2011—07	38.00	126
发展你的空间想象力	2017—06	38.00	785
走向国际数学奥林匹克的平面几何试题诠释(上、下)(第1版)	2007—01	68.00	11,12
走向国际数学奥林匹克的平面几何试题诠释(上、下)(第2版)	2010—02	98.00	63,64
平面几何证明方法全书	2007—08	35.00	1
平面几何证明方法全书习题解答(第1版)	2005—10	18.00	2
平面几何证明方法全书习题解答(第2版)	2006—12	18.00	10
平面几何天天练上卷·基础篇(直线型)	2013—01	58.00	208
平面几何天天练中卷·基础篇(涉及圆)	2013—01	28.00	234
平面几何天天练下卷·提高篇	2013—01	58.00	237
平面几何专题研究	2013—07	98.00	258

Ⅰ

刘培杰数学工作室
已出版（即将出版）图书目录——初等数学

书　名	出版时间	定　价	编号
最新世界各国数学奥林匹克中的平面几何试题	2007—09	38.00	14
数学竞赛平面几何典型题及新颖解	2010—07	48.00	74
初等数学复习及研究(平面几何)	2008—09	58.00	38
初等数学复习及研究(立体几何)	2010—06	38.00	71
初等数学复习及研究(平面几何)习题解答	2009—01	48.00	42
几何学教程(平面几何卷)	2011—03	68.00	90
几何学教程(立体几何卷)	2011—07	68.00	130
几何变换与几何证题	2010—06	88.00	70
计算方法与几何证题	2011—06	28.00	129
立体几何技巧与方法	2014—04	88.00	293
几何瑰宝——平面几何500名题暨1000条定理(上、下)	2010—07	138.00	76,77
三角形的解法与应用	2012—07	18.00	183
近代的三角形几何学	2012—07	48.00	184
一般折线几何学	2015—08	48.00	503
三角形的五心	2009—06	28.00	51
三角形的六心及其应用	2015—10	68.00	542
三角形趣谈	2012—08	28.00	212
解三角形	2014—01	28.00	265
三角学专门教程	2014—09	28.00	387
图天下几何新题试卷.初中(第2版)	2017—11	58.00	855
圆锥曲线习题集(上册)	2013—06	68.00	255
圆锥曲线习题集(中册)	2015—01	78.00	434
圆锥曲线习题集(下册·第1卷)	2016—10	78.00	683
圆锥曲线习题集(下册·第2卷)	2018—01	98.00	853
论九点圆	2015—05	88.00	645
近代欧氏几何学	2012—03	48.00	162
罗巴切夫斯基几何学及几何基础概要	2012—07	28.00	188
罗巴切夫斯基几何学初步	2015—06	28.00	474
用三角、解析几何、复数、向量计算解数学竞赛几何题	2015—03	48.00	455
美国中学几何教程	2015—04	88.00	458
三线坐标与三角形特征点	2015—04	98.00	460
平面解析几何方法与研究(第1卷)	2015—05	18.00	471
平面解析几何方法与研究(第2卷)	2015—06	18.00	472
平面解析几何方法与研究(第3卷)	2015—07	18.00	473
解析几何研究	2015—01	38.00	425
解析几何学教程.上	2016—01	38.00	574
解析几何学教程.下	2016—01	38.00	575
几何学基础	2016—01	58.00	581
初等几何研究	2015—02	58.00	444
十九和二十世纪欧氏几何学中的片段	2017—01	58.00	696
平面几何中考.高考.奥数一本通	2017—07	28.00	820
几何学简史	2017—08	28.00	833
四面体	2018—01	48.00	880

刘培杰数学工作室
已出版(即将出版)图书目录——初等数学

书 名	出版时间	定 价	编号
俄罗斯平面几何问题集	2009—08	88.00	55
俄罗斯立体几何问题集	2014—03	58.00	283
俄罗斯几何大师——沙雷金论数学及其他	2014—01	48.00	271
来自俄罗斯的5000道几何习题及解答	2011—03	58.00	89
俄罗斯初等数学问题集	2012—05	38.00	177
俄罗斯函数问题集	2011—03	38.00	103
俄罗斯组合分析问题集	2011—01	48.00	79
俄罗斯初等数学万题选——三角卷	2012—11	38.00	222
俄罗斯初等数学万题选——代数卷	2013—08	68.00	225
俄罗斯初等数学万题选——几何卷	2014—01	68.00	226
463个俄罗斯几何老问题	2012—01	28.00	152
谈谈素数	2011—03	18.00	91
平方和	2011—03	18.00	92
整数论	2011—05	38.00	120
从整数谈起	2015—10	28.00	538
数与多项式	2016—01	38.00	558
谈谈不定方程	2011—05	28.00	119
解析不等式新论	2009—06	68.00	48
建立不等式的方法	2011—03	98.00	104
数学奥林匹克不等式研究	2009—08	68.00	56
不等式研究(第二辑)	2012—02	68.00	153
不等式的秘密(第一卷)	2012—02	28.00	154
不等式的秘密(第一卷)(第2版)	2014—02	38.00	286
不等式的秘密(第二卷)	2014—01	38.00	268
初等不等式的证明方法	2010—06	38.00	123
初等不等式的证明方法(第二版)	2014—11	38.00	407
不等式·理论·方法(基础卷)	2015—07	38.00	496
不等式·理论·方法(经典不等式卷)	2015—07	38.00	497
不等式·理论·方法(特殊类型不等式卷)	2015—07	48.00	498
不等式探究	2016—03	38.00	582
不等式探秘	2017—01	88.00	689
四面体不等式	2017—01	68.00	715
数学奥林匹克中常见重要不等式	2017—09	38.00	845
同余理论	2012—05	38.00	163
[x]与{x}	2015—04	48.00	476
极值与最值.上卷	2015—06	28.00	486
极值与最值.中卷	2015—06	38.00	487
极值与最值.下卷	2015—06	28.00	488
整数的性质	2012—11	38.00	192
完全平方数及其应用	2015—08	78.00	506
多项式理论	2015—10	88.00	541
奇数、偶数、奇偶分析法	2018—01	98.00	876

刘培杰数学工作室
已出版(即将出版)图书目录——初等数学

书　名	出版时间	定　价	编号
历届美国中学生数学竞赛试题及解答(第一卷)1950—1954	2014—07	18.00	277
历届美国中学生数学竞赛试题及解答(第二卷)1955—1959	2014—04	18.00	278
历届美国中学生数学竞赛试题及解答(第三卷)1960—1964	2014—06	18.00	279
历届美国中学生数学竞赛试题及解答(第四卷)1965—1969	2014—04	28.00	280
历届美国中学生数学竞赛试题及解答(第五卷)1970—1972	2014—06	18.00	281
历届美国中学生数学竞赛试题及解答(第六卷)1973—1980	2017—07	18.00	768
历届美国中学生数学竞赛试题及解答(第七卷)1981—1986	2015—01	18.00	424
历届美国中学生数学竞赛试题及解答(第八卷)1987—1990	2017—05	18.00	769
历届IMO试题集(1959—2005)	2006—05	58.00	5
历届CMO试题集	2008—09	28.00	40
历届中国数学奥林匹克试题集(第2版)	2017—03	38.00	757
历届加拿大数学奥林匹克试题集	2012—08	38.00	215
历届美国数学奥林匹克试题集:多解推广加强	2012—08	38.00	209
历届美国数学奥林匹克试题集:多解推广加强(第2版)	2016—03	48.00	592
历届波兰数学竞赛试题集.第1卷,1949～1963	2015—03	18.00	453
历届波兰数学竞赛试题集.第2卷,1964～1976	2015—03	18.00	454
历届巴尔干数学奥林匹克试题集	2015—05	38.00	466
保加利亚数学奥林匹克	2014—10	38.00	393
圣彼得堡数学奥林匹克试题集	2015—01	38.00	429
匈牙利奥林匹克数学竞赛题解.第1卷	2016—05	28.00	593
匈牙利奥林匹克数学竞赛题解.第2卷	2016—05	28.00	594
历届美国数学邀请赛试题集(第2版)	2017—10	78.00	851
全国高中数学竞赛试题及解答.第1卷	2014—07	38.00	331
普林斯顿大学数学竞赛	2016—06	38.00	669
亚太地区数学奥林匹克竞赛题	2015—07	18.00	492
日本历届(初级)广中杯数学竞赛试题及解答.第1卷(2000～2007)	2016—05	28.00	641
日本历届(初级)广中杯数学竞赛试题及解答.第2卷(2008～2015)	2016—05	38.00	642
360个数学竞赛问题	2016—08	58.00	677
奥数最佳实战题.上卷	2017—06	38.00	760
奥数最佳实战题.下卷	2017—05	58.00	761
哈尔滨市早期中学数学竞赛试题汇编	2016—07	28.00	672
全国高中数学联赛试题及解答:1981—2015	2016—08	98.00	676
20世纪50年代全国部分城市数学竞赛试题汇编	2017—07	28.00	797
高中数学竞赛培训教程:整除与同余以及不定方程	2018—01	88.00	869
高考数学临门一脚(含密押三套卷)(理科版)	2017—01	45.00	743
高考数学临门一脚(含密押三套卷)(文科版)	2017—01	45.00	744
新课标高考数学题型全归纳(文科版)	2015—05	72.00	467
新课标高考数学题型全归纳(理科版)	2015—05	82.00	468
洞穿高考数学解答题核心考点(理科版)	2015—11	49.80	550
洞穿高考数学解答题核心考点(文科版)	2015—11	46.80	551

刘培杰数学工作室
已出版(即将出版)图书目录——初等数学

书　名	出版时间	定　价	编号
高考数学题型全归纳:文科版.上	2016—05	53.00	663
高考数学题型全归纳:文科版.下	2016—05	53.00	664
高考数学题型全归纳:理科版.上	2016—05	58.00	665
高考数学题型全归纳:理科版.下	2016—05	58.00	666
王连笑教你怎样学数学:高考选择题解题策略与客观题实用训练	2014—01	48.00	262
王连笑教你怎样学数学:高考数学高层次讲座	2015—02	48.00	432
高考数学的理论与实践	2009—08	38.00	53
高考数学核心题型解题方法与技巧	2010—01	28.00	86
高考思维新平台	2014—03	38.00	259
30分钟拿下高考数学选择题、填空题(理科版)	2016—10	39.80	720
30分钟拿下高考数学选择题、填空题(文科版)	2016—10	39.80	721
高考数学压轴题解题诀窍(上)(第2版)	2018—01	58.00	874
高考数学压轴题解题诀窍(下)(第2版)	2018—01	48.00	875
北京市五区文科数学三年高考模拟题详解:2013～2015	2015—08	48.00	500
北京市五区理科数学三年高考模拟题详解:2013～2015	2015—09	68.00	505
向量法巧解数学高考题	2009—08	28.00	54
高考数学万能解题法(第2版)	即将出版	38.00	691
高考物理万能解题法(第2版)	即将出版	38.00	692
高考化学万能解题法(第2版)	即将出版	28.00	693
高考生物万能解题法(第2版)	即将出版	28.00	694
高考数学解题金典(第2版)	2017—01	78.00	716
高考物理解题金典(第2版)	即将出版	68.00	717
高考化学解题金典(第2版)	即将出版	58.00	718
我一定要赚分:高中物理	2016—01	38.00	580
数学高考参考	2016—01	78.00	589
2011～2015年全国及各省市高考数学文科精品试题审题要津与解法研究	2015—10	68.00	539
2011～2015年全国及各省市高考数学理科精品试题审题要津与解法研究	2015—10	88.00	540
最新全国及各省市高考数学试卷解法研究及点拨评析	2009—02	38.00	41
2011年全国及各省市高考数学试题审题要津与解法研究	2011—10	48.00	139
2013年全国及各省市高考数学试题解析与点评	2014—01	48.00	282
全国及各省市高考数学试题审题要津与解法研究	2015—02	48.00	450
新课标高考数学——五年试题分章详解(2007～2011)(上、下)	2011—10	78.00	140,141
全国中考数学压轴题审题要津与解法研究	2013—04	78.00	248
新编全国及各省市中考数学压轴题审题要津与解法研究	2014—05	58.00	342
全国及各省市5年中考数学压轴题审题要津与解法研究(2015版)	2015—04	58.00	462
中考数学专题总复习	2007—04	28.00	6
中考数学较难题、难题常考题型解题方法与技巧.上	2016—01	48.00	584
中考数学较难题、难题常考题型解题方法与技巧.下	2016—01	58.00	585
中考数学较难题常考题型解题方法与技巧	2016—09	48.00	681
中考数学难题常考题型解题方法与技巧	2016—09	48.00	682

V

刘培杰数学工作室
已出版(即将出版)图书目录——初等数学

书　名	出版时间	定　价	编号
中考数学选择填空压轴好题妙解365	2017—05	38.00	759
中考数学小压轴汇编初讲	2017—07	48.00	788
中考数学大压轴专题微言	2017—09	48.00	846
北京中考数学压轴题解题方法突破(第3版)	2017—11	48.00	854
助你高考成功的数学解题智慧:知识是智慧的基础	2016—01	58.00	596
助你高考成功的数学解题智慧:错误是智慧的试金石	2016—04	58.00	643
助你高考成功的数学解题智慧:方法是智慧的推手	2016—04	68.00	657
高考数学奇思妙解	2016—04	38.00	610
高考数学解题策略	2016—05	48.00	670
数学解题泄天机(第2版)	2017—10	48.00	850
高考物理压轴题全解	2017—04	48.00	746
高中物理经典问题25讲	2017—05	28.00	764
高中物理教学讲义	2018—01	48.00	871
2016年高考文科数学真题研究	2017—04	58.00	754
2016年高考理科数学真题研究	2017—04	78.00	755
初中数学、高中数学脱节知识补缺教材	2017—06	48.00	766
高考数学小题抢分必练	2017—10	48.00	834
高考数学核心素养解读	2017—09	38.00	839
高考数学客观题解题方法和技巧	2017—10	38.00	847
十年高考数学精品试题审题要津与解法研究.上卷	2018—01	68.00	872
十年高考数学精品试题审题要津与解法研究.下卷	2018—01	58.00	873
中国历届高考数学试题及解答.1949—1979	2018—01	38.00	877
新编640个世界著名数学智力趣题	2014—01	88.00	242
500个最新世界著名数学智力趣题	2008—06	48.00	3
400个最新世界著名数学最值问题	2008—09	48.00	36
500个世界著名数学征解问题	2009—06	48.00	52
400个中国最佳初等数学征解老问题	2010—01	48.00	60
500个俄罗斯数学经典老题	2011—01	28.00	81
1000个国外中学物理好题	2012—04	48.00	174
300个日本高考数学题	2012—05	38.00	142
700个早期日本高考数学试题	2017—02	88.00	752
500个前苏联早期高考数学试题及解答	2012—05	28.00	185
546个早期俄罗斯大学生数学竞赛题	2014—03	38.00	285
548个来自美苏的数学好问题	2014—11	28.00	396
20所苏联著名大学早期入学试题	2015—02	18.00	452
161道德国工科大学生必做的微分方程习题	2015—05	28.00	469
500个德国工科大学生必做的高数习题	2015—06	28.00	478
360个数学竞赛问题	2016—08	58.00	677
德国讲义日本考题.微积分卷	2015—04	48.00	456
德国讲义日本考题.微分方程卷	2015—04	38.00	457
二十世纪中叶中、英、美、日、法、俄高考数学试题精选	2017—06	38.00	783

刘培杰数学工作室
已出版(即将出版)图书目录——初等数学

书　名	出版时间	定　价	编号
中国初等数学研究　2009卷(第1辑)	2009—05	20.00	45
中国初等数学研究　2010卷(第2辑)	2010—05	30.00	68
中国初等数学研究　2011卷(第3辑)	2011—07	60.00	127
中国初等数学研究　2012卷(第4辑)	2012—07	48.00	190
中国初等数学研究　2014卷(第5辑)	2014—02	48.00	288
中国初等数学研究　2015卷(第6辑)	2015—06	68.00	493
中国初等数学研究　2016卷(第7辑)	2016—04	68.00	609
中国初等数学研究　2017卷(第8辑)	2017—01	98.00	712
几何变换(Ⅰ)	2014—07	28.00	353
几何变换(Ⅱ)	2015—06	28.00	354
几何变换(Ⅲ)	2015—01	38.00	355
几何变换(Ⅳ)	2015—12	38.00	356
初等数论难题集(第一卷)	2009—05	68.00	44
初等数论难题集(第二卷)(上、下)	2011—02	128.00	82,83
数论概貌	2011—03	18.00	93
代数数论(第二版)	2013—08	58.00	94
代数多项式	2014—06	38.00	289
初等数论的知识与问题	2011—02	28.00	95
超越数论基础	2011—03	28.00	96
数论初等教程	2011—03	28.00	97
数论基础	2011—03	18.00	98
数论基础与维诺格拉多夫	2014—03	18.00	292
解析数论基础	2012—08	28.00	216
解析数论基础(第二版)	2014—01	48.00	287
解析数论问题集(第二版)(原版引进)	2014—05	88.00	343
解析数论问题集(第二版)(中译本)	2016—04	88.00	607
解析数论基础(潘承洞,潘承彪著)	2016—07	98.00	673
解析数论导引	2016—07	58.00	674
数论入门	2011—03	38.00	99
代数数论入门	2015—03	38.00	448
数论开篇	2012—07	28.00	194
解析数论引论	2011—03	48.00	100
Barban Davenport Halberstam 均值和	2009—01	40.00	33
基础数论	2011—03	28.00	101
初等数论100例	2011—05	18.00	122
初等数论经典例题	2012—07	18.00	204
最新世界各国数学奥林匹克中的初等数论试题(上、下)	2012—01	138.00	144,145
初等数论(Ⅰ)	2012—01	18.00	156
初等数论(Ⅱ)	2012—01	18.00	157
初等数论(Ⅲ)	2012—01	28.00	158

刘培杰数学工作室
已出版(即将出版)图书目录——初等数学

书　名	出版时间	定　价	编号
平面几何与数论中未解决的新老问题	2013—01	68.00	229
代数数论简史	2014—11	28.00	408
代数数论	2015—09	88.00	532
代数、数论及分析习题集	2016—11	98.00	695
数论导引提要及习题解答	2016—01	48.00	559
素数定理的初等证明.第2版	2016—09	48.00	686
数论中的模函数与狄利克雷级数(第二版)	2017—11	78.00	837
数论:数学导引	2018—01	68.00	849
数学眼光透视(第2版)	2017—06	78.00	732
数学思想领悟(第2版)	2018—01	68.00	733
数学应用展观(第2版)	2017—08	68.00	737
数学建模导引	2008—01	28.00	23
数学方法溯源	2008—01	38.00	27
数学史话览胜(第2版)	2017—01	48.00	736
数学思维技术	2013—09	38.00	260
数学解题引论	2017—05	48.00	735
数学竞赛采风	2018—01	68.00	739
从毕达哥拉斯到怀尔斯	2007—10	48.00	9
从迪利克雷到维斯卡尔迪	2008—01	48.00	21
从哥德巴赫到陈景润	2008—05	98.00	35
从庞加莱到佩雷尔曼	2011—08	138.00	136
博弈论精粹	2008—03	58.00	30
博弈论精粹.第二版(精装)	2015—01	88.00	461
数学 我爱你	2008—01	28.00	20
精神的圣徒 别样的人生——60位中国数学家成长的历程	2008—09	48.00	39
数学史概论	2009—06	78.00	50
数学史概论(精装)	2013—03	158.00	272
数学史选讲	2016—01	48.00	544
斐波那契数列	2010—02	28.00	65
数学拼盘和斐波那契魔方	2010—07	38.00	72
斐波那契数列欣赏	2011—01	28.00	160
数学的创造	2011—02	48.00	85
数学美与创造力	2016—01	48.00	595
数海拾贝	2016—01	48.00	590
数学中的美	2011—02	38.00	84
数论中的美学	2014—12	38.00	351

刘培杰数学工作室
已出版(即将出版)图书目录——初等数学

书　名	出版时间	定价	编号
数学王者　科学巨人——高斯	2015—01	28.00	428
振兴祖国数学的圆梦之旅:中国初等数学研究史话	2015—06	98.00	490
二十世纪中国数学史料研究	2015—10	48.00	536
数字谜、数阵图与棋盘覆盖	2016—01	58.00	298
时间的形状	2016—01	38.00	556
数学发现的艺术:数学探索中的合情推理	2016—07	58.00	671
活跃在数学中的参数	2016—07	48.00	675
数学解题——靠数学思想给力(上)	2011—07	38.00	131
数学解题——靠数学思想给力(中)	2011—07	48.00	132
数学解题——靠数学思想给力(下)	2011—07	38.00	133
我怎样解题	2013—01	48.00	227
数学解题中的物理方法	2011—06	28.00	114
数学解题的特殊方法	2011—06	48.00	115
中学数学计算技巧	2012—01	48.00	116
中学数学证明方法	2012—01	58.00	117
数学趣题巧解	2012—03	28.00	128
高中数学教学通鉴	2015—05	58.00	479
和高中生漫谈:数学与哲学的故事	2014—08	28.00	369
算术问题集	2017—03	38.00	789
自主招生考试中的参数方程问题	2015—01	28.00	435
自主招生考试中的极坐标问题	2015—04	28.00	463
近年全国重点大学自主招生数学试题全解及研究.华约卷	2015—02	38.00	441
近年全国重点大学自主招生数学试题全解及研究.北约卷	2016—05	38.00	619
自主招生数学解证宝典	2015—09	48.00	535
格点和面积	2012—07	18.00	191
射影几何趣谈	2012—04	28.00	175
斯潘纳尔引理——从一道加拿大数学奥林匹克试题谈起	2014—01	28.00	228
李普希兹条件——从几道近年高考数学试题谈起	2012—10	18.00	221
拉格朗日中值定理——从一道北京高考试题的解法谈起	2015—10	18.00	197
闵科夫斯基定理——从一道清华大学自主招生试题谈起	2014—01	28.00	198
哈尔测度——从一道冬令营试题的背景谈起	2012—08	28.00	202
切比雪夫逼近问题——从一道中国台北数学奥林匹克试题谈起	2013—04	38.00	238
伯恩斯坦多项式与贝齐尔曲面——从一道全国高中数学联赛试题谈起	2013—03	38.00	236
卡塔兰猜想——从一道普特南竞赛试题谈起	2013—06	18.00	256
麦卡锡函数和阿克曼函数——从一道前南斯拉夫数学奥林匹克试题谈起	2012—08	18.00	201
贝蒂定理与拉姆贝克莫斯尔定理——从一个拣石子游戏谈起	2012—08	18.00	217
皮亚诺曲线和豪斯道夫分球定理——从无限集谈起	2012—08	18.00	211
平面凸图形与凸多面体	2012—10	28.00	218
斯坦因豪斯问题——从一道二十五省市自治区中学数学竞赛试题谈起	2012—07	18.00	196

刘培杰数学工作室
已出版(即将出版)图书目录——初等数学

书　名	出版时间	定　价	编号
纽结理论中的亚历山大多项式与琼斯多项式——从一道北京市高一数学竞赛试题谈起	2012—07	28.00	195
原则与策略——从波利亚"解题表"谈起	2013—04	38.00	244
转化与化归——从三大尺规作图不能问题谈起	2012—08	28.00	214
代数几何中的贝祖定理(第一版)——从一道IMO试题的解法谈起	2013—08	18.00	193
成功连贯理论与约当块理论——从一道比利时数学竞赛试题谈起	2012—04	18.00	180
素数判定与大数分解	2014—08	18.00	199
置换多项式及其应用	2012—10	18.00	220
椭圆函数与模函数——从一道美国加州大学洛杉矶分校(UCLA)博士资格考题谈起	2012—10	28.00	219
差分方程的拉格朗日方法——从一道2011年全国高考理科试题的解法谈起	2012—08	28.00	200
力学在几何中的一些应用	2013—01	38.00	240
高斯散度定理、斯托克斯定理和平面格林定理——从一道国际大学生数学竞赛试题谈起	即将出版		
康托洛维奇不等式——从一道全国高中联赛试题谈起	2013—03	28.00	337
西格尔引理——从一道第18届IMO试题的解法谈起	即将出版		
罗斯定理——从一道前苏联数学竞赛试题谈起	即将出版		
拉克斯定理和阿廷定理——从一道IMO试题的解法谈起	2014—01	58.00	246
毕卡大定理——从一道美国大学数学竞赛试题谈起	2014—07	18.00	350
贝齐尔曲线——从一道全国高中联赛试题谈起	即将出版		
拉格朗日乘子定理——从一道2005年全国高中联赛试题的高等数学解法谈起	2015—05	28.00	480
雅可比定理——从一道日本数学奥林匹克试题谈起	2013—04	48.00	249
李天岩—约克定理——从一道波兰数学竞赛试题谈起	2014—06	28.00	349
整系数多项式因式分解的一般方法——从克朗耐克算法谈起	即将出版		
布劳维不动点定理——从一道前苏联数学奥林匹克试题谈起	2014—01	38.00	273
伯恩赛德定理——从一道英国数学奥林匹克试题谈起	即将出版		
布查特—莫斯特定理——从一道上海市初中竞赛试题谈起	即将出版		
数论中的同余数问题——从一道普特南竞赛试题谈起	即将出版		
范・德蒙行列式——从一道美国数学奥林匹克试题谈起	即将出版		
中国剩余定理:总数法构建中国历史年表	2015—01	28.00	430
牛顿程序与方程求根——从一道全国高考试题解法谈起	即将出版		
库默尔定理——从一道IMO预选试题谈起	即将出版		
卢丁定理——从一道冬令营试题的解法谈起	即将出版		
沃斯滕霍姆定理——从一道IMO预选试题谈起	即将出版		
卡尔松不等式——从一道莫斯科数学奥林匹克试题谈起	即将出版		
信息论中的香农熵——从一道近年高考压轴题谈起	即将出版		
约当不等式——从一道希望杯竞赛试题谈起	即将出版		
拉比诺维奇定理	即将出版		
刘维尔定理——从一道《美国数学月刊》征解问题的解法谈起	即将出版		
卡塔兰恒等式与级数求和——从一道IMO试题的解法谈起	即将出版		
勒让德猜想与素数分布——从一道爱尔兰竞赛试题谈起	即将出版		
天平称重与信息论——从一道基辅市数学奥林匹克试题谈起	即将出版		
哈密尔顿—凯莱定理:从一道高中数学联赛试题的解法谈起	2014—09	18.00	376
艾思特曼定理——从一道CMO试题的解法谈起	即将出版		

X

刘培杰数学工作室
已出版(即将出版)图书目录——初等数学

书　名	出版时间	定　价	编号
一个爱尔特希问题——从一道西德数学奥林匹克试题谈起	即将出版		
有限群中的爱丁格尔问题——从一道北京市初中二年级数学竞赛试题谈起	即将出版		
贝克码与编码理论——从一道全国高中联赛试题谈起	即将出版		
帕斯卡三角形	2014-03	18.00	294
蒲丰投针问题——从2009年清华大学的一道自主招生试题谈起	2014-01	38.00	295
斯图姆定理——从一道"华约"自主招生试题的解法谈起	2014-01	18.00	296
许瓦兹引理——从一道加利福尼亚大学伯克利分校数学系博士生试题谈起	2014-08	18.00	297
拉姆塞定理——从王诗宬院士的一个问题谈起	2016-04	48.00	299
坐标法	2013-12	28.00	332
数论三角形	2014-04	38.00	341
毕克定理	2014-07	18.00	352
数林掠影	2014-09	48.00	389
我们周围的概率	2014-10	38.00	390
凸函数最值定理:从一道华约自主招生题的解法谈起	2014-10	28.00	391
易学与数学奥林匹克	2014-10	38.00	392
生物数学趣谈	2015-01	18.00	409
反演	2015-01	28.00	420
因式分解与圆锥曲线	2015-01	18.00	426
轨迹	2015-01	28.00	427
面积原理:从常庚哲命的一道CMO试题的积分解法谈起	2015-01	48.00	431
形形色色的不动点定理:从一道28届IMO试题谈起	2015-01	38.00	439
柯西函数方程:从一道上海交大自主招生的试题谈起	2015-02	28.00	440
三角恒等式	2015-02	28.00	442
无理性判定:从一道2014年"北约"自主招生试题谈起	2015-01	38.00	443
数学归纳法	2015-03	18.00	451
极端原理与解题	2015-04	28.00	464
法雷级数	2014-08	18.00	367
摆线族	2015-01	38.00	438
函数方程及其解法	2015-05	38.00	470
含参数的方程和不等式	2012-09	28.00	213
希尔伯特第十问题	2016-01	38.00	543
无穷小量的求和	2016-01	28.00	545
切比雪夫多项式:从一道清华大学金秋营试题谈起	2016-01	38.00	583
泽肯多夫定理	2016-03	38.00	599
代数等式证题法	2016-01	28.00	600
三角等式证题法	2016-01	28.00	601
吴大任教授藏书中的一个因式分解公式:从一道美国数学邀请赛试题的解法谈起	2016-06	28.00	656
易卦——类万物的数学模型	2017-08	68.00	838
"不可思议"的数与数系可持续发展	2018-01	38.00	878
最短线	2018-01	38.00	879
幻方和魔方(第一卷)	2012-05	68.00	173
尘封的经典——初等数学经典文献选读(第一卷)	2012-07	48.00	205
尘封的经典——初等数学经典文献选读(第二卷)	2012-07	38.00	206
初级方程式论	2011-03	28.00	106
初等数学研究(Ⅰ)	2008-09	68.00	37
初等数学研究(Ⅱ)(上、下)	2009-05	118.00	46,47

刘培杰数学工作室
已出版(即将出版)图书目录——初等数学

书　名	出版时间	定　价	编号
趣味初等方程妙题集锦	2014—09	48.00	388
趣味初等数论选美与欣赏	2015—02	48.00	445
耕读笔记(上卷):一位农民数学爱好者的初数探索	2015—04	28.00	459
耕读笔记(中卷):一位农民数学爱好者的初数探索	2015—05	28.00	483
耕读笔记(下卷):一位农民数学爱好者的初数探索	2015—05	28.00	484
几何不等式研究与欣赏.上卷	2016—01	88.00	547
几何不等式研究与欣赏.下卷	2016—01	48.00	552
初等数列研究与欣赏·上	2016—01	48.00	570
初等数列研究与欣赏·下	2016—01	48.00	571
趣味初等函数研究与欣赏.上	2016—09	48.00	684
趣味初等函数研究与欣赏.下	即将出版		685
火柴游戏	2016—05	38.00	612
智力解谜.第1卷	2017—07	38.00	613
智力解谜.第2卷	2017—07	38.00	614
故事智力	2016—07	48.00	615
名人们喜欢的智力问题	即将出版		616
数学大师的发现、创造与失误	2018—01	48.00	617
异曲同工	即将出版		618
数学的味道	2018—01	58.00	798
数贝偶拾——高考数学题研究	2014—04	28.00	274
数贝偶拾——初等数学研究	2014—04	38.00	275
数贝偶拾——奥数题研究	2014—04	48.00	276
钱昌本教你快乐学数学(上)	2011—12	48.00	155
钱昌本教你快乐学数学(下)	2012—03	58.00	171
集合、函数与方程	2014—01	28.00	300
数列与不等式	2014—01	38.00	301
三角与平面向量	2014—01	28.00	302
平面解析几何	2014—01	38.00	303
立体几何与组合	2014—01	28.00	304
极限与导数、数学归纳法	2014—01	38.00	305
趣味数学	2014—03	28.00	306
教材教法	2014—04	68.00	307
自主招生	2014—05	58.00	308
高考压轴题(上)	2015—01	48.00	309
高考压轴题(下)	2014—10	68.00	310
从费马到怀尔斯——费马大定理的历史	2013—10	198.00	I
从庞加莱到佩雷尔曼——庞加莱猜想的历史	2013—10	298.00	II
从切比雪夫到爱尔特希(上)——素数定理的初等证明	2013—07	48.00	III
从切比雪夫到爱尔特希(下)——素数定理100年	2012—12	98.00	III
从高斯到盖尔方特——二次域的高斯猜想	2013—10	198.00	IV
从库默尔到朗兰兹——朗兰兹猜想的历史	2014—01	98.00	V
从比勒巴赫到德布朗斯——比勒巴赫猜想的历史	2014—02	298.00	VI
从麦比乌斯到陈省身——麦比乌斯变换与麦比乌斯带	2014—02	298.00	VII
从布尔到豪斯道夫——布尔方程与格论漫谈	2013—10	198.00	VIII
从开普勒到阿诺德——三体问题的历史	2014—05	298.00	IX
从华林到华罗庚——华林问题的历史	2013—10	298.00	X

刘培杰数学工作室
已出版(即将出版)图书目录——初等数学

书 名	出版时间	定 价	编号
美国高中数学竞赛五十讲.第1卷(英文)	2014—08	28.00	357
美国高中数学竞赛五十讲.第2卷(英文)	2014—08	28.00	358
美国高中数学竞赛五十讲.第3卷(英文)	2014—09	28.00	359
美国高中数学竞赛五十讲.第4卷(英文)	2014—09	28.00	360
美国高中数学竞赛五十讲.第5卷(英文)	2014—10	28.00	361
美国高中数学竞赛五十讲.第6卷(英文)	2014—11	28.00	362
美国高中数学竞赛五十讲.第7卷(英文)	2014—12	28.00	363
美国高中数学竞赛五十讲.第8卷(英文)	2015—01	28.00	364
美国高中数学竞赛五十讲.第9卷(英文)	2015—01	28.00	365
美国高中数学竞赛五十讲.第10卷(英文)	2015—02	38.00	366

书 名	出版时间	定 价	编号
三角函数	2014—01	38.00	311
不等式	2014—01	38.00	312
数列	2014—01	38.00	313
方程	2014—01	28.00	314
排列和组合	2014—01	28.00	315
极限与导数	2014—01	28.00	316
向量	2014—09	38.00	317
复数及其应用	2014—08	28.00	318
函数	2014—01	38.00	319
集合	即将出版		320
直线与平面	2014—01	28.00	321
立体几何	2014—04	28.00	322
解三角形	即将出版		323
直线与圆	2014—01	28.00	324
圆锥曲线	2014—01	38.00	325
解题通法(一)	2014—07	38.00	326
解题通法(二)	2014—07	38.00	327
解题通法(三)	2014—05	38.00	328
概率与统计	2014—01	28.00	329
信息迁移与算法	即将出版		330

书 名	出版时间	定 价	编号
IMO 50年.第1卷(1959—1963)	2014—11	28.00	377
IMO 50年.第2卷(1964—1968)	2014—11	28.00	378
IMO 50年.第3卷(1969—1973)	2014—09	28.00	379
IMO 50年.第4卷(1974—1978)	2016—04	38.00	380
IMO 50年.第5卷(1979—1984)	2015—04	38.00	381
IMO 50年.第6卷(1985—1989)	2015—04	58.00	382
IMO 50年.第7卷(1990—1994)	2016—01	48.00	383
IMO 50年.第8卷(1995—1999)	2016—06	38.00	384
IMO 50年.第9卷(2000—2004)	2015—04	58.00	385
IMO 50年.第10卷(2005—2009)	2016—01	48.00	386
IMO 50年.第11卷(2010—2015)	2017—03	48.00	646

刘培杰数学工作室
已出版(即将出版)图书目录——初等数学

书 名	出版时间	定 价	编号
方程(第2版)	2017—04	38.00	624
三角函数(第2版)	2017—04	38.00	626
向量(第2版)	即将出版		627
立体几何(第2版)	2016—04	38.00	629
直线与圆(第2版)	2016—11	38.00	631
圆锥曲线(第2版)	2016—09	48.00	632
极限与导数(第2版)	2016—04	38.00	635
历届美国大学生数学竞赛试题集.第一卷(1938—1949)	2015—01	28.00	397
历届美国大学生数学竞赛试题集.第二卷(1950—1959)	2015—01	28.00	398
历届美国大学生数学竞赛试题集.第三卷(1960—1969)	2015—01	28.00	399
历届美国大学生数学竞赛试题集.第四卷(1970—1979)	2015—01	18.00	400
历届美国大学生数学竞赛试题集.第五卷(1980—1989)	2015—01	28.00	401
历届美国大学生数学竞赛试题集.第六卷(1990—1999)	2015—01	28.00	402
历届美国大学生数学竞赛试题集.第七卷(2000—2009)	2015—08	18.00	403
历届美国大学生数学竞赛试题集.第八卷(2010—2012)	2015—01	18.00	404
新课标高考数学创新题解题诀窍:总论	2014—09	28.00	372
新课标高考数学创新题解题诀窍:必修1~5分册	2014—08	38.00	373
新课标高考数学创新题解题诀窍:选修2—1,2—2,1—1,1—2分册	2014—09	38.00	374
新课标高考数学创新题解题诀窍:选修2—3,4—4,4—5分册	2014—09	18.00	375
全国重点大学自主招生英文数学试题全攻略:词汇卷	2015—07	48.00	410
全国重点大学自主招生英文数学试题全攻略:概念卷	2015—01	28.00	411
全国重点大学自主招生英文数学试题全攻略:文章选读卷(上)	2016—09	38.00	412
全国重点大学自主招生英文数学试题全攻略:文章选读卷(下)	2017—01	58.00	413
全国重点大学自主招生英文数学试题全攻略:试题卷	2015—07	38.00	414
全国重点大学自主招生英文数学试题全攻略:名著欣赏卷	2017—03	48.00	415
劳埃德数学趣题大全.题目卷.1:英文	2016—01	18.00	516
劳埃德数学趣题大全.题目卷.2:英文	2016—01	18.00	517
劳埃德数学趣题大全.题目卷.3:英文	2016—01	18.00	518
劳埃德数学趣题大全.题目卷.4:英文	2016—01	18.00	519
劳埃德数学趣题大全.题目卷.5:英文	2016—01	18.00	520
劳埃德数学趣题大全.答案卷:英文	2016—01	18.00	521
李成章教练奥数笔记.第1卷	2016—01	48.00	522
李成章教练奥数笔记.第2卷	2016—01	48.00	523
李成章教练奥数笔记.第3卷	2016—01	38.00	524
李成章教练奥数笔记.第4卷	2016—01	38.00	525
李成章教练奥数笔记.第5卷	2016—01	38.00	526
李成章教练奥数笔记.第6卷	2016—01	38.00	527
李成章教练奥数笔记.第7卷	2016—01	38.00	528
李成章教练奥数笔记.第8卷	2016—01	48.00	529
李成章教练奥数笔记.第9卷	2016—01	28.00	530

刘培杰数学工作室
已出版(即将出版)图书目录——初等数学

书 名	出版时间	定 价	编号
第19~23届"希望杯"全国数学邀请赛试题审题要津详细评注(初一版)	2014—03	28.00	333
第19~23届"希望杯"全国数学邀请赛试题审题要津详细评注(初二、初三版)	2014—03	38.00	334
第19~23届"希望杯"全国数学邀请赛试题审题要津详细评注(高一版)	2014—03	28.00	335
第19~23届"希望杯"全国数学邀请赛试题审题要津详细评注(高二版)	2014—03	38.00	336
第19~25届"希望杯"全国数学邀请赛试题审题要津详细评注(初一版)	2015—01	38.00	416
第19~25届"希望杯"全国数学邀请赛试题审题要津详细评注(初二、初三版)	2015—01	58.00	417
第19~25届"希望杯"全国数学邀请赛试题审题要津详细评注(高一版)	2015—01	48.00	418
第19~25届"希望杯"全国数学邀请赛试题审题要津详细评注(高二版)	2015—01	48.00	419
物理奥林匹克竞赛大题典——力学卷	2014—11	48.00	405
物理奥林匹克竞赛大题典——热学卷	2014—04	28.00	339
物理奥林匹克竞赛大题典——电磁学卷	2015—07	48.00	406
物理奥林匹克竞赛大题典——光学与近代物理卷	2014—06	28.00	345
历届中国东南地区数学奥林匹克试题集(2004~2012)	2014—06	18.00	346
历届中国西部地区数学奥林匹克试题集(2001~2012)	2014—07	18.00	347
历届中国女子数学奥林匹克试题集(2002~2012)	2014—08	18.00	348
数学奥林匹克在中国	2014—06	98.00	344
数学奥林匹克问题集	2014—01	38.00	267
数学奥林匹克不等式散论	2010—06	38.00	124
数学奥林匹克不等式欣赏	2011—09	38.00	138
数学奥林匹克超级题库(初中卷上)	2010—01	58.00	66
数学奥林匹克不等式证明方法和技巧(上、下)	2011—08	158.00	134,135
他们学什么:原民主德国中学数学课本	2016—09	38.00	658
他们学什么:英国中学数学课本	2016—09	38.00	659
他们学什么:法国中学数学课本.1	2016—09	38.00	660
他们学什么:法国中学数学课本.2	2016—09	28.00	661
他们学什么:法国中学数学课本.3	2016—09	38.00	662
他们学什么:苏联中学数学课本	2016—09	28.00	679
高中数学题典——集合与简易逻辑·函数	2016—07	48.00	647
高中数学题典——导数	2016—07	48.00	648
高中数学题典——三角函数·平面向量	2016—07	48.00	649
高中数学题典——数列	2016—07	58.00	650
高中数学题典——不等式·推理与证明	2016—07	38.00	651
高中数学题典——立体几何	2016—07	48.00	652
高中数学题典——平面解析几何	2016—07	78.00	653
高中数学题典——计数原理·统计·概率·复数	2016—07	48.00	654
高中数学题典——算法·平面几何·初等数论·组合数学·其他	2016—07	68.00	655

刘培杰数学工作室
已出版(即将出版)图书目录——初等数学

书　名	出版时间	定　价	编号
台湾地区奥林匹克数学竞赛试题.小学一年级	2017—03	38.00	722
台湾地区奥林匹克数学竞赛试题.小学二年级	2017—03	38.00	723
台湾地区奥林匹克数学竞赛试题.小学三年级	2017—03	38.00	724
台湾地区奥林匹克数学竞赛试题.小学四年级	2017—03	38.00	725
台湾地区奥林匹克数学竞赛试题.小学五年级	2017—03	38.00	726
台湾地区奥林匹克数学竞赛试题.小学六年级	2017—03	38.00	727
台湾地区奥林匹克数学竞赛试题.初中一年级	2017—03	38.00	728
台湾地区奥林匹克数学竞赛试题.初中二年级	2017—03	38.00	729
台湾地区奥林匹克数学竞赛试题.初中三年级	2017—03	28.00	730
不等式证题法	2017—04	28.00	747
平面几何培优教程	即将出版		748
奥数鼎级培优教程.高一分册	即将出版		749
奥数鼎级培优教程.高二分册	即将出版		750
高中数学竞赛冲刺宝典	即将出版		751
初中尖子生数学超级题典.实数	2017—07	58.00	792
初中尖子生数学超级题典.式、方程与不等式	2017—08	58.00	793
初中尖子生数学超级题典.圆、面积	2017—08	38.00	794
初中尖子生数学超级题典.函数、逻辑推理	2017—08	48.00	795
初中尖子生数学超级题典.角、线段、三角形与多边形	2017—07	58.00	796
数学王子——高斯	2018—01	48.00	858
坎坷奇星——阿贝尔	2018—01	48.00	859
闪烁奇星——伽罗瓦	2018—01	58.00	860
无穷统帅——康托尔	2018—01	48.00	861
科学公主——柯瓦列夫斯卡娅	2018—01	48.00	862
抽象代数之母——埃米·诺特	2018—01	48.00	863
电脑先驱——图灵	2018—01	58.00	864
昔日神童——维纳	2018—01	48.00	865
数坛怪侠——爱尔特希	2018—01	68.00	866

联系地址:哈尔滨市南岗区复华四道街 10 号　哈尔滨工业大学出版社刘培杰数学工作室
网　　址:http://lpj.hit.edu.cn/
邮　　编:150006
联系电话:0451—86281378　　13904613167
E-mail:lpj1378@163.com